21 世纪高等院校规划教材·计算机科学与技术

计算机导论

主编 朱 勇 孔维广

参编 （按姓氏音序排列）

马 宁 彭 涛 束建薇 王晓刚

魏媛媛 吴江滨 徐 涛 叶 鹏

中国铁道出版社

CHINA RAILWAY PUBLISHING HOUSE

内 容 简 介

本书是根据计算机科学与技术专业规范及应用性计算机专业的教学需求编写的。

本书共10章，内容包括：绪论、数据存储、计算机硬件基础、操作系统原理、程序设计导引、数据结构、数据库基础、计算机网络技术及应用、计算理论与人工智能、常用办公软件。此外，附录部分还介绍了Windows操作系统的基本操作，该部分既可以安排课堂授课，也可以仅作为自学内容，实验指导便于教学中实验环节的组织。

全书内容力求深入浅出、通俗易懂，方便对初学者进行科学导学，形成对学科的整体认知。本书适合作为高等学校计算机及相关专业的基础课程教材，还可供其他读者入门使用。

图书在版编目（CIP）数据

计算机导论 / 朱勇，孔维广主编. —北京：中国铁道出版社，2008.8

21世纪高等院校规划教材. 计算机科学与技术

ISBN 978-7-113-08763-0

Ⅰ. 计… Ⅱ. ①朱…②孔… Ⅲ. 电子计算机－高等学校－教材 Ⅳ. TP3

中国版本图书馆CIP数据核字（2008）第120146号

书　　名：计算机导论

作　　者：朱　勇　孔维广　主编

策划编辑：严晓舟　秦绪好

责任编辑：王占清　　**编辑部电话：**（010）63583215

封面设计：付　巍　　**封面制作：**白　雪

责任校对：王雪飞　　**责任印制：**李　佳

出版发行：中国铁道出版社（北京市宣武区右安门西街8号　　邮政编码：100054）

印　　刷：北京新魏印刷厂

版　　次：2008年8月第1版　　2008年8月第1次印刷

开　　本：787mm×1092mm　1/16　**印张：**21.25　**字数：**497千

印　　数：3 000册

书　　号：ISBN 978-7-113-08763-0/TP・2794

定　　价：29.80元

前言

FOREWORD

“计算机导论”是计算机科学与技术学科的一门专业基础必修课，旨在引导刚刚进入大学计算机科学与技术相关专业的新生对本学科基础知识及专业研究方向有一个整体、准确的了解，为系统地学习计算机专业课程打下基础。

本书本着“通俗易懂，科学导学”的原则进行编写，针对大学一年级学生的特点，由浅入深、循序渐进地对计算机相关知识进行讲解，重点培养学生对本学科的整体认知，引导学生发现自身的兴趣点，为学生制定大学期间的学习计划和学习策略提供指导。

全书内容上可分为基础理论和应用实践两部分。基础理论部分包括计算机基础知识、计算机软硬件系统基础、网络技术基础以及计算理论，该部分为第 1 章至第 9 章，属于理论教学内容，其中在第 1 章的授课过程中建议教师补充介绍本校的专业培养计划，第 9 章可作为选讲或讨论内容，理论部分每一章的后面配备了相应的习题。应用部分包括第 10 章和实验指导，介绍 Windows 操作系统和 Office 办公系统的应用操作方法，该部分可以根据学生的不同基础灵活地分配学时，或者以学生自学为主。若计划分配课堂学时，则其授课在时间安排上应与实验时间吻合。

本书由多年从事计算机专业教育的一线教师结合当前计算机教育的形势和任务，参考计算机技术的最新发展，并以计算机科学与技术专业规范为指导编写而成。本书由朱勇、孔维广主编，各章编写分工如下：第 1 章和第 2 章由束建薇编写，第 3 章由魏媛媛编写，第 4 章由徐涛编写，第 5 章由马宁编写，第 6 章由叶鹏编写，第 7 章由王晓刚编写，第 8 章由吴江滨编写，第 9 章由彭涛编写，第 10 章和附录由孔维广编写。全书由朱勇和孔维广统稿。此外，书中还引用、参阅了许多教材和资料，在此一并致以诚挚的谢意。

由于计算机科学技术发展迅速，加上编者水平有限，书中不足之处在所难免，敬请读者批评指正。

编 者

2008 年 6 月

CONTENTS

目　录

第1章 绪　论

计算机是如何产生和发展起来的？计算机科学的含义是什么？这些问题是初学者需要面对的问题。虽然有些人已经能够进行计算机的基本操作，但仍然不了解计算机科学的本质内容。

通常所说的计算机，全称是电子计算机。它可以存储各种信息，会按人们事先设计的程序自动完成计算、控制等许多工作。计算机又称做电脑，这是因为计算机不仅是一种计算工具，而且还可以模仿人脑的许多功能，代替人脑的某些思维活动。

实际上，计算机是人脑的延伸，是一种脑力劳动工具。计算机与人脑有许多相似之处，如：人脑有记忆细胞，计算机有可以存储数据和程序的存储器；人脑有神经中枢，可以处理信息并控制人的动作，计算机有中央处理器，可以处理信息并发出控制指令；人靠眼、耳、鼻、四肢等器官感受信息并传递至神经中枢，计算机靠输入设备接收数据；人靠五官、四肢做出反应，计算机靠输出设备处理结果。

在从蒙昧时代到文明社会的艰难进行过程中，人类发明了轮子、杠杆、热机、机床、电话、电视等。这些人类智慧的果实已经扩展了人类的感官功能，从而促进人类社会不断发展。而电子计算机的发明更是史无前例，对人类生活的影响是不可估量的，因为它延长了人类最神秘也最宝贵的部分——脑的功能。电子计算机是现代科技所创造出的一项奇迹，它更是几千年人类文明发展的产物。

1.1　计算机的产生与发展

追根溯源，电子计算机是由原始的计算工具发展而来的。自从人类社会形成以来，人们在劳动生产和社会生活中，产生了计算的需要。

1.1.1　计算机的产生

远古时代，穴居的先民们用手指来计算牲畜的头数和群体的个数。经过漫长的开发与劳作，人们积蓄的财物越来越多，人类本身也不断地繁衍起来，需要计算的数目也越来越大。于是出现了用成堆的木杆或石头计数的方法。后来，计算工具发展史上的第一次重大改革是珠算盘的发明。珠算盘结构简单，体积小，彻底采用了十进制，在基本的数字运算方面有着神奇的功用。时至今日，轻巧灵活、携带方便的珠算盘，在我国以及其他一些亚洲国家人民的日常生活中仍然是不可缺少的。

数百年来，人们一直梦寐以求发明出一种能自动进行计算、存储和进行数据处理的机器。

图 1-1　帕斯卡的计算器

1642 年，一个 19 岁的年轻法国人帕斯卡率先迈出了改革计算工具的重要一步，成功地制造了一台能做加法和减法的计算器（见图 1-1）。这是计算工具发展史上的一个辉煌的成就。帕斯卡的工作是开创性的，在制造这台加法器的过程中，他提出了一个极为有意义的设想，即利用纯粹机械的装置来代替人们的思考和记忆。

正是在帕斯卡思想的启发下，著名的数学家莱布尼兹又制成了一台更为先进的计算机。这台机器能在瞬间完成很大数字的乘除运算而不必连续加减。这是当时最先进的一台机器，但它仍然不能满足人们多方面的需要。莱布尼兹最重要的成就是改进了计算机的设计思想，为手摇计算机的发展奠定了理论基础。莱布尼兹对计算机科学另一个重要的贡献是系统地建立了二进制的算术运算法则，指出了二进制在某些理论研究中的优点，为现代计算机的发展做了部分理论准备。莱布尼兹的这类计算机的缺陷是只能做简单的四则运算，没有程序控制的机构。

直到 19 世纪中叶以后，计算器同纺织技术的重大革新——程序自动控制思想结合起来，一些功能较全面的计算机器才纷纷登上了历史舞台。奇异的天才、英国数学家巴贝奇于 1822 年设计完成的“差分机”就是其中的一个佼佼者。这是一种顺应计算机自动化、半自动化程序控制潮流的通用数字计算机。获得这次成功以后，巴贝奇又设计了更为理想的计算机——分析机。就在关于分析机的设计过程中，巴贝奇显示了惊人的才智，他几乎设想出了现代数字计算机的所有重要特点，即运算单元、存储单元、输入和输出电路。他甚至还提出了最有创造性的概念，即自动制定指令序列的概念，计算机借此可以从上一步自动运行到下一步。然而由于 19 世纪初期，金属加工业的水平还很低，不能制造出巴贝奇零件图中巧妙绘制的精密齿轮和联动装置，加之当时社会对这类机器尚无迫切的需要，因此，巴贝奇的天才思想没有被同代人理解，他的研究工作也得不到政府的财政资助。在巴贝奇制造分析机的尝试失败以后，一些矢志不移的物理学家开始了新的探索——进行模拟机的研制。

1900 年，采集海绵的潜水员在希腊安蒂基西拉岛外的地中海海底发现了一个青铜盒子。盒子外面有指针和刻度以及用希腊文刻的使用说明，里面则有排列复杂的精密青铜齿轮。这台机器制于公元前 1 世纪，它显然是一个模拟计算机。它能够通过齿轮的运动来模拟太阳、行星和恒星的运动。这个古老的模拟机的发现是模拟机研制史上的一个里程碑。它更加坚定了人们的信念，即一切模拟机都是模拟自然的，并且比起所模拟的那部分自然界，它能以较快的速度操作，所以它能预示未来。

正是在这个信念的支配下，科学家们在 1910 年研制成功一台名为“大黄铜脑”的模拟机。在长达半个世纪的时间里，美国海岸和大地勘测局一直使用这个“大黄铜脑”来预报潮汐。早期重要的模拟装置还有积分仪和微分仪。

1930 年，美国工程师布什制造了一台微分分析仪（见图 1-2），它就是现代模拟计算机的前身。虽然在原则上，对于任何一种自然现象和数字计算

图 1-2　1930 年的微分分析仪

都可以设计出相应的模拟装置，但是在实际研制过程中，人们却可能遇到许多困难，而且模拟装置本身在通用性、精确度以及运算速度等方面也有很大局限。因此，此后不久，人们设计制造模拟计算机的兴趣渐渐冷却了。

在计算工具的发展史上，除了大量的数学家和物理学家投入工作以外，许多统计人员也加入了研制计算机的行列。

19世纪末期，由于人口普查的需要，统计分析机应运而生。这台计算机的制造者是出身德国侨民家庭的豪列利特。从哥伦比亚大学附属专科学校毕业后，他来到美国人口调查局工作。当时，美国每10年进行一次人口调查。随着人口的繁衍和移民的增加，统计工作变得越来越困难，人口统计机关迫切需要能加快统计速度的技术发明。为适应社会的迫切需要，聪明的豪列利特经过反复的研究，把当时相当成熟的穿孔卡和弱电流技术巧妙地结合起来，制成了一台制表机。由于全部采用了豪列利特系统，1890年的美国人口普查的统计制表工作，在所有资料汇总到华盛顿前的短短一个月内，就准确地完成了。这一结果令美国人大吃一惊，豪列利特获得了巨大的成功。统计分析机适用于进行数量庞大而又要多次使用的数据统计工作。在西欧许多国家乃至加拿大、俄罗斯都相继广泛使用了这种机器。但是这类机器结构庞大，操作速度无法进一步提高。因此，当电子器械发明以后，它们便逐渐退出历史舞台了。

总地来说，随着社会生活内容的日益丰富，随着人们生活水平的不断提高，人们所面临的计算工作也越来越复杂。为了把人们从大量繁重的计算工作中解放出来，人们一直期待着能代替人类计算的自动机器的发明。

1946年2月15日，世界上第一台电子数字式计算机（见图1-3）在美国宾夕法尼亚大学研制成功，即ENIAC（埃尼亚克），是电子数值积分式计算机（The Electronic Numberical Integrator and Computer）的缩写。它使用了17 468个真空电子管，功率174kW，占地170m²，重达30t，每秒钟可进行5 000次加法运算，成为当时运算速度最快、运算精确度和准确度最好的计算工具。以圆周率（π）的计算为例，中国古代科学家祖冲之利用算筹，耗费15年心血，才把圆周率计算到小数点后7位。一千多年后，英国人香克斯以毕生精力计算圆周率，才计算到小数点后707位。而使用ENIAC进行计算，仅用40秒就达到了这个纪录，还发现在香克斯的计算中，第528位是错误的。

图1-3 第一台现代电子计算机

埃尼亚克主要用来进行弹道计算的数值分析，用十进制进行计算。它能进行数百次的加法运算，这在当时已是划时代的高速计算机了。用它计算炮弹着弹位置所需要的时间，比炮弹离开炮口到达目标所需要的时间还要短。它一度被誉为"比炮弹还要快的计算机"。经过多次改进，后来的埃尼亚克成为一台能进行各种科学计算的通用计算机。它的最大特点是采用了电子线路来执行算术运算、逻辑运算，并存储信息。这使得它能胜任相当广泛的现代科学计算。埃尼亚克是人类计算工具发展史上一座不朽的丰碑，它是世界上第一台真正能运转的大型电子计算机。它同几年后制成的冯·诺依曼机一起奠定了现代计算机原型。

初生的电子计算机存在着明显的缺陷：① 存储容量太小；② 程序是用线路连接的方式实现的，不能存储。为了进行几分钟或几小时的数字计算，要花费几小时甚至1～2天的时间做准备。而且，由于它耗电量大，工作起来常常会因为烧坏电子管而被迫停机检修。

尽管如此，ENIAC的问世奠定了电子计算机的发展基础，在计算机发展史上具有划时代的意义，它的问世标志着电子计算机时代的到来。ENIAC诞生后，数学家冯·诺依曼提出了重大的改进理论，主要有两点：电子计算机应该以二进制为运算基础；电子计算机应采用“存储程序”方式工作。此外，冯·诺依曼还进一步明确指出了整个计算机的结构应由5个部分组成：运算器、控制器、存储器、输入装置和输出装置。冯·诺依曼的这些理论的提出，解决了计算机的运算自动化的问题和速度配合问题，对后来计算机的发展起到了决定性的作用。直至今天，绝大部分计算机还是采用冯·诺依曼方式工作。

1.1.2 计算机的发展

从第一台计算机ENIAC诞生后短短的几十年间，计算机的发展突飞猛进，电子计算机已发展到第四代产品，人们正在为研制第五代智能计算机而努力。在这期间，主要电子器件相继使用了真空电子管、晶体管，以及中、小规模集成电路和大规模、超大规模集成电路，引起计算机的几次更新换代。每一次更新换代都使计算机的体积和耗电量大大减小，功能大大增强，应用领域进一步拓宽。特别是体积小、价格低、功能强的微型计算机的出现，使得计算机迅速普及，进入了办公室和家庭，在办公室自动化和多媒体应用方面发挥了很大的作用。目前，计算机的应用已扩展到社会的各个领域。可将计算机的发展过程分成以下几个阶段。

1. 第一代计算机（1946～1957）

从埃尼亚克诞生时起直至20世纪50年代末，是第一代计算机的发展时期。主要元器件是电子管。第一代计算机的主要特点如下：

① 使用电子管作为计算机的逻辑开关元件。

② 内存储器开始采用水银延迟线或电子射线管，容量较小。

③ 输入/输出设备落后，主要使用穿孔卡片，速度慢且使用不便。

④ 运算速度为数千次/秒～几万次/秒。

⑤ 采用二进制表示指令和数据，对应电子器件的“开”和“关”两种状态。

⑥ 使用机器语言编写程序，没有系统软件，后期采用符号语言（汇编语言）编程。电子管计算机体积庞大、笨重，耗电量大，成本高，可靠性差，速度慢，维护困难，当时主要用于军事和科学计算。

2. 第二代计算机——晶体管计算机（1958～1964）

1959年，美国的菲尔克公司研制成功第一台大型通用晶体管计算机，表明计算机技术进入了一个新阶段。其主要特点如下：

① 使用晶体管作为计算机的逻辑开关元件，与电子管相比，其体积小、耗电量小、可靠性高。

② 内存储器用磁芯，外存储器使用磁盘与磁带，存储容量增大。

③ 运算速度为几十万次/秒～几百万次/秒。

④ 软件概念形成，出现了操作系统和程序设计语言。

⑤ 编程语言高级化，出现了汇编语言、FORTRAN、COBOL等编程语言。

晶体管计算机体积减小、质量减轻、能耗减小、成本降低、可靠性增强、速度加快，使其开始用于数据处理、事务处理和实时过程控制等领域。

3. 第三代计算机——中小规模集成电路计算机（1965～1970）

1964年4月7日，IBM公司宣布研制成功360型系列计算机，以此为标志，计算机迈进了第三代。其主要特点：

① 使用中小规模集成电路（Integrated Circuit，IC）作为计算机的逻辑开关元件，体积小、质量轻、能耗低、寿命延长、成本更低，可靠性得到较大提高。

② 内存储器开始采用半导体存储器，取代了原来的磁芯存储器，使存储容量有了大幅度的提高，增加了系统处理能力。

③ 输入/输出设备开始呈现多样化。

④ 运算速度为百万次/秒～几百万次/秒。

⑤ 操作系统和高级程序设计语言有了极大的发展，提出了结构化程序设计思想，程序设计语言由非结构化程序设计语言发展到结构化程序设计语言。

第三代计算机比晶体管计算机体积更小、能耗更小、功能更强、寿命更长，综合性能也进一步提高，开始广泛应用于社会的各个领域。

4. 第四代计算机——大规模、超大规模集成电路计算机（1971～）

20世纪70年代初期，随着大规模、超大规模集成电路的应用，电子计算机迅速发展到第四代。1971年，美国英特尔公司最新推出了名为4004的大规模集成电路片。以这类微处理器为核心的电子计算机就是微型计算机，它使计算机进入几乎所有的行业，甚至渗透到办公室和家庭，并用于游戏和娱乐。巨型机的诞生也是第四代计算机的一个引人注目的成就。巨型机的运算速度可达每秒数千万次至数十亿次。这类处理速度极快、存储容量极大的计算机系统，在现代化的大规模工程建设、军事防御系统、国民经济宏观管理，以及社会发展中的大范围统计、复杂的科学计算和数据处理等方面大有用武之地。其主要特点如下：

① 使用大规模和超大规模IC作为计算机的逻辑元件。

② 内存储器使用集成度越来越高的半导体存储器，存储容量越来越大，外存储器采用大容量的软、硬磁盘和光盘。

③ 输入/输出设备开始呈现多样化，出现了鼠标、激光打印机、光字符阅读器、条形码扫描仪、绘图仪、数码相机等。

④ 运算速度为几百万次/秒～几万亿次/秒。

⑤ 随着集成度的进一步提高，出现了微型计算机。

⑥ 系统软件和应用软件获得了巨大的发展，出现了分布式操作系统和分布式数据库系统，同时也出现了第四代程序设计语言——面向对象程序设计语言。

⑦ 计算机技术和通信技术紧密结合，计算机的发展进入了以计算机网络为特征的时代。

第四代计算机的体积、质量、功耗进一步减小，运算速度、存储容量、可靠性有了大幅度的提高。

5. 第五代计算机（目前正在研究的新一代计算机）

从20世纪80年代初开始，在超大规模集成电路技术发展和各种应用背景的强劲支持下，非冯·诺依曼型计算机的研究和所谓的第五代计算机——新一代计算机的研究开始了。与此同时，在计算机科学的基础研究中，非图灵计算模型的研究也开始受到重视。这种机器是以人工智能为基础的。它将有处理人的自然语言的能力，能够实现人机对话；而且有高度的智能，其功能将大大超过现有的各种计算机。它不仅可以在生产现场进行各种作业，而且能在办公室和商业服务等行业从事多种智力型劳动或服务工作。

随着计算机的广泛应用和数字通信技术的不断成熟，从20世纪60年代后期开始，人们不断地将分散在各地的计算机通过通信线路连接成远程计算机网络。通过这样互相连接的网络，计算机能方便地交换信息和数据，实现资源共享。

从20世纪80年代开始，美国、日本以及欧洲共同体等发达国家都相继开始着手新一代计算机（Future Generation Computer System，FGCS）的研制开发。新一代计算机究竟是什么样子，众说纷纭，但普遍认为新一代计算机应该是把信息采集、存储处理、通信和人工智能结合在一起的计算机系统，也就是说，新一代计算机由以处理数据信息为主，转向以处理知识信息为主，如获取、表达、存储及应用知识等，并有推理、联想和学习（如理解能力、适应能力、思维能力等）等人工智能方面的能力，能帮助人类开拓未知的领域和获取新的知识。也就是说，新一代计算机应该是智能型的，能模拟人的智能行为，理解人类的自然语言，并继续朝着微型化、巨型化、网络化方向发展。

新一代计算机包括速度更快、功能更强、更接近于人脑的光子计算机和生物计算机，以及目前正在研究的智能计算机等。智能计算机是一种具有类似人的思维能力，能“说”、“看”、“听”、“想”、“做”；能替代人的一些体力劳动和脑力劳动。总而言之，现代计算机的发展正朝着巨型化、微型化的方向发展，计算机的传输和应用正朝着网络化、智能化的方向发展，并越来越广泛地应用于工作、生活、学习中，对社会和生活起到不可估量的作用。

总结计算机的发展可以看出，社会的需求是计算机得以发展的外在推动力。要想制造出新型的计算机，除了经费的支持之外，还必须具备以下两个基本条件：

① 要有成熟的理论指导。

② 要有成熟的技术支持。

1.2 计算机的分类与特点

电子计算机从规模上可分为巨型、大型、中型、小型、微型和单片型。计算机中的“巨型”，并非从外观、体积上衡量，主要是从性能方面定义的。20世纪70年代初期，国际上常以运算速度在每秒1 000万次以上，存储容量在1 000万位以上，价格在1 000万美元以上的所谓“3个1 000万以上”来衡量一台计算机是否为“巨型”。到了20世纪80年代中期，巨型机的标准是运算速度为每秒1亿次以上，字长达64位，主存储器的容量达4～16MB。这一标准还在逐年增长，目前，运算速度为每秒100亿～100 000亿次。按20世纪80年代中期的标准，大型机的运算速度为每秒100万～1 000万次，字长32～64位，主存储器的容量为0.5～8MB；中型机运算速度为每秒10万～100万次，字长一般为32位，主存储器的容量在1MB左右。小型机和微型机很难有严格的界限。特别是微型计算机发展最快、应用最广，例如奔腾系列PC都属于微型计算机。目前，Intel公司采用超线程技术使处理器的实际工作频率已经超过了3GHz。

单片机在结构上与上述几类计算机有很大的差别，它是在制作时就已经将计算机中的所有功能部件集成在一起，形成外观上仅仅是一片集成电路的计算机。

在计算机这个大家族中，巨型机的运算速度快、体积大，是尖端科技中经常使用的工具；而微型机则体积小，是为大众所接受的信息处理工具。

1.2.1 计算机的分类

随着计算机技术的发展和应用的推动，尤其是微处理器的发展，计算机的类型越来越多样化，分类的标准也不是固定不变的。

根据用途及其使用的范围来划分，计算机可分为通用机和专用机。通用机的特点是通用性强，具有强大的综合处理能力，能够解决各种类型的问题。专用机则功能单一，拥有解决特定问题的软、硬件，能够高速、可靠地解决特定的问题。

根据计算机的运算速度等性能指标来划分，计算机主要可分为高性能计算机、微型机、工作站、服务器、嵌入式计算机等。

1. 高性能计算机

高性能计算机是指目前速度快、处理能力最强的计算机，过去被称为巨型机或大型机。目前，日本NEC公司的Earth Simulator（地球模拟器）的实测运算速度可达到每秒35万亿次浮点运算，峰值运算速度可达到40万亿次/秒。一般来讲，高性能计算机数量不多，用途却非常重要和特殊，常见的应用如战略防御系统、大型预警系统、航天测控系统、中长期天气预报、大面积物探信息处理、大型科学计算和模拟系统等。

我国的计算机研究始于20世纪50年代，国防科技大学20世纪90年代研制成功的“银河-Ⅲ”巨型计算机，运行速度达到130亿次/秒。中国的计算机巨型机之父当属2004年国家最高科学技术奖获得者金怡濂院士，他在20世纪90年代提出了我国超大规模巨型计算机跨越式的研制方案，把巨型机的峰值运算速度从每秒10亿次提升到每秒3 000亿次以上。近年来，我国巨型机的发展也取得了很大的成绩，以“曙光”、“联想”等为代表的巨型机系统在国民经济的关键领域得到了应用，联想深腾6800的峰值运算速度达到每秒5.324万亿次，曙光4000A的峰值运算速度达到每秒10万亿次。

2. 微型计算机

微型计算机又称为个人计算机（Personal Computer，PC），自1981年IBM公司推出采用Intel微处理器的IBM PC以来，微型计算机因其小巧轻便、价格便宜等优点得到迅速的发展，成为计算机的主流，如今其应用已经遍及社会的各个领域。微型计算机主要分为三类：台式机（Desktop Computer）、笔记本式计算机（Notebook Computer）和个人数字助理PDA。

3. 工作站

工作站是一种介于微型机和小型机之间的高档计算机系统，自1980年美国Appolo公司推出世界上第一个工作站DN-100以来，工作站迅速成为专长处理某类特殊事务的独立的计算机类型。工作站通常配有高分辨率的大屏幕显示器和大容量的内外存储器，具有较强的数据处理能力与高性能的图形功能。

4. 服务器

服务器是一种在网络环境中为多个用户提供服务的计算机系统，从硬件上来讲，一台配置高档的微型机系统也可充当服务器，从软件上看，服务器必须安装网络操作系统、网络协议和各种服务软件，根据提供的不同服务，服务器可以分为文件服务器、数据库服务器、应用服务器和通信服务器等。

5. 嵌入式计算机

嵌入式计算机是指作为一个信息处理的部件被嵌入到应用系统中的计算机，嵌入式计算机与通用型计算机最大的区别是运行固化的软件，用户很难或不能改变。嵌入式计算机应用非常广泛，如各种家电、通信设备、控制设备等。

从类型上看，电子计算机技术将朝着巨型化、微型化、网络化和智能化这 4 个方向发展。

巨型化是指计算机系统将具有更高的运算速度、更大的存储容量和更完善的功能。计算机的微型化得益于大规模和超大规模集成电路技术的飞速发展，现代集成电路技术可以将计算机中的核心部件——运算器和控制器集成在一块芯片单元上，称为微处理器，微处理器的发展非常迅速，以微处理器为核心的微型计算机的性能也在不断跃升。

网络技术已经上升到与计算机技术紧密结合、不可分割的地位，众多计算机通过相互连接，形成了一个规模庞大、功能多样的网络系统，从而实现信息的相互传递和资源共享。“网络计算机”的概念反映了计算机技术与网络技术真正的有机结合，计算机联网已经与电话机进电话交换网一样方便，传送信息的光纤可以铺设到用户门口，也从侧面印证了计算机的发展已经离不开网络技术的发展。

计算机的智能化要求计算机具有人类的部分智能，让计算机能够进行图像识别、定理证明、研究学习、启发和理解人类语言等工作，机器人作为目前的智能计算机系统，已经能够部分代替人的体力劳动和脑力劳动。

计算机最重要的核心部件是芯片，目前的芯片主要采用光蚀刻技术制造，即让光线透过有线路图的掩膜照射在硅片表面来进行线路蚀刻的技术。然而以硅为基础的芯片制造技术的发展不是无限的，当线宽低于 0.1nm 时，就必须开拓新的制造技术，可以预料现有技术不久就有可能达到发展的极限。现在看来，未来有可能引起计算机技术革命的技术有 4 种：纳米技术、光技术、生物技术和量子技术。未来有前景的计算机有光计算机、生物计算机、分子计算机和量子计算机。

① 光计算机的基本原理是将硅片内的电子脉冲转换为极细的闪烁光束，接通和断开表示“1”和“0”，将数据流通过反射镜和棱镜网络投射到需要数据的地方，在接收端，透镜将每根光束聚焦到微型光电池上，由光电池转换成一系列的电子脉冲。光计算机有三大优势：首先，光子的传播速度要远远超过电子在导线中的传播速度，电子计算机的传播速度最高为每秒 10^9 个字节，采用硅光混合技术之后的传播速度可达每秒万亿字节；第二，光子不像带电的电子那样相互作用而产生干扰，因此经过同样窄小的空间通道可以传送更多数据；第三，光无须物理连接，如果将透镜和激光器做到芯片的背面，那么未来的计算机就可以通过空气传播信号。

② 生物计算机技术实现起来比光计算机更为困难，但潜力也更大。生物系统的信息处理过程是基于生物分子的计算和通信过程，因此生物计算又常称为生物分子计算，其主要特点是大规模并行处理及分布式存储。沃丁顿（C. Waddington）在 20 世纪 80 年代就提出了自组织的

分子器件模型，通过大量生物分子的识别与自组织可以解决宏观的模式识别与判定问题。近年来受人关注的DNA计算就基于这一思路。除DNA外，生物计算还有另一个发展方向，即在半导体芯片上加入生物分子芯片，将硅基与碳基结合起来的混合技术，例如，人们已经生产出硅片上长出排列特殊的神经元的芯片。

③ 分子计算机的基础是分子级电子元件研究领域的成果。科学家已经在一系列出色的示范试验中证实：单个分子能传导和转换电流，并存储信息。分子计算机要求能制造出单个分子，其功能与三极管、二极管及今天的微电路的其他重要部件完全相同或相似，并且能够把上百万个甚至上亿个各式各样的分子器件按照电路图的要求牢固地连接在某种基体的表面。

④ 量子计算机目前处于理论与现实之间，多数专家认为量子计算机会在今后的几十年间出现。量子计算机基于量子力学原理，采用深层次计算模式，这一模式只由物质世界中一个原子的行为决定，而不是像传统的二进制计算机那样将信息分为0和1，量子计算机最小的信息单元是一个量子比特（Quantum Bit），量子比特不是只有开关两种状态，而是以多种状态出现，这种数据结构对使用并行结构计算机来处理信息是非常有利的。量子计算机的信息传输几乎不需要时间，信息处理所需的能量可以接近于零。近年来，基于量子力学效应的固态纳米电子器件的研究已经取得了很大的进展。

1.2.2 计算机的特点

计算机具有以下特点。

1. 快速的运算能力

电子计算机的工作基于电子脉冲电路原理，由电子线路构成其各个功能部件，其中电场的传播扮演主要角色。电磁场传播的速度是很快的，现在高性能计算机每秒能进行几百亿次以上的加法运算。如果一个人在一秒钟内能做一次运算，那么一般的电子计算机一小时的工作量，一个人要做 100 多年。很多场合下，运算速度起决定作用。例如，计算机控制导航，要求“运算速度比飞机飞得还快”；气象预报要分析大量的资料，如果手工计算，则需要十天半月，失去了预报的意义，而用计算机，几分钟就能算出一个地区内数天的气象状况。

2. 足够高的计算精度

电子计算机的计算精度在理论上不受限制，一般的计算机均能达到15位有效数字，通过一定的技术手段，可以实现任何精度要求，如现代计算机可将圆周率计算到小数点后10万位。

3. 超强的记忆能力

计算机中有许多存储单元，用以记忆信息。内部记忆能力是电子计算机和其他计算工具的一个重要区别。由于具有内部记忆信息的能力，在运算过程中就可以不必每次都从外部去取数据，而只需事先将数据输入到内部的存储单元中，运算时直接从存储单元中获得数据，从而大大提高了运算速度。计算机存储器的容量可以做得很大，而且它的记忆力特别强。

4. 复杂的逻辑判断能力

人是有思维能力的。思维能力本质上是一种逻辑判断能力，也可以说是因果关系分析能力。借助于逻辑运算，可以让计算机做出逻辑判断，分析命题是否成立，并可根据命题成立与否做出相应的对策。例如，数学中有个“四色问题”，即不论多么复杂的地图，使相邻区域颜色不同，最多只需 4 种颜色。100 多年来不少数学家一直想去证明它或者推翻它，却一直没有结果，成为数学中著名的难题。1976 年两位美国数学家终于使用计算机进行了非常复杂的逻辑推理，验证了这个著名的猜想。

5. 按程序自动工作的能力

一般的机器是由人控制的，人给机器一个指令，机器就完成一个操作。计算机的操作也是受人控制的，但由于计算机具有内部存储能力，可以将指令事先输入到计算机中存储起来，在计算机开始工作以后，从存储单元中依次去取指令，用来控制计算机的操作，从而使人们可以不必干预计算机的工作，实现操作的自动化。这种工作方式称为程序控制方式。

电子计算机一般分为处理模拟信号的模拟计算机和处理数字信号的数字计算机两大类，目前使用的大都为数字计算机。模拟式电子计算机内部表示和处理数据所使用的电信号，是模拟自然界的实际信号。例如它可以用电信号模拟随时间连续变化的温度、湿度等。这种模拟自然界实际信号的电信号称为“模拟电信号”，其主要特点是“随时间连续变化”。数字式电子计算机内部处理的是一种称为符号信号或数字信号的电信号，这种信号的主要特点是“离散”，即在相邻的两个符号之间不可能有第三个符号。通常所说的计算机指的是数字式电子计算机。

1.3 计算机科学的学科特性

许多情况下确定一个取值的范围比直接确定一个值的方法更重要，发现一个不能自动进行的问题甚至比发现解决一个问题的方法更重要。原因是证实各种不能自动进行的问题常常从不同的侧面、以不同的形式揭示了计算的极限，它有可能帮助我们更深刻地认识计算的本质，推动其研究。本节从计算机科学知识演变的特点和计算机科学的发展规律的角度来讨论计算机科学的学科特性。不仅应该重视计算机技术，更应该重视计算机的数学理论基础、计算机思维的方法论、计算机科学知识的历史发展过程，只有这样才能对计算机科学有一个更全面、更深刻的认识，才能在计算机专业的学习过程中真正有所提高，有所收获。

1.3.1 计算机科学知识的演变

在计算科学的发展早期，大约在 20 世纪 30 年代至 50 年代末，对计算科学研究的主流方向主要集中在计算模型、计算机设计、高级语言和科学计算方面。由于其应用主要是大量的科学计算，与数学关系密切，加之在设计计算机的过程中，对逻辑和布尔代数的基本要求，导致大量从事数学研究的人员转入计算科学领域。他们不仅在数量上占有绝对优势，而且在工作中也处于主动地位。就当时的情况来看，具有坚实的数学基础，懂得一些电子学、逻辑和布尔代数，很容易掌握计算机的原理和设计方法。如果还掌握了一些程序设计的技术，那他完全可以进入学科前沿。在学科发展的早期，数学、电子学、高级语言和程序是支撑计算科学发展的主要专业基础知识。

学科经过几十年的发展变化，知识组织结构日渐庞大，各主流发展方向所需要的共同的基础已经发生了很大的改变，从早期的电子技术、布尔代数、计算机组成原理、程序设计基础逐步演变为高等逻辑、计算模型与计算理论、新一代计算机体系结构、并行与分布式算法设计基础、形式语义学这五大专业基础。目前，国内外研究生核心课程的最高起点是高等逻辑、高等计算机体系结构、并行（或分布式）算法设计基础、形式语义学。学科知识组织结构及其演变对本科教学内容和要求产生的影响将是深远的。

20 世纪 60～70 年代是计算科学蓬勃发展的时期，面对学科发展中遇到的许多重大问题，例如怎样实现高级语言的编译系统，如何设计各种新语言，如何提高计算机的运算速度和存储容量，如何设计操作系统，如何设计和实现数据库管理系统，如何保证软件的质量等问题，发展了一大批理论、方法和技术。例如形式语言与自动机，形式语义学，软件开发方法学，算法理论联系实际，高级语言理论，并发程序设计，大、中、小型计算机与微型计算机技术，程序理论，Petri 网，CSP，CCS 等。这一时期的发展具有以下 3 个显著的特点：

① 学科研究和开发渗透到社会生活的各个方面，广泛的应用需求推动了学科的持续、高速发展。

② 经过大量的实践，人们开始认识到软件和硬件之间有一个相互依托、互为借鉴以推动计算机设计和软件发展的问题。

③ 计算机理论和工程技术方法两者缺一不可，且常常是紧密结合在一起的。许多复杂而困难的硬件与软件设计，离不开计算机理论的支持，而大系统的实现也应广泛采用工程方法。对大系统实现中困难性的认识促进了软件理论、开发环境和工具的研究。大约在此后的 20 年中，计算机原理、编译技术、操作系统、高级语言与程序设计、数据库原理、数据结构、算法设计以及数字逻辑成为学科的主要专业知识基础。

从 20 世纪 80 年代起，针对集成电路芯片可预见的设计极限和一些深入研究中所遇到的困难，如软件工程、计算模型、计算语言、大规模复杂问题的计算与处理、大规模数据存储与检索、人工智能、计算可视化等方面出现的问题，人们开始认识到学科正在走向深化。除了寄希望于物理学中光电子技术研究取得突破、成倍提高计算机运算速度外，面对现实，基于当前的条件，人们更加重视理论联系实际和计算机技术的研究。这方面的努力推动了计算机体系结构、并行与分布式算法、形式语义学、计算机基本应用技术、各种非经典逻辑及计算模型的发展，从而推出了并行计算机、计算机网络和各种工作站，并带动了软件开发水平和程序设计方法技术的提高。尤其值得一提的是，在图形学和图像处理这两个相对独立的方向上，科研和实际应用均取得了长足的进步。这两个方向的迅速发展不仅使计算机的各种应用变得更易于被社会接受，而且随着计算机硬件和数据库技术的进步，使计算机应用触及了一些以前被认为是较为困难的领域，并引发了计算几何、多媒体技术、虚拟现实等计算可视化方向的发展。

基于并行软件开发方法学、计算语言学、人工智能、超大规模计算机网络的控制与信息安全，以及硬件芯片设计中遇到的困难和极限，人们开始对一些基本问题进行反思。基础理论联系实际研究重新引起人们更多的重视。围绕着学科遇到的问题，新一代计算机体系结构、高性能计算与通信系统模型、形式语义学、并行算法设计与分析，以及各种非经典逻辑系统成为专家关注的重点。然而，由于长期以来理论的研究滞后于技术的发展，技术和工程应用发展速度开始受到制约。在研究的方法上甚至还出现了广泛借鉴其他学科的现象，特别是在研究与人及其行为有关联的学科方向上，如从脑神经系统的生理结构和思维功能得到启示产生了神经与神经元计算，试图从别的学科的进展来确定下一步工作的思路。

在软件开发中，算法的设计应该与体系结构相分离，而程序的设计应该与具体的计算机无关。软件研究着重软件开发方法论，在软件开发各个阶段和不同用途、不同性质的软件开发需要各种计算模型的数学理论联系实际的支持，这正是近年来各种计算如分布式代数系统、类型理论、区段演算等出现的背景；人工智能并不遥远，但也不像原来想象的那么简单，问题是人们对智能的认识还十分肤浅，对什么是人工智能的理论联系实际基础仍在探索之中。在计算科学的研究与发展中，虽然具体地形成了一大批更为细小的方向，有些理论联系实际性较强，有些技术性较强，有些则与其他学科产生了密切的联系。但就其核心，在学术上有较深刻的内涵。其概念、方法和技术对整个计算科学影响较大的主流方向而言，则认为，在未来的 20 年中或更长的一段时间内，国内外重要的计算科学学术研究机构将会逐步把研究重点集中在以下几个新的综合方向上：

① 新一代计算机体系结构。该方向包括神经元计算、计算机设计与制造、网络与通信技术、大容量存储设备的研究、容错模型等内容。

② 并行与分布式软件开发方法学研究。该方向包括数理逻辑、计算理论、形式语义学、高级语言与程序设计理论、系统软件设计、软件工程、容错理论等内容。

③ 人工智能理论及其应用。该方向包括数理逻辑、高等逻辑、算法理论、知识工程、神经元计算、人工智能高级语言与人工智能程序设计等内容。

④ 计算机应用的关键技术。主要将围绕计算可视化与虚拟现实、计算几何、科学计算这几个重点方向开展工作，并带动数据库技术、计算机图形学、自然语言处理与机器翻译、模式识别与图解处理等方向的发展。

对这 4 个综合方向研究的重点内容进行分析，结合国内外顶尖学术刊物发表的与上述方向研究内容有关的学术论文，不难得出，它们共同的基础和趋势集中在数理逻辑、形式语义学、新一代计算机体系结构、算法设计与分析和诸模型与计算理论这 5 个专业基础之上。具体地说，软件工程的主要基础是程序设计语言理论、形式语义学、高等逻辑和程序设计方法学与程序理论；人工智能的主要基础是数理逻辑与高等逻辑、算法设计与分析；计算语言学的主要基础是数理逻辑与形式语义学。其他方向在学术上有深度的内容从方法论的角度考察，基本上可以在这些内容的基础上发展。

研究工作重点的转移实际上揭示了学科的发展和重大的突破离不开学科核心知识组织结构中各分支学科的发展和支持，它们是现代计算科学人员所必需的专业基础知识。从知识组织的层次结构和方法论的角度观察，并对计算科学国际领头和重点刊物的分析可知，当前学科的重点研究几乎都与计算理论密切相关。从目前的学科的整体发展情况来看，计算模型与体系结构、软件开发方法学与计算机应用技术是学科未来发展的主要方向，而计算理论、体系结构、高等逻辑与形式语义学是支撑学科未来主要发展方向的四大核心专业知识基础。

1.3.2 计算机科学知识的特点

计算机科学是以数学和电子科学为基础、理论与实践相结合的一门新兴学科。在计算机科学领域，理论是根基，技术是表现，两者互为依托。更多的难题如 NP 完全性问题、新一代计算机体系结构、并行计算与处理、人工智能等，都属于理论问题，与某些数学理论或工具存在着密切的联系，它们的解决将对计算机科学的发展产生极其深远的影响。因此，计算机理论研究的重要性更不容忽视。

数学是计算机科学的主要基础，以离散数学为代表的应用数学是描述学科理论、方法和技术的主要工具，而微电子技术和程序技术则是反映学科产品的主要技术形式。在计算机科学中，无论是理论研究还是技术研究的成果，最终目标要体现在计算机软件产品的程序指令系统应能机械地、严格地按照程序指令执行，决不能无故出错。

计算机系统的这一客观属性和特点决定了计算机的设计、制造，以及各种软件系统开发的每一步都应该是严密的、准确无误的。从事计算机科学的人都知道，计算机科学中不仅有许多理论是用数学描述的，而且许多技术也是用数学描述的。大多数计算机科学理论不仅仅是对研究对象变化规律的陈述，而且由于可行性这一本质的核心问题和特点的作用，理论描述中常通过方法折射出技术的思想和步骤，而从理论通过方法跨越到技术则完全取决于对理论的深刻认识和理解。一个人如果看懂了以形式化方法描述的技术文献，自然明白技术上应该怎样去做，否则，往往误以为是一种理论，离实现尚远。由于离散数学的构造性特征与反映计算科学本质的可行性之间形成了天然一致，从而使离散数学的构造性特征决定了计算机科学的许多理论同时具有理论、技术、工程等多重属性，决定了其许多理论、技术和工程的内容是相互渗透在一起的，是不可分割的。与大多数工程科学的工作方式不同，在几乎所有高起点的、有学术深度的计算机科学的研究与开发中，企图参照经验科学的工作方式、通过反复实验获得数据、经分析后指导下一步的工作从而推进科研与开发工作的方式是行不通的，原因是有学术深度的问题其复杂性早已大大超出了专家们的直觉和经验所能及的范围。

并非所有的计算机科学理论研究都具有应用价值。实际上，在计算机科学发展的几十年中，有不少计算机科学理论后来并没有得到继续发展。例如，在程序理论的研究中，早期曾出现过框图理论和程序的不动点理论，尽管也取得了一些有趣的成果，但是后来发现其使用价值比较小。又如，在计算模型的研究中，也曾经产生了不少各种各样的计算模型，但由于后来陆续被证明它们的计算能力没有超过图灵机的能力，又因不具备突出的使用方便的描述能力而不常应用。

应用计算机技术来解决问题，可以采用硬件的方法，也可以采用软件的方法，甚至还可以采用电子线路和机械的方法，但是机械的方法因成本太高、精度难以保证而早已弃之不用。但无论采用哪种方法，都必须提供处理该问题的计算过程描述，即详细地给出计算的每一步应该怎么做。这在计算机科学中称为算法。于是，算法成为计算机科学的一个重要内容，也有人称算法为计算机科学的首要问题或者核心问题。在计算科学的研究中，发现或创立一个新算法是对计算科学的一个实质性的贡献。经验表明，算法研究的基础是数学和与计算机科学有关的专业背景知识。

计算机科学与技术学科并不完全排斥工程的方法。相反，学科在发展中广泛采用了其他学科行之有效的工程方法。例如在软件开发中，首先采用开发工具和环境，进而开发软件的方法；在计算机的设计中，目前广泛使用标准组件的方法；在软件的设计和质量检查中，广泛使用软件测试方法和技术、标准化技术等。

事实上，从软、硬件开发的经济效益和专业技术人才的局限性两方面考虑，完全采用形式化的方法来解决学科中的所有问题是不现实的，也是不必要的。

长期以来，数学特别是以离散数学为代表的应用数学同计算机科学与技术学科之间建立的密切联系，不仅使学科具备了坚实的理论基础和科学基础，而且使学科从一开始就以一种与其他学科发展方式很不相同的方式发展。这就是将抽象描述求解问题与具体实现解决问题相分离的方式，即在计算机科学与技术学科的发展中，对大量有深度的问题的处理采用了将理论上解决问题的抽象描述计算方法、算法和技术的内容与具体解决问题的细节、具体实现计算的技术内容相分离。这样做的好处是由于可计算问题能行性的特点和数学方法的构造性特点，也由于学科理论的发展常落后于技术发展的特点，人们可以更深入地探讨一些已经出现的技术问题的内在规律。

一般情况下，采用抽象描述方法从理论上解决的问题，在实现中也是可以解决的，因为抽象描述求解方法是基于某种能行计算模型发展的。能否根据抽象描述解决具体的实际问题，关键在于能否正确地理解抽象描述的内容以及解决问题的效率用户能否接受，这在各个分支学科的发展中不胜枚举。抽象描述与具体实现相分离是学科发展过程中一个十分重要的内在特点，它不仅决定了一大批计算机科学与技术工作者的工作方式，而且使学科的研究与开发在很短的几十年里就已进入比较深层的阶段。

读者应该特别注意这样一个事实：学科正是在将抽象描述与具体实现相分离的过程中，由于深入描述与研究的需要，计算模型的基础地位突出地表现出来，并经过对各种计算模型的深入研究和应用使学科很快走向深入。因此，计算模型在整个学科发展中起到了不可替代的、重要的独特作用。

学科发展的另一个重要的特点是几乎在学科各个方向和各个层面，一旦研究工作走向深入，研究内容则比较复杂，人们首先是发展相应的计算模型和数学工具，然后依靠计算模型和数学工具将研究工作推向深入。例如，网络协议描述、程序设计语言语义描述、并发程序的语义描述、并发控制的机制、计算机系统结构的刻画与分类、人工智能逻辑基础的语义模型等都引入了新的计算模型。应该指出的是，这里所讲的计算模型不是指计算数学中计算方法层面上的数值与非数值分析方法或计算方法。

人们往往是从一些具体的分支学科出发去认识计算机科学与技术。由于知识结构存在缺失，难免缺乏整体性的观点和认识。如果把计算机科学与技术放在一个更大的信息科学与信息处理的背景下来审视和认识，那么，就不难发现学科发展的一个内在特点，这就是近几十年来随着学科发展的不断深化，研究对象的数据或信息表示的地位明显突出，一种方法求解一个问题的质量和效率,往往更多地取决于对象的表示而不是施加在对象之上的运算或操作过程本身。这也说明了为什么数据与信息表示理论一直受到计算机科学家的重视。因此，像“数字逻辑”、“算法设计与分析”、“编译原理”、“数据库系统原理”、“程序设计方法学”、“人工智能”、“形式语义学”等课程都应该在阐述具体内容时反映学科发展的这个特点。从整个学科发展的趋势看，针对大量的信息处理问题，问题如何表示已经成为能否较好地处理问题的关键，处理方法的好坏往往更多地取决于表示方法而不是其他。

学科日渐深化的特点决定了计算机科学与技术领域专利技术科学含量的不断上升，也决定了计算机科学与技术领域新产品技术含量的不断上升。过去那种依靠个人的灵性和出人意料的浅显的新思想、新技术、小发明和新产品异军突起的时代已经过去；相反，产业的竞争更多地已经逐步转化为企业背后高学历、高智力的优秀专业人才之间的竞争，甚至已转移到高等学校人才培养质量的竞争。

1.3.3 计算机科学知识的趋势

计算机科学从诞生的那一天起就和其他学科有着密不可分的关系，它有力地促进其他学科的发展，同时也使自己迅速成长。未来的计算机科学的发展趋势如何，它与其他学科之间的关系是否会愈来愈紧密？

计算机科学发展趋势通常是把它分为三维来考虑。一维是向“高”度方向发展。性能越来越高，速度越来越快，主要表现在计算机的主频越来越高。另外，计算机向高度方向发展不仅是芯片频率的提高，而且是计算机整体性能的提高。一个计算机中可能不只用一个处理器，而是用几百个几千个处理器，这就是所谓的并行处理。也就是说，提高计算机的性能有两个途径：一是提高器件速度，二是并行处理。器件速度通过发明新器件（如量子器件等），采用纳米工艺、片上系统等技术还可以提高几个数量级。以大规模并行为标志的体系结构的创新与进步是提高计算机系统性能的另一重要途径。并行计算机的关键技术是如何高效率地把大量的计算机互相连接起来，即各处理机之间的高速通信，以及如何有效地管理成千上万台计算机使之协调工作，这就是并行计算机的系统软件——操作系统的功能。如何处理高性能与通用性以及应用软件可移植性的矛盾也是研制并行计算机必须面对的技术选择，也是计算机科学发展的重大课题。

另一个方向就是向“广”度方向发展，计算机发展的趋势就是计算机无处不在，以至于像“没有计算机一样”。近年来更明显的趋势是网络化与向各个领域的渗透，即在广度上的发展开拓。国外称这种趋势为普适计算（Pervasive Computing）或无处不在的计算。举个例子，问家里有多少马达，谁也说不清。洗衣机里有，电冰箱里有，录音机里也有，几乎无处不在，谁也不会去统计它。未来，计算机也会像现在的马达一样，存在于家庭的各种电器中。那时问家里有多少计算机，也数不清。因为笔记本、书籍都已电子化。包括未来的中小学教材，再过十几、二十几年，可能学生们上课用的不再是教科书，而只是一个笔记本大小的计算机，所有的中小学的课程教材、辅导书、练习题都在里面。不同的学生可以根据自己的需要方便地从中查到想要的资料。而且这些计算机与现在的手机合为一体，随时随地都可以上网，相互交流信息。所以有人预言未来计算机可能像纸张一样便宜，可以一次性使用，计算机将成为不被人注意的最常用的日用品。

第三个方向是向“深”度方向发展，即向信息的智能化发展。网上有大量的信息，怎样把这些浩如烟海的东西变成自己想要的知识，这是计算科学的重要课题，同时人机界面更加友好。未来可以用自然语言与计算机打交道，也可以用手写的文字打交道，甚至可以用表情、手势来与计算机沟通，使人机交流更加方便、快捷。电子计算机从诞生起就致力于模拟人类思维，希望计算机越来越聪明，不仅能做一些复杂的事情，而且能做一些需要“智慧”才能做的事情，比如推理、学习、联想等。自从1956年提出“人工智能”以来，计算机在智能化方向迈进的步伐不尽人意。科学家多次关于人工智能的预期目标都没有实现，这说明探索人类智能的本质是一件十分艰巨的任务。目前计算机“思维”的方式与人类思维方式有很大区别，人机之间的间隔还不小。人类还很难以自然的方式，如语言、手势、表情与计算机打交道，计算机难用已成为阻碍计算机进一步普及的巨大障碍。随着 Internet 的普及，普通老百姓使用计算机的需求日益增长，这种强烈的需求将大大促进计算机智能化方向的研究。近几年来计算机识别文字（包括印刷体、手写体）和口语的技术已有较大提高，已初步达到商品化水平，估计5～10年内手写和口语输入将逐步成为主流的输入方式。手势（特别是哑语手势）和脸部表情识别也已取得较大进展。使人沉浸在计算机世界中的虚拟现实（Virtual Reality）技术是近几年来发展较快的技术，21世纪将更加迅速地发展。

计算机科学同其他学科的关系，从技术的角度说，通信技术与计算机科学是密不可分的，实际上，通信技术中的很多设备就是一台专用的计算机。另外，各种工业制造也离不开计算机。例如，将来的汽车、飞机中的大量部件都是由计算机构成的。未来一部汽车的主要成本可能不是车身、轮子、发动机，而是其中的微处理器芯片和软件。从科学的角度说，计算机科学与生物学的关系会越来越密切。最近二三十年是以微电子、信息技术为标志的科技浪潮。下一次科技浪潮将是以生物技术为标志的科学的飞跃。而与以生物信息学为代表的生物与计算机科学的交叉学科正在蓬勃兴起。目前计算机用的几乎都是半导体集成电路，但现在人们也在努力研究基于其他材料的计算机，如超导计算机、光学计算机、生物计算机等。网络的出现极大地改变了生活，也使得计算机技术走进千家万户。它的发展前景十分美好。但是，在科学研究中经常会遇到意想不到的困难，当前计算机科学的主要问题表现在以下三方面：

（1）复杂性的问题。计算机科学的实质是动态的复杂性问题。一个芯片的晶体管有上亿甚至几十亿个，这个数目已和大脑里的神经元的数目一样多，如何保证这样一个复杂的系统能够正常地工作而不出现错误，这已不止是一般的测量能够解决的问题了。

（2）功耗的问题。根据摩尔定律，大约每隔一年半，芯片的性能翻一番，但是性能翻一番可能会造成功耗也翻一番。功耗越大，放热越多。所以，如何在提高性能的同时不增大功耗甚至减小功耗是当前计算机科学发展的重大问题。功耗问题极为复杂，由于集成电路的微型化，将来的工艺达到0.1μm以下，这时的单位面积上的热量已经极高了。所以在计算机科学发展的早期就有一位著名的科学家说过，计算机科学是制冷的科学。

（3）智能化的问题。现在网上有很多信息，如何让计算机把这些信息变成所需要的知识，这是一件很困难的事情。这不是说简单地打开一个网站，在其中能搜索到与输入的字符匹配的内容，而是说计算机要将收集到的知识系统化。

1.3.4 计算机科学的人文特性

计算机科学的人文特性是计算机科学教育和人文教育有机融合的产物。人文主义教育的基本精神是强调人性的培育和理性的养成，促使个人在智慧、道德和身体方面的和谐发展。科学人文主义教育就是用科学人文主义的理念和追求，来塑造、养育内心和谐且与他人、社会、自然和谐的人。它既进行科学教育，又进行人文教育，它把两者融合在一起，同时引导和满足人的两种需要和追求，促进人身心的和谐全面发展。计算机学科与其他学科，在知识传承面上的文化功能是相似的。它们都无一例外地担负着传授学科基本知识、学科一般逻辑的职责。它对学生的教育功能应该不止是“计算机”的，更是“文化”的。计算机课程的学习不应简单地归结于工具性、应用性，而应将它放在广阔的社会文化背景中加以研究。何谓文化？从广义上来讲，文化是指人类在社会历史实践过程中所创造的物质财富和精神财富的总和。而狭义的文化则指社会的精神文化，包括哲学、宗教、科学、技术、艺术、社会心理、风俗习惯等，是一个包含多层次、多方面内容的统一体。

时代最重要的技术进步就是电子计算机和网络技术的广泛应用，不论对经济生活而言，还是对文学艺术来说，都是如此。网络技术的应用普及，正是推动世界各民族交往、促使各民族日益融合的重要技术力量。在现今的大科学时代，许多重大问题的解决依赖于多学科多方面力量的协作，协作里就需要一种人文素质和人文精神：尊重人、理解人，创造宽松、和谐、民主的环境等。科学技术也预示着、包含着某些更开放的人文精神。科学技术的发展提供了一个观察整个世界的更大的视野，使人知道面对整个宇宙要谦虚。人虽然重要，但也不是唯一的存在。科学技术的发展使我们重新定位自己，进而使我们拥有一个开放的人文价值观念。科技还提供新的创造性的道德规范、提供更多的材料与创造形式供艺术创作。它还使我们可以采取更有效的行动来建造一个更美好的世界。

人类社会的发展日益依赖科学技术的进步，但片面重视科学技术所引发的弊端也日益暴露出来，各种危机或潜伏，或暴露，人们不得不对科技的发展和人自身的发展予以反思。越来越多的人认识到：科学技术并不可怕，世界所面临的种种危机，从根本上讲并不是由科学技术本身所造成的。而且，科学技术的确是整个社会进步的基石和重要的推动力。其实，人自身的危机才是最根本的，也是最可怕、最危险的，人的危机——道德危机、精神危机、文化危机才是世界所面临的所有危机的总根源。因此，解决人类面临的全球性危机的出路并不在于抵制、销毁科学技术，也不是只能回到物质匮乏的贫穷时代，而在于人自身的革命，在于人性觉醒、人文复兴，在于对人的需求、理想、使命、价值、行为等进行重新思考和把握，在于重新光大人文主义精神。人们开始日益普遍而急切地追求着用人道主义的价值标准去统驭和引导人的世界的健全发展。这里，从未停止过抗争和发展的人文主义开始重显它的价值，并在人们的呼唤中迅速复兴。

科学发展的原动力就是人的好奇心，追求窥知事物乃至世界的奥秘，渴望了解未知的世界是人的天性。不论是科学家还是诗人，都有着或保持着强烈的好奇心。好奇心打开了人们想象的世界和探索的世界。所以，好奇心既是一种科学精神，也是一种人文精神。

追求真善美是人的天性。发展和升华这种天性，并使之理性化始终是人文主义及人文教育的重要目标，而追求正是科学的使命。真和美又像一对孪生姐妹，追求到真，也就体验到美。在追求真的过程中，如果体验不到美，科学家的研究是难以为续的。

1.4 计算机科学的内容

作为一个学科，计算机科学的含义是什么？计算机科学研究的基本问题是什么？本节从这些问题入手进行阐述，总结出计算机科学与技术专业的课程体系，使学生了解本专业今后可能有哪些后续课程的学习，对自己以后 4 年的专业学习有一个总体把握。

1.4.1 计算机科学的含义和基本问题

一般来说，计算机科学是对描述和变换信息的算法过程的系统研究，包括其理论、分析、设计、效率分析、实现和应用。计算机科学的基本问题如下：

① 什么能（有效地）自动进行？

② 什么不能（有效地）自动进行？

计算机科学来源于对数理逻辑、计算模型、算法理论、自动计算机器的研究，形成于 20

世纪 30 年代后期。

有一种观点认为：计算机科学等于程序设计。这显然是错误的。在计算领域中，有许多活动并不是程序设计，例如硬件设计、体系结构、操作系统结构、数据库应用等。

程序设计是本学科主要的实践活动的一部分，不可否认它对计算机科学的重要性，每一个计算工作者必须有一定的程序设计能力，但这并不意味着本学科就建立在程序设计的基础之上，也不意味着导引性的课程必须是程序设计方面的课程。不同的程序设计方法和技术，是从不同的角度对程序及其设计和产生的过程的特性、规律进行观察，经抽象和分析得出的。

程序设计语言是涉足本领域特色的工具。作为一门学科，高级语言和程序设计确实对计算机科学的发展产生了巨大的影响。程序设计方法和技术在各个时期的发展不仅导致了一大批风格各异的高级语言的诞生，而且许多思想、方法和技术不仅在语言中得到体现，而且渗透到计算机科学的各个方面，从理论、硬件、软件到计算机应用技术等多方面深刻地影响了计算机科学的发展。因此，程序设计必须作为核心课程的一部分，并把程序设计语言作为涉足计算机学科重要特色的有用媒介。

1.4.2　计算机的应用及研究领域

计算机的应用领域已渗透到社会的各行各业，正在改变着传统的工作、学习和生活方式，推动着社会的发展。计算机的主要应用领域如下。

1．科学计算（或数值计算）

科学计算是指利用计算机来完成科学研究和工程技术中提出的数学问题的计算。在现代科学技术工作中，科学计算问题是大量的和复杂的。利用计算机的高速计算、大存储容量和连续运算的能力，可以实现人工无法解决的各种科学计算问题。

例如，建筑设计中为了确定构件尺寸，通过弹性力学导出一系列复杂方程，长期以来由于计算方法跟不上而一直无法求解。而计算机不但能求解这类方程，并且引起弹性理论上的一次突破，出现了有限单元法。

2．数据处理（或信息处理）

数据处理是指对各种数据进行收集、存储、整理、分类、统计、加工、利用、传播等一系列活动的统称。据统计，80%以上的计算机主要用于数据处理，这类工作量大面宽，决定了计算机应用的主导方向。

数据处理从简单到复杂已经历了以下 3 个发展阶段：

① 电子数据处理（Electronic Data Processing，EDP），它是以文件系统为手段，实现一个部门内的单项管理。

② 管理信息系统（Management Information System，MIS），它是以数据库技术为工具，实现一个部门的全面管理，以提高工作效率。

③ 决策支持系统（Decision Support System，DSS），它是以数据库、模型库和方法库为基础，帮助管理决策者提高决策水平，改善运营策略的正确性与有效性。

目前，数据处理已广泛地应用于办公自动化、企事业计算机辅助管理与决策、情报检索、图书管理、电影电视动画设计、会计电算化等各行各业。信息正在形成独立的产业，多媒体技术使信息展现在人们面前的不仅是数字和文字，也有声情并茂的声音和图像信息。

3. 辅助技术（或计算机辅助设计与制造）

计算机辅助技术包括CAD、CAM和CAI等。

① 计算机辅助设计（Computer Aided Design，CAD）。计算机辅助设计是利用计算机系统辅助设计人员进行工程或产品设计，以实现最佳设计效果的一种技术。它已广泛地应用于飞机、汽车、机械、电子、建筑和轻工等领域。例如，在电子计算机的设计过程中，利用CAD技术进行体系结构模拟、逻辑模拟、插件划分、自动布线等，从而大大提高了设计工作的自动化程度。又如，在建筑设计过程中，可以利用CAD技术进行力学计算、结构计算、绘制建筑图纸等，这样不但提高了设计速度，而且可以大大提高设计质量。

② 计算机辅助制造（Computer Aided Manufacturing，CAM）。计算机辅助制造是利用计算机系统进行生产设备的管理、控制和操作的过程。例如，在产品的制造过程中，用计算机控制机器的运行，处理生产过程中所需的数据，控制和处理材料的流动以及对产品进行检测等。使用CAM技术可以提高产品质量，降低成本，缩短生产周期，提高生产率和改善劳动条件。

将CAD和CAM技术集成，实现设计生产自动化，这种技术被称为计算机集成制造系统（CIMS）。它的实现将真正做到无人化工厂（或车间）。

③ 计算机辅助教学（Computer Assisted Instruction，CAI）。计算机辅助教学是利用计算机系统使用课件来进行教学。课件可以用制作工具或高级语言来开发制作，它能引导学生循序渐进地学习，使学生轻松自如地从课件中学到所需要的知识。CAI的主要特色是交互教育、个别指导和因人施教。

4. 过程控制（或实时控制）

过程控制是利用计算机及时采集检测数据，按最优值迅速地对控制对象进行自动调节或自动控制。采用计算机进行过程控制，不仅可以大大提高控制的自动化水平，而且可以提高控制的及时性和准确性，从而改善劳动条件、提高产品质量及合格率。因此，计算机过程控制已在机械、冶金、石油、化工、纺织、水电、航天等部门得到广泛的应用。

例如，在汽车工业方面，利用计算机控制机床、控制整个装配流水线，不仅可以实现精度要求高、形状复杂的零件加工自动化，而且可以使整个车间或工厂实现自动化。

5. 人工智能（或智能模拟）

人工智能（Artificial Intelligence）是计算机模拟人类的智能活动，诸如感知、判断、理解、学习、问题求解和图像识别等。现在人工智能的研究已取得不少成果，有些已开始走向实用阶段。例如，能模拟高水平医学专家进行疾病诊疗的专家系统、具有一定思维能力的智能机器人等。

6. 网络应用

计算机技术与现代通信技术的结合构成了计算机网络。计算机网络的建立，不仅解决了一个单位、一个地区、一个国家中计算机与计算机之间的通信，各种软、硬件资源的共享，也大大促进了国际间的文字、图像、视频和声音等各类数据的传输与处理。

1.4.3 计算机专业课程体系介绍

计算机科学与技术专业是一个综合性很强、不断发展变化的学科。国家对 IT 人才的需求规格也随社会的不断发展而充实新的内容。只有具有较强专业知识和较高综合素质的人才才能满足社会的需求，才能适应本专业发展的变化。

计算机科学与技术专业教学计划可以划分为公共基础课、学科基础课、专业基础课、专业课、专业选修课、跨专业选修课等。

① 公共基础课：包含政治、军事、法学、外语、数学、物理等。

② 学科基础课：包含计算机科学导论、高级语言程序设计及相关专业课程，如电路原理、模拟电子技术基础、离散数学等。

③ 专业基础课：包含数字逻辑、汇编语言程序设计、数据结构、计算机组成原理等。

④ 专业课：包含计算机系统结构、微机原理及接口技术、操作系统、编译原理、数据库系统原理、软件工程、计算机网络原理等。

⑤ 专业选修课：包含 XML 技术、计算机安全、嵌入式系统应用、电子商务基础、网络集成技术、Web 技术、软件体系结构、数据挖掘等。

⑥ 跨专业选修课：包含文艺、历史、管理、经济等人文、社会、经济管理等方面的课程。

"计算机科学导论"是一门非常重要的针对一年级学生的入门性、引导性基础课。它主要从学生学习中普遍关心的问题出发，就学科特点、学科形态、历史渊源、发展变化、典型方法、学科知识组织分类体系、各年级课程重点以及如何认识计算机科学、如何学好计算机科学等问题，从科学哲学和高级科普的角度去回答学生的疑问，将学生正确地引入计算机科学与技术领域。在本课程教学中，既有理论教学，又有实验课时；既要讲授专业知识，又要介绍哲学、历史、数学、物理等方面的知识，对专业入门与素质提高起到了很好的促进作用。

1.5 计算机科学与技术专业人才的知识与素质

随着知识的指数型积累，学科交叉越来越多，科学技术呈现出综合发展趋势，人们开始从人类的需要和社会的整体发展来思考教育与人才培养问题。

所谓"人才"，即具有扎实的专业知识和坚实的综合素质的专家。"知识"与"素质"相结合的培养模式在不断发展与实践之中。知识与素质是辩证统一的，知识是基础，没有丰富的知识，就不可能有高的素质；高的素质可使知识更好地发挥作用，没有良好的素质，就不可能高质量地完成工作。

1.5.1 专业人才的知识与素质

近几年来，各大学在计算机科学与技术专业的教学实践中，一直注重专业教学与素质教育相结合，将培养学生的创新能力作为主要目标。

计算机科学与技术专业人才的知识与素质应该体现在以下几个方面。

1. 思想道德素质

① 主要是建立正确的人生观、世界观和道德观。包括政治理论知识、军事理论知识、法

学知识、伦理道德知识。

② 身体心理素质，包括文化艺术、历史等知识。

③ 业务素质：扎实的基础理论知识和丰富的专业知识，以及运用综合知识解决问题的能力反映了专业人才的业务素质。此外，严谨求实的科学态度、一丝不苟的工作作风、勇于探索的进取精神也是成功人士所必需的素质，包括数学物理知识、专业知识、外语知识、相关专业知识。

④ 文化素质：专业人才也应对本民族和国外的文化有一定了解，这样才能成为一个全面发展的人才。

对于计算机科学与技术专业人才的培养，还应注重思维方式的培养、典型方法的掌握和综合素质的培养，鼓励学生的创造性思维，鼓励探索式、研究式和批判式学习。边研究边学习，不仅能学会解决问题，而且能学会提出问题。批判式学习不仅可以多方位、多视角思考问题和发现问题，同时能培养学生独立思维的习惯，崇尚解放思想、实事求是的价值观。

计算机科学是一个具有很强的实践性的学科，所以必须重视实验在学习中的作用。实验教学是学科教学过程中的重要环节。这些实验集中反映了各技术课程的典型方法和技术，对加深课堂学习的内容有重要意义，能够培养学生将来毕业后在实际工作中结合具体研究内容，依靠理论指导开展实验工作的能力，逐步形成理论与实践相结合的工作作风。在校期间也可让学生参加科研项目，在研究过程中培养创新能力。低年级学生偏重于基本技能和基本方法的培养，高年级学生应偏重于分析、设计与系统开发的培养。

1.5.2 专业领域名人的影响力

在计算技术发展的过程中有很多人前赴后继，刻苦钻研，忘我工作，这些人的知识与素质是值得称道的。不管这些人在计算技术发展史上是否留下了光辉灿烂的一页，作为后来人，不应该忘记他们。作为计算机科学与技术的专业人士，更应该记住前人为计算技术的发展所做出的贡献，以此来激发学习热情，增强专业信念。下面选编了两篇名人简介与读者共勉。

1. 冯·诺依曼简介

1903年，冯·诺依曼（见图1-4）出生于匈牙利的布达佩斯，他从小就显示出多方面的天才，不到18岁，就和辅导老师合写了一篇数学论文。他精通7门语言，为其从事科学研究奠定了深厚的基础。几乎在获得布达佩斯大学数学博士学位的同时，兴趣广泛的冯·诺依曼又通过了苏黎世高等技术学院化学方面的学士学位考试。博学多才的冯·诺依曼在理论科学和技术科学方面都有较高的造诣。

图1-4 冯·诺依曼

他的早期工作主要涉及纯数学领域，但他并不仅仅关心纯数学的进展。他坚信在现代文明社会中对基础学科的评价会降低，技术永不停息的发展对人类社会的推动作用会大大加强。因此，他特别关注物理科学和技术科学的发展状况，努力发掘使用现代数学方法的潜在威力。

1944年的夏天，一个偶然的机会，冯·诺依曼得知莫尔小组正在研制电子计算机。当时，他正参加第一颗原子弹的研制工作，面临着原子核裂变反应过程中的大量计算问题。这些问题涉及数十亿初等算术运算和初等逻辑指令，所有中间的和细节的运算都必须相当精确。为此，曾有成百名计算员一天到晚用台式计算机演算，结果还是不能令人满意。作为弹道研究所和洛斯·阿拉莫斯科学研究所的顾问，冯·诺依曼一直在寻找解决计算问题的新方法。因此，当听到制造电子计算机的消息后，他大为惊喜，随即专程到莫尔学院参观了还未竣工的 ENIAC 。科学家的洞察力以及深厚的科学素养，使他立刻觉察到了电子计算机应用的广阔前景。这位著名的数学家毫不犹豫地投入到成败未卜的新型计算机的设计工作中，并迅速成为这一领域的带头人。

正是在冯·诺依曼的带领下，从 1944 年 8 月到 1945 年 6 月短短 10 个月的时间内，计算机的设计工作获得了巨大的进展。人们定期在莫尔学院举行学术会议，提出各种报告，许多富有创见的思想接二连三地涌现出来。经过严肃的争论和激烈的交锋，形成全新的科学思想，前所未有的存储程序通用电子计算机方案——EDVAC 方案就这样问世了。这份浸透了科学家们的智慧和心血的报告草案共 101 页，它明确规定新型计算机有 5 个组成部分：计算器（CA）；逻辑控制装置（CC）；存储器（M）；输入（I）；输出（O）。并详细描述了这 5 个部分的职能和相互关系。同 ENIAC 相比，EDVAC 方案有两个重大改进：为充分发挥电子元件的高速度而采用了二进制；提出了“存储程序”，可以自动地从一个程序指令进到下一个程序指令，其作业顺序可以通过一种称为“条件转移”的指令自动完成。长达 101 页的 EDVAC 方案是计算机发展史上的一个划时代的文献。在这个方案中，首次提出了存储程序的概念，解决了第一台电子计算机 ENIAC 的重大缺陷。也正是在这一方案中，提出了现代计算机发展的基本体系结构，从而奠定了现代计算机的发展基础。由于冯·诺依曼的巨大声望和荣誉，他的参与使得计算机的研制工作受到社会上的广泛重视，从而为计算机的迅猛发展开辟了道路。

2. 英国著名的数学家和科学家图灵

存储程序的概念是计算机发展史上的又一座丰碑。长期以来，人们一直认为这一重要概念是冯·诺依曼和 ENIAC 小组最先提出来的。然而，冯·诺依曼从来没有说过存储程序型计算机的概念是他最先提出的。相反，他不止一次地指出，图灵是现代计算机设计思想的提出者。

图灵是英国著名的数学家和科学家，他深刻的思维能力和非凡的创造力使人们不能不承认他是一个天才。在他短暂的 42 年的人生旅途中，他获得了来自各个方面的崇高荣誉和极大声望。图灵生于 1912 年，1931 年进入剑桥大学学数学，毕业后留校任教。

1936 年，年仅 24 岁的图灵便提出了理想计算机——图灵机的理论。图灵机由三部分组成，包括一条带子、一个读写头和一个控制装置。他证明存在一种图灵机，它能模拟任何给定的图灵机，这就是通用图灵机。通用图灵机把程序和数据都以数码的形式存储在纸带上，是“存储程序”型的，这种程序能把高级语言写出的程序翻译成机器语言的程序。通用图灵机实际上是现代通用数字计算机的数学模型。这个理论是在第一台电子计算机问世的 10 年前提出的，这就不能不让人感叹图灵思想的深刻与超前。特别值得指出的是，图灵提出理想计算机的理论，其目的并不是为了研制某种具体的计算机，而是为了解决线性数学的一个基础理论问题。也就是说，图灵关于计算机的种种设想都是在抽象的纯粹的理论思维领域进行的。他涉及的是现代计算机工作的基本理论问题，而不仅仅是实际制造和操作。

正是因为图灵研究的是计算机技术的深层理论问题，他才比其同代人更早地发现计算机理论研究的新情况、新问题。图灵1950年发表的《计算机能思考吗》一文在西方世界引起了巨大反响，并掀起了关于机器能否思维这样一场激烈的争论。就在这篇论文中，图灵设计了一个闻名于世的“图灵测验”，即一个人在不接触对象的情况下，同对象进行一系列的问答。如果他根据这些回答无法判断对象是人还是机器，那么就可以认为这个计算机具有与人相当的智力。目前，还没有一台计算机能通过图灵测验。但是，图灵认为在理论上有可能存在这样的机器，它们能做某些非常接近于思维的事情。图灵预言20世纪末将会制造出与人脑的活动方式极为相似的机器。

作为计算机理论的先驱，图灵的思想已远远走在时代的前面。然而，图灵本人也并没有远离计算机的研制工作。在第二次世界大战中，图灵曾在英国外交部所属的一个绝密机构服役。这个机构的主要任务是破译德军的密码。现在发现的资料表明，在1943年，这个机构曾制造出一台有1 500个电子管的破译密码的专用电子计算机。这台机器采用了图灵机的某些概念，破译了德国的很多密码，在战争中发挥了重大作用。从英国政府20世纪70年代透露出来的一些文件来看，很可能世界上第一台电子计算机不是ENIAC，而是与图灵有关的计算机。只是这种计算机的许多资料至今仍然是保密的，因此，就给人们留下了一个未解的谜。图灵退役以后，来到英国国家物理研究所工作。在那里，他积极参与了自动计算机ACE的研制工作。1945年，图灵提供了一份长达50页打字纸的ACE设计说明书。在这份报告中，他提出了仿真系统的思想，而带有仿真系统的计算机直至20世纪70年代才被制造出来。两年以后，在一份关于人工智能的内部报告中，图灵又提出了不少令人感兴趣的概念。其中，关于自动程序设计的思想是20年后发展起来的人工智能研究的重要课题。一般认为，现代计算机的基本概念源于图灵。也正是为了纪念图灵对计算机理论与研究的卓越贡献，美国计算机学会设立的一年一度的计算机大奖，是以图灵的名字来命名的。如图1-5所示是图灵与图灵机。

图1-5 图灵与图灵机

习 题

一、选择题

1. 第一台电子计算机的型号是（ ）。

A. EDVAC B. ENIAC C. EDSAC D. UNIVAC

2. 从长远来看，使用计算机的目的是（ ）。

A. 生成报告 B. 能够登录因特网

C. 处理数据以产生信息 D. 成为懂计算机的人

3. 第一代计算机的特点是（ ）。
   A. 电子管和磁鼓　　B. 磁带和晶体管
   C. 小型计算机　　D. 以上都不是
4. 当计算机由一代发展到另一代时，以下（ ）项关于计算机的信息不正确（ ）。
   A. 计算机尺寸减小　　B. 计算机成本下降
   C. 处理速度加快　　D. 内存/存储器容量减少
5. 冯·诺依曼的贡献在于（ ）。
   A. 设计了第一台电子计算机　　B. 使美国人口普查局实现了办公自动化
   C. 存储程序概念　　D. 发明了微处理器

二、填空题

1. 追根溯源，电子计算机是由________发展而来的。
2. ________是计算机发展史上值得纪念的一个日子。人类历史上第一台现代电子计算机________诞生。
3. 数学家冯·诺依曼提出了重大的改进理论，主要有两点：其一是电子计算机应该以________为运算基础，其二是电子计算机应采用________方式工作，并且进一步明确指出了整个计算机的结构应由5个部分组成：________、控制器、________、输入装置和________。
4. 计算机科学是以________和电子科学为基础、理论与________相结合的一门新兴学科。
5. 一般来说，计算机科学是对描述和变换信息的算法过程的系统研究，包括其________、分析、设计、效率分析、________和________。

三、简答题

1. 计算机是如何产生和发展起来的？
2. 计算机科学的含义是什么？
3. 计算机的发展有哪几个阶段？
4. 计算机学科的研究领域有哪些？如何确定自己的专业方向？
5. 计算机科学与技术专业人才的知识与素质应该如何培养？

第2章 数据存储

信息是人们对客观世界的认识，即对客观世界的一种反映，是经过加工后的数据，是数据处理的结果。它对接收者的决策具有价值。数据是表达现实世界中各种信息的一组可以记录、可以识别的记号或符号。它是信息的载体，是信息的具体表现形式。

数据形式可以是字符、符号、表格、声音、图像等。数据有两种形式：一种形式为人类可读形式的数据，简称人读数据；另一种形式是机器可读形式的数据，简称机读数据，例如：印刷在物品上的条形码，录制在磁带、磁盘、光盘上的数码，穿在纸带和卡片上的各种孔等。简而言之，一切可以被计算机加工、处理的对象都可以被称为数据，数据能被送入计算机加以处理，得到满足人们需要的结果。

数据经过解释并赋予一定的意义后，便成为信息。计算机系统并不能存储信息，只能存储数据。数据是信息的表现形式，而信息是对数据的解释，或者说信息是经过加工后的有特定含义的数据。

在今天的计算机中，数据以二进制的形式表现，以0、1的模式编码并保存在计算机中。计算机采用二进制，运算器运算的是二进制数，控制器发出的各种指令也表示成二进制形式，存储器中存放的程序和数据也是二进制形式，在网络上进行数据通信时发送和接收的还是二进制形式。显然，在计算机内部到处都是由0和1组成的数据流。

2.1 数制及其转换

数制是人们对数量计数的一种统计规律。它是用一组固定的数字符号和一套统一的规则来表示数目的方法。

2.1.1 进位计数制

按照进位方式计数的数制叫做进位计数制。十进制就是一种进位计数制，任何数制都有它生存的原因。人类的屈指计数沿袭至今，由于日常生活中大都采用十进制计数，因此对十进制最习惯。而对于十六进制，十六可被平分的次数较多（16、8、4、2、1），如今在某些场合（如中药、金器的计量单位）还在沿用这种计数方法。日常生活中广泛使用的是十进制，而数字系统中使用的是二进制。

十进制采用0、1、…、9共10个基本数字符号，进位规律是“逢十进一”。当用若干个数字符号并在一起表示一个数时，处在不同位置的数字符号，其值的含义不同。如：

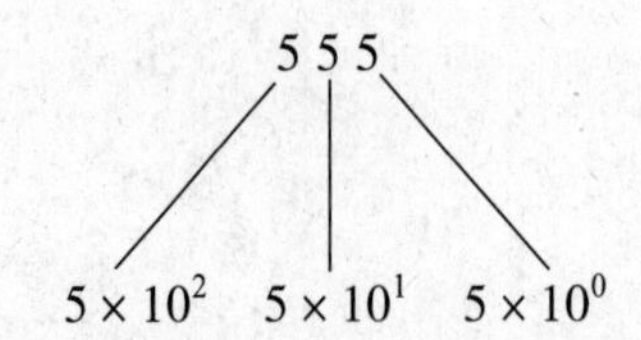

同一个字符 5 从左到右所代表的值依次为 500、50、5。即

$$(555)_{10} = 5\times10^2+5\times10^1+5\times10^0$$

广义地说，一种进位计数制包含基数和位权两个基本因素。

① 基数：指计数制中所用到的数字符号的个数。在基数为 R 的计数制中，包含 0、1、…、$R-1$ 共 R 个数字符号，进位规律是“逢 R 进一”，称为 R 进位计数制，简称 R 进制。

② 位权：指在某一种进位计数制表示的数中，用来表明不同数位上数值大小的一个固定常数。不同数位有不同的位权，某一个数位的数值等于这一位的数字符号乘上与该位对应的位权。R 进制数的位权是 R 的整数次幂。例如，十进制数的位权是 10 的整数次幂，其个位的位权是 10^0，十位的位权是 10^1，依此类推。

1．十进制（Decimal）

十进制的数码：0，1，2，3，4，5，6，7，8，9。

十进制的基数：10，其含义是“逢十进一，借一当十”。

十进制的位权：10^N，N 由数字所在的位置决定。

十进制数$(24858.65)_{10}=2\times10^4+4\times10^3+8\times10^2+5\times10^1+8\times10^0+6\times10^{-1}+5\times10^{-2}$

一般地，对于任何一个十进制数 N，都可以用位置计数法和多项式表示法写为如下形式：

$$\begin{aligned}(N)_{10} &= a_{n-1}a_{n-2}\cdots a_1a_0\,.\,a_{-1}a_{-2}\cdots a_{-m}\\ &= a_{n-1}\times10^{n-1}+a_{n-2}\times10^{n-2}+\cdots+a_1\times10^1+a_0\times10^0+a_{-1}\times10^{-1}\\ &\quad +a_{-2}\times10^{-2}+\cdots+a_{-m}\times10^{-m}\\ &= \sum_{i=-m}^{n-1}(a_i\times10^i)\end{aligned}$$

上述十进制数的表示方法也可以推广到任意进制数。对于一个基数为 R（$R\geqslant2$）的 R 进制计数制，数 N 可以写为如下形式：

$$\begin{aligned}(N)_R &= a_{n-1}a_{n-2}\cdots a_1a_0\,.\,a_{-1}a_{-2}\cdots a_{-m}\\ &= a_{n-1}\times R^{n-1}+a_{n-2}\times R^{n-2}+\cdots+a_1\times R^1+a_0\times R^0+a_{-1}\times R^{-1}\\ &\quad +a_{-2}\times R^{-2}+\cdots+a_{-m}\times R^{-m}\\ &= \sum_{i=-m}^{n-1}a_iR^i\end{aligned}$$

2．二进制（Binary）

二进制的数码：0，1。

二进制的基数：2，其含义是“逢二进一，借一当二”。

二进制的位权：2^N。

二进制数 $(111010.01)_2=1\times2^5+1\times2^4+1\times2^3+0\times2^2+1\times2^1+0\times2^0+0\times2^{-1}+1\times2^{-2}$

任何一个二进制数，都可表示为如下形式：

$$
\begin{aligned}
(N)_2 &= a_{n-1}a_{n-2}\cdots a_1a_0\,.\,a_{-1}a_{-2}\cdots a_{-m} \\
&= a_{n-1}\times 2^{n-1} + a_{n-2}\times 2^{n-2} + \cdots + a_1\times 2^1 + a_0\times 2^0 + a_{-1}\times 2^{-1} \\
&\quad + a_{-2}\times 2^{-2} + \cdots + a_{-m}\times 2^{-m} \\
&= \sum_{i=-m}^{n-1} a_i 2^i
\end{aligned}
$$

二进制数的算术运算规则如表 2-1 所示。

表 2-1 二进制四则运算规则表

加 法 规 则	0+0=0	0+1=1	1+0=1	1+1=0（进位为 1）
减 法 规 则	0−0=0	1−0=1	1−1=0	0−1=1（借位为 1）
乘 法 规 则	0×0=0	0×1=0	1×0=0	1×1=1
除 法 规 则	0÷1=0	1÷1=1		

【例 2.1】二进制数 A=11001，B=101，则 $A+B$、$A-B$、$A\times B$、$A\div B$ 的运算分别如下所示：

```
   1 1 0 0 1          1 1 0 0 1
 +     1 0 1        -     1 0 1
 -----------        -----------
   1 1 1 1 0          1 0 1 0 0
-----------------------------------------
   1 1 0 0 1                1 0 1
 ×     1 0 1           ____________
 -----------     1 0 1 / 1 1 0 0 1
   1 1 0 0 1             - 1 0 1
 0 0 0 0 0               ---------
+1 1 0 0 1                   1 0 1
 -------------              -1 0 1
 1 1 1 1 1 0 1               -----
                                 0
```

【例 2.2】二进制数 A=1101.01，B =1001.11，C=1101，D =110，E=11011，F=101，则 $A+B$、$A-B$、$C\times D$、$E\div F$ 的运算分别如下所示：

```
  1101.01     1101.01      1101          101…商
 +1001.11    -1001.11   ×   110        ______
 --------    --------   -------   101 / 11011
 10111.00     0011.10      0000         101
                          1101          ----
                         1101            111
                        -------          101
                        1001110          ----
                                          10…余数
```

二进制的逻辑运算规则如表 2-2 所示。

表 2-2 3 种基本逻辑关系真值表

名 称	逻辑表达式	真 值 表		
		A	B	C
与	$C=A\cdot B$	0	0	0
		0	1	0

续上表

名　　称	逻辑表达式	真 值 表		
		A	B	C
与	$C=A\cdot B$	1	0	0
		1	1	1
或	$C=A+B$	0	0	0
		0	1	1
		1	0	1
		1	1	1
非	$C=\overline{A}$	0		1
		1		0

逻辑是指“条件”与“结论”之间的关系，逻辑运算是指对“因果关系”进行分析的一种运算，运算结果并不表示数值大小，而是表示逻辑概念，成立还是不成立。

计算机中的逻辑关系是一种二值逻辑，逻辑运算的结果只有“真”和“假”两个值。二值逻辑很容易用二进制的“0”和“1”来表示，一般用“1”表示真，用“0”表示假。逻辑值的每一位表示一个逻辑值，逻辑运算是按对应位进行运算的，每位之间相互独立，不存在进位和借位关系，运算结果也是逻辑值。

基本逻辑运算有“或”、“与”和“非”3种。其他复杂的逻辑关系都可以由这3个基本逻辑关系组合而成。

① 逻辑“或”。用于表示逻辑“或”关系的运算，称为“或”运算。“或”运算符可用+、OR、∪或∨表示。

逻辑“或”的运算规则如下：

0+0=0　　0+1=1　　1+0=1　　1+1=1

即两个逻辑位进行“或”运算，只要有一个为“真”，逻辑运算的结果就为“真”。

【例 2.3】如果 A=1001111，B=1011101，求 $A+B$。

解：

```
    1001111
OR  1011101
-----------
    1011111
```

结果：$A+B$=1001111+1011101=1011111

② 逻辑“与”。用于表示逻辑“与”关系的运算，称为“与”运算。“与”运算符可用AND、·、×、∩和∧表示。

逻辑“与”的运算规则如下：

0×0=0　　0×1=0　　1×0=0　　1×1=1

两个逻辑位进行“与”运算，只要有一个为“假”，逻辑运算的结果就为“假”。

【例 2.4】如果 A=1001111，B=1011101，求 $A \times B$。

解：

$$\begin{array}{r} 1001111 \\ \underline{\text{AND}\ 1011101} \\ 1001101 \end{array}$$

结果：$A \times B$=1001111×1011101=1001101

③ 逻辑“非”。“非”逻辑实现逻辑否定，即进行“求反”运算，常在逻辑变量上加一横线表示。例如，A 非写成 $\overline{A}$。

“非”运算规则如下：

$\overline{1}=0$　$\overline{0}=1$

对于二进制数进行“非”运算，就是对它的各位按位求反。表 2-2 列出了上述 3 种基本逻辑关系真值。

【例 2.5】设 X=01001011，求 $\overline{X}$=?

解：$\overline{X}=\overline{01001011}$=10110100

二进制的优点：运算简单，物理实现容易，存储和传送方便、可靠。

因为二进制中只有 0 和 1 两个数字符号，可以用电子器件的两种不同状态来表示一位二进制数（例如，可以用晶体管的截止和导通表示 1 和 0，或者用电平的高和低表示 1 和 0 等）所以，在数字系统中普遍采用二进制。

二进制的缺点：数的位数太长且字符单调，使得书写、记忆和阅读不方便。

为了克服二进制的缺点，人们在进行指令书写、程序输入和输出等工作时，通常采用八进制数和十六进制数作为二进制数的缩写。

3. 八进制（Octal）

八进制的数码：0，1，2，3，4，5，6，7。

八进制的基数：8，其含义是“逢八进一，借一当八”。

八进制的位权：8^N

八进制数$(376.4)_8 = 3\times8^2+7\times8^1+6\times8^0+4\times8^{-1}=(254.5)_{10}$

任何一个八进制数也可以表示为如下形式：

$$(N)_8 = \sum_{i=-m}^{n-1} a_i 8^i$$

4. 十六进制（Hexadecimal）

十六进制的数码：0，1，2，3，4，5，6，7，8，9，A，B，C，D，E，F。

十六进制的基数：16，其含义是“逢十六进一，借一当十六”。

十六进制的位权：16^N。

十六进制数：$(3AB.11)_{16}=3\times16^2+10\times16^1+11\times16^0+1\times16^{-1}+1\times16^{-2}=(939.066\,4)_{10}$

任何一个十六进制数，也可以表示为如下所示：

$$(N)_{16} = \sum_{i=-m}^{n-1} a_i 16^i$$

2.1.2 数制间的转换

同一个数可采用不同的计数体制来表示，各种数制表示的数一定可以相互转换。各种数制表示形式之间的转换方法，最基本的是十进制与二进制之间的转换，八进制和十六进制可以借助二进制来实现相应的转换；转换时要特别注意分整数部分和小数部分分别进行转换。如表 2-3 所示为十进制数与二进制、八进制、十六进制数对照表。

表 2-3 十进制数与二进制、八进制、十六进制数对照表

十进制	二进制	八进制	十六进制	十进制	二进制	八进制	十六进制
0	0000	00	0	8	1000	10	8
1	0001	01	1	9	1001	11	9
2	0010	02	2	10	1010	12	A
3	0011	03	3	11	1011	13	B
4	0100	04	4	12	1100	14	C
5	0101	05	5	13	1101	15	D
6	0110	06	6	14	1110	16	E
7	0111	07	7	15	1111	17	F

数制转换的实质：一个数从一种进位制表示形式转换成等值的另一种进位制表示形式，其实质为权值转换。

相互转换的原则：转换前后两个有理数的整数部分和小数部分必定分别相等。

1. 二进制、八进制、十六进制转换为十进制

方法：按权展开求和。

$(102.57)_{10}=1\times10^2+0\times10^1+2\times10^0+5\times10^{-1}+7\times10^{-2}$

（1）二进制转换为十进制

$(1011.01)_2=(1\times2^3+0\times2^2+1\times2^1+1\times2^0+0\times2^{-1}+1\times2^{-2})_{10}$

（2）八进制转换为十进制

$(467)_8$=467O$=4\times8^2+6\times8^1+7\times8^0=(311)_{10}$=311D

（3）十六进制转换为十进制

$(1A.AF)_{16}=1\times16^1+A\times16^0+A\times16^{-1}+F\times16^{-2}=(26.68)_{10}$=26.68D

2. 二进制、八进制、十六进制之间的转换

（1）二进制数与八进制数间的转换

转换方法：由于八进制基数 $R=8=2^3$，故必须用 3 位二进制数构成 1 位八进制数码，将二进制数转换成八进制数时，首先从小数点开始，将二进制数的整数和小数部分每 3 位分为一组，不足 3 位的分别在整数的最高位前和小数的最低位后加“0”补足，然后每组用等值的八进制码替代，即得目的数。反之，则可将八进制数转换成二进制数。

【例 2.6】$(1011.0101)_2=(001\ 011.010\ 100)_2=(13.24)_8$

$(46.7)_8=(100110.111)_2$

（2）二进制数与十六进制数间的转换

转换方法：与上述相仿，由于十六进制基数 $R=16=2^4$，故必须用 4 位二进制数构成 1 位十六进制数码，同样采用分组对应转换法，所不同的是此时每 4 位为一组，不足 4 位同样用“0”补足。

【例 2.7】$(10010.01)_2=(0001\ 0010.0100)_2=(12.4)_{16}$

$(79B.FC)_{16}=(11110011011.111111)_2$

3．十进制转换为二进制

将一个十进制数转换为二进制数可以分以下两个步骤完成：

① 整数部分：除以 2 取余法，直到商为零为止，先余为低位，后余为高位。

② 小数部分：乘以 2 取整法，直到小数部分为零或到达给定的精度为止，先整为高位，后整为低位。

【例 2.8】把十进制数 89.6875 转换为二进制数。

解：可以采用如下方法：

整数部分：用“除以 2 取余法”先求出与整数 89 对应的二进制数。

```
2|89   …… 1  ↑ 第一个余数为二进制的最低位
 2|44  …… 0  |
  2|22 …… 0  |
  2|11 …… 1  |
   2|5 …… 1  |
   2|2 …… 0  |
   2|1 …… 1  | 最后一个余数为二进制的最高位
     0
```

得出二进制整数部分为$(1011001)_2$。

理解了十进制整数转换成二进制整数的方法以后，理解十进制整数转换成八进制或十六进制就很容易了。十进制整数转换成八进制整数的方法是“除以 8 取余法”，十进制整数转换成十六进制整数的方法是“除以 16 取余法”。

小数部分：用“乘以 2 取整法”求出小数部分。

```
   0.6875
 ×      2
 --------
   1.3750   取出整数1  | 第一个整数为二进制的最高位
   0.3750              |
 ×      2              |
 --------              |
   0.7500   取出整数0  |
 ×      2              |
 --------              |
   1.5000   取出整数1  |
   0.5000              |
 ×      2              |
 --------              ↓
      1.0   取出整数1  最后一个整数为二进制的最低位
```

得出二进制小数部分为$(0.1011)_2$。

整数部分和小数部分结合得到十进制数 89.6875 的二进制数：

$(89.6875)_{10}=(1011001.1011)_2$

注意一个现象，十进制小数转换为二进制小数并不一定都能精确完成，这个道理读者可自己思考。

理解了十进制小数转换成二进制小数的方法以后，理解十进制小数转换成八进制小数或十六进制小数就很容易了。十进制小数转换成八进制小数的方法是“乘以 8 取整法”，十进制小数转换成十六进制小数的方法是“乘以 16 取整法”。

2.2 计算机中的信息表示

在计算机系统中信息是以位存储方式表现的。位（Bit）是计算机中最小的数据单位，是二进制的一个数位。计算机中最直接、最基本的操作就是对二进制位的操作。

计算机中二进制数据的常用单位有位、字节和字。

字节（Byte）简写为 B，是计算机中用来表示存储空间大小的基本容量单位。人们采用 8 位为 1 字节，即 1 字节由 8 个二进制数位组成。

计算机内存的存储容量、磁盘的存储容量等都是以字节为单位表示的。除用字节为单位表示存储容量外，还可以用千字节（KB）、兆字节（MB）以及吉字节（GB）等表示存储容量。它们之间存在下列换算关系：

1B=8bit

1KB=1 024B=2^{10} B

1MB=1 024KB=2^{10}KB=2^{20} B=1 024×1 024B

1GB=1 024MB=2^{10}MB=2^{30} B=1 024×1 024KB

1TB=1 024GB=2^{10}GB=2^{40} B=1 024×1 024MB

要注意位与字节的区别：位是计算机中的最小数据单位，字节是计算机中的基本信息单位。

字（Word）是指计算机中作为一个整体被存取、传送、处理的二进制数字符串，一个字由若干个字节组成，不同的计算机系统中字的长度是不同的，常见的有 8 位、16 位、32 位、64 位等。每个字中二进制位数的长度，称为字长。字长越长，计算机一次处理的信息位就越多。字长是计算机性能的一个重要指标。目前主流微型计算机字长是 32 位。

注意字与字长的区别，字是单位，而字长是指标，指标需要用单位去衡量。正像生活中质量与千克的关系，千克是单位，质量是指标，质量需要用千克加以衡量。

计算机中处理的数据分为数值型数据和非数值型数据两大类。数值型数据指能进行算术运算的数据。非数值数据指文字、图像等不能进行算术运算的数据。本节将介绍数值信息在计算机中的表示；文本（包括英文字符和汉字字符）信息在计算机中的表示；图形、图像及声音等多媒体信息在计算机中的表示。

2.2.1 数值信息在计算机中的表示

数值型数据指能进行算术运算（加、减、乘、除四则运算）的数据，即通常所说的“数”。数在计算机内的表示，要涉及数的长度和符号如何确定、小数点如何表示等问题。

1. 整数的表示

在计算机内部，数据是以二进制的形式存储和运算的。以一个字节为例，假设该字节表示无符号的正整数，那么，90 的表示形式如下：

0	1	0	1	1	0	1	0

由于计算机只能直接识别和处理用0、1两种状态表示的二进制形式的数据，所以在计算机中无法按人们日常的书写习惯用正、负号加绝对值来表示数值。而与数字一样。需要用二进制代码0和1来表示正、负号。这样，在计算机中表示带符号的数值数据时，数符和数据均采用0、1进行代码化。这种采用二进制表示形式的连同数符一起代码化了的数据，在计算机中统称为机器数或机器码。而与机器数对应的用正、负号加绝对值来表示的实际数值称为真值。一般数的正、负用高位字节的最高位来表示，定义为符号位，用“0”表示正数。“1”表示负数，例如，在计算机中用8位二进制表示一个有符号整数+90，其格式为：

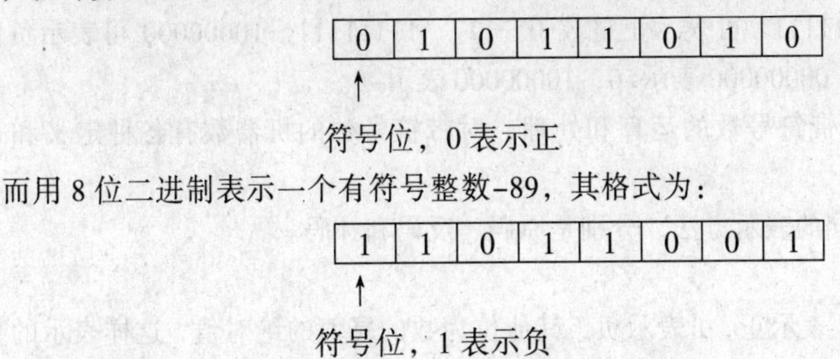

而用8位二进制表示一个有符号整数-89，其格式为：

在计算机内部，数字和符号都用二进制码表示，两者合在一起构成数的机内表示形式，机器数是二进制数在计算机内的表示形式。机器数可分为无符号数和带符号数两种。无符号数是指计算机字长的所有二进制位均表示数值；带符号数是指机器数分为符号和数值部分，且均用二进制代码表示。

可以看出，计算机中表示的数是有范围的。在无符号整数中，所有二进制位全部用来表示数的大小，有符号整数用最高位表示数的正、负号，其他位表示数的大小。如果用一个字节表示一个无符号整数，则其取值范围是0～255（2^8-1）；表示一个有符号整数，则能表示的最大正整数为01 111 111（最高位为符号位），即最大值为127，其取值范围-128～+127（-2^7～$+2^7-1$）。

运算时，若数值超出机器数所能表示的范围，就会产生异常而停止运算和处理，这种现象称为溢出。

表2-4列出了8位、16位、32位的无符号正整数及带符号整数的范围。

表2-4　数的表示范围

数 的 位 数	无符号正整数范围	带符号整数的范围
8	0～255	-128～127
16	0～65 535	-32 768～32 767
32	0～4 294 967 295	-2 147 483 648～2 147 483 647

【例2.9】分别写出机器数10011001作为无符号整数和带符号整数对应的真值。

解：10011001 作为无符号整数时，对应的真值是 10011001（二进制）=153（十进制）。

10011001 作为带符号整数时，其最高位的数码1代表符号“-”，所以与机器数10011001对应的真值是 -0011001（二进制）=-25（十进制）。

综上所述，可知机器数有如下特点：

① 数的符号采用二进制代码化，0代表“+”，1代表“-”。通常将符号的代码放在数据

的最高位。

② 小数点本身是隐含的，不占用存储空间。

③ 每个机器数数据所占的二进制位数受计算机硬件规模的限制，与计算机字长有关。超过计算机字长的数值要舍去。

例如，如果要将 $x=+0.101100111$ 在字长为 8 位的计算机中表示为一个单字长的数，则只能表示为 01011001，最低两位的两个 1 无法在计算机中表示。

因为机器数的长度是由计算机硬件规模规定的，所以机器数表示的数值是不连续的。例如，8 位的二进制无符号数可以表示 256 个整数：00000000～11111111 可表示 0～255；8 位二进制带符号数中，00000000～01111111 可表示正整数 0～127，11111111～10000000 可表示负整数 –127～0；共 256 个数，其中 00000000 表示+0，10000000 表示–0。

在计算机中，为了方便带符号数的运算和处理，对带符号数的机器数有各种定义和表示方法。

机器数在机内有 3 种不同的表示方法，分别是原码、反码和补码。

（1）原码

用首位表示数的符号，0 表示正，1 表示负，其他位为数的真值的绝对值，这样表示的数就是数的原码。

例如：$X=(+105)$ $[X]_{原}=(01101001)_2$

$Y=(-105)$ $[Y]_{原}=(11101001)_2$

0 的原码有两种，即： $[+0]_{原}=(00000000)_2$

$[-0]_{原}=(10000000)_2$

原码的表示规律：正数的原码是它本身，负数的原码是真值取绝对值后，在最高位（左端符号位）填“1”。

原码简单、易懂，与真值转换起来很方便。但是若两个相异的数相加和两个同号的数相减就要做减法，就必须判别这两个数中哪一个数的绝对值大，用绝对值大的数减绝对值小的数，运算结果的符号就是绝对值大的那个数的符号，这样操作比较麻烦，运算的逻辑电路实现起来比较复杂。

为了克服原码的上述缺点，引进了反码和补码表示法。补码的作用在于能把减法运算转化成加法运算，现代计算机都采用补码形式的机器数。

原码的特点如下：

① 原码表示直观、易懂，与真值的转化容易。

② 原码表示中的 0 有两种不同的表示形式，给使用带来了不便。通常 0 的原码用 $[+0]_{原}$ 表示，若在计算过程中出现了 $[-0]_{原}$，则需要用硬件将 $[-0]_{原}$ 变为 $[+0]_{原}$。

③ 原码表示加减运算复杂。利用原码进行两数相加运算时，首先要判别两数的符号，若同号则做加法，如异号则做减法。在利用原码进行相减时，不仅要判别两数绝对值的符号，使得同号相减，异号相加，还要判别两数绝对值的大小，用绝对值大的数减去绝对值小的数，取绝对值大的数的符号为结果符号。可见原码表示不便于实现加减运算。

（2）反码

反码使用得较少，它只是补码的一种过渡。所谓反码，就是对负数特别处理一下，将其原码除符号位外，逐位取反所得的数，而正数的反码则与其原码形式相同。用数学式描述为如下形式：

$$[X]_{反}=\begin{cases} X & 2^{n-1}>X\geqslant 0 \\ 2^n-1-|X| & 0>X>-2^{n-1} \end{cases}$$

正数的反码与其原码相同，负数的反码求法是，符号位不变，其余各位按位取反，即0变成1，1变成0。例如：

$[+65]_{原}=(01000001)_2$　　$[+65]_{反}=(01000001)_2$

$[-65]_{原}=(11000001)_2$　　$[-65]_{反}=(10111110)_2$

0的反码有两种，即　　$[+0]_{反}=(00000000)_2$

$[-0]_{反}=(11111111)_2$

（3）补码

补码能够化减法为加法，实现类似于代数中的 $X-Y=X+(-Y)$ 运算，便于电子计算机电路的实现。

对于 n 位计算机，某数 x 的补码定义为如下形式：

$$[X]_{补}=\begin{cases} X & 2^{n-1}>X\geqslant 0 \\ 2^n-|X| & 0>X\geqslant -2^{n-1} \end{cases}$$

即正数的补码等于正数本身，负数的补码等于模（即 2^n）减去它的绝对值，即用它的补数来表示。在实际中，补码可用如下规则得到：

① 若某数为正数，则补码就是它的原码；

② 若某数为负数，则将其原码除符号位外，逐位取反（即0变1，1变0），末位加1。

【例2.10】对于8位二进制表示的整数，求：+91，-91，+1，-1，+0，-0的补码。

解：8位计算机，模为 2^8，即二进制数100000000，相当于十进制数256。

$X=(+91)_{10}=(+1011011)_2$　　$[X]_{补}=(01011011)_2$

$X=(-91)_{10}=(-1011011)_2$　　$[X]_{补}=100000000-01011011=(10100101)_2$

$X=(+1)_{10}=(+0000001)_2$　　$[X]_{补}=(00000001)_2$

$X=(-1)_{10}=(-0000001)_2$　　$[X]_{补}=100000000-0000001=(11111111)_2$

$X=(+0)_{10}=(+0000000)_2$　　$[X]_{补}=(00000000)_2$

$X=(-0)_{10}=(-0000000)_2$　　$[X]_{补}=(00000000)_2$

反过来，将补码转换为真值的方法如下：

① 若符号位为0，则符号位后的二进制数就是真值，且为正；

② 若符号位为1，则将符号位后的二进制序列逐位取反，末位加1，所得结果即为真值，符号位为负。

【例2.11】求 $[11111111]_{补}$ 的真值。

解：第一步：除符号位外，每位取反，得10000000。

第二步：再加1，得到原码为 $(10000001)_2$，真值为 $(-0000001)_2$。

在计算机中，补码运算遵循以下基本规则：

$[x\pm y]_{补}=[x]_{补}\pm[y]_{补}$

它的含义如下：

① 两个补码加减，结果也是补码；

② 运算时，符号位同数值部分作为一个整体参加运算，如果符号有进位，则舍去进位。

【例 2.12】求$(32-10)_{10}$。

解：$(32)_{10}=(+0100000)_2$　　$[32]_{补}=(00100000)_2$

　　$(-10)_{10}=(-0001010)_2$　　$[-10]_{补}=(11110110)_2$

$$
\begin{array}{lr}
 & [32]_{补}\quad 00100000 \\
+ & [-10]_{补}\quad 11110110 \\
\hline
 & \boxed{1}00010110
\end{array}
$$

自动丢弃

所以，$(32-10)_{10}=(00010110)_2=(+22)_{10}$

2．实数的表示

实数有整数部分也有小数部分。实数机器数的小数点的位置是隐含规定的。若约定小数点的位置是固定的，这就是定点表示法；若给定小数点的位置是可以变动的，则称为浮点表示法。它们不但关系到小数点的问题，而且关系到数的表示范围、精度以及电路的复杂程度。

（1）定点数

对于带有小数的数据，小数点不占二进制位，而是隐含在机器数里某个固定位置上，这样表示的数据称为定点数。通常采取两种简单的约定：一种是约定所有机器数的小数的小数点位置隐含在机器数的最低位之后，叫做定点纯整数机器数，简称定点整数，例如

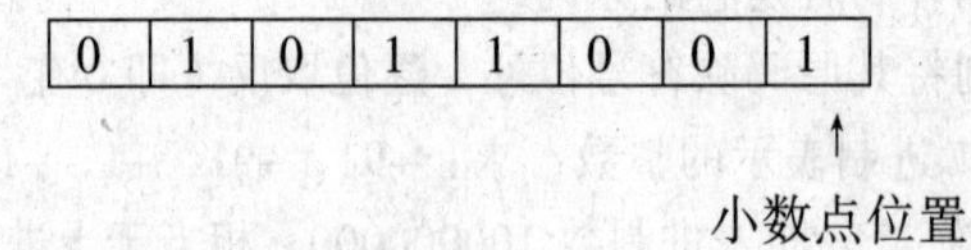

若有符号位，符号位仍在最高位。因小数点隐含在数的最低位之后，所以上数表示+1 011 001B。另一种是约定所有机器数的小数点隐含在符号位之后、有效部分最高位之前，即定点纯小数机器数，简称定点小数，例如：

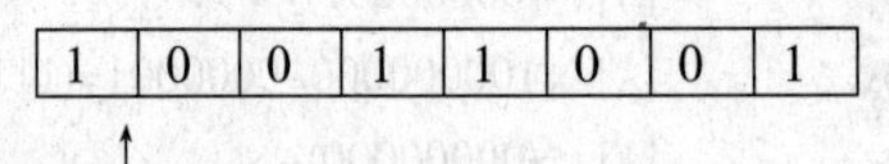

小数点位置

最高位是符号，小数点在符号位之后，所以上数表示 −0.0011001B。

无论是定点整数，还是定点小数，都可以有原码、反码和补码 3 种形式。例如定点小数：

1	1	1	1	0	0	0	0

如果这是一个原码表示的定点小数，$[X]_{原}=(11110000)_2$，则 $X=(-0.1110000)_2=(-0.875)_{10}$；如果这是一个补码表示的定点小数，$[X]_{补}=(11110000)_2$，则$[X]_{原}=(10010000)_2$，则 $X=(-0.0010000)_2=(-0.125)_{10}$。

（2）浮点数

计算机多数情况下采用浮点数表示数值，它与科学计数法相似，把一个二进制数通过移动小数点位置表示成阶码和尾数两部分：

$$N = 2^E \times S$$

其中：E——N 的阶码，是有符号的整数。

S——N 的尾数，是数值的有效数字部分，一般规定取二进制定点纯小数形式。

例如：$(0011101)_2=2^{+5}\times 0.11101$，$(101.1101)_2=2^{+3}\times 0.1011101$，$(0.01011101)_2=2^{-1}\times 0.1011101$

浮点数的格式如下：

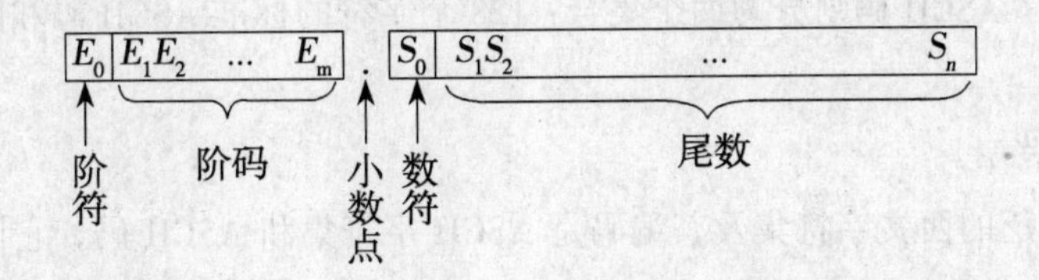

浮点数由阶码和尾数两部分组成，底数 2 在机器数中不出现，是隐含的。阶码的正负符号 E_0，在最前位，阶反映了数 N 小数点的位置，常用补码表示。二进制数 N 小数点每左移一位，阶增加 1。尾数是浮点小数，常取补码或原码，码制不一定与阶码相同，数 N 的小数点右移一位，在浮点数中表现为尾数左移一位。尾数的长度决定了数 N 的精度。尾数符号叫做尾符，是数 N 的符号，也占一位。

【例 2.13】写出二进制数$(-101.1101)_2$的浮点数形式，设阶码取 4 位补码，尾数是 8 位原码。

$$-101.1101=-0.1011101\times 2^{+3}$$

浮点形式为：

阶码 0011　　尾数 11011101

补充解释：阶码 0011 中的最高位“0”表示指数的符号是正号，后面的“011”表示指数是“3”；尾数 11011101 的最高位“1”表明整个小数是负数，余下的 1011101 是真正的尾数。

浮点数运算后结果必须转化成规格化形式，所谓规格化，是指对于原码尾数来说，应使最高位数字 $S_1=1$，如果不是 1 且尾数不是全 0，就要移动尾数直到 $S_1=1$，阶码相应地发生变化，即保证 N 值不变。

【例 2.14】计算机浮点数格式为：阶码部分用 4 位（阶符占一位）补码表示；尾数部分用 8 位（数符占一位）规格化补码表示，写出 $x=(0.0001101)_2$ 的规格化形式。

解：

$x=0.0001101=0.1101\times 10^{-3}$

又$[-3]_{补}=[-011]_{补}=[1011]_{补}=(1101)_2$

所以规格化浮点数形式如下：

1	101	0	1101000

2.2.2　字符信息的编码

计算机中的信息包括数据信息和控制信息，数据信息又可分为数值和非数值信息。非数值信息和控制信息包括字母、各种控制符号、图形符号等，它们都以二进制编码方式存入计算机并得以处理，这种对字母和符号进行编码的二进制代码称为字符代码（Character Code）。

计算机中常用的字符编码有 ASCII 码（American Standard Code for Information Interchange，美国标准信息交换码）和 EBCDIC 码（扩展的 BCD 交换码）。ASCII 码：美国（国家）标准信息交换（代）码，一种使用 7 个或 8 个二进制位进行编码的方案，最多可以给 256 个字符（包括字母、数字、标点符号、控制字符及其他符号）分配（或指定）数值。ASCII 码于 1968 年提出，用于在不同计算机硬件和软件系统中实现数据传输标准化，在大多数的小型机和全部的个人计算机中都使用此码。ASCII 码划分为两个集合：128 个字符的标准 ASCII 码和附加的 128 个字符的扩充 ASCII 码。

1. 文本的编码

目前使用最广泛的西文字符集及其编码是 ASCII 字符集和 ASCII 码，它同时也被国际标准化组织（International Organization for Standardization，ISO）批准为国际标准。基本的 ASCII 字符集共有 128 个字符，其中有 96 个可打印字符，包括常用的字母、数字、标点符号等，另外还有 32 个控制字符。标准 ASCII 码使用 7 个二进位对字符进行编码，对应的 ISO 标准为 ISO646 标准。如表 2-5 所示为基本 ASCII 字符集及其编码。

表 2-5 ASCII 表

代码	字符	代码	字符	代码	字符	代码	字符	代码	字符
32		52	4	72	H	92	\	112	p
33	!	53	5	73	I	93	]	113	q
34	"	54	6	74	J	94	^	114	r
35	#	55	7	75	K	95	_	115	s
36	$	56	8	76	L	96	`	116	t
37	%	57	9	77	M	97	a	117	u
38	&	58	:	78	N	98	b	118	v
39	'	59	;	79	O	99	c	119	w
40	(	60	<	80	P	100	d	120	x
41	)	61	=	81	Q	101	e	121	y
42	*	62	>	82	R	102	f	122	z
43	+	63	?	83	S	103	g	123	{
44	,	64	@	84	T	104	h	124	|
45	–	65	A	85	U	105	i	125	}
46	.	66	B	86	V	106	j	126	~
47	/	67	C	87	W	107	k		
48	0	68	D	88	X	108	l		
49	1	69	E	89	Y	109	m		
50	2	70	F	90	Z	110	n		
51	3	71	G	91	[	111	o		

字母和数字的 ASCII 值的记忆是非常简单的。只要记住一个字母或数字的 ASCII 值（例如记住 A 为 65，0 的 ASCII 值为 48），知道相应的大小写字母之间相差 32，就可以推算出其余字母、数字的 ASCII 码。虽然标准 ASCII 码是 7 位编码，但由于计算机基本处理单位为字节（1B=8B），

所以一般仍以一个字节来存放一个 ASCII 字符。每一个字节中多余出来的一位（最高位）在计算机内部通常保持为 0（在数据传输时可用做奇偶校验位）。下面的例子是将 6 个字节的 ASCII 转换为报文 Hello，如图 2-1 所示。

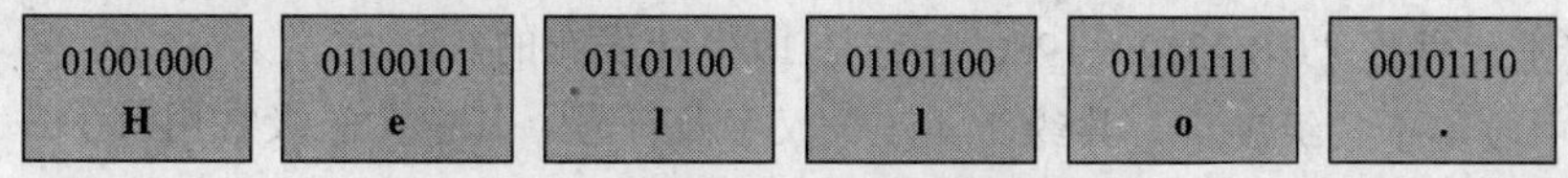

图 2-1　报文 Hello 的 ASCII 码

由于标准 ASCII 字符集字符数目有限，在实际应用中往往无法满足要求。为此，国际标准化组织又制定了 ISO2022 标准，它规定了在保持与 ISO646 兼容的前提下，将 ASCII 字符集扩充为 8 位代码的统一方法。ISO 陆续制定了一批适用于不同地区的扩充 ASCII 字符集，每种扩充 ASCII 字符集分别可以扩充 128 个字符，这些扩充字符的编码均为高位为 1 的 8 位代码（即十进制数 128～255），称为扩展 ASCII 码。

2. 汉字的编码

英文是拼音文字，ASCII 码的基本字符可以满足英文处理的需要，编码采用一个字节，实现和使用起来都比较容易，而汉字是象形文字，种类繁多，编码比较困难。在汉字信息处理中涉及的部分编码及流程如图 2-2 所示。

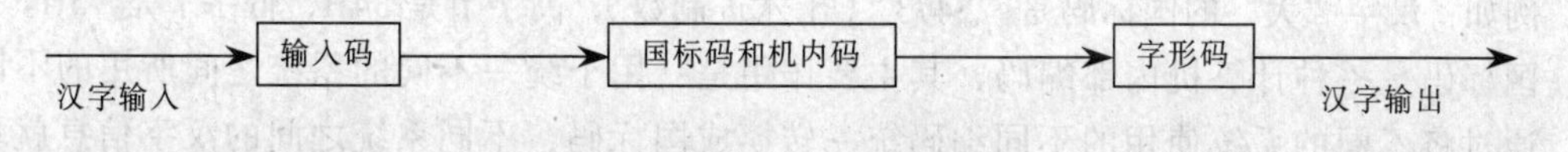

图 2-2　汉字处理流程

（1）汉字输入编码

由于计算机最早是由西方国家研制开发的最重要的信息输入工具——键盘是面向西文设计的，一个或两个西文字符对应着一个按键，非常方便。但汉字是大字符集，专用汉字输入键盘难以实现。汉字输入编码是指采用标准键盘上按键的不同排列组合来对汉字的输入进行编码的，目前汉字的输入编码方案有几百种之多，常用的输入法大致分为如下两类：

① 音码。音码主要是以汉语拼音为基础的编码方案，如全拼、双拼、自然码、智能 ABC 输入法、紫光拼音输入法等，其优点是与中国人的习惯一致，容易学习。但由于汉字同音字很多，输入的重码率很高，因此在字音输入后还必须在同音字中进行查找选择，影响了输入速度。有些输入法有词组输入和联想的功能，在一定程度上弥补了这方面的缺陷。

② 形码。形码主要是根据汉字的特点，按照汉字固有的形状，把汉字先拆分成部首，然后进行组合。代表性输入法有五笔字型输入法、郑码输入法等。五笔字型输入法需要记住字根、学会拆字和形成编码，使用熟练后可实现较高的输入速度，适合专业录入人员，目前使用比较广泛。

一般来讲，能够被接受的编码方案应具有下列特点：易学习、易记忆、效率高（按键次数少）、重码少、容量大（包含汉字的字数多）等。到目前为止，还没有一种在所有方面都很好的编码方法。为了提高输入速度，输入方法走向智能化是目前研究的内容，未来的智能化方向是基于模式识别的语音输入识别、手写输入识别和扫描输入。

不管采用何种输入法，都是操作者向计算机输入汉字的手段，而在计算机内部，汉字都是以机内码的形式表示的。

（2）汉字国标码和机内码

国家标准汉字编码简称国标码。该编码集的全称是“信息交换用汉字编码字符集——基本集”，国家标准代号是“GB 2312—1980”，它是1980年发布的。

国标码中收集了二级汉字，共约7 445个汉字及符号。其中，一级常用汉字3 755个，汉字的排列顺序为拼音字典序；二级常用汉字3 008个，排列顺序为偏旁序；还收集了682个图形符号。一般情况下，该编码集中的二级汉字及符号已足够使用。

为了编码，将汉字分成若干个区，每个区中有94个汉字，区号和位号构成了区位码。例如，“中”字位于第54区48位，区位码为5448。为了与ASCII码兼容，将区号和位号各加32就构成国标码。

国标码规定：一个汉字用两个字节来表示，每个字节只用低7位，最高位均未作定义（见图2-3）。为了书写方便，常常用4位十六进制数来表示一个汉字。

b_7	b_6	b_5	b_4	b_3	b_2	b_1	b_0	b_7	b_6	b_5	b_4	b_3	b_2	b_1	b_0
0	×	×	×	×	×	×	×	0	×	×	×	×	×	×	×

图2-3 国标码的格式

例如：汉字“大”的国标码是“3473”（十六进制数），高字节是34H，低字节是73H。

国标码是一种计算机内部编码，其主要作用是：用于统一不同的系统之间所用的不同编码。通过将不同的系统使用的不同编码统一转换成国标码，不同系统之间的汉字信息就可以相互交换。

GB 2312广泛应用于我国通用汉字系统的信息交换及软、硬件设计中。例如，目前汉字字模库的设计都以GB 2312为准，绝大部分汉字数据库系统、汉字情报检索系统等软件也都以GB 2312为基础进行设计。

GB 1988《信息处理交换用的七位编码字符集》是非汉字代码标准，它仅能满足西文系统信息处理的需要。但是，许多汉字代码标准是在该标准的基础上扩充而来的，而且绝大多数汉字信息处理系统都既处理汉字信息，又处理西文或数字信息。GB 2312《信息交换用汉字编码字符集——基本集》是汉字代码标准，它与GB 1988兼容，两者都是国家标准。

在计算机系统中，汉字是以机内码的形式存在的，输入汉字时允许用户根据自己的习惯使用不同的输入码，进入系统后再统一转换成机内码存储。所谓机内码是国标码的另外一种表现形式（每个字节的最高位置1，见图2-4）。

b_7	b_6	b_5	b_4	b_3	b_2	b_1	b_0	b_7	b_6	b_5	b_4	b_3	b_2	b_1	b_0
1	×	×	×	×	×	×	×	1	×	×	×	×	×	×	×

图2-4 机内码（变形国标码）的格式

例如：汉字“大”的机内码是“B4F3”（十六进制数）。

其他的汉字编码方法有Unicode编码、GBK编码、BIG5汉字编码等。Unicode是一个国际编码标准，采用双字节编码统一表示世界上的主要文字。GBK编码是我国制定的新的中文编码扩展标准，共收录2.7万个汉字，编码空间超过150万个码位，并与GBK编码兼容，中文Windows能全面支持GBK内码。BIG5汉字编码是目前香港、台湾地区普遍使用的繁体汉字编码标准。

（3）汉字字形码

经过计算机处理后的汉字，如果需要在屏幕上显示出来或用打印机打印出来，则必须把汉字机内码转换成人们可以阅读的方块字形式。

每一个汉字的字形都必须预先存放在计算机内，一套汉字（例如GB 2312国际汉字字符集）的所有字符的形状描述信息集合在一起称为字形信息库，简称字库（font）。不同的字体（如宋体、仿宋、楷体、黑体等）对应着不同的字库。在输出每一个汉字的时候，计算机都要先到字库中去找到它的字形描述信息，然后把字形信息送去输出。

在计算机内汉字的字形主要有两种描述方法：点阵字形和轮廓字形。前者用一组排成方阵（16×16、24×24、32×32甚至更大）的二进制数字来表示一个汉字，1表示对应位置处是黑点，0表示对应位置处是空白。通常在屏幕上或打印机上输出的汉字或符号都是点阵表示形式。

点阵规模越大，字形越清晰美观，所占存储空间也越大。如16×16点阵每个汉字要占用32B（每字节可存放8个点信息），字库的空间就更大，一般当显示输出时才检索字库，输出字模点阵得到显示字形。点阵表示的汉字在字形放大后效果不佳，常出现锯齿。

轮廓字形表示方法比较复杂。它把汉字和字母、符号中的轮廓用矢量表示方法描述，当要输出汉字时，通过计算机的计算，由汉字字形描述生成所需大小和形状的点阵汉字。矢量化字形描述与最终汉字的大小、分辨率无关，可产生高精度的汉字输出。Windows中使用的TrueType字库采用的就是典型的轮廓字形表示方法。点阵字形和轮廓字形这两种类型的字库目前都被广泛使用。

2.2.3 多媒体信息在计算机中的表示

计算机除了能处理文字外，还能处理图形、图像、音频、视频等多媒体信息。这些多媒体信息虽然表现形式各不相同，但在计算机中都是以0和1的二进制代码表示的，这就需要对各种媒体信息进行不同的编码。

1. 图像在计算机中的表示

计算机应用不仅仅包括文本和数值数据，还有图像、音频和视频。表示图像的流行技术可以划分为两类：位图技术（bitmap technique）和矢量技术（vector technique）。利用位图技术，图像表示为一组点，每一组点称为一个像素（picture element，pixel）。因此，一个黑白图像就编码为一个表示图像各行像素的很长的位串，其中每一个位取值是1还是0则依赖于相对像素是黑还是白。大多数的传真机采用此方法。

位图现在泛指所有以像素的方式为图像编码的系统。例如，黑白照片，每个点由一组位（如8个）表示，这就使得许多灰色阴影可以表示出来。

将这种位图方法进一步扩展到彩色图像的应用上，每一个像素表示为一组位，用以显示该像素的外观。有两种方法很普及，其中一种为RGB编码，每个像素表示3种颜色成分，即红、绿、蓝，它们分别对应于光线的三原色。一个字节通常用来表示每一个颜色成分的亮度。因此，要表示原始图像中的一个单独像素，就需要3字节的存储空间。

一个较流行的可以替代简单RGB编码的方法是采用一个“亮度”成分和两个颜色成分。这时，像素亮点的“亮度”成分基本上是红、绿、蓝成分的总和。事实上，它是像素中白光的数量，但是现在不需要考虑这些细节。其他两个成分称为蓝色度和红色度，它们分别取决于在像素中所计算的像素亮度以及蓝或红光数量的差别。这 3 个成分合起来就包括了复制像素所需的信息。

利用亮度和色度成分进行图像编码这种方式的普及源于彩色电视领域，因为这种方法提供了可以同样兼容老式黑白电视接收器的彩色图像编码方式。的确，只需要对彩色图像的亮度成分编码就可以制造出图像的灰度形式。

位图技术的一个缺陷是，图像不能轻易调解到任意大小。基本上，增大图像的唯一途径就是变大像素，而这会使图像呈现颗粒状。这就是应用于数码相机的 “数字变焦”技术，与此相对的“光学变焦”是通过调整相机镜头得到的。矢量技术提供了一种方法，可以克服这种因比例缩放产生的问题。利用这种方法，可以将图像表示为一组直线和曲线。这种描述方法将这些直线和曲线绘制的细节留给了最终产生图像的设备，而不是要这个设备重现特定的像素模式。

如今字处理系统所产生的各种字体通常是利用矢量技术编码来提供字符大小的灵活性的，从而得到字体（scalable font）。例如，TrueType（由微软公司和苹果公司研制开发）是一种描绘如何绘制文本符号的系统。同样地，PostScript（由 Adobe 系统公司研制开发）提供了一种描绘字符以及一般图画数据的方法。矢量表示技术在计算机辅助设计（computer-aided design，CAD）系统中同样流行，CAD 是在计算机屏幕上显示和操作三维对象的绘制的一种软件。

2. 声音在计算机中的表示

为了便于计算机存储和操作，对音频信息进行编码的最常用的方法是，按有规律的时间间隔采样声波的振幅，并记录所得到的数值序列。例如，序列 0、1.5、2.0、1.5、2.0、3.0、4.0、3.0、0 可以表示这样一种声波，即它的振幅先增大，然后经短暂的减小，再回升至较高的幅度，接着又减回至 0。这种技术采用每秒 8 000 次的采样频率，已经在远程语音通信中广泛使用。通信一端的语言编码为数字值，表示每秒 8 000 次的声音振幅。这些数值接着通过通信线路传输到接收端，用来重现声音。

尽管每秒 8 000 次的采样频率似乎很快，但它还是满足不了音乐录制的高保真需要。为了实现今天音乐 CD 那样的重现声音质量，需要采用每秒 44 100 次的采样频率。每次采样得到的数据以 16 位的形式表示出来（32 位是用于立体声录制的）。因此，录制成立体声的每一秒音乐需要 100 多万个存储位。

乐器数字化接口（MIDI）是另外一种编码系统。它广泛应用于电子键盘的音乐合成器，用来制作视频游戏的声音以及网站的辅助音效。MIDI 是在合成器上编码产生音乐的指令，而不是对音乐本身进行编码，因此它避免了采样技术那样强大的存储容量要求。更精确地说，MIDI 是对什么乐器演奏什么音符以及多长时间进行编码，例如，单簧管演奏 D 音符 2 秒钟，可以编码为 3 个字节，这种编码方法比按照每秒 44 100 次采样频率需要 200 多万个二进制位来编码要好。

简言之，MIDI 可以看作是编码演奏乐谱的一种方法，而不是演奏本身。因此，MIDI“录制”的音乐在不同的合成器上演奏时声音可能是截然不同的。

习 题

一、填空题

1. 已知机器数，求原码。

   X=+1001001 $[X]_{原}$=________

   X=−1001001 $[X]_{原}$=________

2. 已知机器数，求反码。

   X=+1001001 $[X]_{反}$=________

   X=−1001001 $[X]_{反}$=________

3. 已知机器数，求补码。

   X=+1001001 $[X]_{补}$=________

   X=−1001001 $[X]_{补}$=________

4. 已知 X=+0110011,Y=−0101001，$[X+Y]_{补}$=________。

5. 已知 X=+0111001,Y=+1001101，$[X-Y]_{补}$=________。

二、简答题

1. 什么是数据？
2. 什么是信息？
3. 什么是数制？
4. 在 ASCII 码中，大写字母码和小写字母码之间的关系是什么？
5. 用 ASCII 码编码字符串：2+3=5。
6. 用补码计算下列各题。

   （1）3+2

   （2）−3+(−2)

   （3）7+(−5)

第 3 章 计算机硬件基础

计算机最重要的功能是处理信息，各种复杂的运算处理最终可分解为基本的算术运算与逻辑运算，这些运算都需要有一些基本的算术和逻辑运算元器件和运算部件来实现。

计算机的硬件是由有形的电子器件构成的，它包括运算器、存储器、控制器、输入和输出设备。传统上将运算器和控制器称为 CPU。存储程序按照地址顺序执行，这是冯·诺依曼体系计算机的工作原理，也是计算机自动化工作的关键。

存储器的要求是容量大，速度快，成本低，为了解决这三方面的矛盾，计算机采用多级存储体系结构，使之能够同时满足 CPU 高速的要求和用户大容量的要求。

外部设备大体分为输入设备、输出设备、外存储器、数据通信设备和过程控制设备。每一种设备都是在自己的设备控制器的控制下工作，而设备控制器则通过适配器（接口）和主机相连并受主机控制。

除此之外，本章将对运行在计算机硬件系统上指令的执行过程进行简单的介绍，并对不同的指令系统 RISC 和 CISC 进行阐述和对比。然后，对计算机硬件系统常用的汇编语言进行介绍，并与其他语言进行比较，从中可以了解到适用于硬件的编程语言的主要特征。最后，给出衡量个人计算机性能的技术指标。

3.1 数字逻辑基础

计算机系统的硬件是由许多逻辑器件组成的，它们一般可以分成组合逻辑器件和时序逻辑器件两大类。本节主要阐述计算机系统中一些基本的运算方法和实现这些运算方法的元器件和部件。

3.1.1 逻辑运算

如果某器件的输出状态仅与当时的输入状态有关，而与过去的输入状态无关，则称为组合逻辑器件，组合逻辑电路的基本单元为门电路，常用的组合逻辑器件有加法器、算术逻辑运算单元（ALU）、译码器等；如果逻辑器件的输出状态不但与当时的输入有关，而且还与电路在此刻以前的状态有关，则称为时序逻辑器件，时序逻辑器件内必须包含能存储信息的记忆元件（触发器），它是构成时序逻辑电路的基础，常用的时序逻辑器件有计数器、寄存器等。

数字系统或计算机中的基本运算包括算术运算和逻辑运算，它们都是二进制数字的位运算，是构成其他各种运算的基础。而逻辑运算中还包含基本逻辑运算和移位运算。其中，基本逻辑运算有与、或、非以及其他复合逻辑运算；移位运算则有算术移位、逻辑移位和循环移位等。

1．基本逻辑运算

如表 3-1 所示为 3 种基本的逻辑运算的运算规则。

表 3-1　3 种基本逻辑运算

"或"运算∨	"与"运算∧	"非"运算
0∨0＝0	0∧0＝0	$\overline{0}=1$
0∨1＝1	0∧1＝0	
1∨0＝1	1∧0＝0	$\overline{1}=0$
1∨1＝1	1∧1＝1	

【例 3.1】基本逻辑运算举例。

X=10101011，Y=11100001，

则 $X\wedge Y$=10100001；

X=10101011，Y=11100001，

则 $X\vee Y$=11101011；

X=1010，Y=1000，则 $\overline{X}=0101$，$\overline{Y}=0111$。

2．移位运算

逻辑运算中的另一大类运算就是移位运算，一般来说，算术左移一位后，在无溢出的情况下，其真值就为移位前的 2 倍，算术右移一位后，其真值应为移位前的 1/2。移位运算规则如下：

（1）算术移位（以补码为例）

① 算术右移：

如图 3-1（a）所示，算术右移的过程就是将所有数位右移，最低位被移出到 CF（标志寄存器中的进位标志位），最高位（符号位）仍保持不变，算术右移前后的数据变化如下：

右移前：$d_{n-1}d_{n-2}\ldots d_1d_0$　（d_{n-1} 为符号位）

右移后：$d_{n-1}d_{n-1}d_{n-2}\ldots d_2d_1$（$d_0$ 被移去，最左边加上符号位）

② 算术左移：

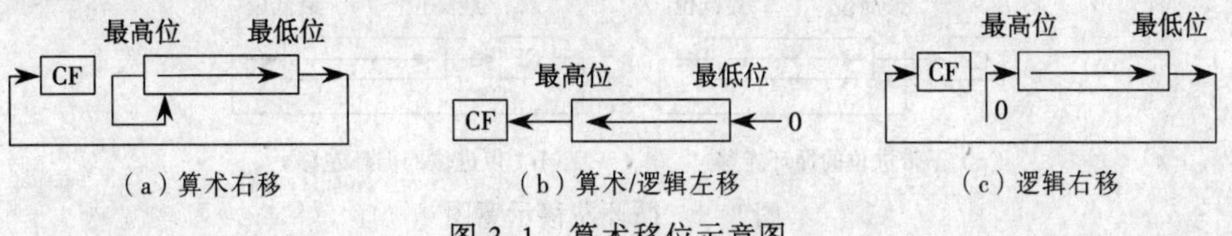

图 3-1　算术移位示意图

同样，如图 3-1（b）所示，算术左移则是将全部数据左移一位，最低位补 0，最高位（符号位）被移入 CF 进位标志位，算术左移前后的数据变化如下：

左移前：$d_{n-1}d_{n-2}\ldots d_1d_0$　（d_{n-1} 为符号位）

左移后：$d_{n-2}d_{n-3}\ldots d_0\,0$

如果没有发生溢出的话，算术左移一位之后的结果是原来数据的 2 倍，类似地，算术右移一位之后的结果是原来数据的 1/2。

（2）逻辑移位（逻辑数）

① 逻辑右移：

如图 3-1（c）所示，逻辑右移即将全部数位右移之后在最高位补 0，移位前后的数据变化如下：

右移前：$d_{n-1}d_{n-2}\ldots d_1d_0$

右移后：$0d_{n-1}d_{n-2}\ldots d_1$（$d_0$被移去，最左边加 0）

② 逻辑左移：

逻辑左移和算术左移过程相同。

左移前：$d_{n-1}d_{n-2}\ldots d_1d_0$

左移后：$d_{n-2}d_{n-3}\ldots d_0\,0$ （d_{n-1}被移去）

由上可知，逻辑移位和算术移位的区别就是在进行算术移位时，是将数据看作是带符号数，而逻辑移位时则是将数据看作是无符号数。由于移位之后的数据和原来的数据之间有倍数的关系，所以经常用来作简单的运算。例如要计算某个数×10 之后的结果，因为 $10 = 8+2 = 2^3+2^1$，所以，先分别将这个数据左移 3 位，和左移 1 位之后的结果相加就得到结果了。因为移位的速度快于乘法指令的速度，所以这样的计算将会有更高的效率。

（3）循环移位

① 循环右移：

a. 不带进位的循环右移，如图 3-2（a）所示。

b. 带进位的循环右移，如图 3-2（b）所示。

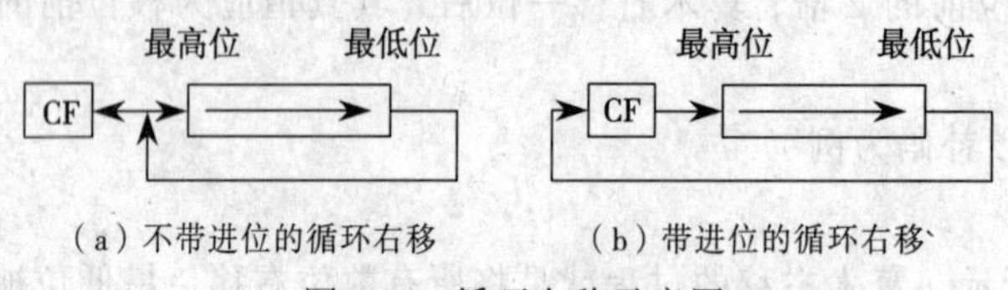

（a）不带进位的循环右移　（b）带进位的循环右移

图 3-2　循环右移示意图

② 循环左移：

a. 不带进位的循环左移，如图 3-3（a）所示。

b. 带进位的循环左移，如图 3-3（b）所示。

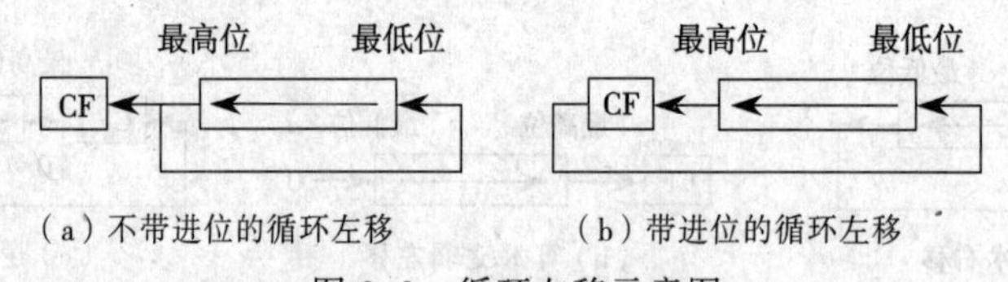

（a）不带进位的循环左移　（b）带进位的循环左移

图 3-3　循环左移示意图

可见，循环移位的主要特点就是移出的数位又被移入数据之中，而是否带进位则是看是否将进位标志位加入到循环移位中。例如，带进位的循环左移就是数据位连同进位标志位一起左移，数据的最高位移入进位标志位，而进位标志位则移入到数据的最低位。循环移位的操作特别适合将数据的低字节数据和高字节数据互换。

3.1.2 基本逻辑电路和逻辑部件

基本逻辑电路是由各种基本的逻辑门电路组成的。逻辑门电路是组成逻辑电路的最小单元，是构成组合逻辑电路的基本元器件；而触发器则是实现二进制数位的存储、记忆和变换的最小逻辑单元，是组成时序逻辑电路的基本逻辑器件。两者是逻辑电路用来实现各种逻辑功能的电路基础。

组合逻辑电路的基本单元为门电路；时序逻辑器件内必须包含能存储信息的记忆元件——触发器，它是构成时序逻辑电路的基础。

1. 基本逻辑门

基本逻辑门是指只有单一的逻辑功能的门电路，如或门、与门和非门等。

① 与门：实现的是逻辑与的运算，$F=A\wedge B$，逻辑符号如图 3-4（a）所示。

与门实现的是逻辑与的功能，这样的门电路的输入端可以多于两个，当输入端信号多于两个时，输出的信号就是多个输入信号之间相与的结果。以下各个门电路类似。

② 或门：实现的是逻辑或的运算，$F=A\vee B$，逻辑符号如图 3-4（b）所示。

或门是一种能够实现逻辑或运算的逻辑电路。或门的输入端同样可以多于两个。

③ 非门：实现的是逻辑非的运算，$F=\overline{A}$，逻辑符号如图 3-4（c）所示。

非门则只有一个输入端，输出端信息是输入端的逻辑求反的结果。

④ 与非门：实现的是逻辑与非的运算，$F=\overline{A\wedge B}$，逻辑符号如图 3-4（d）所示。

可以利用以上的 3 种门电路形成一些多种功能的、常用的门电路，例如与非门、异或门就是这样的门电路。与非门是将与门和非门联合起来组成的。它的运算规则如表 3-2 所示。它的输入端同样可以多于两个。对于全部的输入信号而言，只有当所有的输入信号都是 1 时，与非门的输出端的信号才会是 0。将与非门和与门相比较，不难发现，与非门是在与门的输出端加上了一个小圆圈，这表示求反，即“非”。

⑤ 异或门：实现的是逻辑异或的运算，$F=A\oplus B$，逻辑符号如图 3-4（e）所示。

异或门是一种能够实现异或逻辑运算规则的门电路，它的运算规则如表 3-2 所示。异或运算在计算机的运算中经常遇到。它的运算规则是当两个输入信号相异时，输出为 1，否则为 0。常用异或运算来判断数据是否相同。

表 3-2　与非和异或逻辑运算规则

与非运算	异或运算	与非运算	异或运算
$\overline{0\wedge 0}=1$	$0\oplus 0=0$	$\overline{1\wedge 0}=1$	$1\oplus 0=1$
$\overline{0\wedge 1}=1$	$0\oplus 1=1$	$\overline{1\wedge 1}=0$	$1\oplus 1=0$

在计算机的总线结构中还常常用到一种叫做三态门的门电路，如图 3-4（f）所示，由于它有 3 种输出状态而得名。除了 0、1 这样常见的两种正常的工作状态外，三态门还输出第三种状态：高阻抗状态，这种状态称为隔离状态，是三态门特有的，可以将总线的信号与主机或者是外部设备隔离开来，以保证数据传输的正确、有效。

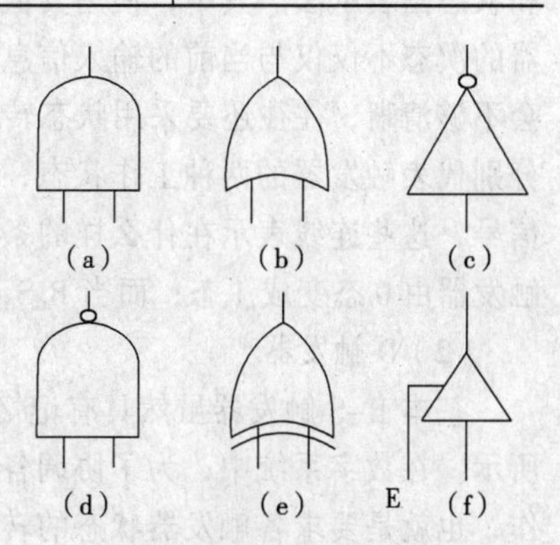

图 3-4　基本逻辑门符号

2. 基本触发器

在数字逻辑系统中，为了实现各种各样的逻辑功能，除了需要逻辑门电路外，还需要有能够保存信息的逻辑部件。触发器就是这样的一种逻辑部件，它具有记忆功能，能够对以前的状态进行记忆和判断，得到当前状态下的结果。

触发器有以下几个特点：

① 有两个互补的输出端 Q 和 $\overline{Q}$；

② 有两个稳定的状态。通常将 Q=1 和 $\overline{Q}$=0 称为“1”状态，而把 Q=0 和 $\overline{Q}$=1 称为“0”状态。当输入信号的不发生变化时，触发器状态稳定不变；

③ 在一定的输入信号作用下，触发器可以从一个稳定状态转移到另一个稳定状态。通常把输入信号作用之前的状态称为“现态”，记作 Q_n 和 $\overline{Q}_n$，而把输入信号作用后的状态称为触发器的“次态”，记作 Q_{n+1} 和 $\overline{Q}_{n+1}$。为了简单起见，一般省略现态的下标 n，就用 Q 和 $\overline{Q}$ 表示现态。显然，次态就是现态和输入的函数运算之后的输出信息。

因此，触发器可以存储一位二进制信息，就具有了记忆功能。触发器的种类很多，但是基本上采用的是逻辑门加上适当的反馈电路耦合而成。这里介绍几种简单的触发器。

（1）基本 R-S 触发器

基本 R-S 触发器是由两个交叉相连的与非门构成的。它的电路图如图 3-5（a）所示，将两个与非门的输出端又分别接到了另一个与非门的输入端口，这样就能保证基本 R-S 触发器的稳定状态。它的逻辑符号如图 3-5（b）所示。基本 R-S 触发器的功能如表 3-3 所示。当两个输入端信号都为 0 时，输出端信号不定，输入端信号都为 1 时，输出端信号不变，保持稳定状态。

表 3-3 基本 R-S 触发器逻辑功能

R	S	Q
0	0	不定
0	1	0
1	0	1
1	1	不变

设触发器原来的状态为 Q=0，在 S_d 端输入一个负脉冲（或加上低电平“0”），R_d 端仍保持高电平“1”不变，触发器输出端将会出现 Q=1，称为置 1。当 S_d 端的负脉冲消失后，由于门 B 的输出为 0，这个 0 直接耦合到门 A 的输入端，因而门 A 的输出可以保持为 1，处于稳定状态，触发器就记忆或存储了数码“1”。这时，若在 R_d 端输入一个负脉冲（或加上低电平“0”），触发器将被置 0；负脉冲消失后，触发器会稳定在 0 状态，记忆或存储了数码“0”。所以说，基本 R-S 触发器是一个记忆单元，具有置 0 和置 1 的功能。

触发器的功能表述可以使用多种方法，例如表 3-3 的真值表表示法，还可以采用特征函数和状态图表示法。其中，使用真值表来表示触发器的状态变化比较简单、方便，但是由于触发器的次态不仅仅与当前的输入信息有关，还和现态有关，所以只用真值表来表示触发器的功能会不够清晰，往往还要采用状态转换图来描述，R-S 触发器的状态图如图 3-6 所示。图中 0、1 分别代表触发器的两种工作状态，各条带箭头的连线旁边都有 10 或者 01，这表示 R_dS_d 的输入信号，这些连线表示在什么样的条件下，触发器可以由现态转变为次态。例如当 R_dS_d = 10 时，触发器由 0 态变成 1 态；而当 R_dS_d = 11 时，触发器就保持不变。

（2）D 触发器

基本 R-S 触发器虽然具有记忆功能，却不是典型的时序逻辑电路，它的逻辑符号如图 3-7 所示。在数字系统中，为了协调各部分的工作，常常要求某些触发器在接到“命令”后同时动作，也就是要求各触发器状态的转换在时间上保持同步。为了达到这个目的，需要在系统中引入一个公共的同步信号，使各触发器只能在同步信号到达时才按输入信号改变输出状态。人们把这个同步信号叫做时钟脉冲，简称时钟，用 CP 表示。这就是 D 触发器。

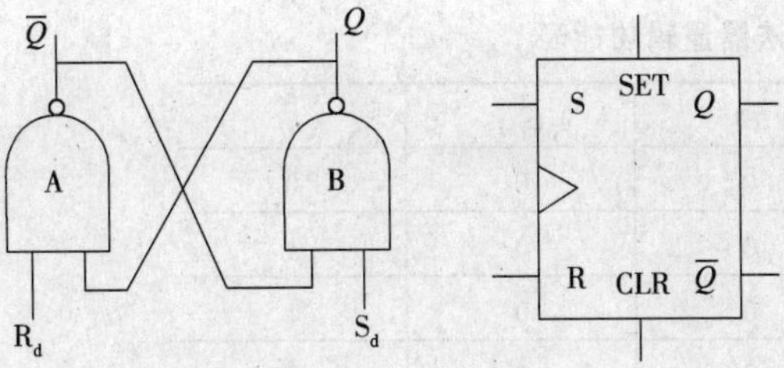

（a）　　（b）

图 3–5　基本 R–S 触发器　　　图 3–6　基本 R–S 触发器的状态转换图

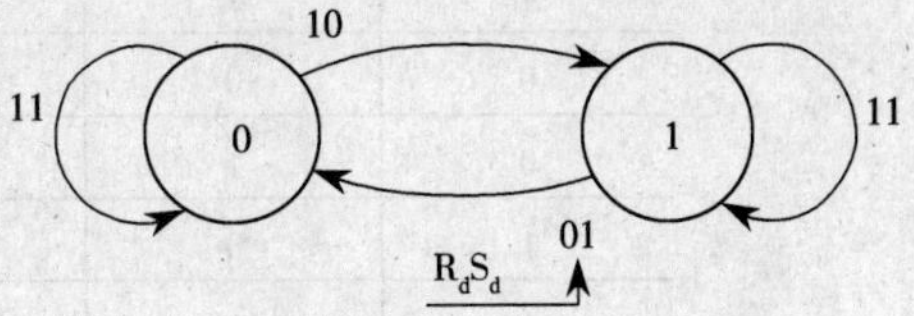

D 触发器的工作原理是当 CP = 0 时，触发器电路被封锁，触发器状态保持不变；当 CP = 1 时，触发器的输出信号与输入信号 D 相同。D 触发器的逻辑符号如图 3–7 所示。它的功能如表 3–4 所示。

（3）J–K 触发器

J–K 触发器（见图 3–8）结合了前面两个触发器的优点，在时钟没有到来的时候（CP = 0），触发器输出端保持不变。而当时钟脉冲作用时（CP = 1），则根据输入端的不同的信号输入将会输出不同的信息，J–K 触发器的功能如表 3–5 所示。J–K 触发器的逻辑符号如图 3–8 所示。

表 3-4　D 触发器逻辑功能

D	Q_{n+1}
0	0
1	1

表 3-5　J-K 触发器逻辑功能

J　K	Q_{n+1}
1　0	1
0　0	Q_n
1　1	$\overline{Q_n}$
0　1	0

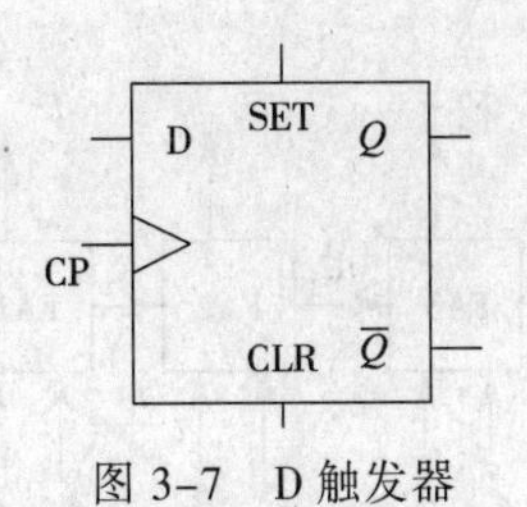

图 3–7　D 触发器

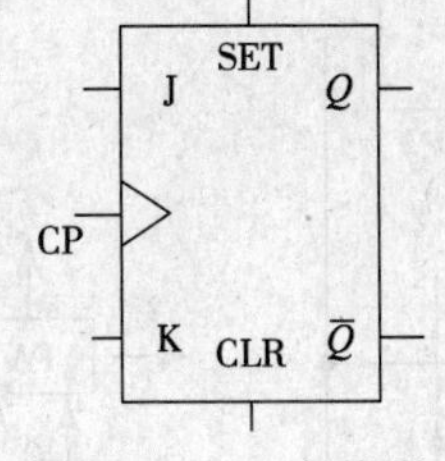

图 3–8　J–K 触发器

各种触发器的用途十分广泛，可以用做锁存器、寄存器、计数器等。触发器的种类也相当多，除了上面介绍的几种外，还有 T 触发器、主从式触发器等。

3．基本逻辑部件

常用的组合逻辑器件有加法器、算术逻辑运算单元（ALU）、译码器、编码器、多路选择器、多路分配器等。常用的时序逻辑器件有计数器、寄存器、序列检测器、代码产生器等。 这些基本的逻辑部件都是由以上的这些基本的逻辑门和触发器构成的。

（1）加法器

由逻辑门电路组成的二进制加法器的逻辑功能如表 3–6 所示。表中的 A_i、B_i 为加法器的输入端信号，即将要进行加法运算的两个数，C_i 是原始的进位信号，一般 C_i=0，这样加法器有 3 个输入端口。输出则有两个信号，一个是 F_i 为和信号，C_{i+1} 为得到的进位信号。

表 3-6　加法器逻辑功能表

A_i	B_i	C_i	C_{i+1}	F_i
0	0	0	0	0
0	1	0	0	1
1	0	0	0	1
1	1	0	1	0
0	0	1	0	1
0	1	1	1	0
1	0	1	1	0
1	1	1	1	1

全加和 F_i 以及全加进位 C_{i+1} 的逻辑表达式如下：

$$F_i = A_i \oplus B_i \oplus C_i，C_{i+1} = A_i \times B_i + (A_i \oplus B_i) \times C_i$$

根据这样的逻辑，就可以用表达式来构成加法器的逻辑图。一位加法器的逻辑图和符号表示如图 3-9 所示。

全加器就是根据两个输入端的信号和低位向本位的进位信号，求得本位和 F_i 以及向高位的进位 C_{i+1} 的逻辑器件。

要想做到多位加法，就需要将多个一位加法器连接起来。例如，要完成 A=1011，B=1100，F=A+B，这是 4 位数的加法，就需要 4 个一位加法器来实现，如图 3-10 所示。

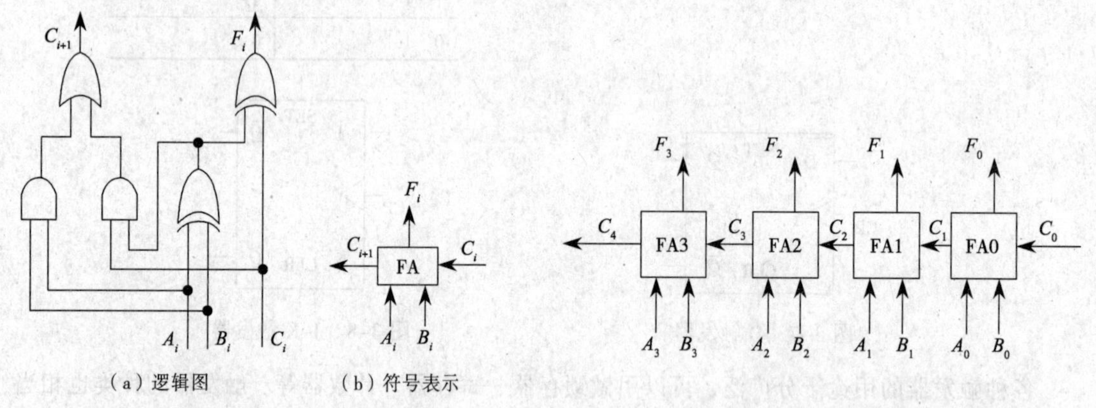

（a）逻辑图　（b）符号表示

图 3-9　一位加法器的逻辑图和符号表示　　图 3-10　由 4 个加法器组成的 4 位串行加法器

（2）计数器

计数器是一种对输入脉冲进行计数的时序逻辑电路，被计数的脉冲信号称做“计数脉冲”。计数器的“数”是用触发器的状态组合来表示的，在计数脉冲的作用下使一组触发器的状态逐个转换成不同的状态组合来表示数的增加或减少，即可达到计数的目的。

计数器的种类很多，按其进位制可分为二进制、十进制和任意进制计数器；按其功能可分为加法计数器、减法计数器和加/减可逆计数器等。如图 3-11 所示是“模”为 16 的二进制可逆加/减计数器。它的功能是 A、B、C、D 是 4 个输入端，可以预置计数的初始值，$\overline{LD}$ 用做置数控制，它有效时，初始值就置入计数器中。而 CP_U，CP_D 用于控制当前是递增计数还是递减计数。计数值的输出端为 Q_A、Q_B、Q_C、Q_D，它们循环计数，以 16 为模，即可以计算 16 个数字，C_r用于清零。

（3）寄存器

寄存器是数字系统中用来存放数据或运算结果的一种常用的逻辑部件。图 3-12 为 4 位双向移位寄存器的逻辑符号。它除了具有接收数据、保存数据和传送数据的基本功能外，通常还具有左右移位、串/并转换、预置数据和清零等多种功能。图 3-11 显示的 4 位双向移位寄存器就是这样的多功能寄存器，其中的 C_r完成清零的工作，A、B、C、D 是 4 个并行数据的输入端，D_L 和 D_R 控制数据的左、右移位串行数据的输入，M_A、M_B 则是工作方式的选择控制端，在它们的控制下，这个 4 位双向移位寄存器可以实现并行输入、右移串行输入、左移串行输入、保持数据和清零 5 种功能。

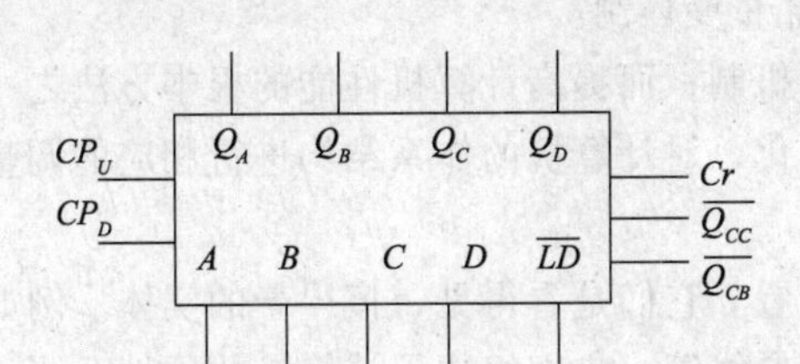

图 3-11　模为 16 的二进制可逆加/减计数器

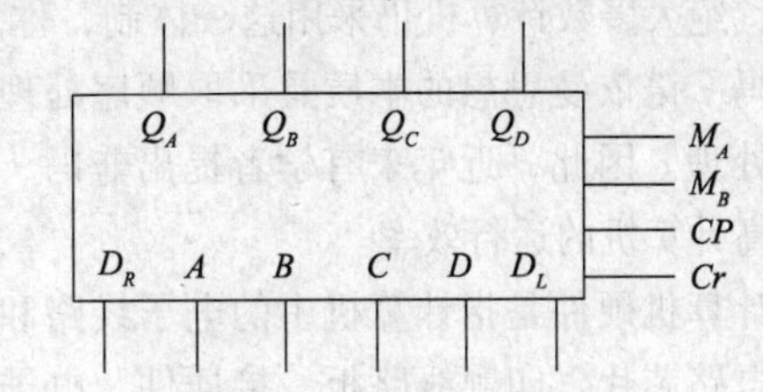

图 3-12　4 位双向移位寄存器

与本节相关的课程有《数字逻辑》、《数字电路》等，读者可在各种相关的课程或是书籍中阅读更为详尽的有关逻辑电路的知识。

3.2　计算机硬件基本组成

计算机硬件指的是计算机系统中实际设备的总称。它可以由各种各样的元器件构成，电子的、电气的、磁介质的、机械的或者是光学器件或设备，或由它们组成计算机的某些部件，或者组成整个计算机系统。计算机系统则是指所有类型的计算机，包括大型计算机、中小型计算机以及微型计算机等多种体系结构形式的计算机。

计算机体系结构指的是构成计算机系统主要部件的总体布局、部件的主要性能以及这些部件之间的连接方式。本节主要介绍计算机系统的硬件结构及其系统组成。

3.2.1　典型冯·诺依曼机体系结构

1. 冯·诺依曼体系结构特点

世界上的第一台计算机 ENIAC 的主要缺点有：存储量太小，只能存储 20 个字长为 10 位的十进制数；依靠线路连接的方式来编排程序，每次解题都要手动改接线路，准备时间大大超过实际计算时间。它的程序和数据是分开存储的。

与 ENIAC 计算机研制的同时，冯·诺依曼与莫尔小组合作研制 EDVAC 计算机，采用了存储程序的方案，其后开发的计算机都采用这种方式，称为冯·诺依曼计算机。冯·诺依曼的一篇论文概括了他的计算机结构设计思想，被后人称为冯·诺依曼思想，这是计算机发展史上的一个里程碑。冯·诺依曼计算机结构体系中到目前仍被广泛采用的几点原则如下：

（1）采用二进制形式表示数据和指令

数据和指令在代码的表示形式上并无区别，都是0和1组成的代码序列，只是各自的约定不同。采用二进制，使各种信息的数字化表示容易实现，方便电路的实现。

（2）采用存储程序的方式

这是冯·诺依曼思想的核心内容，即事先编制好程序（包括指令和数据），将程序存入主存储器中，计算机在运行程序时就能自动、连续地从存储器中依次取出指令，并且按照指令要求加以执行。这是计算机能够高速自动运行的基础。计算机的工作体现为执行程序，计算机功能的扩展在很大程度上体现为所存储程序的扩展。计算机的许多工作方式都是由此派生的。

（3）由运算器、存储器、控制器、输入和输出设备五大部件组成

上面这几点概念奠定了现代计算机的基本结构思想，并开创了程序设计的新时代。到目前为止，绝大多数计算机仍采用这一体制，称为冯·诺依曼体制。

冯·诺依曼思想的本质是采取顺序处理的工作机制，而提高计算机性能的根本方法之一是并行处理。因此，近年来有学者提出非冯·诺依曼化，对计算机的体系结构进行相应的调整，以提高计算机的运行效率。

计算机硬件是指计算机中的电子线路和物理装置。它们是看得见、摸得着的实体。例如，集成电路芯片、印刷线路板、接插件、电子元件和导线等。它们组成了计算机的硬件系统，是计算机的物质基础。

计算机有多种类型，每种类型的计算机又有很多种型号，它们在硬件配置上差别很大。但是，绝大多数计算机都是根据以存储程序为基本原理的冯·诺依曼计算机体系结构的思想来设计的，都具有共同的基本配置：控制器、存储器、运算器、输入设备、输出设备。

运算器和控制器合称为中央处理器CPU（Center Processing Unit）。输入设备和输出设备统称外部设备（I/O设备）。如图3-13所示给出了计算机硬件系统中五大部件的相互关系。

如图3-13所示，输入设备将信息送到存储器，运算器和存储器之间进行数据交换后对数据进行计算，同时，存储器中的指令被送到控制器，由控制器编译成控制命令，控制输入和输出设备、存储器运转。

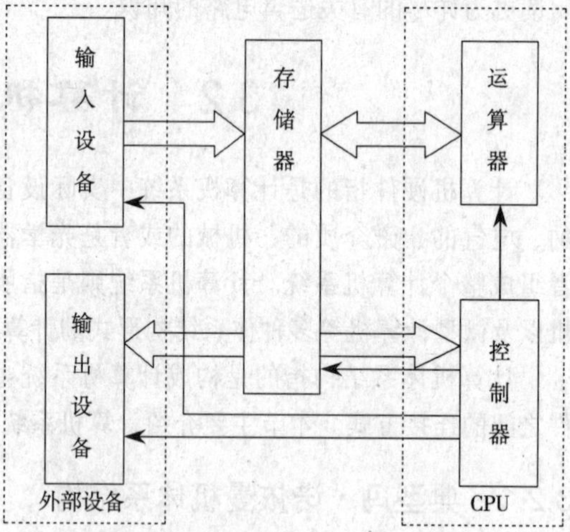

图3-13 计算机各个部件之间的关系

2. 现代计算机典型结构

（1）微型计算机的一般结构

如图3-14所示是微型计算机常见的结构，只有一条系统总线，CPU、主存（M.M）和外部设备都连接在总线上，这属于单总线型体系结构。这样的结构使得每个连接在总线上的部件都要首先获得总线的控制权，然后才能向总线上输出数据，每个设备都被指定一个地址，所有设备的通信方式是一样的。这种结构的优点是系统结构灵活，可扩充性强。单总线结构容易扩展成多CPU系统，这种结构的缺点是计算机运行速度受到单总线速度的限制。

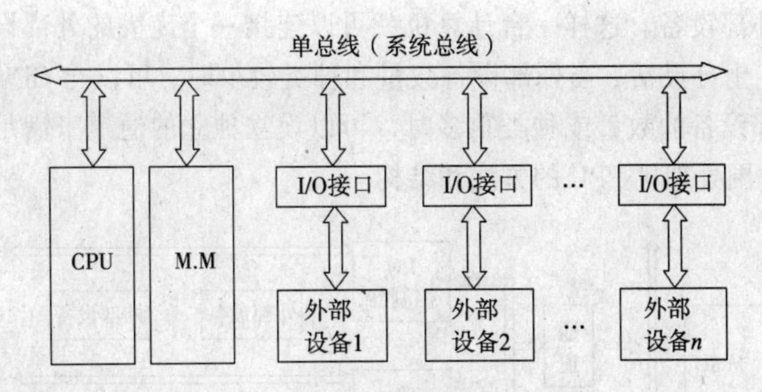

图 3-14　微型计算机的一般结构

（2）小型计算机的总线型结构

如图 3-15（a）所示是以存储器为中心的双总线结构。如图 3-15（b）所示是以 CPU 为中心的双总线结构。

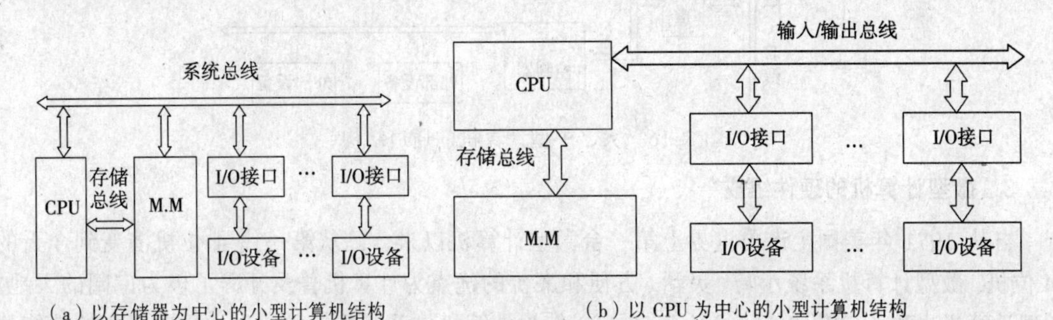

（a）以存储器为中心的小型计算机结构　　（b）以 CPU 为中心的小型计算机结构

图 3-15　小型计算机结构

如图 3-15 所示小型计算机的结构一般是双总线结构，不论是以存储器为中心，还是以 CPU 为中心，在 CPU 和主存之间都多加了一条存储总线，这样就使得 CPU 的工作效率得以提高，对总线速度的依赖减小。图 3-15（a）和图 3-15（b）相比较，可以发现以存储器为中心的结构中更加重视存储器的效率，存储器的数据可以直接通过总线与外部设备进行数据交换，而以 CPU 为中心的结构中，就要求 CPU 有足够快的速度来满足主存和外部设备的多方面的数据请求。

（3）大、中型计算机的通道结构

如图 3-16 所示是大型计算机设备所采用的通道型结构，它分为主机、通道、I/O 控制器和外部设备 4 个级别。组成这样大、中型计算机的目的是为了扩大系统的功能和提高整个系统的效率。日益增加的硬件外部设备和软件资源要求大型机不断地扩大它的系统功能，而如何在这样繁杂的信息和设备中进行合理的调配和协调，成为大型计算机首先要解决的问题。

由于各种外部设备的种类繁多，运转速度差异很大，为了解决各种速度和信息传送形式的多样的问题，大、中型计算机就配备了通道加以解决。利用通道可以对各种外部设备进行有效的管理和调配。

通道是一个具有自己的指令和程序，专门负责数据输入/输出的传输控制的处理器。通道通过使用通道指令控制设备控制器的数据传送操作，并以通道状态字接收设备控制器反映的外部设备的状态。

一台大型计算机可以配备多个通道，每个通道管理一台或多台 I/O 控制器，一台 I/O 控制器又可以控制多台外部设备。这样一台计算机就可以连接一个庞大的外部设备群。这样的通道结构扩展能力很强，十分灵活，当外部设备数量和种类较少时，可以与 CPU 相结合，组成结合型通道结构，当外部设备的数量或种类很多时，可以设立独立的通道来满足要求，而对于更大的系统，可以采用外围处理机 PPU 的方法和结构。

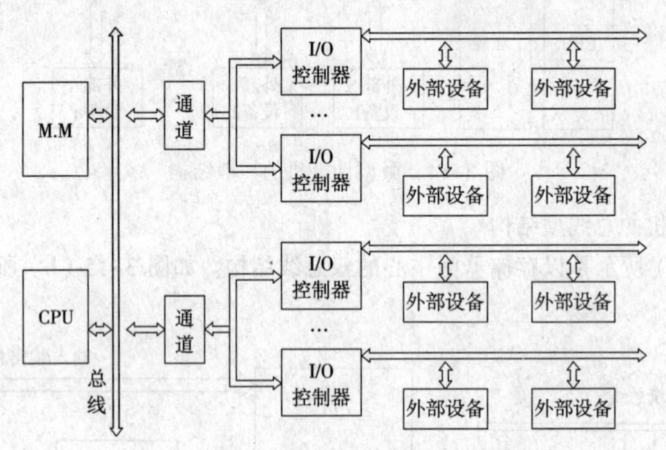

图 3-16 大、中型计算机的通道结构

3. 微型计算机的硬件组成

自从 1971 年美国生产出世界上第一台微型计算机以来，已从第一代 4 位机演变到今天的 64 位机。微型计算机系统小巧、灵活、方便和廉价的优点为计算机普及开辟了极为广阔的天地。微型计算机也称为 PC（Personal Computer），作为计算机体系结构中的一种，具有很高的性能价格比，目前已广泛应用于日常工作与生活中。它采用典型的单总线结构，其中单总线根据传送的信息类型又可以分为数据总线（DB）、地址总线（AB）及控制总线（CB）。同一般的计算机一样，微型计算机也是由五大部件组成的，其中运算器和控制器合称为 CPU，CPU 与内存合称为主机，输入设备和输出设备合称为外部设备。

微型计算机硬件系统由主机和常用的外部设备两大部分组成。主机由中央处理器和内存储器组成，用来执行程序、处理数据，主机芯片都安装在一块电路板上，这块电路板称为主机板（主板）。为了与外部设备连接，在主机板上还安装有若干个接口插槽，可以在这些插槽上插入不同外部设备连接的接口卡，用来连接不同的外部设备。

主机与外部设备之间信息通过两种接口传输：一种是串行接口，如鼠标接口；一种是并行接口，如打印机接口。

如图 3-17 所示，除了台式机外，还有笔记本式计算机和掌上型计算机都属于微型计算机的范畴。

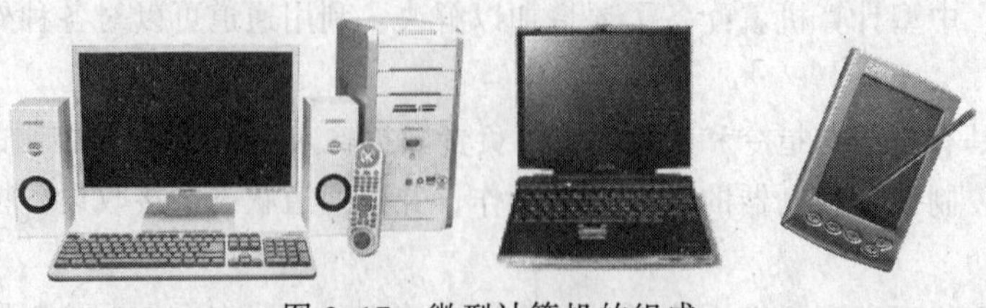

图 3-17 微型计算机的组成

主机是计算机硬件中最重要的部分，如图 3-18 所示。打开主机机箱后，可以看到内部结构。其中包括主板、微处理器芯片（在风扇下面）、内存、各种扩展板，还有软盘驱动器、硬盘及其驱动器、光盘驱动器以及电源。另外，为了在 CPU、内存储器、外存储器和外部设备之间传递数据和指令，主机中还有各类通信总线。下面将分别描述各个部件的基本情况。

图 3-18　PC 主机内部情况

3.2.2　微处理器基础

微处理器是微型计算机的中央处理器 CPU，在 CPU 内部有两大部件：运算器和控制器。

1. 运算器

运算器 ALU（Arithmetic Logic Unit）是一个用于信息加工的部件，又称为执行部件。它对数据编码进行算术运算和逻辑运算。算术运算是按照算术规则进行的运算，如加、减、乘、除以及它们的混合运算。逻辑运算一般是指非算术性的运算，如比较、移位、逻辑加、逻辑乘、逻辑取反和异或操作等。

运算器通常由运算逻辑部件 ALU 和一系列寄存器组成。ALU 是具体完成算术和逻辑运算的部件。寄存器用于存放运算操作数。累加器除存放运算操作数外，在连续运算中，还用于存放中间结果和最后结果。累加器由此而得名。寄存器和累加器的数据均从存储器取得，累加器的最后结果也存放到存储器中。

运算器一次运算二进制数的位数称为字长，它是计算机的重要性能指标。常用的计算机字长有 8 位、16 位、32 位、64 位。寄存器、累加器及存储单元的长度应与 ALU 的字长相等，或者是它的整数倍。现代计算机的运算器有多个寄存器，如 8 个、16 个、32 个等，称之为通用寄存器组。设置通用寄存器组可以减少访问存储器的次数，从而提高计算机的运行速度。

在各种计算机中，运算器的结构虽然有所区别，但它必须包含如下几个基本部分：加法器、通用寄存器组、输入数据选择电路和输出数据控制电路等。

① 加法器：加法器的主要作用是实现两个数的相加运算，对逻辑运算也给予了一定的支持，并且常作为传送数据的通路使用。

② 通用寄存器组：通用寄存器组是用来暂时存放参加运算的数据和运算结果（或中间结果）的。因为要将从主存储器中取出的参加运算的数据，立即送到加法器中进行处理，还存在一些问题，例如在对两个数据进行操作的情况下是不可能从存储器中同时取出两个数据并直接送入加法器中处理的，而通常是利用寄存器来暂时存放将要参加运算处理的数据。不同的计算机对这组寄存器使用的情况和设置的个数也不相同。

③ 输入数据选择电路：输入数据选择电路是对送入加法器的数据进行选择和控制的电路。它的作用如下：用来选择将哪一个或哪两个数据（数据来源于寄存器或总线等部件）送入加法器；用来控制数据以何种编码形式（原码、反码、补码）送入加法器。人们常称这部分电路为多路开关或多路转换器。这部分电路通常有实现某些逻辑运算的电路，它们也是由与、或、非门组成的。

④ 输出数据控制电路：输出数据控制电路是一种对加法器输出数据进行控制的电路。这

部分电路一般具有移位功能，并具有将加法器输出的数据输送到运算器通用寄存器的通路和送往总线的控制电路。

运算器包括 ALU、阵列乘除器、寄存器、多路开关、三态缓冲器、数据总线等逻辑部件。运算器的设计，主要是围绕 ALU 和寄存器同数据总线之间如何传送操作数和运算结果进行的。在决定方案时，需要考虑数据传送的方便性和操作速度，在微型计算机和单片机中还要考虑在硅片上制作总线的工艺。

微型计算机运算器大体有如下 3 种结构形式：

① 单总线结构的运算器。单总线结构的运算器如图 3-19（a）所示。由于所有部件都接到同一总线上，所以数据可以在任何两个寄存器之间，或者在任一个寄存器和 ALU 之间传送。如果具有阵列乘法器或除法器，那么它们所处的位置应与 ALU 相当。对这种结构的运算器来说，在同一时间内，只能有一个操作数放在单总线上。为了把两个操作数输入到 ALU，需要分两次来做，而且还需要 A、B 两个缓冲寄存器。这种结构的主要缺点是操作速度较慢。虽然在这种结构中输入数据和操作结果需要 3 次串行的选通操作，但它并不会对每种指令都增加很多执行时间。只有在对全都是 CPU 寄存器中的两个操作数进行操作时，单总线结构的运算器才会造成一定的时间损失。但是由于它只控制一条总线，故控制电路比较简单。

② 双总线结构的运算器。双总线结构的运算器如图 3-19（b）所示。在这种结构中，两个操作数同时加到 ALU 进行运算，只需一次操作控制，而且马上就可以得到运算结果。图中，两条总线各自把其数据送至 ALU 的输入端。特殊寄存器分为两组，它们分别与一条总线交换数据。这样通用寄存器中的数就可进入到任一组特殊寄存器中，从而使数据传送更为灵活。ALU 的输出不能直接加到总线上。这是因为当形成操作结果的输出时，两条总线都被输入数据占据，因而必须在 ALU 输出端设置缓冲寄存器。为此，操作的控制要分两步完成。

在 ALU 的两个输入端输入操作数，形成结果并送入缓冲寄存器；把结果送入目的寄存器。假如在总线 1、2 和 ALU 输入端之间再各加一个输入缓冲寄存器，并把两个输入数先放至这两个缓冲寄存器，那么，ALU 输出端就可以直接把操作结果送至总线 1 或总线 2 上去。

③ 三总线结构的运算器。三总线结构的运算器如图 3-19（c）所示。在三总线结构中，ALU 的两个输入端分别由两条总线供给，而 ALU 的输出则与第三条总线相连。这样，算术逻辑操作就可以在一步的控制之内完成。由于 ALU 本身有时间延迟，所以打入输出结果的选通脉冲必须考虑到这个延迟。另外，设置了一个总线旁路器。如果一个操作数不需要修改，而直接从总线 2 传送到总线 3，那么可以通过控制总线旁路器把数据传出；如果一个操作数传送时需要修改，那么就借助于 ALU。显然，三总线结构的运算器的特点是速度快。

2. 控制器

控制器 CU（Control Unit）是计算机的指挥中心，使计算机的各个部件自动协调地工作。控制器工作的实质就是解释程序，执行指令。它每次从存储器读取一条指令，经过分析译码，产生一系列的操作命令，发向各个部件，控制各部件动作，使整个计算机连续、有条不紊地工作，即执行程序。

计算机中有两股信息在流动：一个是控制信息，即操作命令，流向各个部件；另一个是数据信息，它受控制信息的控制，从一个部件流向另一个部件，边流动边处理。控制信息的发源地是控制器，控制器产生控制信息的依据来自以下 3 个方面：① 指令，存放在指令寄存器中，指令是计算机操作的主要依据；② 各部件的状态触发器，其中存放反映计算机运行状态的有关信息，计算机在运行过程中，根据各部件的即时状态决定下一步操作是按顺序执行下一条指令，还是转移执行其他指令，或者转向其他操作；③ 时序电路，它能产生各种时序信号，使控制器的操作指令被有序地发送出去，以保证整个计算机协调地工作，不至于造成操作命令间的冲突或是先后次序上的错误。

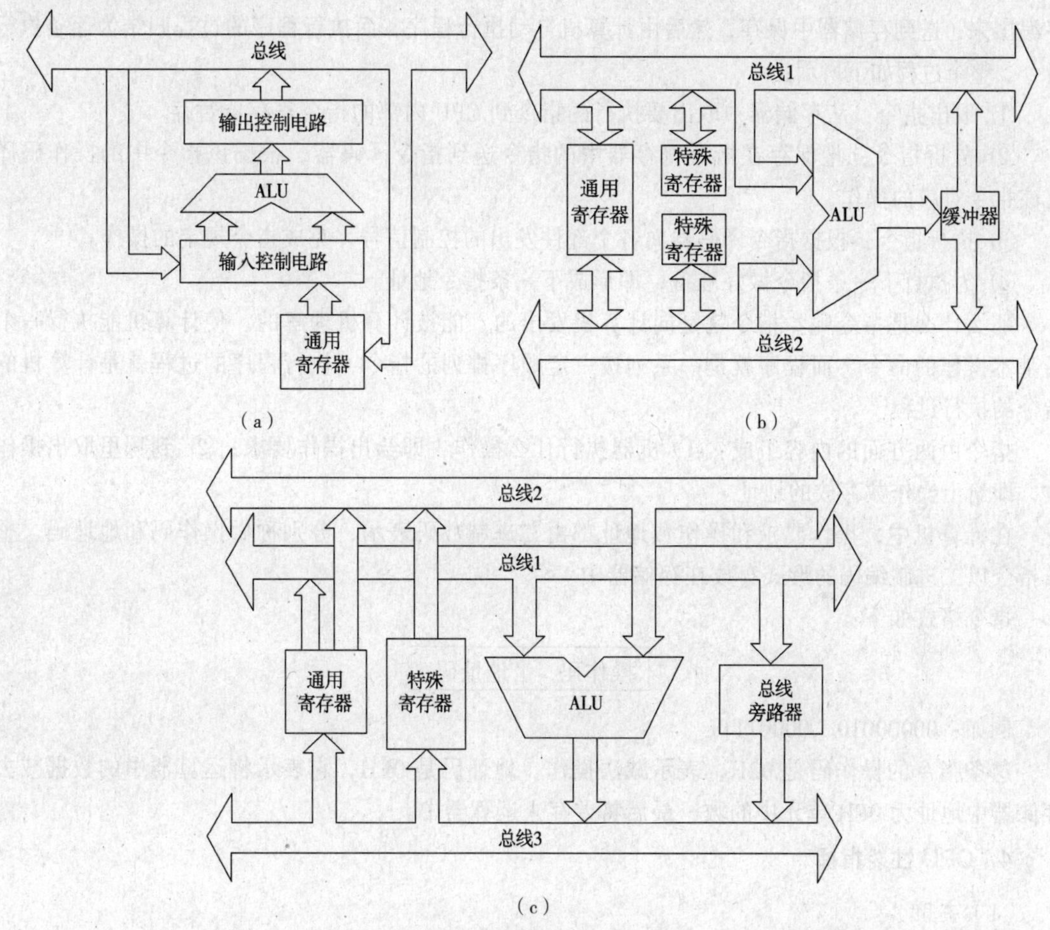

图 3-19 运算器基本结构图

计算机在进行计算时，指令必须是按一定的顺序一条接一条地进行。控制器的基本任务就是按照计算程序所排列的指令序列，先从存储器取出一条指令放到控制器中，对该指令的操作码由译码器进行分析、判别，然后根据指令性质执行这条指令，进行相应的操作。接着从存储器中取出第二条指令，再执行这条指令。依此类推。通常把取指令的一段时间称为取指周期，而把执行指令的一段时间称为执行周期。因此控制器反复交替地处在取指周期与执行周期之中。每取出一条指令，控制器的指令计数器就加 1，从而为取下一条指令做好准备，这也就是指令为什么在存储器中顺序存放的原因。

通常把运算器和控制器合在一起称为中央处理器，简称 CPU。而将 CPU 和存储器合在一起称为主机。由于计算机仅仅使用 0 和 1 这两个二进制数字，所以使用位（bit）作为数字计算机的最小信息单位。当 CPU 向存储器送入或从存储器取出信息时，不能存取单个的 bit，而以字节（Byte）或者字（Word）等较大的信息单位来工作。一个字节由8位二进制信息组成，而一个字至少是由一个以上的字节组成。通常把组成一个字的二进制位数叫做字长。例如，微型计算机的字长可以少至8位，而大型计算机的字长可以达到64位。

3. 微处理器的工作原理

冯·诺依曼思想最重要之处在于“程序存储”。如果想让计算机准确地工作，就需要先把程序编出来，送到存储器中保存，然后由计算机自动执行程序，而执行程序的过程归结为逐条执行指令。整个过程如下所示：

① 取出指令：从存储器中取出要执行的指令到CPU内部的指令寄存器暂存。

② 分析指令：把保存在指令寄存器中的指令送到指令译码器，根据该指令中的操作码译出该指令对应的操作。

③ 执行指令：根据指令译码器向各个部件发出的控制信号，完成指令规定的操作。

④ 为执行下一条指令做好准备，即形成下一条指令地址。

那么什么是指令呢？指令就是向计算机发出的、能被计算机理解的，使计算机能执行一个最基本操作的命令。而程序就是一系列按一定顺序排列的指令，执行程序的过程就是计算机的指令的执行过程。

指令由两方面的内容组成：① 机器执行什么操作，即给出操作要求；② 到哪里取出操作数，即给出操作数存放的地址。

在计算机中，操作要求和操作数地址都由二进制数码表示，分别称做操作码和地址码，整条指令以二进制编码的形式存放在存储器中。

指令格式如下：

操作码	地址码

例如：00000010　00001111

这条指令的操作码是02H，表示减法操作。地址码是0FH，它表示将运算器中的数据减去存储器中地址为0FH单元中的数，最后将差存入运算器中。

4. CPU性能指标

（1）主频

主频即CPU工作的时钟频率。CPU的工作是周期性的，它不断地进行取出指令、执行指令等操作。这些操作需要精确定时，按照精确的节拍工作，因此CPU需要一个时钟电路产生标准节拍，一旦计算机加电，时钟电路便连续不断地发出节拍，就像乐队的指挥一样指挥CPU有节奏地工作，这个节拍的频率就是主频。一般来说，主频越高，CPU的工作速度越快。

（2）工作电压

工作电压是指CPU正常工作时所需要的电压。早期CPU的工作电压一般为5V，而随着CPU主频的提高，CPU工作电压有逐步下降的趋势，以解决发热过高的问题。

目前CPU的工作电压一般在1.6～2.8V之间。CPU制造工艺越先进，工作电压越低，CPU运行时的耗电功率就越小。

如图3-20所示为Intel Peneium 4 CPU和AMD Athlon CPU。

图 3-20　几款常见微处理器

现在市场上出现了双核处理器，即基于单个半导体的一个处理器上拥有两个一样功能的处理器核心。换句话说，将两个物理处理器核心整合入一个核中。这样的多核处理器则提供更强的性能，而不需要增大能量或实际空间。双核处理器技术的引入是提高处理器性能的有效方法。因为处理器实际性能是由处理器在每个时钟周期内所能处理指令数的总量来评价的。因此增加一个内核，处理器每个时钟周期内可执行的单元数最多将增加一倍。在这里必须强调的一点是，如果想让系统达到最大性能，必须充分利用两个内核中的所有可执行单元，即让所有执行单元都处于工作状态。

目前，x86 双核处理器的应用环境已经颇为成熟，大多数操作系统已经支持并行处理，目前大多数新或即将发布的应用软件都对并行技术提供了支持。

双核甚至多核芯片有机会成为微处理器发展史上最重要的改进之一。需要指出的是，双核处理器面临的最大挑战之一是微处理器能耗的极限。性能增强了，能量消耗却不能增加。由于今天的能耗已经处于一个相当高的水平，因此需要避免将 CPU 做成一个“小型核电厂”，所以双核甚至多核处理器的能耗问题将是考验微处理器厂商的重要问题之一。

3.2.3　存储设备

1. 存储器基本原理

存储器的主要功能就是存放程序和数据。程序是计算机操作的依据，数据是计算机操作的对象。不管是程序还是数据，在存储器中存放的都是二进制编码，也就是由“0”、“1”表示的代码。为了实现自动计算，这些信息必须预先存放在存储器中，存储器被划分为许多个单元，每个单元里存放一个数据或是一条指令。存储单元按照某种顺序编号，每个存储单元对应一个编号，称为单元地址，用二进制编码表示。给定一个单元地址，就可以获得该存储单元中的信息，即存储单元地址与存储在其中的信息是一一对应的，单元地址只有一个，固定不变，而存储在其中的信息是可以更换的。

向存储单元中存入或取出信息，都叫做访问存储器，访问存储器时，先由地址译码器将送来的单元地址进行译码，找到相应的存储单元，再由读写控制电路确定访问存储器的方式，是取出（读）还是输入（写）；然后按照规定的方式具体完成读或写的操作。

目前常采用半导体器件来担当存储信息的任务。存储器所有存储单元的总数为存储器的存储容量，通常用单位 KB、MB、GB、TB 来表示，如 64KB、128GB。存储量越大，表示计算机能够记忆存储的信息就越多。半导体存储器通常作为计算机的主要存储器来使用，将它称为主存。但是由于它的存储容量毕竟有限，因此计算机中要配备存储容量更大的磁盘存储器和光盘存储器，将它称为辅助存储器。

2. 存储器层次结构

存储器是用来存放信息的，信息又分为临时的和永久的，由于 CPU 的运行速度非常快，需要经常访问存储器。但存储容量、读写速度、体积及价格不可能同时满足 CPU 的要求，为了解决上述矛盾，将急需处理的信息放在内存，内存采用半导体电路器件，速度快、容量小、价格高；而将其他信息放在外存，外存采用机械设备，磁性材料，容量大、价格便宜，但是速度慢。

如图 3-21 所示为实际存储器的层次结构，各级存储器是如何在大小上成指数增长的同时，在访问时间上成指数下降？与 CPU 最靠近的存储器容量最小，典型值位于 1KB～1MB 数据之间，称之为 Cache。这些片上 Cache 存储器的访问时间可以小到 1/2～1ns。

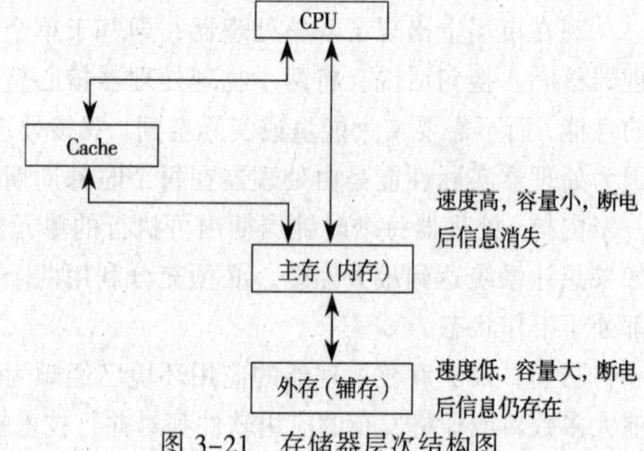

图 3-21 存储器层次结构图

目前的处理器中通常有两级 Cache，在一级 Cache 之下就是二级 Cache。在 Intel 奔腾微处理器中，这两级 Cache 通常置于处理器芯片上。事实上，如果揭开一个奔腾处理器的盖子，并在显微镜下观察硅片，会发现占有芯片面积百分比最大的是 Cache 存储器。

主存就是在计算机市场买到的存储器条，即内存条，用以提高计算机的性能。这种存储器比片上 Cache 慢得多，但容量比 Cache 大得多。主存的下一级是硬盘。硬盘有很大的容量，但这要以牺牲速度为代价。硬盘是一种机电设备，数据存储于旋转磁盘上，即使以每分钟 7 300 转的速度旋转，仍需要宝贵的时间使正确的数据处于磁盘读写头之下。而且数据被组织成独立的磁道，这些磁道分布在多个盘片的每一面上。为访问正确的数据，读写头必须在磁道间移动。这也需要花费一定的时间。

对于这样的存储器的层次结构，通常将需要的程序和数据存放在硬盘中，需要运行的程序和数据存于主存中。这样可以利用磁盘作为一个便利的交换场所，将在某个时间不需要的程序和数据交换到硬盘。例如，在计算机的屏幕上开了若干个窗口，计算机只有 64MB 的主存容量，那么就会看到那个沙漏形状的光标经常出现，由于主存容量的限制，操作系统不断地将不同的应用程序交换出主存。硬盘与主存的访问时间比例能够达到 10 000:1，因此任何时候访问硬盘都要等待。为了提高性能，可以尽可能多地增加主存容量。而 Cache 的作用在于它的速度能够接近于 CPU 的运行速度，因此会将那些正在使用的程序和数据逐步放入二级 Cache 或者一级 Cache 中，由于 Cache 具有与 CPU 相当的速度，而硬盘具有相当大的容量，因此通过这样的存储器系统，可以拥有接近 CPU 速度的大容量的存储器。

3. 存储器分类

计算机中的存储器分为内存储器（主存）和外存储器（辅存）。内存通常由半导体存储器构成，而根据半导体存储器的读写方式的不同，又分为随机存储器（RAM）和只读存储器

（ROM）。按照存储器中每个存储位的结构不同，随机存储器常有静态 RAM 和动态 RAM 两种。而只读存储器（ROM）则有掩膜 ROM、可编程 ROM、紫外线擦除 ROM 和电擦除 ROM 等，如图 3-22 所示。

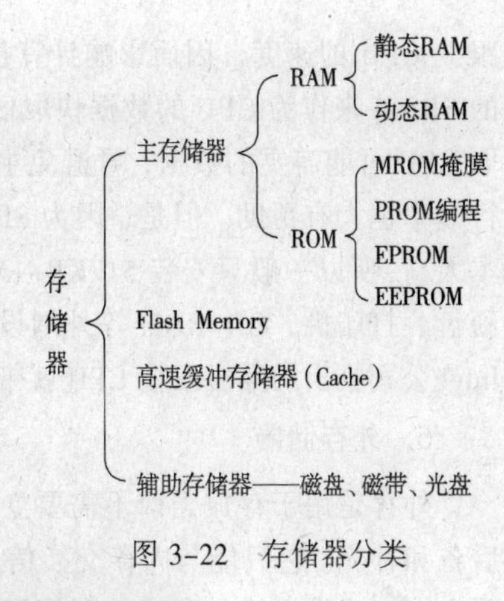

图 3-22　存储器分类

4．内存储器

如图 3-23 所示，随机存储器 RAM（Read Write Random Access Memory）主要用来临时保存数据，便于 CPU 对数据进行处理。RAM 中的数据可以读出和写入，但 RAM 中保存的信息一旦断电就会全部丢失。它速度快，用纳秒（ns）表示，可达 10ns 以上。

图 3-23　内存条

随机存储器 RAM 还可以分为动态（Dynamic Random Memory，DRAM）和静态 SRAM（Static Random Access Memory，SRAM）两种。DRAM 是利用电容来保持信息的，由于电容上的电荷即使在带电的情况下也会泄漏，所以 DRAM 必须定时刷新，否则就会丢失数据。而内存刷新是需要时间的，所以 DRAM 存储器比 SRAM 的速度相对慢些，但是由于 DRAM 的内部结构简单，集成度高，价格便宜，所以人们常说的内存条就是指的 DRAM。SRAM 由于内部结构较复杂，价格较贵，但是它的速度比较快，所以综合两者的优点，现在有一种同步动态随机存储器（SDRAM）是目前微型计算机中常使用的内存。

只读存储器 ROM（ReadOnly Memory）放在主板上，它的信息只能读不能写，但断电不会丢失其保存的信息。ROM 常用来保存启动计算机时经常需要的一些指令（BIOS 的小型指令集合）。这些程序包括上电自检程序、转入引导程序、外部设备驱动程序和时钟控制程序等。这些程序永久地保留在 ROM BIOS 芯片中，不会因为断电而丢失。

还有一种技术被称为影子内存，这是为了提高计算机系统效率而采用的一种专门技术，影子内存占据了系统主存的一部分地址空间。其编址范围为 C0000～FFFFF，即为 1MB 主存中的 768～1 024KB 区域。这个区域通常也称为内存保留区，用户程序不能直接访问。影子内存的功能就是用来存放各种 ROM BIOS 的内容，也就是复制的 ROM BIOS 内容，因而又称它为 ROM Shadow。现在的计算机系统，只要一加电开机，BIOS 信息就会被装载到影子内存中的指定区域中。由于影子内存的物理编址与对应的 ROM 相同，所以当需要访问 BIOS 时，只需访问影子内存而不必再访问 ROM，这就能大大加快计算机系统的运算时间。通常访问 ROM 的时间在 200ns 左右，访问 DRAM 的时间小于 100ns、60ns，甚至更短。在计算机系统运行期间，读取 BIOS 中的数据或调用 BIOS 中的程序模块的操作将是相当频繁的，采用了影子内存技术后，无疑大大提高了工作效率。

高速缓存 Cache 是位于 CPU 和内存之间的容量较小但速度很快的存储器，存取速度比一般内存快 3～8 倍。由于 CPU 的运算速度越来越快，主存储器（DRAM）的数据存取速度常无法跟上 CPU 的速度，因而影响计算机的执行效率，如果在 CPU 与主存储器之间，使用速度最快的 SRAM 来作为 CPU 的数据快取区，将可大幅提升系统的执行效率，而且通过 Cache 来事先读取 CPU 可能需要的数据，可避免主存储器与速度更慢的辅助内存的频繁存取数据，对系统的执行效率也大有帮助。但是，因为 SRAM 比 DRAM 贵太多，如果主存储器全采用 SRAM 则系统成本太高，所以一般只安装 512KB~1MB 的 Cache。Cache 的应用除了加在 CPU 与主存储器之间外，硬盘、打印机、CD-ROM 等外围设备也都会加上 Cache 来提升该设备的数据存取效率。目前，Intel 公司推出的酷睿双核 CPU 就带有 2MB 的二级缓存。

5. 外存储器

外存是用于存放当前不需要立即使用的信息，它既是输入设备，也是输出设备，是内存的后备和补充。它只能与内存交换信息，而不能被计算机系统中的其他部件直接访问，一旦需要，再和内存成批交换信息。外存储器有硬盘、光盘、软盘及 U 盘。它的特点是容量大，目前硬盘达 100GB 以上，且价格比内存便宜。这几种外存储器的读写速度由快到慢分别是 U 盘、硬盘、光盘、软盘。

（1）软盘

软盘在使用之前必须先格式化，完成这一过程后，磁盘被分成若干个磁道，每个磁道又分为若干个扇区，每个扇区存储 512 字节。软盘的磁道是一组同心圆，一个磁道大约有零点几个毫米的宽度，数据就存储在这些磁道上。

一个 1.44MB 的软盘，它有 80 个磁道，每个磁道有 18 个扇区，两面都可以存储数据。则它的容量是 $80\times18\times2\times512\approx1\ 440\text{KB}\approx1.44\text{MB}$。

软盘具有携带方便、价格便宜等优点，但其存储容量一般较小，读写速度慢（在驱动器内盘片转速一般为 300rpm）。由于 U 盘的出现，软盘的使用已经大幅度减少了。

（2）硬盘存储器

硬盘的结构和软盘差不多，也是由磁道（Tracks）、扇区（Sectors）、柱面（Cylinders）和磁头（Heads）组成的，如图 3-24 所示。

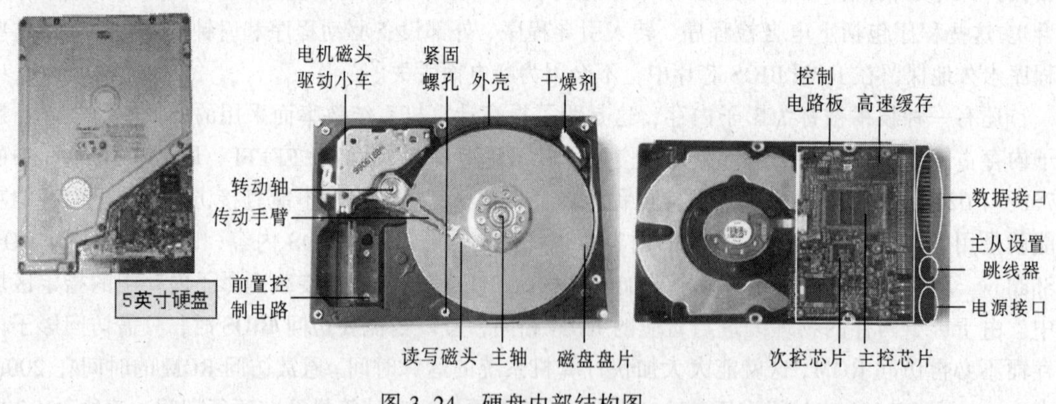

图 3-24 硬盘内部结构图

硬盘的磁道数一般在 300～3 000 之间，每磁道的扇区数通常是 63。和软盘不同的是，硬盘由很多个磁片叠在一起，柱面指的就是多个磁片上具有相同编号的磁道，它的数目和磁道是相同的。

家用的普通硬盘的转速有 5 400rpm、7 200rpm 两种，7 200rpm 高转速硬盘也是现在台式机用户的首选；而对于笔记本用户则是以 4 200rpm、5 400rpm 为主，虽然已经有公司发布了 7 200rpm 的笔记本硬盘，但在市场中还较为少见；服务器用户对硬盘性能要求最高，服务器中使用的硬盘转速基本都采用 10 000rpm，甚至还有 15 000rpm 的，性能要超出家用产品很多。

硬盘容量的计算公式如下：

硬盘容量 = 柱面数 × 扇区数 × 每扇区字节数 × 磁头数

对于格式化硬盘，软盘只需要一次格式化，硬盘却需要两级，即低级格式化和高级格式化。硬盘的低级格式化在每个磁片上划分出一个个同心圆的磁道，它是物理格式化。现在的硬盘在出厂前都已完成了这项工作。而平时在给计算机安装软件时，用 FORMAT C：命令对硬盘所做的格式化指的是高级格式化。注意，低级格式化会彻底清除硬盘里的内容，应谨慎使用，同时它也可以清除硬盘上所有的病毒，低级格式化需要特殊的软件。低级格式化次数多了对硬盘是有害的。

（3）光盘存储器

CD-ROM 只有一面有数据，数据刻录在光滑的一面，数据的读取靠激光来实现。

光盘的制作过程为：首先制作一个金属盘作为模子，在上面注上聚碳酸酯塑料，然后压制成型，在塑料盘片表面涂上一层 1μm 厚的纯铝，在铝层外面涂上一层薄薄的聚碳酸酯以防止氧化和污染。

光盘上的数据存储和硬盘是不同的，它是按轨道的方式存储的。光盘轨道是一条从中心开始的渐开线，它是一根完整的线。光驱在工作的时候，激光头是由内向外读取数据的。

光盘上有两种状态，即凹点和空白，它们的反射信号相反，很容易经过光检测器识别。光束首先打在光盘上，再由光盘反射回来，经过光检测器捕获信号。检测器所得到的信息只是光盘上凹凸点的排列方式，驱动器中有专门的部件把它转换并进行校验，然后才能得到实际数据。

通常所说的 52 速、44 速等就是指光驱的读取速度。在制定 CD-ROM 标准时，把 150KB/s 的传输率定为标准，52x 传输率是 150 × 52=7 800KB/s。从光盘上读出的数据先存在缓冲区或高速缓存中，然后再以很高的速度传输到计算机上。光盘的特点是成本低、容量比软盘大（700MB）、保存时间长。

（4）U 盘存储器

U 盘也称为闪速存储器，它的工作原理同内存，但断电后存储的信息不会丢失，即它是一种特殊的 ROM。它的特点是存储速度快，体积小。

闪速存储器是一种高密度、非易失性的读/写半导体存储器，它突破了传统的存储器体系，改善了现有存储器的特性。它具备 RAM（随机存储器）与 ROM（只读存储器）的所有功能，而且功耗低、集成度高，发展前景非常广阔。它沿用了 EPROM 的简单结构，又兼备 E^EPROM 的可电擦除特点，而且可在计算机内进行擦除和写入。因此称为快擦写型电可重编程存储器，即 Flash Memory。

现阶段，Flash Memory 正被用来取代 EPROM 和 E^EPROM。其进一步的应用前景，可望部分地取代磁盘存储器。因为这种芯片具有非易失性，当电源断开后仍能长久保存信息，属于非易失性半导体存储器，不需后备电源。从速度上讲，它的读取速度与动态 RAM 芯片相近，是磁盘读取速度的 100 倍左右；而它的写数时间（快擦写）则与硬盘相近。因此它适于做成半导体盘，即用半导体存储器构成、当作磁盘调用。由于没有机电运动方式，可靠性高，又称为固态盘。因此，这种存储器有可能对传统的磁表面存储器发起挑战，在某些应用中，Flash Memory 还可能取代 DRAM 与 SRAM。

闪速存储器的存储元电路是在 CMOS 单晶体管 EPROM 存储元基础上制造的。因此它具有非易失性。不同的是，EPROM 通过紫外光照射进行擦除，而闪速存储器则是在 EPROM 沟道氧化物处理工艺中特别实施了电擦除和编程次数能力的设计。通过先进的设计和工艺，闪速存储器实现了优于传统 EPROM 的性能。比较各类存储器读出操作的性能，以在 33MHz 速率下传输 8 个字为例，闪速存储器读出数据传输率比其他任何存储器都高。

闪速存储器具有如下明显的优点：

① 固有的非易失性：SRAM 和 DRAM 断电后保存的信息随即丢失，为此 SRAM 需要备用电池来确保数据存留，而 DRAM 需要磁盘作为后援存储器。由于闪速存储器具有可靠的非易失性，它是一种理想的存储器。

② 廉价的高密度：不计 SRAM 电池的额外花费和占用空间，1MB 闪速存储器的每位成本比 SRAM 低一半以上，而 16MB 的闪速存储器的成本更低。相同存储器容量的闪速存储器和 DRAM 相比，每位成本基本相近。

③ 可直接执行：闪速存储器直接与 CPU 连接，由于省去了从磁盘到 RAM 的加载步骤，工作速度仅仅取决于闪速存储器的存取时间，用户可以充分享受程序和文件的高速存取。

④ 固态性能：闪速存储器是一种低功耗、高密度并且没有机电移动的半导体存储技术，因而特别适合于便携式计算机系统，使得它成为替代磁盘的一种理想存储设备。

3.2.4 输入和输出设备

1. 输入设备

输入设备是变换数据输入形式的部件。它将人们熟悉的信息形式变换成计算机能接受并识别的信息形式。输入的信息形式有数字、字母、文字、图形、图像、声音等各种形式，输入计算机的只有一种形式，就是二进制数据。一般的输入设备只用于原始数据和程序的输入。

常用的输入设备有键盘、纸带输入机、鼠标、光笔、扫描仪、数码相机等，还有语音输入设备麦克风、模/数转换器，这些都是最基本的输入设备。其实，所有的输入设备都可以认为是模/数转换器，它们将模拟量转换成数字量，用于计算机识别。例如将电流、电压、电阻、压力、速度和角度等模拟量转换成数字量。

（1）键盘

键盘（Keyboard）是常用的输入设备，它由一组开关矩阵组成，包括数字键、字母键、符号键、功能键及控制键等。每一个按键在计算机中都有它的唯一代码。当按下某个键时，键盘接口将该键的二进制代码送入计算机主机中，并将按键字符显示在显示器上。当快速、大量地输入字符，主机来不及处理时，先将这些字符的代码送往内存的键盘缓冲区，然后再从该缓冲区中取出进行分析处理。键盘接口电路多采用单片微处理器，由它控制整个键盘的工作，如上电时对键盘的自检、键盘扫描、按键代码的产生、发送及与主机的通信等。

微型计算机标准输入设备键盘按照按键个数多少可分为 84 键、101 键、104 键等几种，目前广泛使用的是 101 键、104 键标准键盘。这两种键盘一般可分为 4 个区域：主键盘区、功能键区、编辑键区、小键盘区（数字键区）。

（2）鼠标器

鼠标这种点击设备是1967年由Engelbart在一个研究原型中第一次提出的。Alto机是Macintosh和所有工作站的灵感来源，它于1973年以鼠标作为其点击输入设备。到20世纪90年代，所有的台式计算机都带有这个设备，基于图形显示和鼠标的新用户界面开始成为标准。

鼠标器（Mouse）是一种手持式屏幕坐标定位设备，它是适应菜单操作的软件和图形处理环境而出现的一种输入设备，特别是在现今流行的Windows图形操作系统环境下应用鼠标器更加方便、快捷。常用的鼠标器有两种：一种是机械式鼠标，另一种是光电式鼠标。

机械式鼠标器（见图3-25（a））的底座上装有一个可以滚动的金属球，当鼠标器在桌面上移动时，金属球与桌面摩擦，发生转动。金属球与4个方向的电位器接触，可测量出上下左右4个方向的位移量，用以控制屏幕上光标的移动。光标和鼠标器的移动方向是一致的，而且移动的距离成比例。

光电式鼠标器（见图3-25（b））的底部装有两个平行放置的LCD发光二极管作为小光源。这种鼠标器在反射板上移动，光源发出的光经反射板反射后，由鼠标器内的小型黑白摄像头和一个简单的光处理器接收，并转换为电移动信号送入计算机，使屏幕的光标随之移动。其他方面与机械式鼠标器一样。

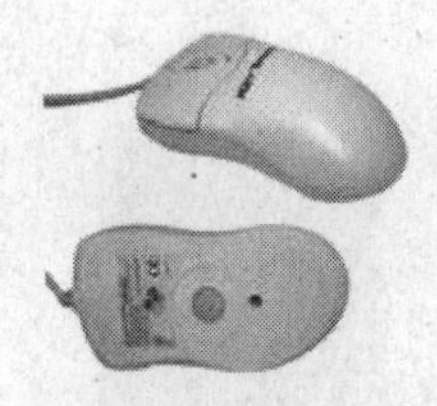

（a）机械式鼠标器

（b）光电式鼠标器

图3-25　各种鼠标

鼠标器上可以有两个键，也可以有三个键。最左边的键是拾取键，最右边的键为消除键，中间的键是菜单的选择键。由于鼠标器所配的软件系统不同，对上述三个键的定义有所不同。一般情况下，鼠标器左键可在屏幕上确定某一位置，该位置在字符输入状态下是当前输入字符的显示点；在图形状态下是绘图的参考点。在菜单选择中，左键（拾取键）可选择菜单项，也可以选择绘图工具和命令。当做出选择后系统会自动执行所选择的命令。鼠标器能够移动光标，选择各种操作和命令，并可方便地对图形进行编辑和修改，但不能输入字符和数字。

（3）其他输入设备

光学标记阅读机是一种用光电原理读取纸上标记的输入设备，常用的有条码读入器和计算机自动评卷记分的输入设备等。

图形（图像）扫描仪是利用光电扫描将图形（图像）转换成像素数据输入到计算机中的输入设备。目前一些部门已开始把图像输入用于图像资料库的建设中。如人事档案中的照片输入，公安系统案件资料管理，数字化图书馆的建设，工程设计和管理部门的工程图管理系统，都使用了各种类型的图形（图像）扫描仪。

现在人们正在研究使计算机具有人的“听觉”和“视觉”，即让计算机能听懂人说的话，看懂人写的字，从而能以人们接收信息的方式接收信息。为此，人们开辟了新的研究方向，其中包括模式识别、人工智能、信号与图像处理等，并在这些研究方向的基础上产生了语言识别、文字识别、自然语言理解与机器视觉等研究方向。语言和文字输入技术的实质是使计算机从语言的声波及文字的形状领会到所听到的声音或见到的文字的含义，即对声波与文字的识别。

2. 输出设备

输出设备则是变换计算机输出形式的部件。将计算机运算的结果转换为人类或其他设备能接受的形式，如字符、文字、图形、图像和声音等。与输入设备一样需要接口与主机相连。常用的输出设备有显示器、打印机、纸带穿孔机、投影仪、绘图仪和扬声器等。

计算机的输入/输出设备通常称为外部设备。这些外部设备有高速的，也有低速的，有机电结构的，也有电子的。由于种类繁多而且速度各异，因而它们不是直接与高速工作的主机相连接，而是通过适配器与主机相连接。适配器的作用相当于转换器，它可以保证外围设备用计算机系统要求的形式发送和接收信息。

（1）显示器

显示器（见图 3-26）是计算机必备的输出设备，常用的有阴极射线管显示器、液晶显示器和等离子显示器。阴极射线管显示器（CRT）由于其制造工艺成熟，性能价格比高，至今占据显示器市场的主导地位。随着液晶显示器（LCD）技术的逐步成熟，LCD 开始在市场上崭露头角。

（a）CRT 显示器

（b）LCD 显示器

图 3-26 各类显示器

图像是由图片元素（像素）的矩阵组成的，它可用位的矩阵来代表，称为位图。按照屏幕的大小和分辨率，显示矩阵的大小从 800×600 到 1 920×1 280 像素不等。最简单的显示器每像素一位，允许它是黑或白。为了让显示器支持 256 种不同浓淡的灰度信息，每个像素需要 8 位。彩色显示器的三原色（红、绿和蓝）的每一色都可能使用 8 位来表示灰度，每像素就是 24 位，可以显示几百万种不同的颜色。

所有的便携计算机、手持计算器、手机以及许多台式机都使用平板或液晶显示器 LCD 来代替 CRT。原因是 LCD 体积小、功耗低。两者的主要区别在于 LCD 像素自身不是光源；相反，它控制光的反射。典型的 LCD 在液体中包含棒状分子形成的扭曲螺旋，它使进入显示器的光线弯曲，光线通常来自放在显示屏背面的光源，也有少部分是反射光。当电流通过时，这些棒变直，由于这些液晶材料置于两个偏振方向成 90° 的镜面间，光线不弯曲是不能通过的。现在，大部分液晶显示器都使用活动矩阵。活动矩阵 LCD 显示器在每个像素上有微小的晶体管开关，以精确地控制电流并且因而得到更锐利的图像。同 CRT 显示器一样，每个像素中的红、绿、蓝控制最终图像中的 3 种颜色构成的强度；在彩色活动矩阵 LCD 中，每个像素有 3 个晶体管开关。

显示器是通过“显示接口”及总线与主机连接，待显示的信息（字符或图形、图像）是从显示缓冲存储器（一般为内存的一个存储区，占16KB）送入显示器接口的，经显示器接口的转换，形成控制电子束位置和强弱的信号。受控的电子束就会在荧光屏上描绘出能够区分出颜色不同、明暗层次的画面。显示器有两个重要的技术指标：屏幕上光点的多少，即像素的多少，称为分辨率；光点亮度的深浅变化层次，即灰度，可以用颜色来表示。分辨率和灰度的级别是衡量图像质量的标准。

（2）打印机

打印机（Printer）是计算机最基本的输出设备之一。它将计算机的处理结果打印在纸上。打印机按印字方式可分为击打式和非击打式两类，如图3-27所示。

① 击打式打印机是利用机械动作，将字体通过色带打印在纸上，根据印出字体的方式又可分为活字式打印机和点阵式打印机。活字式打印机是把每一个字刻在打字机构上，可以是球形、菊花瓣形、鼓轮形等各种形状。点阵式打印机是利用打印钢针按字符的点阵打印出字符。每一个字符可由 m 行×n 列的点阵组成。一般字符由7×8点阵组成，汉字由24×24点阵组成。点阵式打印机常用打印头的针数来命名，如9针打印机、24针打印机等。

② 非击打式打印机是用各种物理或化学的方法印刷字符的，如静电感应，电灼、热敏效应，激光扫描和喷墨等。其中激光打印机和喷墨式打印机是目前最流行的两种打印机，它们都是以点阵的形式组成字符和各种图形。激光打印机接收来自CPU的信息，然后进行激光扫描，将要输出的信息在磁鼓上形成静电潜像，并转换成磁信号，使碳粉吸附到纸上，加热定影后输出。喷墨式打印机是将墨水通过精制的喷头喷到纸面上形成字符和图形的。

（a）针式打印机

（b）激光打印机

图3-27 各种打印机

3. 适配器与总线

一个典型的计算机系统具有多种类型的外部设备，因而有各种类型的适配器，它使得被连接的外部设备通过系统总线与主机进行联系，以便使主机和外部设备进行协调的工作。这些适配器有时候也称为接口。例如：声音的输入/输出设备需要声卡来连接；显示设备也需要显卡来配合工作，类似地，还有网卡、视频卡等。

设置接口主要有以下几个方面的原因：输入设备大多数是机电设备，传送数据的速度远远低于主机，需要接口作为缓冲；输入设备表示的信息格式与主机不同，例如，由键盘的按键输入的字母、数字，先由键盘接口转换为8位二进制码（ASCII码），再拼接成主机的字长送入主机，因此，需要接口进行信息格式的转换；接口还可以向主机报告设备运行的状态，传达主机的命令等。

网卡又称为网络接口板（见图3-28（a））或网络接口卡NIC（Network Interface Card）。网卡和局域网之间的通信是通过电缆或双绞线以串行传输方式进行的。而网卡和计算机之间的通信则是通过计算机主板上的 I/O 总线以并行传输方式进行的。因此，网卡的一个重要功能就是要进行串/并行转换。由于网络上的数据率和计算机总线上的数据率并不相同，因此在网卡中必须装有堆数据进行缓存的存储芯片。

在安装网卡时必须将管理网卡的设备驱动程序安装在计算机的操作系统中。这个驱动程序以后就会告诉网卡，应当从存储器的什么位置上将局域网传送过来的数据块存储下来。

一般来说，在选购网卡时要考虑以下因素：网络类型、传输速率、总线类型、网卡支持的电缆接口。

声卡也叫做音频卡（见图 3-28（b）），声卡是多媒体技术中最基本的组成部分，是实现声波/数字信号相互转换的一种硬件。声卡的基本功能是把来自话筒、磁带、光盘的原始声音信号加以转换，输出到耳机、扬声器、扩音机、录音机等音响设备，或通过音乐设备数字接口（MIDI）使乐器发出美妙的声音。声卡尾部的接口从机箱后侧伸出，上面有连接麦克风、音箱、游戏杆和 MIDI 设备的接口。

声卡有 3 个基本功能：① 音乐合成发音功能；② 混音器（Mixer）功能和数字声音效果处理器（DSP）功能；③ 模拟声音信号的输入和输出功能。声卡处理的声音信息在计算机中以文件的形式存储。声卡工作应有相应的软件支持，包括驱动程序、混频程序和 CD 播放程序等。

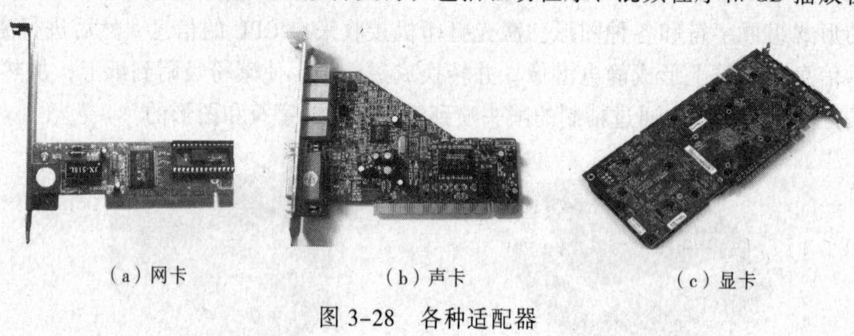

（a）网卡　　（b）声卡　　（c）显卡

图 3-28　各种适配器

显卡（见图 3-28（c））作为计算机主机中的一个重要组成部分，承担显示图形的输出功能。由显卡连接显示器，才能够在显示屏幕上看到图像，显卡由显示芯片、显示内存等组成，这些组件决定了计算机屏幕上的输出，包括屏幕画面显示的速度、颜色和分辨率。显卡从早期的单色显卡、彩色显卡、加强型绘图显卡，一直到 VGA（Video Graphic Array）显示绘图数组，都是由 IBM 主导显卡的规格。VGA 在文字模式下为 720×400 分辨率，在绘图模式下为 640×480×16 色，或 320×200×256 色，此 256 色显示模式即成为后来显卡的共同标准，因此统称显卡为 VGA。而后来各家显示芯片厂商更致力将 VGA 的显示能力再提升，因此有 SVGA、XGA 等名词的出现，近年来显示芯片厂商更将 3D 功能与 VGA 整合在一起，即成为目前所贯称的 3D 加速卡、3D 绘图显卡等。

常用的显卡有 CGA 卡、VGA 卡、MGA 卡等。以 VGA（Video Graphics Array）视频图形显示接口卡为例，标准 VGA 显卡的分辨率为 640×480，灰度是 16 种颜色；增强型 VGA 显卡的分辨率是 800×600、960×720，灰度可为 256 种颜色。所有的显示接口卡只有配上相应的显示器和显示软件，才能发挥它们的最高性能。

另外，外存储器也是计算机中重要的外部设备，它既可以作为输入设备，又可以作为输出设备。它还有存储信息的功能，因此常常作为辅助存储器使用。人们将暂时还未使用的或等待使用的信息存放在其中。常见的外存设备有磁盘和磁带机，它们也是通过接口与主机相连的。

除此之外，还有连接这五大部件的总线。总线是计算机的神经系统，它连接着计算机内外的各种功能块。在计算机内部，一个总线就是一组类似的信号线，因而，奔腾处理器具有一个 32 位的地址总线和一个 32 位的数据总线。一台典型的计算机通常有 3 种总线：一个用于存储器地址，称为地址总线；一个用于数据，称为数据总线；一个用于状态和控制管理信号的传递，称为控制总线。产业界的标准总线有 PCI、ISA、AGP 等总线。由于这些产业标准总线所作的信号定义和时序要求是由维护这些标准的团体谨慎地控制的，所以来自不同制造商的硬件设备一般均可正确地工作并互换。有些总线相当简单，只有一条线，但是传向该总线的信号却相当复杂，以致需要特殊的硬件和标准协议来理解信号。这种类型总线的有通用串行总线（USB）、小型计算机系统接口总线（SCSI）、Ethernet 及 Firewire。

4. 主板

主板是计算机中最重要的部件之一，主板是整个计算机工作的基础。主板又叫做主机板（mainboard）、系统板（systemboard）和母板（motherboard）。它安装在机箱内，是微型计算机最基本的也是最重要的部件之一。

主板一般为矩形电路板，上面安装了组成计算机的主要电路系统，一般有 BIOS 芯片、I/O 控制芯片、键盘和面板控制开关接口、指示灯插接件、扩充插槽、主板及插卡的直流电源供电接插件等元件。主板的另一特点是采用开放式结构。主板上大都有 6～8 个扩展插槽，供 PC 外部设备的控制卡（适配器）插接。通过更换这些插卡，可以对微型计算机的相应子系统进行局部升级，使厂家和用户在配置机型方面有更大的灵活性。主板在整个微型计算机系统中扮演着举足轻重的角色。可以说，主板的类型和档次决定着整个微型计算机系统的类型和档次，主板的性能影响着整个微型计算机系统的性能。主板是计算机的调度中心，它负责协调各部件之间的工作。主板的性能直接影响计算机的整体性能，如图 3-29 所示。

图 3-29　主板示意图

3.3　指令系统与机器语言

机器的指令系统性能如何决定了计算机的基本功能，因而指令系统是计算机系统中的核心，它不仅与计算机的硬件结构紧密相关，而且直接关系到用户的需要。

3.3.1　指令系统及其指令的执行过程

1. 指令系统基础

指令系统的发展经历了从简单到复杂的演变过程。早在 20 世纪 50～60 年代，计算机大多数采用分立元件的晶体管或电子管组成，其体积庞大，价格也很昂贵，因此计算机的硬件结构比较简单，所支持的指令系统也只有十几至几十条最基本的指令，而且寻址方式简单。到 20 世纪 60 年代中期，随着集成电路的出现，计算机的功耗、体积、价格等不断下降，硬件功能不断增强，指令系统也越来越丰富。在 20 世纪 70 年代，高级语言已成为大、中、小型机的主要程序设计语言，计算机应用日益普及。由于软件的发展超过了软件设计理论的发展，复杂的软件系统设计一直没有很好的理论指导，导致软件质量无法保证，从而出现了所谓的“软件危机”。人们认为，缩小机器指令系统与高级语言的语义差距，为高级语言提供更多的支持，是缓解软件危机有效和可行的办法。计算机设计者们利用当时已经成熟的微程序技术和飞速发展的 VLSI 技术，增设各种各样的复杂的、面向高级语言的指令，使指令系统越来越庞大。由此就提出了复杂指令系统计算机（Complex Instruction Set Computer），简称 CISC。

复杂指令系统计算机内部指令较复杂，指令长度较长，往往将一条指令分成几个微指令执行，正因为如此，开发程序比较容易（指令多的缘故），但是由于指令复杂，执行工作效率较差，处理数据速度较慢，PC 中奔腾 Pentium 的结构都为 CISC 的微处理器。

传统的 CISC 结构有其固有的缺点，即随着计算机技术的发展而不断引入新的复杂的指令集，为支持这些新增的指令，计算机的体系结构会越来越复杂，然而，在 CISC 指令集的各种指令中，其使用频率却相差悬殊，大约有 20%的指令会被反复使用，占整个程序代码的 80%。而余下的 80%的指令却不经常使用，在程序设计中只占 20%，显然，这种结构是不太合理的。

基于以上的不合理情况，1979 年美国加州大学伯克利分校提出了 RISC（Reduced Instruction Set Computer，精简指令集计算机）的概念，RISC 并非只是简单地减少指令，而是把着眼点放在如何使计算机的结构更加简单、合理地提高运算速度。RISC 结构优先选取使用频率最高的简单指令，避免复杂指令；将指令长度固定，指令格式和寻址方式种类减少；以控制逻辑为主，不用或少用微码控制等措施来达到上述目的。

RISC 指令长度较短，内部还有快速处理指令的电路，使得指令的译码与数据的处理较快，所以执行效率比 CISC 高，不过，必须经过编译程序的处理，才能发挥它的效率，IBM 的 Power PC 为 RISC CPU 的结构，CISCO 的 CPU 也是 RISC 的结构。而在 PC 的 CPU 中，Pentium Pro（P6）、Pentium II，Cyrix 的 M1、M2，AMD 的 K5、K6 实际上是改进了的 CISC，也可以说是结合了 CISC 和 RISC 的部分优点。

当然，和 CISC 架构相比较，尽管 RISC 架构有上述优点，但决不能认为 RISC 架构就可以取代 CISC 架构，事实上，RISC 和 CISC 各有优势，而且界限并不那么明显。现代的 CPU 往往采用 CISC 的外围，内部加入了 RISC 的特性，如超长指令集 CPU 就是融合了 RISC 和 CISC 的优势，成为未来的 CPU 发展方向之一。

2. 指令基本执行过程

计算机通过程序对信息加工处理，程序是完成某一任务的指令集合。计算机解题过程就是执行程序，即执行该程序的指令。计算机执行一条指令应在控制器指挥下通过下列操作实现：取指令、取操作数和执行指令。不断重复这 3 个操作，完成程序所规定的操作。

如图 3-30 所示，在取指周期完成取指令和分析指令的工作，分析出本条指令将要完成什么样的操作，取操作数周期则是完成取出数据的工作，并且将目前运算器的状态告知 CPU，当所有执行指令的必要条件都具备后，就开始执行指令，执行完本条指令后，就进入下一个取指周期，再去取指令，取操作数，执行指令。

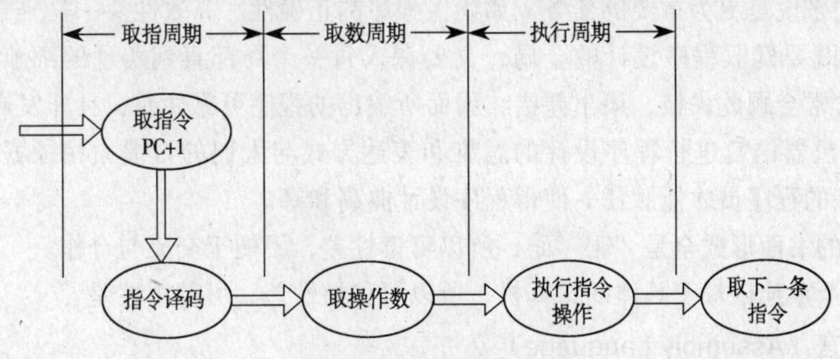

图 3-30 指令执行过程

对于每个循环而言，取指周期所花费的时间都差不多，但是对于取数周期和执行周期而言，不同的指令，执行的时间差别很大，具体的操作也有很大的不同。当操作数在 CPU 中的寄存器中时，取数就会很快，但是当所需要的数据在内存中甚至在外部设备中时，取操作数就要消耗大量的时间了。而执行指令的时间也有较大的差异，不同的操作执行的速度是不一样的。

因此，在对指令系统的观察和分析中首先要注意的问题就是 CPU 的时间问题，也就是时序问题。由于 CPU 的执行速度是很快的，但是 CPU 作为计算机的大脑要调配内存以及外部设备一起协调工作，但是内存的速度慢于 CPU，而外部设备的速度更慢，所以 CPU 应该按照怎样的时钟来工作是 CPU 需要解决的一个重要问题。

3.3.2 机器语言和汇编语言基础

1. 机器语言（Machine Language）

机器语言又称为低级语言、二进制代码语言。机器语言是直接用二进制代码指令表达的计算机语言，指令是用 0 和 1 组成的一串代码，它们有一定的位数，并分成若干段，各段的编码表示不同的含义，例如，某台计算机字长为 16 位，即由 16 个二进制数组成一条指令或其他信息。16 个 0 和 1 可组成各种排列组合，通过线路变成电信号，让计算机执行各种不同的操作。

机器语言编写的程序由多条指令构成，每一条指令用来控制计算机进行一个操作内容。它告诉计算机应进行什么运算、哪些数参加运算、这些数存放在什么地方（到哪里去取数）、计算结果应送到什么地方去等。用机器语言编写程序就是要编出由一条条机器指令组成的程序。这是一件十分烦琐且容易出错的工作。每种计算机都有自己的机器语言，或者说有不同的机器指令系统。一般不同型号计算机的机器语言是互不通用的，这造成很大的不方便。

如某种计算机的指令为 1011011000000000，它表示让计算机进行一次加法操作；而指令 1011010100000000 则表示进行一次减法操作。它们的前 8 位表示操作码，而后 8 位表示地址码。从上面两条指令可以看出，它们只是在操作码中从左边第 0 位算起的第 6 位和第 7 位不同。这种机型可包含 $256 = 2^8$ 个不同的指令。

机器语言的特点是计算机可以直接识别，不需要进行任何翻译。每台机器的指令，其格式和代码所代表的含义都是硬性规定的，故称之为面向机器的语言，也称为机器语言。它是第一代计算机语言。机器语言对不同型号的计算机来说一般是不同的。

机器语言的缺点如下：

① 大量烦琐的细节牵制着程序员，使他们不可能有更多的时间和精力去从事创造性的劳动，执行对他们来说是更为重要的任务，如确保程序的正确性、高效性。

② 程序员既要驾驭程序设计的全局，又要深入每一个局部直到实现的细节，即使智力超群的程序员也常常会顾此失彼，屡出差错，因而所编出的程序可靠性差，且开发周期长。

③ 由于用机器语言进行程序设计的思维和表达方式与人们的习惯大相径庭，只有经过较长时间职业训练的程序员才能胜任，使得程序设计曲高和寡。

④ 因为它的书面形式全是“密”码，所以可读性差，不便于交流与合作。

⑤ 因为它严重地依赖于具体的计算机，所以可移植性差，可重用性差。

2．汇编语言（Assembly Language）

汇编语言是面向机器的程序设计语言。汇编语言是一种功能很强的程序设计语言，也是利用计算机所有硬件特性并能直接控制硬件的语言。

使用汇编语言编写的程序，机器不能直接识别，要由一种程序将汇编语言翻译成机器语言，这种起翻译作用的程序叫做汇编程序，汇编程序是系统软件中的语言处理系统软件。汇编语言编译器把汇编程序翻译成机器语言的过程称为汇编。

汇编语言需要一个“汇编器”来把汇编语言源文件汇编成计算机可执行的代码。高级的汇编器如 MASM、TASM 等为编写汇编程序提供了很多类似于高级语言的特征，比如结构化、抽象等。在这样的环境中编写的汇编程序，有很大一部分是面向汇编器的伪指令，已经类似于高级语言。现在的汇编环境已经如此高级，即使全部用汇编语言来编写 Windows 的应用程序也是可行的，但这不是汇编语言的长处。汇编语言的长处在于编写高效且需要对计算机硬件精确控制的程序。

在汇编语言中，用助记符代替操作码，用地址符号或标号代替地址码。这样用符号代替机器语言的二进制码，就把机器语言变成了汇编语言。因此汇编语言也称为符号语言。

汇编语言比机器语言易于读写、调试和修改，同时具有机器语言的全部优点。但在编写复杂程序时，相对高级语言代码量较大，而且汇编语言依赖于具体的处理器体系结构，不能通用，因此不能直接在不同的处理器体系结构之间移植。

汇编语言的特点如下：

① 面向机器的低级语言，通常是为特定的计算机或系列计算机专门设计的。

② 保持了机器语言的优点，具有直接和简洁的特点。

③ 可有效地访问、控制计算机的各种硬件设备，如磁盘、存储器、CPU、I/O 端口等。

④ 目标代码简短，占用内存少，执行速度快，是高效的程序设计语言。

⑤ 经常与高级语言配合使用，应用十分广泛。

汇编语言的应用如下：

① 70%以上的系统软件是用汇编语言和其他高级语言混合编写的。

② 某些快速处理、位处理、访问硬件设备等高效程序是用汇编语言编写的。

③ 某些高级绘图程序、视频游戏程序是用汇编语言编写的。

汇编语言是理解整个计算机系统的最佳起点和最有效途径。人们经常认为汇编语言的应用范围很小，而忽视它的重要性。其实汇编语言对每一个希望学习计算机科学与技术的人来说都是非常重要的，是一门不能不学习的语言。

所有可编程的计算机都向人们提供机器指令，通过机器指令人们能够使用机器的逻辑功能。所有程序，不论用何种语言编制，都必须转成机器指令，运用机器的逻辑功能，其功能才能得以实现。汇编语言直接描述机器指令，比机器指令容易记忆和理解。通过学习和使用汇编语言，能够感知、体会、理解机器的逻辑功能，向上理解各种软件系统的原理；向下掌握硬件系统的原理，是理解整个计算机系统的最佳起点和最有效途径。

下面举一个例子，从中可以看到高级语言、汇编语言和机器语言之间的区别。例如计算两个数的和，用 C 语言来写，如图 3-31 所示。

如图 3-31 所示，高级语言比较接近人类的自然语言。高级编程语言具有几个重要的优点。首先，它允许程序员用更自然的语言思考，用英语单词和数学符号，使程序看起来更像文章而不是神秘字符的表格。此外，它允许按照语言的用途来设计语言。使用汇编语言完成相同的工作，如图 3-32 所示。看上去使用汇编语言似乎复杂了许多，但是由于高级语言编写的程序还要经过编译器的编译成为二进制代码，也就是机器语言之后才能运行实现各种功能，而汇编语言只需要进行汇编就可以了，图 3-31 使用 C 语言编写的程序最后形成的可执行文件的容量为 169KB，而图 3-32 汇编语言实现数据求和的程序形成的可执行文件为 589B。

```
#include "stdafx,h"
#include "stdio,h"
int main( )
{    int a,b,c;
     a=1;
     b=2;
     c=a+b;
     printf("c=%d\n",c);
     return 0;
}
```

图 3-31　C 语言实现两个数据求和

```
data   aegment
a          db   ?
b          db   ?
c          db   ?
string     db   'c=$'
data   ends

code   segment
main   proc far
assume cs:code, ds:data, es:data
start:
       push   ds
       sub    ax,ax
       push   ax
       mov    ax,data
       mov    ds,ax
       mov    es,ax
mov    a,1
       mov    b,2
       mov    al,a
       add    al,b
       mov    c,al
       lea    dx,string
       mov    ah,09
       int    21h
       add    c,30h
       mov    dl.c
       mov    ah,2
       int    21h
       mov    dl,0ah
       int    21h
       mov    dl,0dh
       int    21h
       ret
main   endp
code   ends
       end  start
```

图 3-32　汇编语言实现两个数据求和

再看看机器语言，如图 3-33 所示实现了两个数的求和工作，只用了 62B。因此，明显可以看出机器语言、汇编语言和高级语言之间的区别。

```
00011110 00101011 11000000 01010000 10111000 10001001
00001010 10001110 11011000 10001110 11000000 11000110
00000110 00000000 00000000 00000001 11000110 00000110
00000001 00000000 00000010 10100000 00000000 00000000
00000010 00000110 00000001 00000000 10100010 00000010
00000000 10001101 00010110 00000011 00000000 10110100
00001001 11001101 00100001 10000000 00000110 00000010
00000000 00110000 10001010 00010110 00000010 00000000
10110100 00000010 11001101 00100001 10110010 00001010
11001101 00100001 10110010 00001101 11001101 00100001
11001011 01100000
```

图 3-33　机器语言实现两个数据求和

3.4 微型计算机的性能指标

在如今的计算机系统中，软件的规模越来越大，复杂度越来越高，而硬件方面则采用了大量精心设计的、意在提高系统性能的新技术，因此对计算机系统的性能评估也变得越来越困难。事实上，不同类型的应用程序的运行效果只能反映不同的性能指标，而只有综合所有这些不同的性能指标，才有可能对计算机系统的整体性能做出恰当的评价。

当然，面对各种各样的计算机，人们在选购的时候，性能通常是考虑得最多的因素之一。精确的评估和比较对于购买者来讲是非常重要的；对计算机系统的设计者来讲情况也是如此。销售人员同样了解这一点。通常，他们会让用户看到所推销计算机的最好的一面，而不管这种最佳状态是否适合购买者的使用需要。有时所宣称的计算机性能对理解实际应用中的性能没有帮助。

总地来说，评价计算机系统的性能有如下几个标准。

1．基本字长

基本字长是指参与运算的数的基本位数，它标志计算机的精度。位数越多，精度越高，硬件成本越大，因为它决定寄存器、运算器、数据总线的位数。为了适应不同的需要，较好地协调计算精度和硬件成本之间的关系，在硬件或者软件上允许变字长运算，例如双字长运算。

指令字长与数据字长之间虽然无绝对的固定关系，但是也有一定程度的对应关系。指令系统功能的强弱与基本字长有关，这一点在传统的小型计算机中较为明显。

一个字符可用 8 位二进制代码表示，称为一个字节。为了更灵活地处理字符信息，大多数计算机有全字长运算能力，又可以按照字节进行处理。

2．主存容量

主存储器是 CPU 可以直接访问的存储器，需要执行的程序与需要处理的数据就放在主存中。主存容量越大，运算速度就越快，计算机的处理能力就强，当然硬件价格就越高。

（1）字节数

每个存储单元有 8 位，称为一个字节，相应地用字节数来表示存储容量的大小。微型计算机多采用字节为单位。

（2）单元数×位数

有些计算机的主存储器按字编址，即每个单元存放一个字，则采用注明存储器单元数和每个单元位数的方法描述存储器的容量，例如：64×1 024×16 位。

3．外存容量

外存容量一般是指计算机系统中联机运行的外存容量。由于操作系统、编译程序和众多的软件资源往往存放在外存之中，需要使用的时候再调入主存运行。在批处理、多道程序方式中，也常常将各用户待执行的程序、数据以作业的形式先存放在外存中，再陆续调入主存运行。所以，联机外存也是一项重要的性能指标，一般以字节数表示。例如，一般个人计算机硬盘的容量大小是 60GB。

4．运算速度

同一台计算机，执行不同的运算所需的时间可能不同，因而对运算速度的描述通常采用不同的方法。

（1）CPU 时钟频率

计算机的操作需要分解指令，每个时钟周期完成一步操作，所以时钟频率在很大程度上反映了 CPU 速度的快慢。例如现在的酷睿 2 代双核处理器达到了 2.8GHz。

（2）每秒平均执行百万次指令数（MIPS）

由于各种指令的执行时间不等，所以这种描述也是粗略的。通常，一条指令能实现一次定点加减法运算，所以 MIPS 值大致相当于每秒钟能完成的定点加减法运算次数。

MIPS 实际上是一个描述指令执行速率的性能指标，它与执行时间成反比；计算机越快，其 MIPS 值越高。MIPS 的好处在于它简明易懂，速度越快的计算机，MIPS 值也越高。

但是，在用 MIPS 作为计算机性能比较的度量标准时，还需要注意 3 个问题。首先，MIPS 指出了计算机执行指令的速率，但是并没有考虑指令所完成的功能。不能用 MIPS 指标来比较指令集不同的计算机，因为同一程序在这些计算机上的指令数量显然是不一样的。其次，即使是对于同一台计算机，用不同的程序测出来的 MIPS 值也是不一样的；也就是说，同一台计算机不可能对于所有的程序而言都只有同一个 MIPS 值。

5. 外部设备性能

外设的配置也是影响整个计算机系统性能的重要因素，所以在系统技术说明中常给出允许配置情况与实际配置情况，以方便做出相应的对比。

6. 系统软件性能

作为一种硬件系统，允许配置的协调软件原则上是可以不断地扩充的，但是增加了软件的同时也有可能为计算机硬件系统带来负担和麻烦，因此，对计算机整机系统进行评价时，也要考虑该系统内安装的软件的实际情况。

习 题

一、选择题

1. 下列有关运算器的描述中，（　　）是正确的。

   A. 只做算术运算，不做逻辑运算　　B. 只做加法

   C. 能暂时存放运算结果　　D. 既做算术运算，又做逻辑运算

2. EPROM 是指（　　）。

   A. 读写存储器　　B. 只读存储器

   C. 可编程的只读存储器　　D. 光擦除可编程的只读存储器

3. CPU 主要包括（　　）。

   A. 控制器　　B. 控制器、运算器、Cache

   C. 运算器和主存　　D. 控制器、ALU 和主存

4. 在计算机中，既可作为输入设备又可作为输出设备的是（　　）。

   A. 显示器　　B. 磁盘　　C. 键盘　　D. 图形扫描仪

5. 计算机能直接执行（　　）。

   A. 高级语言源程序　　B. 机器语言程序　　C. 英语程序　　D. 十进制程序

二、填空题

1. 存储器可分为________和________。设置 Cache 的目的是________。
2. 3 种基本逻辑运算是________、________和________。
3. 设置接口的原因：一是________；二是________；三是________。
4. CISC 指的是________，RISC 指的是________。
5. 机器语言和汇编语言的区别是________。

三、简答题

1. 简述冯・诺依曼存储程序的思想，并绘制冯・诺依曼计算机结构示意图。
2. 简述 RAM 和 ROM 的异同点。
3. 什么是存储系统？PC 的存储系统由哪些部分组成？
4. 试各举出 2～3 个课本中没有提及的输入设备和输出设备。
5. PC 的性能指标有哪些？

第 4 章 操作系统原理

操作系统是计算机系统的所有的其他软件的基础与核心，是计算机的灵魂，是整个计算机系统的管家，是硬件和软件资源的协调大师。掌握了操作系统，就掌握了计算机的精髓。操作系统由于它在计算机系统中的特殊地位决定了它的重要性。学好操作系统不仅能掌握操作系统的基本原理，建立并发的程序设计思想，且为以后学习数据库系统、计算机网络、分布式系统等课程打下基础，而且能够具备开发系统软件的技能，提高开发应用软件的水平。本章首先介绍操作系统的基本原理，然后介绍一些具体的现代操作系统。

4.1 操作系统概述

本节首先介绍操作系统的发展历史，了解发展规律，然后总结操作系统应该具备的基本功能，给出操作系统的定义，最后讨论操作系统的特征。

4.1.1 操作系统的产生、发展和现状

学习操作系统的发展历史，尤其是发现和理解操作系统发展的原因、动机、契机，了解操作系统的各种组成成分和技术，是如何作为早期计算机系统中的问题的自然解决方案而提出与发展的，有助于加深对操作系统基本问题的理解，加深对操作系统基本概念与技术的渊源和本质的理解。甚至有一种极端的说法：要理解操作系统是什么，必须首先理解操作系统是如何发展的。

1. 手动操作方式

20 世纪 40 年代到 1955 年间的计算机是没有操作系统的。计算机最早的使用方式是手动交互方式。所谓手动交互，简单地说，就是指用户在使用计算机的过程中，计算机只能完成自动计算的工作，而其余的很多工作需要手动完成，比如安装输入纸带、取走打印纸等。在手动交互方式下，用户使用计算机的过程如图 4-1 所示。

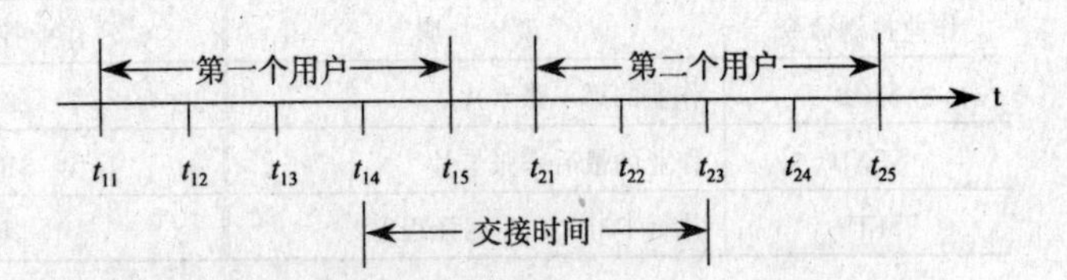

t_{i1} 用户 i 进入机房，开始装带

t_{i2} 指示灯亮，装带结束，程序进入了指定的内存

t_{i3} 用户 i 按下启动按钮，程序开始自动运行

t_{i4} 指示灯亮，程序运行结束

t_{i5} 用户 i 卸带，离开机房

图 4-1 手动交互方式下用户使用计算机的过程

需要特别注意的是，在用户手动操作时，计算机（确切地说，应该是包括处理器和内存的主机）处于空闲状态，如表 4–1 所示。

表 4-1　手动操作时间与计算机运行时间的关系

计算机速度	程序在计算机上计算所需的时间	手动操作时间	计算机运行时间与手动操作时间之比
1 万次/秒	1 小时	3 分	1:20
60 万次/秒	1 分	3 分	3:1

通过表 4–1 可以看出，当计算机速度较慢时，手动操作时间相对于计算机运行时间较少，此时计算机的效率较高。而随着计算机速度的提高，手动操作时间相对于计算机运行时间较多，此时计算机的效率较低。且随着计算机速度越来越高，计算机的效率越来越低，以至于低到人们无法容忍的程度。一方面是 CPU 空闲严重，另一方面是 CPU 的时间成本高昂。以 IBM 7094 为例，该计算机当时价格为 200 万美元，期望生命期为 5 年，如果每小时都在运转，则每小时成本为 45 美元；再加上电、冷却、纸、工资等方面的费用，每小时至少需要 66 美元。成本高昂自然对利用率的希望值很高，而与此同时 CPU 速度仍在不断地提高，成本相应地提高，空闲率也在增加，矛盾不断尖锐。人工操作的慢速度与越来越快的计算机速度之间的矛盾称为人机矛盾，这种矛盾是由人工干预造成的。人们必须找到一种解决人机矛盾的方法，以减少计算机空闲，提高计算机效率。

通过减少程序交接时间，实现作业的自动过渡，可以较有效地解决人机矛盾。所谓程序交接时间，是指一个程序结束后，直到下一个程序开始运行的时间间隔。在手动交互方式的情况下，交接时间包括前一个用户卸带、后一个用户装带等，如图 4–1 所示。为了减少程序交接时间，提出了批处理方式。

2. 单道批处理方式

在介绍批处理方式之前，先说明一下作业及其相关的几个概念。作业是一个处理机调度单位，其由程序、数据和作业说明书三部分组成。其中，作业说明书通过作业控制命令描述作业的各作业步骤的处理方式，操作系统的作业控制命令的集合称为作业控制语言。作为举例，表 4–2 给出了 FMS 操作系统的部分作业控制命令。

表 4-2　作业控制命令举例

作业控制命令	说　明	作业控制命令	说　明
$JOB	作业的第一张卡片	$ASM	执行汇编程序
$END	作业的最后一张卡片	$RUN	执行用户程序
$FTN	执行 FORTRAN 编译程序	其他	如要求操作员装卸带等

如图 4–2 所示是一个典型的作业卡片序列示意图。可以看出，一个典型的作业的卡片叠分为源程序卡、数据卡和控制卡 3 种。在这个例子中，第 1 张卡片表示作业开始，其中还包含账户信息、作业名称等；随后的第 2 张卡片通知计算机编译随后的若干张 FORTRAN 源程序，编译结束后，由计算机将目标代码保存到磁带中；再之后，LOAD 命令要求计算机将磁带中的目标代码加载到内存中，RUN 命令要求计算机执行该目标代码；目标代码在执行过程中所需要的输入数据由后面的数据卡片叠提供；最后 END 命令通知计算机作业结束。

另外，还可以看出这个作业包含编译和运行两个作业步。

在单道批处理方式下，程序员应该事先准备好作业，存放在一叠卡片上，然后交给机房管理员，机房管理员通知程序员取执行结果的时间（比如 3 天以后）。机房管理员将收集若干个程序员的作业，将这些作业通过卡片输入机转存到磁带上，于是磁带上形成了包含若干个作业的一批作业。接着机房管理员将此磁带安装到主机上，启动主机依次执行磁带中的各个作业。作业执行的先后次序取决于作业调度算法，这将在处理机管理中详述。以上过程就是所谓的单道批处理。

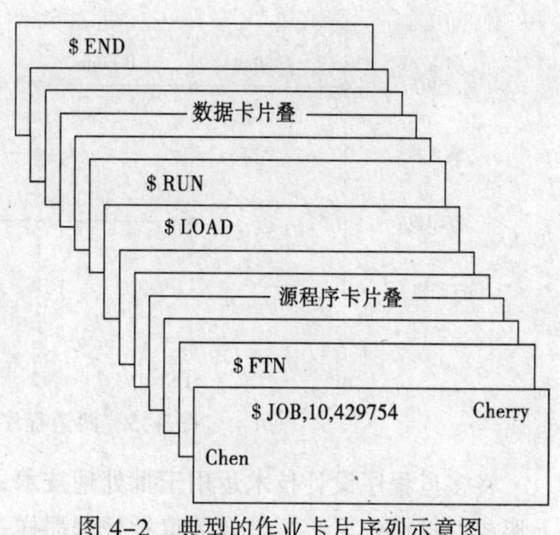

图 4-2　典型的作业卡片序列示意图

由于一个作业（中的程序）执行结束后，计算机能够从相对于手动操作快得多的磁带中得到下一个作业（中的程序），因此，有效地减少了程序交接时间，主机的效率有了一定的提高。

3. 多道批处理方式

尽管相对于手动操作方式而言，单道批处理方式使得主机的效率有所提高，但是，人们发现主机和外部设备的效率仍然不如人意。造成这种问题的原因主要在于外部设备与处理机的巨大的速度差，所导致的处理机的大量空闲时间和低利用率。比如，一个程序计算需要 4 秒，输入数据需要 60 秒，由于外部设备工作时，处理机只能空闲等待，所以处理机的效率仅为 4/(4+60)=6.25%。随着计算机技术的发展，使得处理机与各种外部设备可以并行操作，即处理机计算的同时，外部设备可以做 I/O 工作。这样，对于前面的例子，处理机的效率可以上升到 4/60=6.67%。可以看出处理机的效率仍然很低，绝大部分时间仍然处于空闲浪费状态。另一方面，计算机外部设备的种类越来越多，其占整个计算机系统成本的比重越来越大，而外部设备效率也很低。原因在于一个程序一般不会同时用到所有的外部设备，一个程序没有用到的各种外部设备也只能空闲等待。正是对于以上这些问题，人们提出多道程序设计技术来提高处理器和外部设备的利用率。

多道程序设计技术是在计算机的内存中放置几道程序。当一道程序因某种原因（比如要做 I/O 操作）不能继续运行下去时，该程序放弃处理机，转而去使用外部设备，与此同时，可以将处理机交给另一道程序，从而避免处理机的空闲。这样可以使得处理机和外部设备都尽量处于忙碌状态，极大地提高了计算机的效率。为了说明多道程序设计技术，考虑这样一个例子：假设一个计算机系统有一台输入机、两台打印机。现有 A、B 两道程序同时投入运行，且程序 A 先开始运行，程序 B 后运行。程序 A 的运行轨迹为：计算 50ms、打印 100ms、再计算 50ms、打印 100ms、结束。程序 B 的运行轨迹为：计算 50ms、输入数据 80ms、再计算 100ms、结束。如图 4-3 所示给出了这两道程序并发执行时的工作情况，从图中可以看出，同样是运行这两道程序，若这两道程序以单道的串行方式执行，需要 530ms，若以多道的并发方式执行，仅需 300ms，这意味着系统的吞吐率（单位时间执行的程序个数）提高了。另外，处理机的效率可以由单道时的 250/530 提高到多道时的 250/300，外部设备的效率也有所提高。

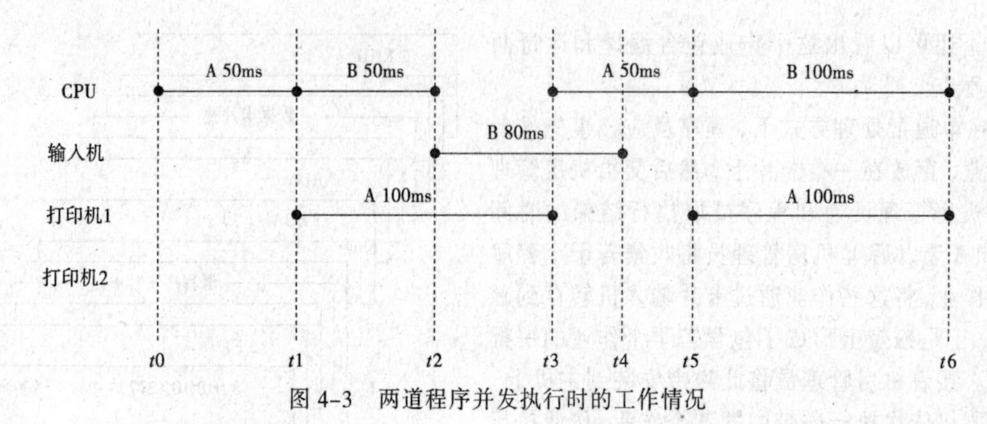

图 4-3 两道程序并发执行时的工作情况

将多道程序设计技术运用于批处理技术，于是得到多道批处理方式。具体而言，当在磁带上形成一批作业后，不是像单道批处理那样一次挑选一个作业，而是一次挑选多道作业，将这多道作业放置于内存中，使得它们以类似于图 4-3 那样并发地执行，达到提高效率的目的。前面所说的一次挑选多道作业，存在一定的算法技巧，比如可以挑选一个计算量大的作业与一个 I/O 量大的作业相匹配，有助于更有效地提高处理机和外部设备的并行效率。

在这里需要区别并行与并发两个概念。简单地说，并行是物理上的同时执行，而并发是逻辑上的同时执行。比如，在图 4-3 中，可以说 CPU 与各种外部设备是并行的，而不能说程序 A 与程序 B 是并行的，因为在一个时间点上，程序 A 与程序 B 不会同时拥有 CPU 执行，它们只是在宏观上表现为同时执行，而在微观上是串行的，轮流使用 CPU。将这种宏观上同时执行、微观上串行的现象称为并发。若说程序 A 与程序 B 是并行的，除非是在多处理器的计算机系统中才有可能。

4. 分时方式

前面讨论的批处理方式使得计算机的效率达到了很高的程度，但是在片面强调效率的同时，忽略了一个很重要的因素，那就是人的因素。计算机毕竟是给人用的，一个效率再高，但使用起来不方便的计算机，不一定能够得到认可。怎样才算是方便呢？或者说，用户期望以何种方式使用计算机呢？比如一个 C 程序员将源程序交到机房，机房管理员通知程序员 3 天后取执行结果。程序员耐心等待 3 天后去取结果，却被告知源程序中缺少一个分号，无法编译，更谈不上执行结果了。程序员或许会自责于自己的粗心，他也会怀念曾经经历过的手动操作方式，那个时候，程序员独占计算机，发现这样的小错误时可以及时改正。看来，要想方便，就需要独占。然而，那时计算机人手一个太不现实，手动操作方式的效率也很低。显然，人们需要一种既高效又方便的方式。分时方式正是这样一种方式。

更多的时候，用户（程序员）所提交的都是一些简短的命令（如编译一个 100 行的源程序），而不是一些费时的命令（如对一个有百万条记录的文件的排序），因此，用户希望在可以容忍的时间内（比如 3 秒）得到响应。这种需求导致分时系统的出现。如图 4-4 所示为分时方式的系统组成示意图。分时系统由一台主机及若干台终端组成，主机与各终端通过线路连接。终端由显示器、键盘和数据通信部件组成。用户可以通过键盘向主机发送数据，由显示器显示主机发送来的数据。需要强调的是，终端并不是计算机，因为其不具有计算能力。每个用户使用一台终端，通过终端向主机提交一条命令，由主机执行命令，将执行结果发送给终端显示器。用户根据看到的执行结果决定下一步干什么。比如，若编译成功，则下一步进行程序连接，若编译不成功，则下一步进行程序编辑。这样，用户与计算机之间可以以这种一问一答的方式操作，一般称这种方式为交互方式。交互方式正是用户所期望的使用计算机的方式。前面介绍的批处理方式，用户不可能独占计算机，无法以交互的方式使用计算机，所以用户会感到很不方便。主机可能同时得到 N 个终端用户发送的 N 条命令，此时，主机以分时的方式执行这些命令。由于主机的速度很快，时间片很短，使得每一个用户感觉到自己独占了一台计算机，只不过是一台速度稍慢一些的计算机。这种独占只是心理上的、逻辑上的。从心理上说，一般若响应时间（从用户提交命令到看到执行结果的时间距离）小于 3 秒，用户就会觉得满意。

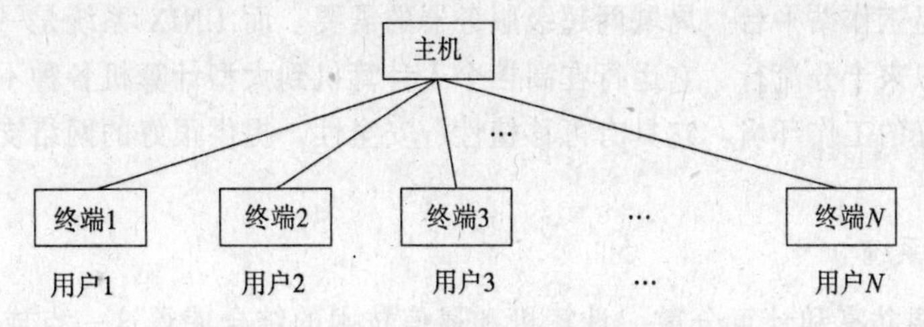

图 4-4　分时方式的系统组成示意图

将 CPU 时间划分为一个个时间片，比如划分为 0.1s 一个时间片。然后每个程序使用一个时间片，若时间片结束，而程序未结束，此程序也必须放弃 CPU，将 CPU 交给下一个程序。就像下课铃响了，尽管课还没讲完，老师也必须放弃教室，将教室交给下一节课的老师。由几道程序分时轮流使用 CPU，直到各程序陆续先后结束。分时系统正是通过这种方式使各程序得到公平使用 CPU 的机会。在分时系统中，时间片的大小是一个需要考虑的问题。假设将时间片设置为 500ms，进程上下文切换需要 5ms（类似于课间时间），则 CPU 浪费的时间为 1%，显然，时间片越大，CPU 浪费的时间越小。但是，过大的时间片会导致公平性方面的问题。比如，有 10 个终端用户同时提交命令，系统先开始处理其中一个命令，第二个命令大约在 500ms 后开始处理，而不幸的是最后一个命令在 5s 后才会被开始处理。大多数用户不能忍受一个简短的命令在 5s 后才开始被处理。若时间片足够大，则分时系统退化为串行处理。考虑到公平性，时间片不能太大。因此，应该在效率和公平做出折衷来选择时间片的大小。

现在在微型计算机上使用最为普遍的三大操作系统（Windows、Linux 和 UNIX）均为分时操作系统。

5. 实时方式

实时系统是操作系统的又一种类型。实时系统能够在规定的时间内处理完毕并做出反应，其对响应时间的要求比分时系统更高。由于实时系统强调实时性和可靠性，所以效率并不是首要目标，有时为了追求实时性和可靠性而不惜牺牲效率。

6. 个人计算机操作系统

20 世纪 80 年代以来，操作系统得到了进一步发展。促使其发展的原因有两个：一是微电子技术、计算机技术、计算机体系结构的迅速发展；二是用户的需求不断提高。它们使操作系统沿着个人计算机、视窗操作系统、网络操作系统、分布式操作系统方向发展。

随着大规模集成电路的发展，芯片在每平方厘米的硅片上可以集成数千个晶体管，使个人计算机的功能越来越强、价格越来越便宜，即性能价格比迅速下降。随着计算机应用的日益广泛，许多人都拥有自己的个人计算机，而在大学、政府部门或商业系统可使用功能更强的个人计算机——通常称为工作站。在个人计算机上配置的操作系统称为个人计算机操作系统。在个人计算机和工作站领域有两种主流操作系统：一个是 Microsoft 公司的磁盘操作系统和具有图形用户界面的 Windows 系统，另一个是 UNIX 系统。磁盘操作系统中最具有代表性的是 MS-DOS，它广泛用于采用 Intel 80x86 芯片的计算机上。MS-DOS 具有很强的设备管理、文件系统功能，提供键盘命令和系统调用命令。但它逐渐被界面色彩丰富、使用直观方便、具有图形用户界面的 Windows 操作系统所代替。Windows 使用图形用户界面（GUI）技术，具有非常直观、方便的工作环境，满足工作站平台、局域网超级服务器的需要。而 UNIX 系统是一个多用户分时操作系统，自问世以来十分流行，它运行在高档个人计算机到大型计算机各种不同处理能力的计算机上，提供良好的工作环境。它具有可移植性、安全性，提供很好的网络支持功能，大量用于网络服务器。

7. 网络操作系统

用户希望资源共享和计算分散，计算机和通信技术的结合使得这一点成为可能。一些独立自治的计算机，利用通信线路相互连接形成的一个集合称为计算机网络。网络操作系统（NOS）是向网络计算机提供网络通信和网络资源共享功能的操作系统，它负责管理整个网络资源和方便网络用户。由于网络操作系统是运行在服务器之上的，所以有时也把它称为服务器操作系统。

8. 分布式操作系统

在计算机网络中，各计算机没有统一的接口，它们的硬件与软件结构可能均不相同。若一台计算机希望访问另一台计算机的资源，则必须指明目的计算机，且以目的计算机上的命令、数据格式来请求才能实现资源共享。另外，为了几台计算机合作完成一个计算，它们彼此之间的同步也难以实现。因此，网络对于用户是不透明的，用户不能较方便地使用所需要的资源共享与计算分散功能。分布式系统是一个一体化的系统，在整个系统中有一个全局的操作系统即分布式操作系统，它负责全系统的资源分配和调度、任务划分、信息传输、控制协调等工作，并为用户提供一个统一的界面、标准的接口。用户通过这一界面实现所需的操作和使用系统的资源。至于操作是在哪一台计算机上执行或使用哪个计算机的资源则是系统的事，用户是不需要知道的，也就是说系统对用户而言是透明的。

4.1.2 操作系统的功能和定义

冯·诺依曼计算机体系结构认为计算机由运算器、控制器、存储器、输入设备和输出设备组成，称为计算机的五大部件。然而，直接使用计算机，用户会感到不方便且计算机的效率将极为低下。因此，人们需要一种软件，这种软件能够对硬件进行改造，将计算机改造为方便、高效的机器。操作系统正是这样一种软件。如图 4-5 所示为操作系统与用户、操作系统与计算机之间的关系。操作系统介于用户和计算机之间，用户通过操作系统使用计算机，而不是直接使用计算机。操作系统作为用户使用计算机的桥梁，向上为用户提供方便使用计算机的接口（或称之为界面）；向下负责对计算机系统进行高效的管理，具体而言，包括对处理器的管理、对存储器的管理、对外部设备的管理和对软件资源的管理。这样便形成了操作系统的四大功能。

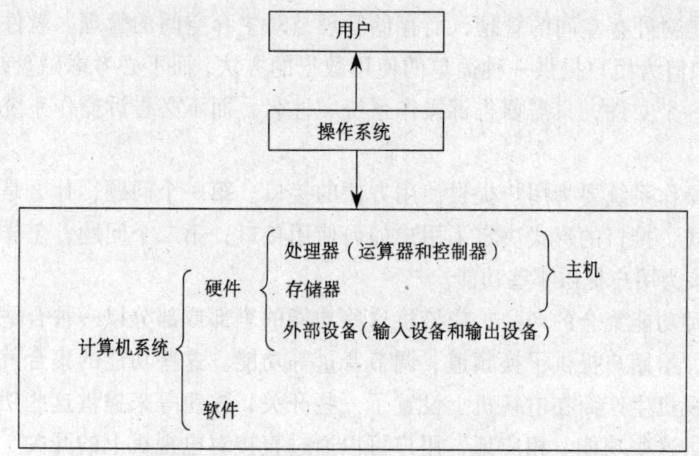

图 4-5　操作系统与用户、操作系统和计算机之间的关系

① 处理器管理，负责对计算机中的处理器的管理。对处理器的管理主要是解决处理器的调度问题，即对于若干都希望得到处理器运行的程序，操作系统应该将处理器分配给哪一个程序。对于这个问题，可以使用简单、低效的单道的方案，即由一个程序独占，程序结束后，由另一个程序独占。微型计算机上的许多操作系统采用此方案，典型的例子就是 DOS。因为尽管低效，但微型计算机价格很低；也可以使用复杂的多道的方案。在多道的情况下，一个程序的运行尚未结束，但由于时间片或 I/O 操作等原因，需要将处理器交给另一个程序，并非由一道程序独占处理器。处理器是计算机中最重要的设备，因此对处理器的管理方式，在很大程度上决定了操作系统的基本类型（单道的操作系统和多道的操作系统）。

② 存储管理，负责对计算机中的主存资源的管理。在单道的情况下，由一个程序独占所有的主存资源，程序执行完后释放即可，管理相对比较简单。在多道的情况下，管理则复杂些，需要解决存储分配、存储扩充和存储保护的问题。当一个程序提出要求分配一定数量的主存空间时，而此时有多个主存空间可以满足程序的要求，将哪一个主存空间分配给该程序的问题就是存储分配要解决的问题。主存资源始终是瓶颈资源，多道程序在主存中并发运行，会出现主存资源不足的情况，为此需要一种扩充主存资源的方法。这种方法不是购买更多的主存，而是通过软件技术（算法）来解决。现在的操作系统一般使用虚拟存储技术，在历史上还曾经出现过一些其他的技术。另外，为了避免主存中用户程序对系统程序的干扰及用户程序之间的干扰，需要解决存储保护的问题。存储保护使得一个程序只能访问它可以访问的主存空间。

③ 设备管理，负责对计算机中的所有的外部设备资源的管理。由于外部设备的功能不是输入就是输出，所以也可以称之为输入/输出管理。由于一个计算机系统的外部设备种类繁多，所以设备管理是操作系统代码中最庞杂、琐碎的部分。设备管理需要解决设备分配、传输控制等问题。往往一类设备的个数小于用户个数，设备分配需要解决此矛盾。传输控制负责实现物理的数据输入/输出，同时还使用缓冲技术等改善传输效率。

④ 软件资源管理，负责对计算机中的所有的软件资源进行管理。计算机中的所有数据几乎均以文件的形式存储于外存，所以软件资源管理也称为文件管理或文件系统。究其实质，软件资源管理实际是对外存空间的管理，而存储管理是对主存空间的管理。软件资源管理要解决的主要问题是，如何为用户提供一种简单的使用数据的方法，而不必考虑磁盘结构等细节问题。比如用户要访问一个文件，只需要告诉操作系统文件名，而不必告诉操作系统文件位于磁盘的5柱6面7扇。

另一方面，操作系统要为用户提供使用方便的接口。第一个问题，什么是接口，所提供的接口具有何种形式，接口的形式决定了用户如何使用接口；第二个问题，怎样才算是方便，或者说操作系统应该为用户提供哪些功能。

一个具有某种功能集合的产品，应该将这些功能的全部或部分以一种合适的方式提供给用户。比如电视机，给用户提供了换频道、调节音量等功能。这些功能的集合就是电视机提供给用户的接口。电视机生产商在电视机上设置了一些开关、按钮等来提供这些功能，另外，还提供了遥控器来提供这些功能。相应地，用户可以通过直接对电视机上的开关、按钮，或通过遥控器来使用这些功能。操作系统也是一个产品，与电视机类似，也提供了一个功能集合，比如打开文件、关闭文件、删除文件等。操作系统一般为用户提供命令接口与程序接口两种。命令接口由一些实用程序组成，用户通过运行某个程序实现某个功能。毕竟操作系统提供的这些实用程序是有限的，若用户发现操作系统没有提供自己所需要的某个功能，则用户需要使用程序接口编程来达到自己的目的。

至于第二个问题，用户不能要求操作系统提供所有的功能，比如，操作系统不会提供天气预报的功能。原则上，操作系统只提供“与硬件相关，与应用无关”的功能。所谓与硬件相关，是指此原则的目的是使得用户在使用计算机时，不用去考虑硬件细节（比如磁盘结构），而专注于自己的应用。所谓与应用无关，是指操作系统所提供的功能是许多应用都要使用的功能，这些功能不是专为某一个应用所提供的。

有了上述了解，现在给出操作系统的定义。操作系统是一个系统软件，负责对计算机系统进行有效的管理，同时负责为用户提供方便的接口。

4.1.3 操作系统的特征

1. 并发性

现代操作系统一般为多道的，其具有能够同时处理多道程序的能力，即并发性。设程序 A 包含指令序列 A1、A2、A3、A4，程序 B 包含指令序列 B1、B2、B3，若程序 A 和 B 以并发的方式执行，则意味着：不能假设谁先执行，谁后执行；一道程序在执行完任何一条指令后均有可能切换到另一道程序。

2. 共享性

程序的并发执行，必然导致资源的共享。资源可能是硬件资源（比如打印机、内存等），也可能是软件资源（比如文件、内存变量等）。

3. 不确定性

同一个程序，只要给定相同的初始数据，在任何时候执行，所得到的执行结果都应该是相同的，这是确定性，而不确定性则相反。在一个程序的运行过程中，会受到外界的干扰，比如另一道程序或中断。不确定性是由共享性产生的。外界可能会修改资源的状态，从而会对使用此资源的程序的运行结果产生影响，操作系统应该避免这种影响。这里所说的不确定性并不是指操作系统不能很好地解决不确定性，而是强调操作系统的设计应该很好地考虑这些不确定性的因素，以稳定、可靠、高效的方式达到程序并发和资源共享的目的。

4. 虚拟性

虚拟性是用户看待操作系统的一种方式。经过操作系统的努力，将计算机系统中的物理资源改造为使用更方便、效率更高的虚拟资源提供给用户。比如，将单个的物理的 CPU 改造为虚拟的 CPU，使得每个进程均认为自己拥有一个 CPU；将数量有限的一维线形的物理的内存改造为虚拟内存，使得每个进程均认为自己拥有 4GB 的内存，且为“段，偏移”结构的二维结构；将数量有限的物理外部设备（比如一台打印机、一个光驱）改造为虚拟外部设备（比如虚拟打印机、虚拟光驱）；将物理文件（由一些磁盘上的扇区组成）改造为逻辑文件，使得用户认为文件是一个具有文件名的字节流，用户只需要指定文件名及偏移就可以访问文件中的数据，而不必考虑此数据位于磁盘的哪一个扇区中。

4.2 操作系统接口

所谓接口，简单地说，就是功能的集合。操作系统接口就是操作系统提供给用户的功能的集合。如图 4-6 所示给出了一个典型的操作系统（比如 Windows、DOS、UNIX 或 Linux）提供的接口的示意图。可以看出，操作系统大致可以分为内核和外壳两部分。内核提供程序接口，外壳提供命令接口，且外壳是建立在内核提供程序接口的基础之上的。如表 4-3 所示列举了 DOS 和 Linux 的部分命令接口和程序接口。为了更好地理解操作系统接口，如图 4-6 所示描述了操作系统接口与计算机其他接口之间的关系，下面给出几点说明。

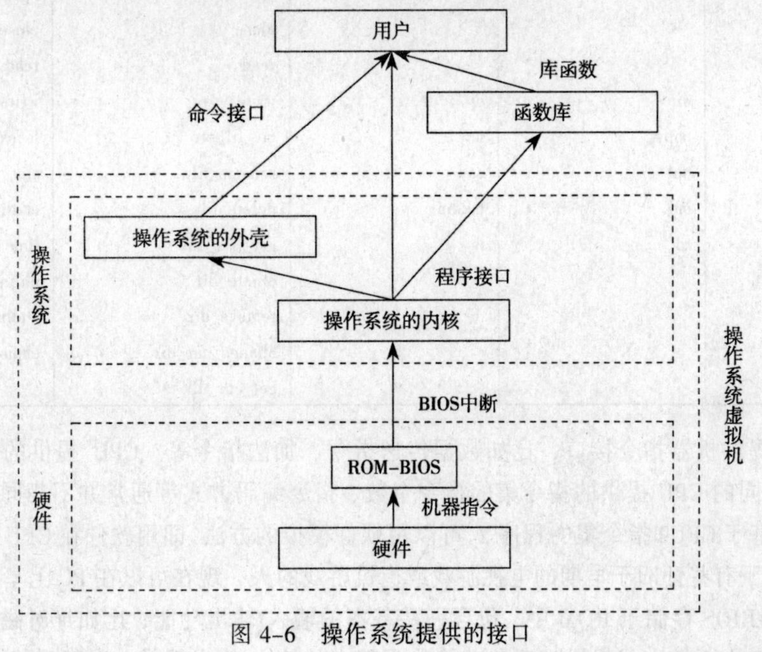

图 4-6　操作系统提供的接口

表 4-3 DOS 和 Linux 的部分命令接口和程序接口

部分命令接口和程序接口 操作系统功能	命令接口		程序接口	
	DOS	Linux	DOS	Linux
CPU 管理		kill sleep	load_and_exec load_overlay end_prog keep_prog get_child_status	fork waitpid execve exit sigaction kill alarm pause
存储管理	mem memmaker	ps	alloc_memory free_allocated_mem set_mem_blk_siz set_alloc_strategy set_upper_mem_link get_upper_mem_link	brk
设备管理	date msd time	date lsdev	ioctl	cfsetospeed cfsetispeed cfgetospeed cfgetispeed tcsetattr tcgetattr
文件系统	dir copy del md rd	cp mv cat mkdir ls	creat open close read write mv_fil_ptr rename_file delete_file get_file_date create_dir remove_dir change_cur_dir get_cur_dir	creat open close read write lseek stat mkdir link unlink chdir chmod

① 硬件提供机器指令接口，比如数据传送指令、加法指令等。CPU 提供的指令的集合称为指令集。不同的 CPU 提供的指令集的指令个数、指令编码方式等通常并不相同，为了能够在 CPU1 上运行基于 CPU2 指令集的程序 2，可以用软件模拟的方法，即用软件在 CPU1 上模拟 CPU2 的指令集。对于有些怀旧于早期的电视游戏或街机游戏的人，现在可以在 PC 上享受了。

② ROM-BIOS 存储于 ROM 中，包含一些基本的输入/输出功能，比如绝对磁盘读写等。这些功能以 BIOS 中断的方式提供。这些功能称为基本的输入/输出系统。一般也将 ROM-BIOS 看

成是硬件的一部分。另外，若用户希望在一台计算机上使用多种操作系统，需在一台计算机上安装多种操作系统，解决方案中常见的两种方法如图 4-7 所示。第一种方法是在计算机上独立安装各操作系统，这些操作系统共用同一个 BIOS。在计算机启动时，由用户选择启动哪一个操作系统。用户只能一次使用一种操作系统，要想使用另一种操作系统，必须重新启动计算机。第二种方法是在计算机上先安装操作系统 1，操作系统 2 是基于操作系统 1 的，具体来说，操作系统 2 使用操作系统 1 提供的程序接口，向用户提供模拟的操作系统 2 接口。将操作系统 2 称为操作系统 1 提供的操作系统 2 虚拟机，在本质上，操作系统 2 是操作系统 1 的应用程序。第二种方法的一个常见的例子就是 Windows 所提供的 MS-DOS 方式，它是基于 Windows 内核的 DOS 虚拟机，不过，一些不规范（未严格使用 DOS 接口）的 DOS 应用程序不一定能在这个 DOS 虚拟机上运行。

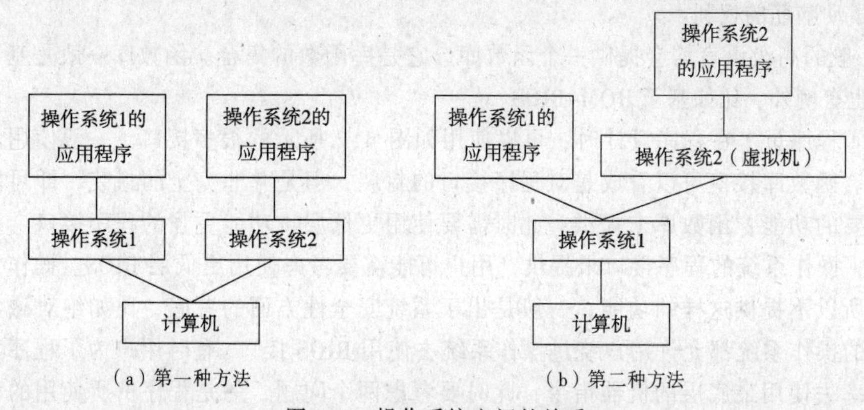

图 4-7　操作系统之间的关系

③ 内核提供程序接口，顾名思义，就是提供给程序员编程时需要用到的接口。程序接口是以系统调用的形式提供的（见表 4-3 程序接口的 DOS 部分），所以程序接口又称为系统调用。UNIX、Linux 和 Windows 将系统调用改装为函数的方式，用户使用起来和一般的库函数没有什么差别，较为方便。不过对于这种改装，在 UNIX 和 Linux 中仍称为系统调用，以区别于一般的库函数；而在 Windows 中称为 API 函数。

④ 外壳提供命令接口。外壳一般为一个可执行程序，比如，DOS 中的外壳程序为 command.com，在 Linux 中最常见的外壳程序为 bash。在操作系统启动时，外壳程序由系统加载，成为一个进程。一个操作系统可以有多个外壳，用户可以通过设置来选择自己喜欢的外壳。比如在 DOS 中可以通过修改启动盘根目录下的 config.sys 文件中的 shell 命令设置；而在 UNIX 及 Linux 中，可以通过修改/etc/passwd 文件中的某用户行的第 7 个字段设置。外壳的主要功能是对于接收的用户命令行命令，进行解释，然后调用相应的程序或程序段执行，所以，外壳也被称为命令解释器。一般每一个命令均与一个可执行程序相对应，执行一个命令的过程，就是执行一个程序的过程。但有一个例外，在有些操作系统的外壳中，本身包含一些命令对应的程序段，当用户执行一个命令时，外壳不会去寻找与这些命令对应的程序，而是直接执行对应的程序段。为此，若一个命令与一个可执行程序相对应，则称这个命令为外部命令；若一个命令与外壳中的一个程序段相对应，则称这个命令为内部命令。操作系统启动后，外壳中的各内部命令对应的程序段随着外壳加载到内存，因此，执行内部命令时，命令对应的程序已经在内存中，执行速度快。而执行外部命令时，操作系统要根据命令的名称找到对应的可执行程序，然后加载此

程序执行，所以，外部命令的执行速度要相对慢一些。通常操作系统会将一些常用且简短的命令设计为内部命令。

⑤ 早期的操作系统的外壳都是文本方式的，由外壳显示一个命令提示符，用户在其后通过键盘输入命令，命令执行完后，外壳显示下一个命令提示符。这种方式就是前面所说的交互方式。由于用户每次都是在提示符后输入一条命令，所以，这种文本方式的外壳也称为命令行方式。随着计算机技术的发展，现在的操作系统除了支持传统的文本的命令行方式外，还支持图形界面的方式，用户可以在图形界面中，使用鼠标、键盘等输入工具对各种可视化对象进行操作，这种可视化方式更加简单、直观，使得一个几乎不需要经过专门培训的用户就可以操作计算机，这当然有助于计算机的推广与普及，但同时也需要注意，大量的用户被少量的软件开发者剥夺了动脑筋的权利。

⑥ 一般的高级语言均会提供一个函数库，它是库函数的集合。函数库一般是基于程序接口的，但也有例外，比如基于 ROM-BIOS。

用户（程序员）在程序设计时，可以使用如图 4-7 所示的很多接口。一般使用函数库接口最方便。函数库接口可以看成是对程序接口的封装，但是并非完全的封装，即可能会遇到一个所需要的功能，函数库未提供，此时需要使用更低层、功能更强的程序接口。有时所需要的功能，操作系统的程序接口未提供，用户可能需要考虑使用更低层 BIOS。操作系统的程序接口之所以不提供这样的功能，一般是出于系统安全性方面的考虑，比如绝对磁盘读写。并非所有的操作系统都允许用户绕过操作系统去使用 BIOS 接口。有时用户为了程序具有更高的时空效率去使用最底层的机器指令，此时要考虑两个问题，一是程序员所使用的程序设计语言是否支持嵌入的机器语言/汇编语言；另一个是并非所有的应用级的程序员均可以使用指令集中的所有指令。

⑦ 用户使用安装了操作系统以后的计算机，就像使用了一台更方便、功能更强的计算机，因此将安装了操作系统以后的计算机称为操作系统虚拟机。操作系统虚拟机所提供的接口的集合（除了包括由硬件提供的机器指令之外，还包括由操作系统提供的接口）称为操作命令语言。

4.3 处理机管理

程序的概念已为我们所熟悉，只是需说明一点，对于操作系统而言，程序仅指可执行程序，源程序并非程序，而只是一些文本数据。我们经常使用程序这个术语，但是，有时却发现使用这个术语时不够确切。比如，在 Windows 中，先后两次执行计算器程序，可以在桌面上看到两个计算器窗口，那么，如何描述这种现象呢？如果说有两个计算器程序，这显然是不合适的，因为在磁盘上只有一个计算器程序 C:\WINDOWS\System32\calc.exe，只不过将一个程序执行了两次而已，那么，如何描述程序的每次执行呢？为此，人们引入了进程的概念。所谓进程，简单地说，就是程序的一次执行过程。对于前面的例子，由于计算器程序执行了两次，所以可以说计算器程序对应两个计算器进程。进程和程序的主要区别在于，程序是静态的，进程是动态的，进程有一个产生、发展和消亡的生命过程。当要求执行一个程序时，操作系统为其创建一个进程，随后使用，最后当单击“关闭”按钮时，进程消亡了。显然程序不会随着进程的结束而在磁盘上消失。尽管进程和程序存在区别，但是，在绝大多数情况下，人们一般不加区别地使用，例如在本章之前，很多地方应该使用进程而非程序，读者可自已体会。

为了便于管理，操作系统将进程区分为若干种状态。如图 4-8 所示给出了进程的 3 种基本状态及状态之间的转换示意图。尽管真正的操作系统的进程状态一般不止 3 种，但基本状态变迁图是理解更复杂的状态变迁图的基础。在单处理器的计算机中，真正占有处理器的进程为运行态。由于是单处理器，所以处于运行态的进程最多只有一个。对于一个处于运行态的进程，若因为某种原因而不能继续运行，继续占有处理器将导致处理器空闲浪费，则此进程将由运行态转变为等待态。这些原因可能是请求 I/O（进程在使用外部设备 I/O 时，不使用处理器）、延迟（进程将自己挂起指定的延迟时间，在挂起期间，不使用处理器，当指定的时间结束后，由操作系统将其唤醒）、自挂（进程将自己挂起，在挂起期间，不使用处理器，将来由其他的进程将其唤醒）、资源不足（操作系统无法满足进程提出的资源申请要求，在资源不满足期间，进程无法继续执行，继续占有处理器无意义）等。对于一个处于等待状态的进程，当所期待的事件发生（比如 I/O 结束、延迟时间结束、被其他进程唤醒、资源满足）时，则由等待状态转变为就绪状态。所谓就绪状态，是指一旦得到处理器，可马上运行的进程状态。与就绪状态不同的是，对于等待状态的进程，即使得到处理器也无法运行。

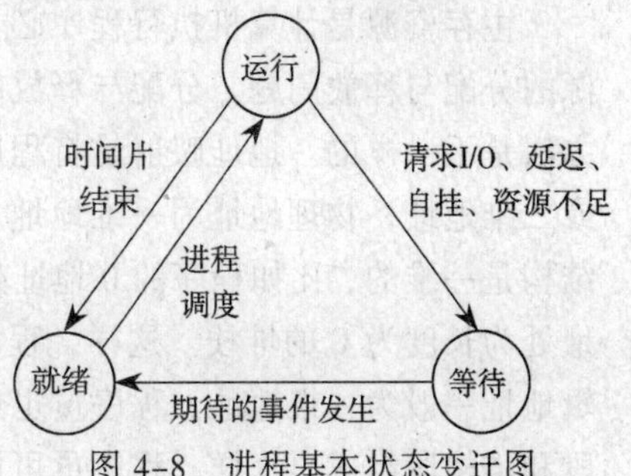

图 4-8　进程基本状态变迁图

若现在处理器空闲，应该将处理器分配给若干个处于就绪状态的进程中的哪一个呢？这由进程调度算法决定的。最常见的进程调度算法是根据进程的优先级决定谁先用谁后用。最后，对于一个处于运行状态的进程，若是因为时间片结束的原因，将转变为就绪状态，而不是等待状态，原因很简单，因为时间片结束而丧失处理器的进程，将来一旦得到处理器，立即便可执行。

操作系统提供了与进程控制相关的程序接口，程序员可以使用这些接口控制进程。常见的进程控制接口有进程创建、进程结束、进程挂起、进程延迟、进程唤醒等。

若干并发进程同处在一个系统中，这些并发进程之间不免存在相互影响、相互制约的关系。比如，程序 A 和程序 B 都想使用打印机，而打印机只有一台，若 A 使用，则 B 不能使用，这时 A 制约了 B；若 B 使用，则 A 不能使用，这时 B 制约了 A。这是一个因为资源共享而导致的制约，称这种制约为互斥。再比如，有 A、B 两个并发程序合作完成一个任务，其中程序 A 包括 A1、A2 和 A3 共 3 个步骤，程序 B 包括 B1、B2 两个步骤。当程序 A 打算执行 A3 步骤时，发现程序 B 的 B1 步骤还未结束，而 A3 的开始依赖于 B1 的结束，此时程序 A 无法继续执行。显然，程序 B 制约了程序 A。这是一个因为进程合作而导致的制约，称这种制约为同步。上述制约问题若解决不好，可能导致程序出现错误或死锁。进程制约往往是程序员最头痛的问题之一，主要原因是并发程序的执行速度的随机性，可能将程序执行了一万次，才会出现一次错误，这给程序员的调试带来了极大的困难。

提出进程的概念，解决了程序间的并发问题，提高了系统的效率。在现代操作系统中，为了提高一个程序的效率，解决程序内的并发问题，提出了线程的概念。最开始提出线程的概念，是希望在多 CPU 的系统中，一个 CPU 执行程序的一部分，从而提高一个程序的效率。然而，线程在单 CPU 的系统中，仍然具有意义。设程序 A 包括 A1、A2 和 A3 共 3 个步骤，其中 A1 和 A3 是计算，A2 为 I/O。在传统的操作系统中，尽管程序间可以并发，但在程序内，A1、A2

和 A3 这 3 个步骤必须是串行的，即 A1 执行完了以后才能执行 A2，A2 执行完了以后才能执行 A3。当程序执行 A2 时将被挂起，若 A3 的执行不依赖于 A2 的结束且 CPU 是空闲的，尽管如此，A3 也必须等到 A2 结束后才能执行，显然，CPU 的效率和程序的效率都不高。为了解决这个问题，应该使 A2 与 A3 并发执行。在传统的操作系统中，使用子进程的方法解决。但是进程的创建与进程间的通信都需花较大的代价。更好的解决方案是使用线程技术，比如将 A1 和 A3 放在主线程中，A2 放在子线程中，使主线程和子线程并发执行，这样可以进一步提高效率，当然这需要程序员控制好线程间的同步关系。

4.4 存储管理

存储管理负责对主存（空间）的管理。按照管理方式，有分区式、分页式和分段式 3 种基本类型，以及结合分页式和分段式的段页式。现在的 Windows、UNIX 和 Linux 均采用段页式。存储管理要解决的基本问题有主存资源的分配与释放、地址映射、主存扩充和存储保护等问题。

主存资源是计算机执行程序必不可少的重要资源，与计算机的其他资源一样，必须解决资源的分配与释放问题。分配与释放的方法依赖于管理方式，即不同的管理方式，分配与释放的方法是不一样的。地址映射是将程序的逻辑地址转换为主存的物理地址。逻辑地址一般为一维或二维地址，物理地址为一维地址。程序员可以认为他的程序（包括代码、数据和堆栈等）的结构是一维的，比如程序的 0 地址处为长度为 A 的代码，A 地址处为长度为 B 的数据，A+B 地址处为长度为 C 的堆栈。这样，程序员可以使用一个一维地址访问程序的任何部分，此时，逻辑地址一般为一维地址。程序员也可以认为他的程序结构是二维的，比如程序由代码段、数据段和堆栈段组成，这样，程序员可以使用一个二维地址访问程序的任何部分，二维地址包含访问哪一个段及该段内的偏移地址，此时，逻辑地址一般为一维地址。不论逻辑地址结构如何，都需要解决地址映射问题。比如在一个一维逻辑地址的程序中包含一条指令“MOV [500], AX”，该指令表示将 AX 寄存器中的值传送到程序中的 500 偏移处，其中，500 为逻辑地址。现在将该程序加载到主存中以 1 000 开始的位置，当程序执行到该指令时，会将 AX 寄存器中的值传送到主存中的 500 偏移处，这显然是错误的。正确的做法是在指令执行数据传送前将逻辑地址 500 转换为物理地址 1500，才能保证程序正确执行。主存扩充解决主存资源不足的问题。存储保护解决主存资源保护的问题，避免主存中的各程序相互干扰。

分区式又分为静态分区和动态分区两种。静态分区又称为固定分区，是指在操作系统启动时，除了操作系统本身占用一个分区外，其余的主存空间被划分为若干个大小不一的分区，如图 4-9 所示。之后，对于用户的一定数量的主存资源申请要求，操作系统从若干个空闲分区中选择一个可满足的、大小最接近的分区分配给用户。由于分区的大小与要求的大小不一定正好相等，所以静态分区效率极低。动态分区可以在一定程度上解决静态分区的效率问题。动态分区是指在操作系统启动时，除了操作系统本身占用一个分区外，其余的主存空间被划分为一个大的空闲分区，如图 4-9 所示。之后，对于用户的一定数量的主存资源申请要求，根据要求的大小决定分区的大小。由于分区的大小与用户要求的大小一致，所以可以避免静态分区那种极大的主存浪费现象。主存的分区管理方式存在很多问题，比如使用方式的不灵活（一个程序必须占用连续的主存空间）、几乎不支持虚拟存储技术等。

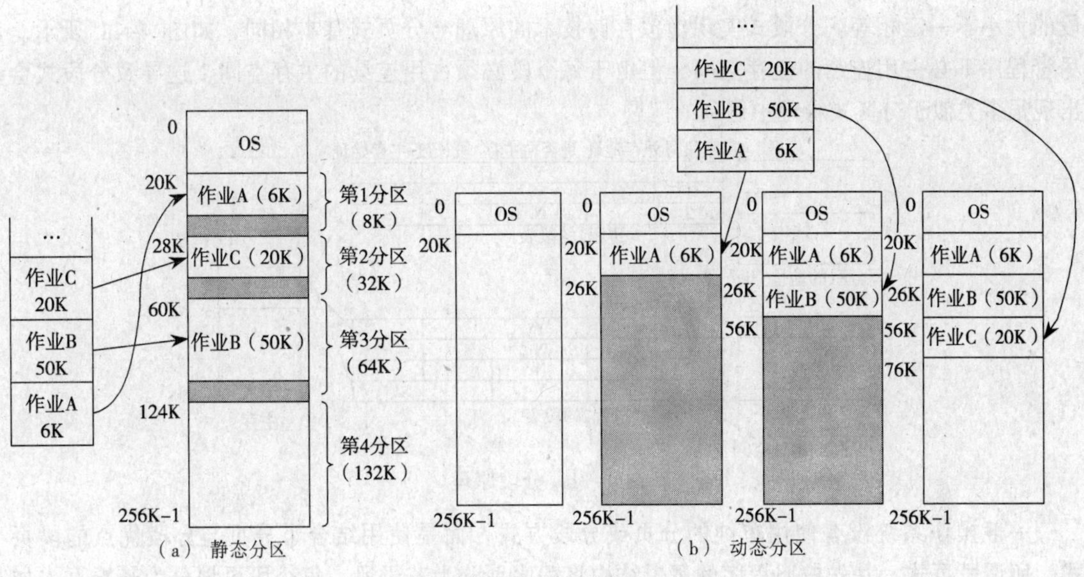

图 4-9　分区原理

分页式基本上可以解决分区式存在的所有问题。在分页式中，将程序划分为大小相等的若干个页，每页为 2^n 个字节，典型地，n=9、10、11 等。相应地，将主存也划分为大小相等的若干个页，主存页的大小与程序页的大小相等，如图 4-10 所示。不必将一个程序的所有页都放到主存中连续的页中，而只是将程序的一部分页放到主存中不一定连续的页中，程序就可以执行了。一般地，一个具有 m 个页的程序，操作系统分配给该程序 n 个主存页（$1 \leqslant n \leqslant m$），这样，在程序执行过程中，若遇到所需要的某个数据或指令不在主存中，则由操作系统负责将这个数据或指令所在的程序页放到某个主存页中，若在放置之前发现分配该程序的 n 个主存页已经使用完了，则还需要先从 n 个主存页中选择一个淘汰，使之成为空闲的主存页，然后再将所需要的程序页放进去。通过上述方式，可以实现存储扩充，也就是分页式实现虚拟存储的基本原理。由于分页式中页的划分是机械的，而不是逻辑的，这样会给主存共享带来一些困难。比如，一个程序页中包含数据段的后半部分和代码段的前半部分，而用户仅希望将数据段共享而不希望将代码段共享，此时，这个程序页是否共享则令人为难。

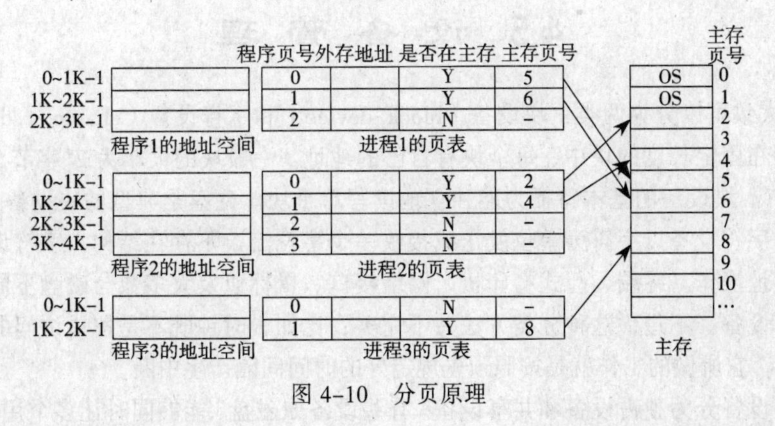

图 4-10　分页原理

分段式按照程序的逻辑结构将程序划分为若干个段，比如数据段、代码段、栈段等，每个段的大小不一定相等。分段式实现虚拟存储技术的原理与分页式基本相同，如图 4-11 所示。尽管程序不必占用连续的主存空间，但由于每个段必须占用连续的主存空间，这导致分段式会出现很多类似于分区式管理中遇到的问题。

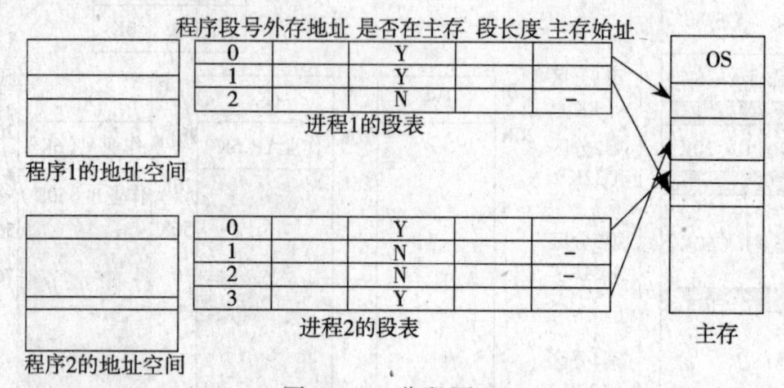

图 4-11 分段原理

一般操作系统没有使用单纯的分页或分段方式，而是使用结合了分页与分段优点的段页式。所谓段页式，是先按照程序的逻辑结构将程序划分为若干段，每个段再划分为若干页。如图 4-12 所示为段页式的基本原理的示意图。

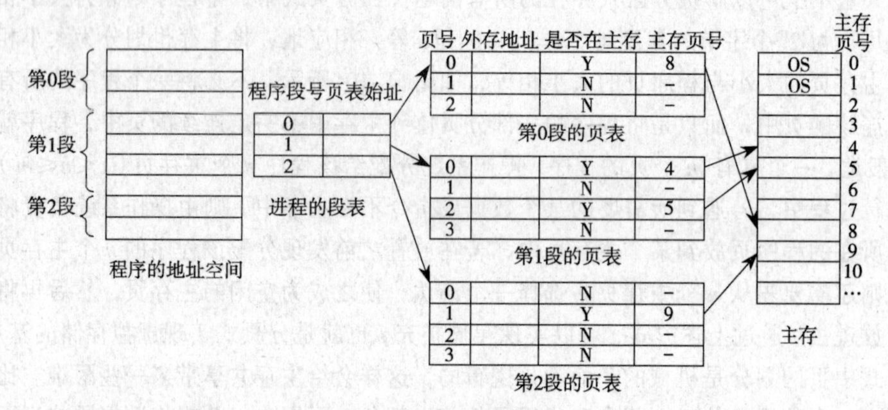

图 4-12 段页式原理

4.5 设 备 管 理

I/O 设备大致可以分为两类：块设备（block device）和字符设备（character device）。块设备将信息存储在固定长度的块中，每个块有自己的地址。一般块的大小为 2^n 字节，最典型的大小为 512 字节。块设备的基本特征为能独立地读写单个块。磁盘是典型的块设备。另一类 I/O 是字符设备。字符设备以字符为单位发送或接收一个字符流，不存在结构。字符设备不编址，也没有任何寻址操作。终端、行式打印机、网络接口、鼠标以及大多数与磁盘不同的设备都可以看作是字符设备。不过，这种分类方法并不完美，比如，时钟既不是按块访问的，也不产生或接收字符流，它所做的工作就是按照预先规定好的时间间隔产生中断。

也可以将设备分为独占设备和共享设备。有些设备如磁盘，能够同时让多个用户同时使用，多个用户同时在同一磁盘上打开文件不会引起什么问题。其他设备如打印机，必须由单个用户独占使用，直到该用户使用结束，才能让另一个用户使用。如果多个用户同时使用打印机，被交叉打印出来的各个用户的数据是无意义的。

I/O 设备一般由机械和电子两部分组成。通常将这两部分分开处理，以提供更模块化、更通用化的设计。电子部分称做设备控制器或适配器（device controller 或 adapter）。在小型计算机和微型计算机中，它常以印刷电路板插入计算机中。机械部分是设备本身。很多控制器可以连接一个或多个相同的设备。如果控制器和设备之间的接口采用的是标准接口，符合 ANSI、IEEE 或 ISO 或者事实上的标准，那么，各厂商就可以制造各种适合这个接口的控制器或设备。例如，许多厂商生产与IBM磁盘控制器接口适应的磁盘驱动器。之所以说明控制器与设备的这种差别，是因为操作系统一般只处理控制器，而不是设备。如图 4-13 所示为典型的微型计算机和小型计算机采用的单总线模型。

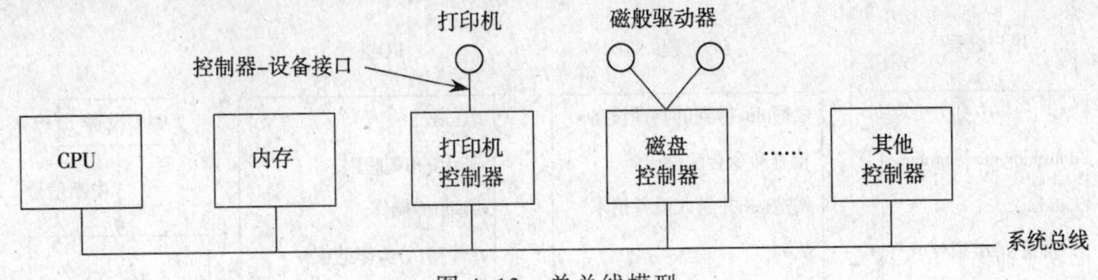

图 4-13 单总线模型

比如，磁盘（驱动器）出来的是比特流，以一个头标开始，然后是一个扇区的 512 × 8 比特，最后是检查和或者错误校验码。其中头标是在对磁盘格式化时写上去的，包括柱面数、扇区号、扇区大小以及类似的数据。磁盘控制器的任务是将比特流转换为字节块存储于控制器的内部缓冲区，并进行校验，证明无误后复制到内存。

一般每个控制器都有几个寄存器用来与 CPU 通信，这些寄存器可能是内存地址空间的一部分，也可能是专用的地址空间。操作系统将命令写入控制器的寄存器以实现输入/输出。当控制器得到一条命令后，它可以独立完成指定 CPU 的操作。当操作完成后，控制器产生一个中断，操作系统得到 CPU 的控制权，检查控制器中的状态寄存器，了解操作成功与否。

设备管理是操作系统中最庞杂的部分，这是因为操作系统需要管理许多设备，而这些设备在速度、传送单位、允许的操作、出错条件等各方面表现出巨大的差异。为了使得用户能够方便使用这些外部设备而不必了解其细节，操作系统应该提供给用户一种统一的界面，使得用户对任意设备的使用方法均是一致的，现代操作系统一般使用文件系统（接口）作为这种统一的界面，即用户可以像使用普通的磁盘文件那样使用外部设备。图 4-14 说明了用户使用外部设备的方式，其中（a）图中的 3 个 COPY 命令分别将磁盘文件 ABC.txt 复制到另一个磁盘文件 XYZ.txt、显示器（即在显示器上显示 ABC.txt）和打印机（即在打印机上打印 ABC.txt），可见对于外部设备显示器和打印机来说，其使用方法与使用普通的磁盘文件的方法是一致的。（b）图使用程序接口实现了（a）图中的第一个 COPY 命令的功能，若将（b）图中的 XYZ.txt 分别换成 CON 和 PRN，则可以分别完成（a）图中的后两个 COPY 命令的功能。由于上述原因，将设备称为设备文件，即设备（可以看成）是一个文件。

```
COPY ABC.txt XYZ.txt
COPY ABC.txt CON
COPY ABC.txt PRN
```

（a）命令接口的例子

```
hf1=open("ABC.txt", "r");
hf2=open("XYZ.txt", "w");
while((count=read(hf1,512,buf))>0)
write(hf2,count,buf);
close(hf1);
close(hf2);
```

（b） 程序接口的例子

图 4-14 设备管理的文件系统接口

图 4-15 给出了实现设备管理的文件系统接口的原理。

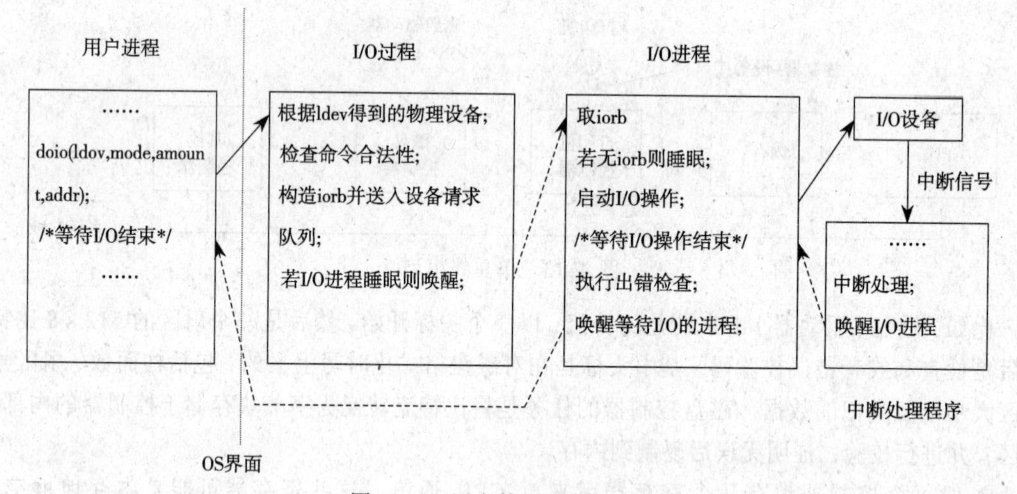

图 4-15 用户使用设备的过程

4.6 文 件 系 统

对于用户来说，关心的是文件怎样命名、怎样访问、怎样保护等问题，而操作系统则需要考虑文件的大小、由多少扇区组成、这些扇区分布于磁盘何处等物理实现的细节问题。用户可以认为一个文件是一个字节流或记录流，比如一个存储有 100 个学生记录的文件，每个记录包含学生姓名、学号、联系方式等字段，记录大小为 80 字节。用户可以认为该文件由 100 个记录组成，每个记录 80 字节，也可以认为该文件由 8 000 个字节组成。操作系统不会去关心文件的结构，操作系统仅提供字节流接口，至于文件结构，由使用此文件的程序解释。用户考虑的是逻辑文件，逻辑文件中包含多少逻辑记录，逻辑记录中包含哪些字段；操作系统考虑的是物理文件，物理文件由多少个物理记录（即扇区）组成，这些物理记录以何种方式分布于磁盘上。

操作系统提供“按名访问”，即用户只需要提供文件名，就可以使用（创建、删除、读写）文件，而不必考虑更多的细节问题。比较一下使用曾经的录音磁带与现在的 MP3 的方便性差别就可以看出，由于 MP3 基于文件系统的数据管理方式，使得播放指定歌曲时，不必像录音磁带那样需要人工进行进/倒带工作，存储歌曲时，也不必考虑存储位置，以避免数据覆盖。

文件的命名规则在不同的操作系统中不尽相同。文件的命名规则包括文件名的长度限制、是否区分大小写、合法的字符等。较常见的文件名一般由主文件名和扩展名两部分组成，比如 DOS 的“8.3 规则”，即主文件名最长为 8 个字节，扩展名最长为 3 个字节。另外，主文件名一般表示文件的内容，扩展名表示文件的类型。扩展名很重要但不一定是必需的，Windows 可以根据扩展名选择合适的播放器打开文件，比如.txt 扩展名文件，使用记事本程序打开；.doc 扩展名文件，使用 Word 程序打开等。不过 Windows 允许用户修改这种约定。有些 C 编译器要求源程序必须具有.c 扩展名。用户访问文件时，告诉操作系统文件名、文件中的起始位置和读写长度、内存缓冲区地址即可，操作系统则根据这些信息实现文件访问。DOS 将计算机看成是一个真正的 PC，既然一台计算机被一个用户使用，所以几乎没有任何文件保护机制。而像 UNIX/Linux 为多用户操作系统，需要考虑文件保护问题，其做法是文件拥有者（创建者）有权对文件做任何操作，可以将该文件共享给指定的用户，同时指定这些用户访问文件的权限（比如仅可读而不能修改）。

操作系统需要考虑组成一个文件的若干个扇区如何在磁盘上分布。分布可以是连续的或离散的。对于连续分布，要求组成一个文件的若干个扇区必须占用连续的磁盘空间。如图 4-16（a）所示为连续文件的例子，该文件占用了磁盘上以 100 为起始地址的连续 3 个磁盘块。连续文件的优点是适合顺序访问和随机访问，不占用额外的磁盘空间；缺点是不利于文件数据的插入和删除，对于空间连续性的要求导致空间利用不灵活，容易形成文件外碎片，从而导致磁盘空间使用效率降低，尽管碎片问题可以使用拼接方法解决，但方法效率很低。离散文件可以解决连续文件的缺点问题，离散文件允许组成一个文件的若干个扇区不必占用连续的磁盘空间。离散文件主要有链接文件和索引文件两种方案。链接文件是将各扇区链接成一个链表，如图 4-16（b）所示，大致说来，链接文件与连续文件的优点正好相反。链接文件只适合顺序访问，在顺序访问过程中，若需要访问第 45 磁盘块，需要先将整个第 100 和 150 磁盘块先读到内存中，仅仅只是为了几个字节的下一块地址，效率太低，为此提出了改进方案，即，将所有的磁盘块中的下一块地址集中存放在磁盘的一些特定的磁盘块中，称之为文件分配表（FAT），如图 4-16（c）所示。磁盘中用于存储 FAT 的部分也称为 FAT，采用 FAT 的文件系统称为 FAT 文件系统。另外，考虑到 FAT 的重要性，FAT 文件系统一般在磁盘上存储两张 FAT，两张 FAT 是一样的，损坏一个还有一个，通过冗余法提高文件系统的可靠性。索引文件综合了连续文件和链接文件的优点，既适合顺序访问，又适合随机访问，且对磁盘空间没有连续性要求。索引表通常是文件目录项的一部分。当文件较大时，需要更多的索引项，可能导致索引表本身需要不止一个磁盘块，此时，需要建立索引的索引，即二级索引，甚至更多级的索引，如图 4-16（d）所示。

为了便于文件的管理，将文件组织成树形结构，即在根目录下可以创建文件和子目录，子目录下也可以创建文件和子目录。在现代操作系统中，目录也是以文件的形式存在的，称为目录文件。目录文件由若干个目录项组成。一个目录文件的目录项的个数取决于相应的目录下有多少个文件（再次强调，目录也是文件），在其中有两个特殊的目录项，一个指向自身，一个指向其父目录。每当创建一个新目录时，操作系统会自动在目录文件中创建这两个特殊的目录项。至于目录项的具体结构，取决于具体的操作系统，一般包括文件名称、文件大小、与文件创建或修改相关的时间、文件访问权限、文件类型等。

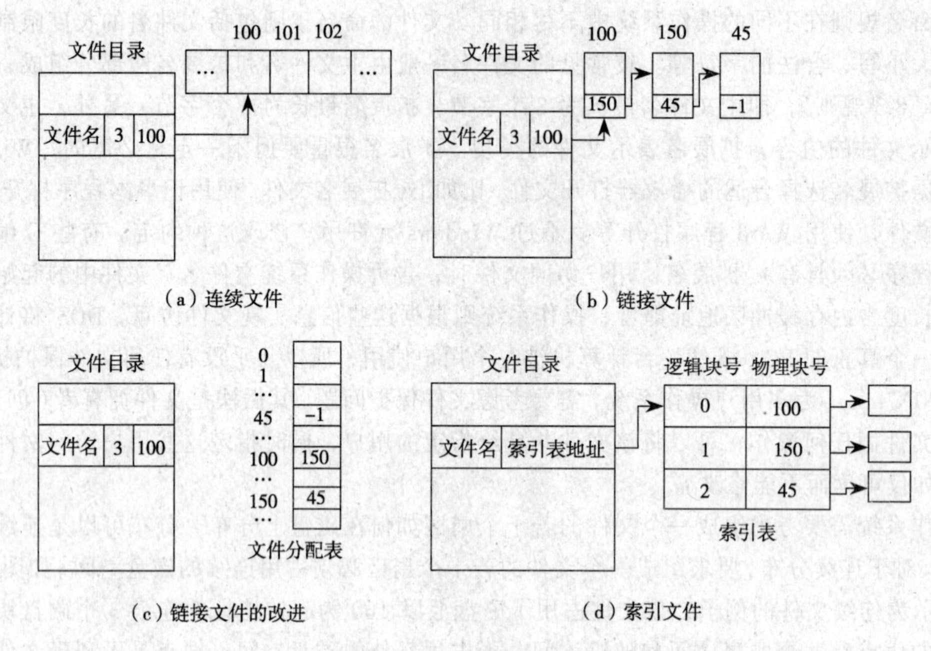

图 4-16　文件的物理结构

4.7　目前常用的操作系统简介

目前最常用的操作系统是 Windows、UNIX 和 Linux。本节将对这几种操作系统的历史及主要原理进行简单的介绍。由于在 20 世纪 80 年代和 20 世纪 90 年代初期，DOS 曾经是在 PC 上最常用的操作系统，至今仍然具有一些应用领域，所以首先对 DOS 进行简单的介绍。

4.7.1　MS-DOS

DOS 是微软公司与 IBM 公司开发的、广泛运行于 IBM PC 及其兼容机上的操作系统，全称是 MS-DOS。DOS 的全称是 Disk Operating System，是一个单用户、单任务的操作系统。它是“磁盘操作系统”的简称，但 DOS 并不是个人计算机上的第一个操作系统，当然更不是唯一的。其前身是蒂姆·帕特森编写的 SCP-DOS，由于它是为英特尔公司的 8086 芯片写的操作系统，因此也叫做 86-DOS。当时的个人计算机发展非常迅速，逐渐形成了广泛的消费市场。由于个人计算机尤其是苹果计算机的成功，计算机界的巨头 IBM 公司决定开发自己的个人计算机系统，并命名为 Personal　Computer，中文意思就是“个人计算机”，也就是现在常说的 PC。时间就是金钱，为缩短开发周期，IBM 决定找一家现有的开发个人计算机操作系统的软件公司，与之合作开发 PC 的操作系统。这家公司就是 Microsoft 公司，也就是现在的微软公司。微软公司以 5 万美元价格从西雅图的一位程序编制者蒂姆·佩特森手中买下了一个 x86 操作系统软件的使用权，再将其改写成公司的磁盘操作系统软件（MS-DOS）。这给了微软迅速发展的机会，微软公司对 86-DOS 进行了较大的改进，并改名为 MS-DOS。1981 年，随着 IBM 的 IBM PC 的正式发布，微软的 MS-DOS 1.0 也诞生了。当时的 MS-DOS 远不如现在强大，可用的命令也很少，甚至连目录的概念也不支持。但对比当时的个人操作系统，已经是非常先进的。而且最重要的是，DOS 从一开始就是全开放的系统，这为第三方厂商开发的应用程序提供了方便、可靠的接口，吸引了越来越多的开发商投入到 DOS 应用程序的开发中来，而这以后的 DOS 获得了空前的发展，成为 PC 的绝对主流操作系统。

20 世纪 80 年代初，IBM 公司开发 IBM PC。当其涉足微型计算机市场时，曾多方考察选择配合该计算机的操作系统。1980 年 11 月，IBM 和微软公司正式签约，日后的 IBM PC 均使用 DOS 作为标准的操作系统。由于 IBM PC 大获成功，微软公司也随之得到了飞速的发展，MS-DOS 从此成为个人计算机操作系统的代名词，成为个人计算机的标准平台。

IBM PC 上所配的操作系统称为 PC DOS 或 IBM DOS，是 IBM 向微软公司买下 MS-DOS 的版权，另外作了修改和扩充而产生的。

20 世纪 80 年代 DOS 最盛行时，全世界大约有 1 亿台个人计算机使用 DOS 系统，用户在 DOS 下开发了大量的应用程序。由于这个原因，20 世纪 90 年代新的操作系统都提供对 DOS 的兼容性。

MS-DOS 最早的版本是 1981 年 8 月推出的 1.0 版. 1993 年 6 月推出了 6.0 版. 微软公司推出的最后一个 MS-DOS 版本是 DOS 6.22。MS-DOS 是一个单用户微型计算机操作系统，自 4.0 版开始具有多任务处理功能。由于 Windows 操作系统的成功，微软此后不再对 DOS 升级。表 4-4 给出了各个 DOS 版本的主要功能。

表 4-4 各个 DOS 版本的主要功能

版 本	说 明
DOS 1.0	以单面软盘为基础的第一个操作系统
DOS 1.1	支持双面软盘并可实现错误定位，该系统可支持兼容机
DOS 2.0	支持带硬盘的 PC/ XT 机，并从 UNIX 操作系统中吸收了许多功能
DOS 2.11	改进了国际支持，对错误的定位更加准确
DOS 3.0	支持以 80286 为 CPU 的 PC/ AT 机，支持 1.2MB 软盘及更大容量的硬盘
DOS 3.1	支持 Microsoft 网络，并扩展了错误检测功能
DOS 2.25	增加了扩展的字符集并加入了新的错误检查
DOS 3.3	是应用相当广泛的一个系统，增加了一些新命令，支持高密度 3 英寸软盘
DOS 3.31	COMPAQ 机器用，允许硬盘容量超过 32MB
DOS 4.0	增加 DOS SHELL，可管理大于 32MB 的硬盘
DOS 5.0	支持 2.88MB 软盘，增加了任务切换和全屏幕编辑器 Editor，扩充了 DOS 的外部命令
DOS 6.0	增加了磁盘压缩增容工具 DoubleSpace，提供了防病毒程序。Config.sys 具有多重配置块命令，提供了系统内存管理优化程序
DOS 6.2	增加了复制文件的安全性；由于专利原因，DoubleSpace 改名为 Drive Space，并增强了 Edit 全屏幕编辑的功能
DOS 6.21	增强了 Drive Space，完善了 TSR 管理等功能
DOS 6.22	最后一个独立存在的 MS - DOS 版本，支持中文内码，加强了 Drive Space 功能
DOS 7.0	它不是单独存在的，它实际是 Windows 95/98 的底层引导程序。微软为了推进 Windows 产品的发展，已经公开表示不再对 DOS 的版本进行升级，尽管 Windows 98 下的 DOS 与 Windows 95 下的 DOS 并不完全相同

当DOS启动时，创建外壳进程command，启动完成时，能够看到提示符，表示当前进程为外壳进程。用户在提示符后输入一条命令（外部命令），DOS将为该命令对应的可执行程序创建一个进程，此进程为外壳进程的子进程。当子进程结束后，CPU的控制权返还给外壳进程，于是用户可以看到下一个提示符。可以看出DOS支持多进程，但DOS绝对不是一个严格多任务的操作系统，原因在于DOS中的多个进程不能以并发的方式执行。另外，通过一个由DOS维护的内存变量INDOS指示CPU的状态是用户态还是系统态。

DOS的内核支持EXE和COM两种类型的可执行文件。EXE可执行文件中包含重定位数据；COM可执行文件要求可执行程序的所有代码、数据和堆栈必须在一个段内，所以可执行程序的长度不能超过段的最大长度64KB，COM可执行文件不用包含重定位数据。DOS的内核支持并不支持BAT可执行程序，其由外壳解释执行。

由于历史的原因，DOS的内存管理模式非常复杂。早期使用DOS的8086/8088由于仅有20根地址线，所以仅支持1MB寻址。将1MB中的低640KB作为常规内存，在其中可以存放DOS及普通程序；高384KB作为上位内存（UMA），其中为I/O板、ROM等的地址空间。286及以后的CPU支持更大的寻址，此时，具有0xF001～0xFFFF之间的段值的地址，部分地址是可以位于1MB之外的。CPU的A20地址线是否接通，决定了这些地址是表示1MB之外的地址，还是表示1MB之内的地址。1MB之外的这些地址空间成为高端内存区（HMA）。可以将A20地址线接通，使得在实模式（16位的段与16位的偏移）情况下使用超过1MB的寻址空间，比如将DOS本身存放在HMA中，从而释放更多的常规内存以提供给用户。由于286及以后的CPU支持超过1MB的更大的寻址，将超过1MB的内存空间称为扩展内存。对于扩展内存，仅能运行于实模式的DOS是无法直接访问的，只能借助于扩展内存的驱动程序间接使用，且一般仅用于缓存，而无法存放运行的程序代码和数据。在640KB到1MB的大小为384KB的上位内存区中，包含视频RAM、BASIC ROM和其他与I/O有关的功能。但是所有这些并没有使用完384KB的地址空间，即在384KB的UMA中还存在一些空闲的地址空间，这些空闲的地址空间是CPU可以直接访问的。需要强调的是，仅仅是地址空间空闲，并没有RAM与之对应。DOS将扩展内存的一部分映射为这些空闲的地址空间，用户可以将DOS自身、设备驱动程序、内存驻留程序等放置其中，以释放更多的常规内存。

DOS的设备管理和文件系统从UNIX借鉴了很多内容，因此它们表现出很多相似性。不过，也存在大大小小的差别，比如DOS使用反斜线表示根目录及路径中的分隔符，而UNIX使用正斜线。比较多个操作系统之间的相同及不同是一件有意义的工作，有助于加深对这些操作系统的理解。

4.7.2 Windows系列

Windows系列操作系统是由微软公司从1985年起开发的一系列窗口操作系统产品，包括个人（家用）、商用和嵌入式3条产品线，截止2006年其产品线如图4-17所示。

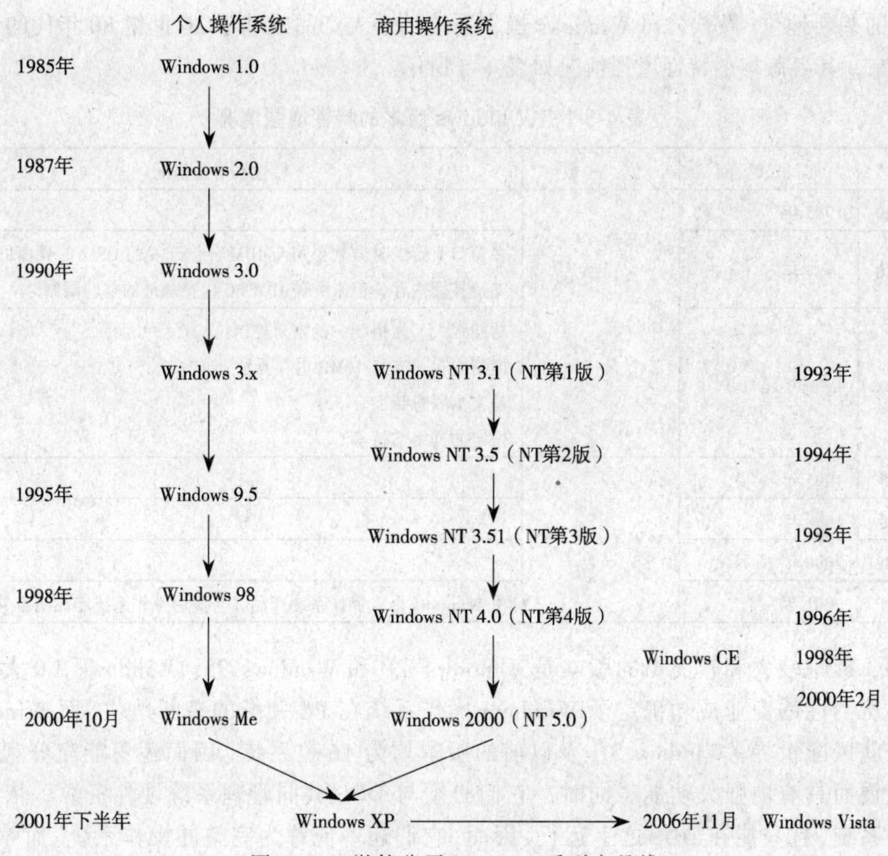

图 4-17　微软公司 Windows 系列产品线

个人操作系统包括 Windows Me、Windows 98/95，及更早期的版本 Windows 3.x、2.x、1.x 等，主要在 IBM 个人机系列上运行。商用操作系统是 Windows 2000 及其前身版本 Windows NT，主要在服务器、工作站上运行，也可以在 IBM 个人机系列上运行。嵌入式操作系统有 Windows CE 和手机用操作系统 stinger 等。Windows XP 将使家用和商用两条产品线合二为一。截止 20 世纪末，全世界运行各种 Windows 版本的计算机有两亿台左右。

微软公司从 1983 年开始研制 Windows 操作系统。当时，IBM PC 进入市场已有两年，微软公司开发的微型计算机操作系统 DOS 和编程语言 BASIC 随 IBM PC 捆绑销售，取得了很大的成功。Windows 操作系统最初的研制目标是在 DOS 的基础上提供一个多任务的图形用户界面。不过，第一个取得成功的图形用户界面系统并不是 Windows，而是 Windows 的模仿对象——苹果公司于 1984 年推出的 Mac OS（运行于苹果公司的 Macintosh 个人计算机上），Macintosh 机及其上的操作系统当时已风靡美国多年，是 IBM PC 和 DOS 操作系统在当时市场上的主要竞争对手。但苹果机和 Mac OS 是封闭式体系（硬件接口不公开、系统源代码不公开等），而 IBM PC 和 MS-DOS 是开放式体系（硬件接口公开、允许并支持第三方厂家做兼容机、操作系统源代码公开等）。这个关键的区别使得 IBM PC 后来者居上，销量超过了苹果机，并使得在 IBM PC 上运行的 Windows 操作系统的普及率超过了 Mac OS，成为个人计算机市场占主导地位的操作系统。

从 20 世纪 90 年代中期起，在个人操作系统领域，微软公司的 Windows 个人操作系统系列占有绝对的垄断地位。微软公司 Windows 操作系统的个人产品线基于 20 世纪 80 年代的 DOS 平台演变而来，其各版本的特性增强情况如表 4-5 所示。

表 4-5 各 Windows 版本的特性增强情况

版　本	推出时间	位　数	特性和增强情况
Windows 1.0	1985 年	16 位	
Windows 2.0	1987 年		多窗口（受当时微软公司与 IBM 合作开发的 OS/2 的界面的影响）； 支持扩展内存，但未突破 IBM PC 内存地址的空间限制
Windows 3.x	1990 年起		功能强大、风格统一的窗口控制； 虚拟内存，支持 16MB 内存寻址； 超文本联机帮助； 一定的网络支持等
Windows 95	1995 年	32 位	
Windows 98	1998 年		
Windows Me	2000 年 10 月		
Windows XP	2001 年		由 Windows 个人操作系统产品线与商用操作系统产品线合并而成

其中，影响较大和较突出的版本是 Windows 3.0 和 Windows 95。Windows 3.0 大量的全新特性以压倒性的商业成功确定了 Windows 操作系统在 PC 领域的垄断地位，而 Windows 95 则一上市就风靡世界。Windows 3.1 及以前的版本均为 16 位系统，因而还不能充分利用硬件因迅速发展而具有的强大功能。同时，它们必须与 DOS 共同管理系统硬件资源，依赖 DOS 管理文件系统，且只能在 DOS 之上运行，因而，它们还不能称为完整的操作系统。而 Windows 95 （及稍前的 Windows NT）则已摆脱 DOS 的限制（不用从 DOS 下启动 Windows），在提供强大功能（如网络和多媒体功能等）和简化用户操作（如桌面和资源管理等新特性）这两个方面都取得了突出的成绩。Windows 95 和 Windows 98 在上市的第一个月和前半年分别在零售商店销售出了 60 万套和 200 万套。2000 年 9 月，微软公司推出 Windows 98 的后续版本 Windows Me（视窗千禧版，Microsoft Windows Millennium Edition），较之 Windows 98 没有本质上的改进，只是扩展了一些功能，它将是微软公司推出的最后一种基于 DOS 系统的操作系统，上市 4 天售出 25 万套。Windows Me 的后续版本是把微软公司个人操作系统与商用操作系统合二为一（即把 Windows Me 和 Windows 2000 合二为一）的 Windows XP。这种产品线的合并意味着，微软公司从此不再有基于 DOS 平台的操作系统，以后的 Windows 操作系统都基于 NT 平台。

微软公司在 20 世纪 80 年代中后期的主流产品 Windows 和 DOS 都是个人计算机上的单用户操作系统。1985 年开始，IBM 公司与微软公司合作开发商用多用户操作系统 OS/2，但这次合作并不十分融洽，1987 年 OS/2 推出后，微软公司开始计划建立自己的商用多用户操作系统。1988 年 10 月，微软公司聘任 Dave Culter 作为 NT 的主设计师，开始组建开发新操作系统的队伍。1993 年 5 月 24 日，经过几百人 4 年多的工作，微软公司正式推出 Windows NT。在相继推出 Windows NT 1.0、2.0、3.0、4.0 后，2000 年 2 月推出 Windows 2000（原来称为 Windows NT 5.0）。而 Windows 2000 的下一个版本是 Windows XP。

Windows NT（及后来的 Windows 2000）是一个商用多用户操作系统，其开发目标是开发工作站和服务器上的32位操作系统，以充分利用32位微处理器等硬件的新特性，并使其很容易适应将来的硬件变化，利用将来的硬件新特性在尽可能多的硬件上运行（而不用再像今天这样，为利用新32位处理器还要设计一个全新的操作系统或进行大量的代码修改），能容易地随着新的市场需求而扩充（使扩充的工作量和修改量最小）。同时，不影响已有应用程序的兼容性（使原有的大量应用程序能在新操作系统下运行）。

Windows NT最初采用OS/2的界面，后来因Windows操作系统的成功推出又改为用Windows系列的界面。Windows NT最初计划基于Intel i860 CPU，1990年时转为基于Intel 80386/80486和RISC CPU。Windows NT较好地实现了设计目标（充分利用硬件新特性、可扩充性、可移植性、兼容性等），采用和实现了大量的新技术，其结构具有微核、客户/服务器、面向对象等先进特性。Windows NT支持对称多处理、多线程程序、多个可装卸文件系统（MS-DOS FAT、OS/2 HPFS、CDROM CDFS、NT可恢复文件系统NTFS等），还支持多种常用API和标准API（WIN 32、OS/2、DOS、POSIX等），提供源码级兼容和二进制兼容，内置网络和分布式计算、互操作性。Windows NT的安全性达到美国政府C2级安全标准。

Windows NT是1999年销量第一的服务器操作系统。2000年2月18日，微软公司正式推出了Windows 2000，其性能与可靠性都比Windows NT有了很大改善。

Windows 2000的下一个版本与Windows Me的下一个版本合二为一，称为Windows XP。Windows XP的设计理念是，把以往Windows系列软件家庭版的易用性和商用版的稳定性集于一身。

4.7.3 UNIX

UNIX是一种多用户操作系统。它于1969年诞生于贝尔（电话）实验室，由于其最初的简洁、易于移植等特点而很快得到注意、发展和普及，成为跨越从微型计算机到巨型计算机范围的唯一操作系统。除了贝尔实验室的“正宗”UNIX版本外，UNIX还有大量的变种。例如，目前的主要变种有SUN Solaris、IBM AIX和HP UX等，不同变种间的功能、接口、内部结构与过程基本相同而又各有不同（根据不同计算机的体系结构、不同的设计目标与用户需求）。除变种外，UNIX还有一些克隆系统，如Mach和Linux。

克隆与变种的区别在于：变种是在正宗版本的基础上修改而来（包括界面与内部实现），而克隆则只是界面相同，内部则完全重新实现。有时也将克隆和变种统称为变种。

UNIX的发展历程如图4-18所示。其中，第八版至第十版为20世纪80年代发行，仅供少数大学研究使用。

“UNIX”这个名字是取“Multics”的反义，其诞生背景与特点一如其名。Multics项目（MULTiplexed Information and Computing Service）由贝尔（电话）实验室（Bell（Telephone）Laboratories，BTL）、通用电气公司（General Electric）和麻省理工学院联合开发，旨在建立一个能够同时支持数千用户的分时系统，该项目因目标过于庞大而失败，于1969年撤销。

退出Multics项目后，1969年中期，贝尔实验室的雇员Thompson开始在公司的一台闲置的PDP-7（内存4KB）上开发一个“太空漫游”游戏程序。由于PDP-7缺少程序开发环境，为了方便这个游戏程序的开发，Thompson和公司的另一名雇员Ritchie一起用GE-645汇编语言（以前用于Multics开发）开发PDP-7上的操作环境。最初是一个简单的文件系统（后来演化为s5文件系统），很快又添加了一个进程子系统、一个命令解释器（后来发展为Bourne shell）和一些实用工具程序。他们将这个系统命名为UNIX。

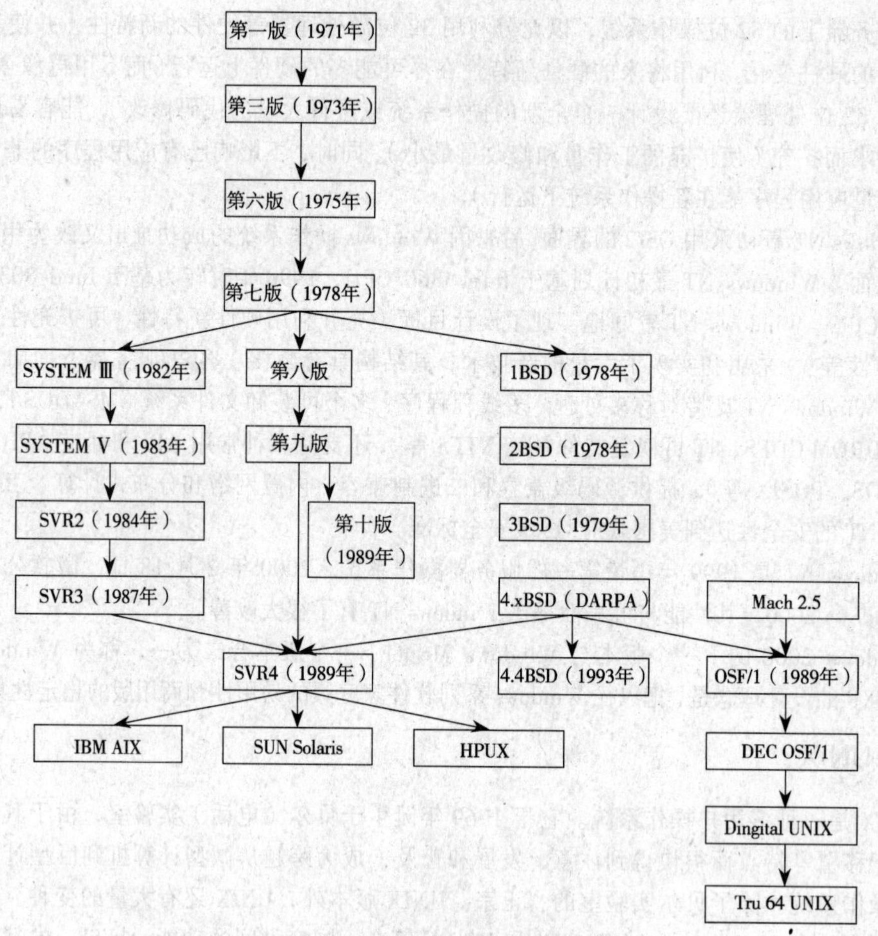

图 4-18 UNIX 发展简图

此后，随着贝尔实验室的工作环境的需要，他们将 UNIX 移植到 PDP-11 上，并逐渐增加了新的功能。很快地，UNIX 开始在贝尔实验室内部流行，许多人都投入到它的开发中来。1971 年，《UNIX 程序员手册》第 1 版出版。（这之后直到 1989 年，贝尔实验室又相继出版 10 个版本的 UNIX 和相应的 10 个版本手册。）

1973 年 Ritchie 开发的 C 语言对 UNIX 的发展起到了重要的作用。同年，用 C 语言重写了 UNIX（UNIX 第 4 版），这使得 UNIX 的可移植性大大增强，这是 UNIX 迈向成功之路的关键一步。

1973 年 10 月，Thompson 和 Ritchie 在 ACM（Association for Computing Machinery，计算机协会）的 SOSP（Symposium on Operating Principles，操作系统原理讨论会）会议上发表了首篇 UNIX 论文，这是 UNIX 首次在贝尔实验室以外亮相。

自从在 SOSP 发表论文后，UNIX 马上引起了众人的注意和兴趣，UNIX 软件和源码迅速以许可证形式免费传播到世界各地的大学。这些大学、研究机构在免费使用的同时，对 UNIX 进行了深入的研究、改进和移植。AT&T 又将这些改进与移植加入其以后的 UNIX 版本中。这种管理员与用户之间的敬业精神正是 UNIX 快速成长和不断发展的关键因素。UNIX 早期发展的这种特征与近年来 Linux 的发展是极为相似的。

另外，众多大学对 UNIX 的免费使用，使学生们得以熟悉 UNIX，这些学生们毕业后又把 UNIX 传播到各种商业机构和政府机构，这对 UNIX 早期的传播和普及也起到了重要的作用。

UNIX 的第一次移植是由 Wollongong 大学于 1976 年将其移植到 Interdata 机上。其他几次较早的移植包括：1978 年，微软公司与 SCO 公司合作将 UNIX 移植到 Intel 8086 上，即 XENIX 系统（最早的 UNIX 商业变种之一）；同年，DEC 公司将 UNIX 移植到 VAX 上，即 UNIX/32V（3BSD 的前身）。

UNIX 的不断发展导致许多计算机公司开始发行自己计算机上的 UNIX 增值商业版本。UNIX 的第一个商业变种是 1977 年 Interactive System 公司的 IS/1（PDP-11）。20 世纪 80 年代著名的商业变种有 SUN 公司的 Sun OS、微软公司与 SCO 公司的 XENIX 等。

20 世纪 70 年代中期到 20 世纪 80 年代中期，UNIX 的迅速发展、众多大学和公司的参与，使得 UNIX 的变种迅速增多。这些变种主要围绕着以下 3 条主线：

① 由贝尔实验室发布的 UNIX 研究版（First Edit UNIX 到 Tenth Edit UNIX，或称 V1 到 V10，以后不再发行新版）。

② 由加利福尼亚州大学伯克利分校发布的 BSD（Berkeley Software Distribution）。

③ 由贝尔实验室发布的 UNIX System Ⅲ和 UNIX System Ⅴ。

1984 年的 AT&T 大分家使得 AT&T 可以进入计算机市场。因此，除了贝尔实验室研究小组继续研究和发行 UNIX 研究版之外，AT&T 成立了专门的 UNIX 对外发行机构。最初是 UNIX 支持小组，后来是 UNIX 系统开发小组，接下来是 AT&T 信息系统。这些机构先后发行了 System Ⅲ（1982 年）、System Ⅴ（1983 年）、System Ⅴ Release 2（SVR2，1984 年）、SVR3（1984 年），许多商业 UNIX 变种都是基于这条主线实现的。

加利福尼亚州大学伯克利分校是最早领取许可证的 UNIX 用户之一（1973 年 12 月），最初的 BSD 版本发行（1978 年春的 1BSD 和 1978 年末的 2BSD）仅包括应用程序和实用工具（如 VI、Pascal、C Shell 等），没有对操作系统（核心）本身进行修改和再发行。1979 年末的 3BSD 则基于 UNIX/32V 设计实现了页式虚存，是由加利福尼亚州大学伯克利分校发行的第一个操作系统（核心）。在 3BSD 中所做的虚存工作使该校得到了美国国防部资助，推出了 4BSD（1980 年的 4.0BSD 到 1993 年的 4.4BSD），其中集成了 TCP/IP，引入了快速文件系统（Fast File System，FFS）、套接字等大量先进的技术。BSD 对 UNIX 的发展具有重要的影响，有许多新技术是 BSD 率先引入的。Sun OS 就是基于 4BSD 的。伯克利分校对 UNIX 的开发工作一直由计算机科学研究小组（Computer Science Research Group，CSRG）承担，1993 年发行 4.4BSD 时，CSRG 宣布因缺少资金等原因而停止 UNIX 开发，因此 4.4BSD 是伯克利分校发行的最后一个版本。

到 20 世纪 80 年代，UNIX 已在从微型计算机到巨型计算机等众多不同机型上运行。作为通用操作系统，当时 UNIX 的主要竞争对手是各计算机厂商的专有系统，如 IBM 的 OS 360/370 系列等。

20 世纪 80 年代后期，UNIX 已经出现了很多变种，变种增多导致了程序的不兼容性和不可移植性（同一应用程序在不同 UNIX 变种上不能不经修改而直接运行）。因此，迫切需要对 UNIX 进行统一标准化。这就导致了标准化倾向——两大阵营（以 SVR4 为契机）和中间标准机构的出现。

1987 年，在统一市场的浪潮中，AT&T 宣布了与 SUN 公司的一项合作，将 System Ⅴ和 Sun OS 统一为一个系统。其余厂商（IBM、Digital、HP、Apollo 等）十分关注这项开发，认为他们的市场处于威胁之下，于是联合开发新的开放系统操作系统。他们的新机构称为 Open Software Foundation（开放软件基金会，OSF），于1988年成立。作为回应，AT&T 和 SUN 公司联盟于 1988 年形成了 UNIX International（UNIX 国际，UI）。以 SVR4 为契机的这场“UNIX 战争”将系统厂商划分成 UI 和 OSF 两大阵营——围绕着两大主要 UNIX 系统技术：AT&T 的 System Ⅴ和称为 OSF/1 的 OSF 系统。

1989 年，在 System Ⅴ、BSD 和 XENIX 的基础上，AT&T 的 UNIX Software Operating（UNIX 软件工作室，USO）设计实现了 SVR4。SVR4 是非常成功、广泛使用的一个版本（目前大部分 UNIX 商业变种都基于 SVR4）。SVR4 的开发对核心进行了大幅度重写，吸收了由 Sun OS 提供的许多特性，如虚拟文件系统（Virtual File System，VFS）接口（通常称为 vnodes）、一个完全不同的存储管理体系结构和 Sun Network File System（网络文件系统，NFS）。除了从 Sun OS 吸收增强特性外，还从 BSD UNIX、System Ⅴ Release、XENIX 吸收了诸多特性，以对 UI 定义的新特性进行补充。

定义 SVR4 的过程在当时来说是非常开放的。最终用户、软件开发商、系统管理员、转销商等都被要求列出他们的系统软件问题，并就他们对下一代 UNIX 环境的希望提供反馈。最终的目标是确定如何更好地增强 UNIX 的可用性和可伸缩性。基于这些意见和反馈，SVR4 从当时的 3 个主要 UNIX 平台（BSD/Sun OS、SVR3、XENIX）的每一个，汲取了最好的技术。SVR4 的开发出于以下 3 个动机：

① 通过把 UNIX 的 3 个主要分支（BSD/Sun OS、System Ⅴ和 XENIX）联合到一个公用环境中，来统一零碎的 UNIX 市场。SVR4 使已安装 UNIX 系统的 80%得到了统一，使 UNIX 的商用变种（主要基于 System Ⅴ和 XENIX）和科技市场变种（通常基于 BSD/Sun OS ）得到了统一。

② 通过一个公用环境，为开放系统计算提供基础。SVR4 包括的标推机制和接口允许软件开发者建立一个公用源环境，从而缓解支持多个平台造成的大额开销。SVR4 还允许异构系统（体系结构不同的系统）集成为一个异质计算环境。

③ 使二进制可移植软件成为可能，从而扩展了 UNIX 软件供应商的商业机会。

与 UI 相对立的 OSF，则于 1989 年推出 OSF/1（基于 Mach 2.5）。

除 UI 和 OSF 所体现的统一和标准化努力外，还出现了若干 UNIX 标准接口（主要是编程接口），如下所述：

- AT&T 的 System Ⅴ接口定义（System Ⅴ Interface Definition，SVID，最新版是 1989 年与 SVR4 对应的 SVID3）。
- IEEE POSIX 规范（最新版是 1990 年的 POSIX 1003.1）。
- X/Open 可移植性指南（X-Open Portability Guideline，XPG，最新版是 1993 年的 XPG4）等。

任一标准都只涉及大多数 UNIX 系统所具有的功能的一个子集。从理论上说，如果程序员只使用该子集的函数，其应用程序就可以移植到任何遵从同一标准的系统上。但这也意味着程序员不能利用硬件或操作系统特性对应用程序进行优化，也不可能利用某些 UNIX 厂商提供的特殊功能。标准化保障了可移植性，却给性能优化制造了障碍。与这个矛盾相关的是，在标准化的过程中，各厂商总想加入一些特性来标榜自己的“产品特色和优势”，这也使得标准化没有完全成功。

此外，20 世纪 80 年代中期由 Carnegie Mellon 大学开发的 Mach 是 UNIX 的一个重要变种（克隆）。它支持 UNIX 编程接口，但却是一个全新的进程通信结构（早期版本）和微内核结构（Mach 3.0 及以上）的分布式操作系统。OSF/1 和 NextStep 等商业系统都基于 Mach 2.5。

20 世纪 80 年代是 UNIX 蓬勃发展的 10 年，而 20 世纪 90 年代是 UNIX 发展屡经考验的 10

年。20 世纪 90 年代初期美国经济低靡，再加上微软公司的 Windows 系统蓬勃发展，这一切都威胁着 UNIX 的发展乃至生存。20 世纪 90 年代后期又出现了一个新的竞争对手 Linux。共同面对的外来竞争，使两大阵营（UI 与 OSF）的争斗很快淡化下来。

1993 年 UI 停止商业运作。出于各种原因，SVR4 从 1989 年至今几经易主，先后曾属于 AT&T UNIX Software Operating（1989 年）、UNIX 系统实验室（UNIX System Laboratories，USL）（1991 年）、Novell 公司（1991 年部分股权，1993 年所有股权）、X/OPEN（1993 年底，仅拥有商标和授权书）和 SCO 公司（1995 年底至今）。

OSF 也少有作为。Digital 公司 1993 年发行的 DEC OSF/1 是唯一一个基于 OSF/1 的主要商业操作系统。此后，Digital 公司从该操作系统中删减了许多与 OSF/1 相关的部分，1995 年则将其改名为 Digital UNIX，在 1998 年 DEC 公司被 Compaq 公司并购后又改名为 Tur64 UNIX。

目前主要的 UNIX 变种有如下几种：

① SUN 公司的 Solaris；

② IBM 公司的 AIX；

③ HP 公司的 HP UX；

④ Compaq Tur64 UNIX（原名 Digital UNIX）；

⑤ SCO 公司的 SCO UNIXWare；

⑥ SGI 公司的 Irix。

这几个主要变种的境况如表 4-6 所示。它们大多是基于 SVR4 的。

表 4-6　目前主要的 UNIX 变种

变种名称	公司名称	最近版本	硬件平台	内核基准	遵循标准	简介
Solaris	SUN	Solaris 8	Sun SPARC、Intel PC 工作站和服务器	SVR4	UNIX 98	UNIX 市场第一
AIX	IBM	AIX 5L	IBM 64 位 Power/PowerPC CPU、Intel AI-64		UNIX 98	
HP UX	HP	HP UX 11i	HP 9000 服务器（HP PA-RISC 体系结构）		UNIX 95	
Tur64 UNIX	Compaq	Tur64 UNIX 5.1	Compaq Alpha 工作站和服务器	Mach	UNIX 95	
SCO UNIXWare	SCO	UNIXWare 7.1	Intel PC 工作站和服务器		UNIX 95	
Irix	SGI	Irix 6.5	SGI MIPS 工作站和服务器		UNIX 95	

SUN 公司（Stanford University Network）的创立者是来自加利福尼亚州大学伯克利分校和斯坦福大学的 4 名研究生（其中包括 BSD 版的主要人员 Bill Joy），于 1982 年创立。公司的著名产品有 SUN 工作站、Sun OS/Solaris 操作系统、Java 语言等。Solaris 的最新版本 Solaris 8 是 64 位分布式计算运行环境，其核心是完全对称多处理和多线程的，基于 SVR4（Sun OS 3.0 之前的版本基于 4BSD）。Solaris 内部结构是硬件无关的（即核心内硬件无关代码与硬件相关代码作了严格的、最大程度的分离），实现了真正的可移植。目前硬件平台基于 SPARC 和 Intel，但 SUN 公司将考虑支持任何未来新出现的主流平台。

最早的 UNIX 具有内核结构小巧精湛、接口简洁统一、功能丰富实用、用高级语言编写、可移植性好、源代码免费开放等优点，这些优点对 UNIX 的迅速成功起着重要的作用。但后来这些优点并没有完全保持下来，由于变种不加控制的繁衍和功能的不断增添，其中的一些优点甚至向反方向发展了。后来的 UNIX 内核不再小巧，而是变得越来越庞大、复杂和笨拙。源代码免费开放和简单的许可证传播形式促进了早期的普及。但也导致了后来的各变种间的不兼容性。

此外，最初的 UNIX 就具有内核结构可扩充性不强、缺乏图形界面、接口对初学者和普通用户不友好等缺点。这些缺点现在有的得到改善，有的还存在。图形界面在后来得到了发展，如 X-Windows、Motif 等。内核结构问题至今仍存在。

UNIX 最初的许多概念、命令、实用程序和语言，今天仍沿用，显示了 UNIX 原始设计的简捷和实力。

4.7.4 Linux

软件按其提供方式和是否盈利可以划分为如下 3 种模式：

（1）商业软件（commercial software）

商业软件由开发者出售并提供技术服务，用户只有使用权，不得进行非法复制、扩散和修改。

（2）共享软件（shareware）

共享软件由开发者提供软件试用程序复制品授权，用户在试用该程序复制品一段时间之后，必须向开发者交纳使用费用，开发者则提供相应的升级和技术服务。

（3）自由软件（freeware 或 free ware）

自由软件则由开发者提供软件的全部源代码，任何用户都有权使用、复制、扩散、修改该软件，同时用户也有义务将自己修改过的程序代码公开。

自由软件的自由（free）有两个含义：第一是免费，第二是自由。免费是指自由软件可免费提供给任何用户使用，即便是用于商业目的；并且自由软件的所有源程序代码也是公开的，可免费得到。自由是指它的源代码不仅公开而且可自由修改，无论修改的目的是使自由软件更加完善，还是在对自由软件进行修改的基础上开发上层软件。总之，几乎可以对它做自己喜欢做的任何事情。

自由软件的出现给人们带来很大的好处。首先，免费可给用户节省相当的一笔费用。其次，公开源码可吸引尽可能多的开发者参与软件的查错与改进。在开发协调人的控制下，自由软件新版本的公布、反馈、更新等过程是完全开放的。

1984 年，自由软件的积极倡导者 Richard Stallman 组织开发了一个完全基于自由软件的软件体系——GNU（GNU is Not UNIX），并拟定了一份通用公用版权协议（General Public License，GPL）。目前人们很熟悉的一些软件，如 BIND、Perl、Apache、TCP/IP 等，实际上都是自由软件的经典之作。C++编译器、Objective C、FORTRAN 77、C 库、TCP/IP 网络、SLIP/PPP、IP accounting、防火墙、Java 内核支持、BSD 邮件发送、Apache、HTTP Server、Arena 和 Lynx Web 浏览器、Samba（用于在不同操作系统间共享文件和打印机）、Applixware 的办公套装、starOffice 套件、Corel Wordperfect 等都是著名的自由软件。现在的自由软件有很多都是基于 Linux 的。

Linux 最初是由芬兰赫尔辛基大学计算机系大学生 Linus Torvalds，在从 1990 年底到 1991 年的几个月中，为了自己的操作系统课程学习和后来上网使用而陆续编写的。在他自己买的 Intel 386 PC 上，利用 Tanenbaum 教授自行设计的微型 UNIX 操作系统 Minix 作为开发平台。Linus 刚开始的时候根本没有想到要编写一个操作系统内核，更没想到这一举动会在计算机界产生如此重大的影响。最开始是一个进程切换器，然后是为自己上网需要而自行编写的终端仿真程序，再后来是为他从网上下载文件而自行编写的硬盘驱动程序和文件系统。这时候他发现自己已经实现了一个几乎完整的操作系统内核，出于对这个内核的信心和美好的奉献与发展愿望，Linus希望这个内核能够免费扩散使用，但出于谨慎，他并没有在 Minix 新闻组中公布它，而只是于1991年底在赫尔辛基技术大学的一台 FTP 服务器上发了一则消息，说用户可以下载 Linux 的公开版本（基于 Intel 386 体系结构）和源代码。从此以后，奇迹开始发生了。

Linux 的兴起可以说是因特网创造的一个奇迹。由于它是在因特网上发布的，网上的任何人在任何地方都可以得到 Linux 的基本文件，并可通过电子邮件发表评论或者提供修正代码。这些 Linux 的热心者中，有将之作为学习和研究对象的大专院校的学生和科研机构的研究人员，也有网络黑客等，他们所提供的所有初期的上载代码和评论后来证明对 Linux 的发展至关重要。正是由于众多热心者的努力，使 Linux 在不到 3 年的时间里成为了一个功能完善、稳定可靠的操作系统。

1993 年，Linux 的第一个"产品" Linux 1.0 版问世的时候，是按完全自由版权进行扩散的。它要求所有的源代码必须公开，而且任何人均不得从 Linux 交易中获利。然而半年以后，Linus开始意识到这种纯粹的自由软件理想对于 Linux 的扩散和发展来说实际上是一种障碍而不是一股推动力，因为它限制了 Linux 以磁盘复制或者 CD-ROM 等媒体形式进行扩散的可能，也限制了一些商业公司参与 Linux 进一步开发并提供技术支持的良好愿望。于是 Linus 决定转向 GPL版权，这一版权除了规定有自由软件的各项许可权之外，还允许用户出售自己的程序复制品。这一版权上的转变后来证明对 Linux 的进一步发展确实极为重要。从此以后，便有多家技术力量雄厚又善于市场运作的商业软件公司加入了原来完全由业余爱好者和网络黑客所参与的这场自由软件运动，开发出了多种 Linux 的扩散版本，磨光了纯自由软件许多粗糙不平的棱角，增加了更易于用户使用的图形界面和众多的软件开发工具，极大地拓展了 Linux 的全球用户基础。Linus 本人也认为："使 Linux 成为 GPL 的一员是我一生中所做过的最漂亮的一件事"。一些软件公司，如 Red Hat、InfoMagic 等也不失时机地推出了自己的、以 Linux 为核心的操作系统版本，这大大推动了 Linux 的商品化。在一些大的计算机公司的支持下，Linux 还被移植到以 Alpha APX、PowerPC、MIPS 及 SPARC 等为处理机的系统上。

随着 Linux 用户基础的不断扩大，性能的不断提高，功能的不断增加，各种平台版本的不断涌现，以及越来越多商业软件公司的加盟，Linux 已经在不断地向高端发展，开始进入越来越多的公司和企业计算领域。Linux 被许多公司和因特网服务提供商用于因特网网页服务器或电子邮件服务器，并已开始在很多企业计算领域中大显身手。1998 年下半年，由于 Linux 本身的优越性，使得它成为传媒关注的焦点，进而出现了当时的"Linux 热"：首先是各大数据库厂商（Oracle、Infomix、Sybase 等），继而是其他各大软、硬件厂商（IBM、Intel、Netscape、Corel、Adaptec、SUN 和 Inprise 公司等），纷纷宣布支持甚至投资 Linux（支持是指该厂商自己的软、硬件产品支持 Linux，即可以在 Linux 下运行，最典型的是推出 xxx for Linux 版或推出预装 Linux的机器等）。即使像 SUN 和 HP 这样的公司，尽管他们的操作系统产品与 Linux 会产生利益冲突，也大力支持 Linux，从而达到促进其硬件产品销售的目的。

据从事 Linux 开发的 Red Hat 软件公司说，他们已拥有了许多世界一流的企业用户和团体用户，其中包括 NASA（National Aeronautics and Space Administration，美国宇航局）、波音、洛克希德、通用电气、Ernst & Young、UPS、IRS、迪斯尼、Nasdaq，以及美国许多一流大学等。

Linux 是一个多用户操作系统，是 UNIX 的一个克隆（界面相同但内部实现不同），同时它是一个自由软件，是免费的、源代码开放的，这是它与 UNIX 绝大部分变种（UNIX 绝大部分都是商业变种）的不同之处。它虽然 1991 年才诞生，但由于它独特的发展过程所带来的诸多出色的优点，因而除了学生使用外，近几年还被许多企业和机构使用（主要被用做服务器操作系统，尤其被 ISP（网络服务提供商）使用，并进而得到了众多商业支持。迄今为止全球用户数已达千万，1999 年在服务器操作系统市场以 24.6%的市场份额位居第二（第一位是 Windows NT），被当作微软公司 Windows NT 的强有力竞争对手。2000 年更是 Linux 最显赫的一年，它赢得了 IBM 公司 10 亿美金的支持和其他大厂商的进一步支持。

Linux 的最近版本是 Linus Torvalds 在 2001 年初 Linux World 大会前夕推出的 Linux 2.4 内核。Linux 的版本号有内核（kernel）与发行套件（distribution）两套版本。Linux 初学者常会把内核版本与发行套件相混淆。内核版本指的是在 Linus 领导下的开发小组开发出的系统内核的版本号，最近版本即 2.4（一般说来以序号的第二位为偶数的版本表明这是一个可以使用的稳定版本，如 2.0.35；而序号的第二位为奇数的版本一般有一些新的东西加入，是不一定很稳定的测试版本，如 2.1.88）。而一些组织机构或厂家将 Linux 系统内核同应用软件和文档包装起来，并提供一些安装界面和系统设定与管理工具，这样就构成了一个发行套件，如最常见的 Slackware、Red Hat、Debian 等。实际上发行套件就是 Linux 的一个大软件包而已。相对于内核版本，发行套件的版本号随发布者的不同而不同，与系统内核的版本号是相对独立的，如 Slackware 3.5、Red Hat 5.1、Debian l.3.1 等。

Linux 受到各方青睐是由它的以下特点决定的：

① 免费、源代码开放。Linux 是免费的，获得 Linux 非常方便，而且使用 Linux 可以节省费用。Linux 开放源代码，使得使用者能控制源代码，按照需要对部件进行混合搭配，建立自定义扩展。

② 具有出色的稳定性和速度性能。Linux 可以连续运行数月、数年而无须重启，与 Windows NT（经常死机）相比，这一点尤其突出。

一台 Linux 服务器支持 100～300 个用户毫无问题，一台 Linux 打印服务器支持 200～300 台网络打印机更是易如反掌。而且它不太在意 CPU 的速度，可以把每种处理器的性能发挥到极限。用户会发现，影响系统性能提高的限制因素主要是其总线和磁盘 I/O 的性能。即使作为一种台式机操作系统，与许多用户非常熟悉的 UNIX 相比，它的性能也显得更为优秀。

③ 功能完善（尤其是网络功能丰富）。

Linux 包含了所有人们期望操作系统拥有的特性，不仅仅是 UNIX 的，而且是任何一个操作系统的功能，包括多任务、多用户、页式虚存、库的动态链接（即共享库）、文件系统缓冲区大小的动态调整等。与 Windows 操作系统不同，Linux 完全在保护模式下运行，并全面支持 32 位和 64 位多任务处理。Linux 能支持多种文件系统。目前支持的文件系统有 EXT2、EXT、XI AFS、ISO FS、HP FS、MS-DOS、UMS-DOS、PROC、NFS、SYSⅤ、Minix、SMB、UFS、NCP、VFAT、AFFS 等。

Linux 拥有先进的网络特性。因为 Linux 的开发者们是通过因特网进行开发的，所以对网络的支持功能在开发早期就已加入。而且，Linux 对网络的支持比大部分操作系统都更出色。

它能够同因特网或其他任何使用TCP/IP或IPX协议的网络，经由以太网、快速以太网、ATM、调制解调器、HAM/Packet 无线电（X.25 协议）、ISDN 或令牌环网相连接。Linux 也是作为Internet/WWW 服务器系统的理想选择。在相同的硬件条件下（即使是多处理器），通常比Windows NT、Novell 和大多数 UNIX 系统的性能更卓越。Linux 拥有世界上最快的 TCP/IP 驱动程序。

Linux 支持所有通用的网络协议，包括 E-Mail、UseNet News、Gopher、Telnet、Web、FTP、Talk、POP、NTP、IRC、NFS、DNS、NIS、SNMP、Kerberos、WAIS 等。在以上协议环境下，Linux 既可以作为一个客户端，也可以作为服务器，而且经过广泛地使用和测试。在 Linux 中，用户可以使用所有的网络服务，如网络文件系统、远程登录等。SLIP 和 PPP 能支持串行线上的TCP/IP 协议的使用，这意味着用户可以用一个高速 Modem 通过电话线连入因特网中。无论用户系统是如何构造的，Linux 都能简单、紧密地融合到用户的局域网中去，因为它对 Macintosh、DOS、Windows、Windows NT、Windows 95、Novell、OS/2 都可以做到无缝支持。

④ 硬件需求低。Linux 刚开始的时候主要是为低端 UNIX 用户而设计的，它可以使很多已经过时的硬件重新焕发青春。在只有 4MB 内存的 Intel 386 处理器上就能运行得很好，而这类计算机即便用 Windows 3.x 也很难进行较好的管理。同时，Linux 并不仅仅只运行在 Intel x86 处理器上，它也能运行在 Alpha、SPARC、PowerPC、MIPS 等 RISC 处理器上。

⑤ 用户程序众多（而且大部分是免费软件），硬件支持广泛，程序兼容性好。

由于 Linux 是一种 UNIX 平台，因此大多数 UNIX 用户程序也可以在 Linux 下运行。

POSIX 1003.1 标准定义了一个最小的 UNIX 操作系统接口，任何操作系统只有符合这一标准，才有可能运行 UNIX 程序。考虑到 UNIX 具有丰富的应用程序，当今绝大多数操作系统都把满足 POSIX 1003.1 标准作为实现目标，Linux 也不例外，它完全支持 POSIX 1003.1 标准。另外，为了使 UNIX System Ⅴ和 BSD 上的程序能直接在 Linux 上运行，Linux 还增加了部分 System Ⅴ和 BSD 的系统接口，使 Linux 成为一个完善的 UNIX 程序开发系统。

Linux 也符合 X/Open 标推，具有完全自由的 X-Windows 实现。现有的大部分基于 X 的程序不需要任何修改就能在 Linux 上运行。

另外，为 SCO 公司产品和 SYR4 专门设计的程序，如 CorelDraw for SCO 以及 Dataflex 数据库系统，也可以不加修改地在大部分 Linux 系统上运行。Linux 的 DOS“仿真器”DOSEMU 可以运行大多数 MS-DOS 应用程序。Windows 程序也能在被称为 WINE 的 Linux 的 Windows“仿真器”的帮助下，在 X-Windows 的内部运行。由于 Linux 的高速缓存能力，Windows 程序的运行速度一般能提高 10 倍。

虽然 Linux 正以大众看好的趋势发展着，但也有许多人对 Linux 的发展和应用持审慎的态度，并表示怀疑，这主要表现在以下 3 个方面：

（1）对 Linux 的“出身”持怀疑态度

很多企业和商业用户仍然认为 Linux 是一种由业余爱好者开发的、缺乏技术支持的“业余水平”的软件，实际上这一观念是片面并且过时的。

从开发人员看，Linux 从一开始就主要在一些软件高手间流行，很快在因特网上吸引了大批的技术专家投入 Linux 的开发工作。它的开发者虽然大多是利用业余时间进行开发，但其水平绝不是业余的。从开发模式上看，Linux 采取分布式的开发模式（参加开发的人分布在世界各地，通过网络参加开发）。这种分布式开发并非如一些人想象的那样混乱无序，相反，Linux的开发有严格的组织体系，否则它也无法从一个1万多行语句的内核，发展成拥有100多万行程序代码的完善系统。

Linux及其应用程序的开发大多数以项目（project）为组织形式，项目的开发者都有具体的分工：开发经验丰富、有管理经验的参与者通常担当协调人，负责分派工作和协调工作进度；其他参与者有的从事程序编写，有的负责程序调试。基于Linux独特的分布式开发模式，项目管理工作使用了专门的软件。错误跟踪系统（Bug Tracking）可以替开发者处理来自电子邮件或其他网上资源的错误（bug）报告，还能定义项目开发者的角色和职责，如编程人员、软件集成人员和测试人员。工作流程管理（Workflow Management）系统除了能够分配开发者的职权外，还能进行文档管理、版本控制管理及工作成本评估。项目管理（Project ManageMent）系统能够跟踪相关的工作，提供调度、储备和优化资源的机制。由此可以看出，Linux开发的有序性和有效性保证了它的高度可靠性。项目小组开发出的程序经过一段时间的测试之后，就会在因特网上发布测试版和源代码，由更广泛的用户继续测试，直到程序相对稳定，才会发布程序的正式版本。正式版本的使用者如果发现错误，可以通过因特网报告，问题一般都能得到迅速解决。由于源代码公开，用户也可以自己动手解决问题。因此，Linux软件往往比商业软件错误更少，而且修改错误更为及时。

（2）对Linux的服务支持持怀疑态度

自由软件具有缺乏服务支持的缺点，但Linux在这点上已得到了改善。1997年，Linux支持者群体在众多的软件公司中一举胜出，荣获了美国Info World杂志的最佳技术支持奖，而这个奖项原本是为商业公司设立的。在很多人看来，“可自由扩散”的软件好像总是和“缺乏技术支持”以及“业余水平”划等号，其实不然。Linux从一开始就主要在一些软件行业中的高手之间流行，并且很快就在全球范围内网罗了一大批职业的和业余的技术专家，在因特网上形成了一个数量庞大而且非常主动、热心的支持者群体。它们能够通过网络很快地响应用户所遇到的问题。例如，当Pentium Ⅱ上的错误被发现后，Linux是最早一个提供了解决方案的操作系统。

早期Linux的技术支持主要靠网上的免费支持。虽然这种免费的技术支持通常是快速响应的，但终归无法向用户提供百分之百的保证和承诺。近年来，越来越多的商业公司开始提供对Linux的收费技术支持。这种收费技术支持更为正规、可靠、有保证，从而进一步给大多数Linux的普通用户增强使用信心，进一步改善了Linux的形象。例如，Red Hat的AnswerDEsk可提供每天24小时、每周7天（简称24×7）的电话支持，用户可以用信用卡按小时或分钟付费。这些正规的技术支持服务，对于把Linux更快地推向企业计算领域无疑是大有帮助的。商业公司的加盟还增加了Linux的应用程序，如Oracle、Infomix、Sybase推出以Linux为平台的数据库系统。商业软件公司推出的Linux应用程序弥补了Linux缺乏大型应用软件的不足，并能为Linux用户提供可靠的服务。

（3）对Linux结构和功能上的不足持悲观和怀疑态度

在Linux的前10年期间，其发展速度是惊人的，这与它的开放性和优秀的性能是密不可分的。不过，作为一个由学生开发的系统，Linux还有许多先天不足，它的设计思想过多地受到传统操作系统的约束，没有体现出当今操作系统的发展潮流，它不是一个微内核操作系统，不是一个分布式操作系统，不是一个安全的操作系统，没有用户线程，不支持实时处理，代码是用C而不是C++这样的现代程序设计语言编写的。

在大公司需要的计算特征方面，Linux仍然显得不足，其中包括将数据写入大型磁盘驱动器的企业“日志”文档系统、先进系统管理工具和来自硬件外部设备制造商的强有力产品支持。

尽管Linux有各种各样的不足，但其优点和优势占主导地位。未来会随着其本身功能和服务的完善而进一步拓展应用范围。

习　题

一、选择题

1. 操作系统负责为用户和用户程序完成所有（　　）的工作。
   A. 硬件无关和应用无关　　B. 硬件相关和应用无关
   C. 硬件无关和应用相关　　D. 硬件相关和应用相关
2. 程序与进程是（　　）的关系。
   A. 一对一　　B. 一对多　　C. 多对一　　D. 多对多
3. UNIX操作系统是著名的（　　）。
   A. 多道批处理系统　　B. 分时系统
   C. 实时系统　　D. 分布式系统
4. 一个进程被唤醒意味着（　　）。
   A. 该进程重新占有了CPU　　B. 进程状态变为就绪
   C. 它的优先权变为最大　　D. 其PCB移至就绪队列的队首
5. 如果进程A正在使用打印机，进程B又要申请打印机，则（　　）。
   A. 可将打印机分配给进程B，让它们共同使用
   B. 可让进程B在阻塞队列中等待
   C. 将打印机从进程A中收回，使它们都不能使用
   D. 可让进程B在就绪队列中等待
6. 批处理系统的主要缺点是（　　）。
   A. CPU利用率低　　B. 不能并发执行　　C. 缺少交互性　　D. 以上都不是

二、填空题

1. 通常所说的操作系统四大模块是指处理机管理、存储管理、设备管理和________管理。在现代操作系统中，资源的分配单位是________，而处理机的调度单位是________。
2. 在批处理兼分时系统中，往往由分时系统控制的作业称为________作业，而由批处理系统控制的作业称为________作业。
3. 进程调度的职责是按给定的________从________中选择一个进程，让它占用处理器。
4. 硬件提供________接口；内核提供________接口；外壳提供________。
5. 存储管理负责对________的管理。按照管理方式，有________、________和________3种基本类型。

三、简答题

1. 叙述操作系统的历史。
2. 说明操作系统的分类及各种操作系统的主要特点。
3. 说明操作系统的功能，这些功能分别解决哪些问题。
4. 什么是操作系统的接口？接口有哪些类型？
5. 设一个计算机系统有一台输入机、两台打印机。现有 A、B 两道程序同时投入运行，且程序 A 先开始运行，程序 B 后运行。程序 A 的运行轨迹为：计算 50ms、打印 100ms、再计算 50ms、打印 100ms、结束。程序 B 的运行轨迹为：计算 50ms、输入数据 80ms、再计算 100ms、结束。要求：

（1）用图画出这两道程序并发执行时的工作情况。

（2）说明在两道程序运行时，CPU 有无空闲等待。若有，在哪段时间等待？为什么会空闲等待？

（3）程序 A、B 运行时有无等待现象？在什么时候发生等待现象？

第 5 章　程序设计导引

计算机能完成预定的任务是硬件和软件协同工作的结果，同样的硬件配置，加载了不同的软件就可以完成不同的工作，计算机也正是因为“可编程性”使得它的功能比其他电子设备更灵活。

人们使用计算机分为两种情况：一种情况是使用现成的软件，例如，经常使用的软件有Windows操作系统、文字处理软件Word、表格处理软件Excel、图像处理软件Photoshop、网页浏览软件IE浏览器、网络即时通信软件QQ等；另一种情况是自行编制软件，以满足新的需求或者改进原有软件的功能。作为个人，不会编程也可以使用计算机；作为整个人类，如果要使用计算机或者更好地使用计算机，那么程序设计工作是不可缺少的重要环节。程序设计能力是计算机专业人员所必备的素质。

5.1　程序设计概述

程序设计（programming）是给出解决特定问题程序的过程，是软件构造活动中的重要组成部分。程序设计往往以某种程序设计语言为工具，给出这种语言下的程序。程序设计过程应当包括分析、设计、编码、测试、排错等不同阶段。专业的程序设计人员常被称为程序员。

从某种意义上来看，程序设计的出现甚至早于电子计算机的出现。英国著名诗人拜伦的女儿 Ada Lovelace 曾设计了巴贝奇分析机上解伯努利方程的一个程序，她甚至还建立了循环和子程序的概念。由于她在程序设计上的开创性工作，Ada Lovelace 被称为世界上第一位程序员。

5.1.1　程序设计的基本过程

本节将就一个具体的问题来说明程序设计的一般步骤。

【例 5.1】输入两个整型数，按照从大到小的顺序排列并输出。

1. 问题描述

问题描述的目的是要得到问题的完整和确切的定义。

（1）确定要产生的数据（输出数据），定义表示输出的变量。例 5.1 要输出的量有两个，用两个整型变量 x 和 y 来表示。

（2）确定需给出的数据（输入数据），定义表示输入的变量。例 5.1 要输入的量有两个，它们和输出的两个变量相关，因此可以用与（1）相同的两个整型变量 x 和 y 来表示。

（3）用简短的语言描述，从输入数据到输出数据，需要对数据进行的加工动作。例 5.1 是对两个整型数进行降序排序。

2. 算法设计

设计一种算法，在输入数据后，经过有限步的操作，得到输出的数据。例 5.1 的算法用自然语言描述如下：

（1）输入整型数的第一个整型数到 x，输入第二个整型数到 y；

（2）比较 x 和 y 的大小：当 $x<y$ 时，交换 x 和 y 中的变量的值；

注意：要实现交换 x 和 y 的值，需要引入中间变量 t。将 x 的值存放至 t 中，再将 y 的值存放至 x 中，最后将 t 中的值（原本 x 的值）存放至 y 中。t 的加入，类似于要把一杯牛奶和一杯橙汁交换容器，必须要使用第三个容器的辅助。

（3）输出整型数 x 和 y。此时，x 一定不比 y 小，因为如果 $x<y$，已经在（2）中进行了交换。

3. 代码编制

编制代码就是要选择一种程序设计语言来描述算法。用程序设计语言来描述算法的符号集合称为源程序。例 5.1 用 C 语言来描述的源程序如下：

```
1  #include<stdio.h>                                  /*头文件*/
2  void main( )                                       /*主函数名*/
3  {                                                  /*main函数开始*/
4      int x,y,t;                                     /*定义变量*/
5      printf("Input two numbers: ");                 /*输出提示信息*/
6      scanf("%d%d",&x,&y);                           /*输入函数,从键盘上获得变量值*/
7      if(x<y)                                        /*条件判断*/
8      {                                              /*复合语句开始*/
9         t=x;
10        x=y;
11        y=t;                                        /*交换x和y*/
12     }                                              /*复合语句结束*/
13     printf("The result is:%d  %d\n",x,y);          /*输出运算结果*/
14 }                                                  /*main函数结束*/
```

4. 调试运行

编写的源代码需要经过编译、连接或者解释方式的调试，才能转化成计算机可以执行的 0、1 编码的机器语言。调试的过程同时也是一个对源程序进行语法和逻辑结构检查的过程。而进行编译连接或者解释的程序通常是系统提供的，程序员只要执行相应的命令就可以完成对源程序的调试，但调试的过程一旦发现错误，则需要程序员来修改源代码。

运行是执行程序的过程。每个程序有两个状态：一个状态是静态，就是它的代码；另一个状态是动态，就是程序执行的过程。一个程序可以多次在相同或者不同的输入数据的情况下被执行。“一次编程多次使用”正是程序设计的意义所在。

例 5.1 在集成环境下输入源程序后，执行“保存”（save）、“编译”（compile）、“连接”（link）命令，然后执行“运行”（run）命令，就可以运行程序。用户屏幕如下：

```
Input two numbers: 3 5↙
The result is: 5 3
```

注意：划线部分为用户输入部分，↙代表回车符。

再次执行“运行”（run）命令，用户屏幕如下：

```
Input two numbers: 800  60 ↙
The result is: 800  60
```

5. 撰写文档

文档记录了程序设计的算法、实现以及修改过程，保证程序的可读性和可维护性。一个有50 000行代码的程序，在没有文档的情况下，即使是开发者本人在6个月后也很难记清楚某些程序段是完成什么功能的。对于一个需要多人合作，并且开发维护时间较长的软件来说，文档是至关重要的。

程序中的注释就是一种很好的文档。在例5.1的源代码中，写在“/*……*/”之中的文字就是注释，它们不参加编译，也不影响执行，其目的是帮助阅读源程序的人理解程序。对于算法的各种描述也是重要的文档，在软件工程中每一步的文档都有指导性的意义。撰写文档是在程序设计的各个环节都需要做的一项工作。

6. 程序测试

虽然程序在调试运行过程中，通过各种软件检测的手段对程序进行了检测，但对于大规模的程序来说要想不出问题是很困难的。

由于一个程序设计错误，1962年7月22日美国携带着飞向金星的无人驾驶飞船“水手一号”的火箭在升空290秒后就摧毁了。地面计算机的程序本来应该具有如下行为：

```
if not 雷达能够与火箭联系then
不要纠正火箭的飞行路线
```

但由于错误，这里开头的 not 被丢掉了。结果在雷达已经与火箭失去联系之后，地面的计算机还在继续盲目地指导火箭。火箭摇摇晃晃进入迷途，被摧毁了。

对于如何检查一个程序中可能存在的错误，有如下两种方法：

① 代码检查：每个人写的程序都由一个或几个人一行一行地读过。

② 程序测试：让程序员对一些样例数据进行程序测试。

这是两种软件工程实践中常用的标准技术。但两种技术都是不完全的，它们都受到人的能力本身的限制。在“水手一号”的例子中，测试者就没有预见到应该去测试雷达失去联系的情况。

1972年的图灵奖获得者 E.W.Dijikstra 写道：“程序测试只用于说明程序错误的存在，但却不能说明程序错误的不存在！”

程序设计的正确性保证不单是程序测试环节的问题，它应该是贯穿程序设计整个过程的重要问题。

7. 程序的使用

程序的最终使用者与程序的设计者往往是分离的，作为程序设计人员不要指望用户会根据程序使用过程中遇到的实际问题修改源代码。这种想法是不切合实际的，其一，出于对知识产权的保护，一般情况下用户是看不到源代码的；其二，鉴于用户对程序设计方法的掌握程度，一般情况下用户不能够自力更生地修改源代码。

程序设计人员要给用户提供一个方便、健壮的程序：在用户界面上给出更多的提示信息，以引导用户正确地使用软件，让程序有更多的对异常的处理功能，当用户误操作以后，可以给出相应的解决办法；提供文本的或联机的帮助手册，方便用户快速掌握软件的使用方法。

5.1.2 程序设计范型

程序设计的本质是对计算进行描述。以不同的计算模型来对计算进行描述就形成了不同的程序设计范型（programming paradigm）。目前主流程序设计范型是传统的“面向过程设计”和目前被广泛接受的“面向对象设计”。

1. 结构化程序设计

结构化程序设计是E.W.Dijikstra在1965年提出的。它的主要观点是采用自顶向下、逐步求精的程序设计方法；使用3种基本控制结构构造程序，任何程序都可由顺序、选择、循环3种基本控制结构构造。

结构化程序设计的实质是控制编程中的复杂性。该方法的要点如下：

① 严格控制goto语句。1968年E.W.Dijikstra首先提出“goto语句是有害的”。

② 单入单出的控制结构：指每个模块内部均用顺序、选择、循环结构来描述。

③ 自顶向下和逐步细化的设计方法：将一个复杂任务按照功能进行拆分，并逐层细化到便于理解和描述的程度，最终形成由若干独立模块组成的树状层次结构，如图5-1所示。

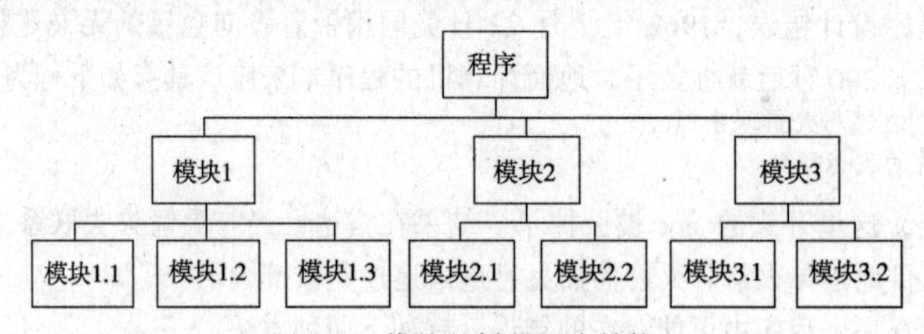

图5-1 模块的树状层次结构

④ 分工合作编写和调试程序。许多大型的软件的工作量是以“人年”为单位的，也就是说，如果只有一个人来独立做，需要若干年才能完成。因此，程序设计需要分工合作，而模块化的结构给程序设计过程中的分工合作提供了可能。

其中①、②是解决程序结构规范化问题；③是解决将大化小、将难化简的求解方法问题；④是解决软件开发的人员组织结构问题。

结构化程序设计强调过程设计，以功能为中心，一个程序由若干子程序（功能模块）组成。结构化程序设计方法的目标是设计出结构清晰，可读性强，易于分工写作、编写和调试的程序。常用的结构化程序设计语言有FORTRAN、BASIC、Pascal、C等。

结构化程序设计方法曾一度成为程序设计的主流方法。但到20世纪80年代末，这种方法开始逐渐暴露出缺陷。主要表现在以下两个方面：

① 难以适应大型软件的设计。在大型多文件软件系统中，随着数据量的增大，由于数据与数据处理相对独立，程序变得越来越难以理解，文件之间的数据沟通也变得越来越困难，还容易产生意想不到的“副作用”。

② 程序可重用性差。结构化程序设计方法不具备建立“软件部件”的工具，即使是面对

老问题，数据类型的变化或处理方法的改变都必将导致重新设计。

这些由结构化程序设计的特点所导致的缺陷，其本身无法克服。而越来越多的大型程序设计又要求必须克服它们，这最终导致了“面向对象”设计方法的产生。

2．面向对象的程序设计

面向对象程序设计的雏形早在 1960 年的 Simula 语言中即可发现，20 世纪 70 年代的 SmallTalk 语言在面向对象方面堪称经典，以至于今天依然将这一语言视为面向对象语言的基础。

面向对象程序设计可以被视作一种在程序中包含各种独立而又互相调用的单位和对象的思想。这与传统的思想刚好相反：传统的面向过程程序设计主张将程序看作一系列函数的集合，或者直接就是一系列对计算机下达的指令。面向对象程序设计中的每一个对象都应该能够接受数据、处理数据并将数据传达给其他对象，因此它们都可以被看作一个小型的“机器”，或者说是负有责任的角色。一部由 Deborah J. Armstrong 撰写长达 40 年之久的计算机著作列举了一系列面向对象程序设计的基本概念，它们分别如下所示：

（1）类

类（class）定义了一个事物的抽象特点。通常来说，类定义了事物的属性和它可以做到的行为（方法）。举例来说，“狗”这个类会包含狗的一切基础特征，例如它的孕育、毛皮颜色和吠叫的能力。类可以为程序提供模板和结构。一个类的方法和属性被称为“成员”。下面来看一段伪代码：

```
类 狗
开始
    私有成员：
        孕育
        毛皮颜色
    公有成员：
        吠叫（ ）
结束
```

在这串代码中，声明了一个类，这个类具有一些狗的基本特征。

（2）对象

对象（object）是类的实例。例如，“狗”这个类列举狗的特点，从而使这个类定义了世界上所有的狗。而“莱丝”这个对象则是一条具体的狗，它的属性也是具体的。狗有毛皮颜色，而“莱丝”的毛皮颜色是棕白色的。因此，“莱丝”就是“狗”这个类的一个实例。一个具体对象属性的值被称做它的“状态”。

假设已经在上面定义了“狗”这个类，就可以用这个类来定义如下对象：

```
定义莱丝是狗
莱丝.毛皮颜色=棕白色
莱丝.吠叫（ ）
```

无法让“狗”这个类去“吠叫”，但是可以让对象“莱丝”去“吠叫”，正如狗可以吠叫，但没有具体的狗就无法吠叫。

（3）方法

方法（method）是一个类能做的事情，但方法并没有去做这件事。作为一条狗，“莱丝”是会吠叫的，因此“吠叫()”就是它的一个方法。与此同时，它可能还会有其他方法，例如“坐下()”，或者“吃()”。对一个具体对象的方法进行调用并不影响其他对象，正如所有的狗都会叫，但是让一条狗叫不代表所有的狗都叫。如下例：

```
定义莱丝是狗
定义泰尔是狗
莱丝.吠叫( )
```

则“泰尔”是不会吠叫的，因为这里的吠叫只是对对象“莱丝”进行的。

（4）消息传递机制

一个对象通过接收消息、处理消息、传出消息或使用其他类的方法来实现一定的功能，这叫做消息传递机制（message passing）。

（5）继承性

继承性（inheritance）是指在某种情况下，一个类会有“子类”。子类比原本的类（称为父类）要更加具体化，例如，“狗”这个类可能会有它的子类“牧羊犬”和“吉娃娃犬”。在这种情况下，“莱丝”可能就是牧羊犬的一个实例。子类会继承父类的属性和行为，并且也可包含它们自己的。假设“狗”这个类有一个方法叫做“吠叫( )”和一个属性叫做“毛皮颜色”。它的子类（前例中的牧羊犬和吉娃娃犬）会继承这些成员。这意味着程序员只需要将相同的代码写一次。在伪代码中可以这样写：

```
类 牧羊犬：继承狗
定义莱丝是牧羊犬
莱丝.吠叫( )                          /* 注意这里调用的是“狗”这个类的“吠叫”方法 */
```

当一个类从多个父类继承时，称之为“多重继承”。多重继承并不总是被支持的，因为它很难理解，又很难被好好地使用。

（6）封装性

具备封装性（encapsulation）的面向对象程序设计隐藏了某一方法的具体执行步骤，取而代之的是通过消息传递机制传送消息给它。

封装是通过限制只有特定类的实例可以访问这一特定类的成员，而它们通常利用接口实现消息的传入/传出。举个例子，接口能确保幼犬这一特征只能被赋予“狗”这个类。通常来说，成员会依它们的访问权限被分为3种：公有成员、私有成员以及保护成员。

（7）多态性

多态性（polymorphism）指方法在不同的类中调用可以实现的不同结果。因此，两个甚至更多的类可以对同一消息做出不同的反应。举例来说，狗和鸡都有“叫( )”这一方法，但是调用狗的“叫()”，狗会吠叫；调用鸡的“叫()”，鸡则会啼叫。将它体现在伪代码上：

```
类 狗
开始
    公有成员：
        叫( )
        开始
            吠叫( )
        结束
结束

类 鸡
开始
    公有成员：
```

```
        叫( )
    开始
        啼叫( )
    结束
结束
定义莱丝是狗
定义鲁斯特是鸡
莱丝.叫( )
鲁斯特.叫( )
```

同样是叫，“莱丝”和“鲁斯特”做出的反应将大不相同。

（8）抽象性

抽象（abstraction）是简化复杂的现实问题的途径，它可以为具体问题找到最恰当的类定义，并且可以在最恰当的继承级别解释问题。举例说明，“莱丝”在大多数时候都被当作一条狗，但是如果想要让它做牧羊犬做的事，完全可以调用牧羊犬的方法。如果“狗”这个类还有动物的父类，那么完全可以视“莱丝”为一个动物。

面向对象程序设计推广了程序的灵活性和可维护性，并且在大型项目设计中广为应用，因为它能够让人们更简单地设计并维护程序，使得程序更加便于分析、设计、理解。目前比较主流的面向对象程序设计语言有 Java、C++、C# 等。

此外，程序设计范型还有函数式与逻辑式，这些将会在计算机专业的一些后续课程（如人工智能）中进行介绍。

5.1.3 程序设计语言

程序设计语言（programming language）是人与计算机交流的有力工具。

程序是事情办理的先后次序。在现实生活中经常编制各种各样的程序，例如，某位同学的作息表、某个会议的日程安排、某个活动的策划创意、某种菜肴的制作过程等。通常采用自然语言来编制这样的程序。如果活动需要计算机的参与和帮助，那就要用计算机能理解的语言来写程序，这种语言就是程序设计语言。

程序设计语言按其出现的先后顺序分为机器语言、汇编语言和高级语言。本节将就一个具体的问题介绍这 3 类语言。

【例 5.2】计算 $d = a \times b + c$。

1. 机器语言

计算机是采用二进制形式表示数据和指令的。在计算机诞生之初，人们只能直接用二进制形式的机器语言写程序。假设下面是在一台计算机上实现例 5.2 的指令序列：

0000000100000001000 —— 将单元 1000 的数据装入寄存器 0

00000001000100001010 —— 将单元 1010 的数据装入寄存器 1

0000010100000000001 —— 将寄存器 1 的数据乘到寄存器 0 原有数据上

00000001000100001100 —— 将单元 1100 的数据装入寄存器 1

0000010000000000001 —— 将寄存器 1 的数据加到寄存器 0 原有数据上

0000001000000001110 —— 将寄存器 0 的数据存入单元 1110

这里想描述的是计算算术表达式 a × b + c（这里的符号 a、b、c 分别代表地址为 1000、1010 和 1100 的存储单元），而后将结果保存到单元 1110 的计算过程。

第一代程序设计语言为机器语言，或称为二进制代码语言，是计算机唯一能接受和执行的语言。机器语言由二进制码组成，即用“0”和“1”组成的指令代码来编写程序，一条指令规定了计算机执行的一个动作。机器语言对不同型号的计算机来说一般是不同的，因此使用机器语言编写程序是一种相当烦琐的工作，既难于记忆也难于操作，编写出来的程序直观性差、难以阅读，不仅难学、难记、难检查，又缺乏通用性，给计算机的推广、使用带来很大的障碍。但是由于机器语言可以被计算机直接识别，不需要进行任何翻译，因此它是所有语言中运算效率最高的编程语言。

2. 汇编语言

一个复杂程序中的指令可能有成百万、成千万条或者更多，程序中的执行流程错综复杂，在二进制机器指令的层面上理解复杂程序到底做了什么，很容易变成人力所不能及的事情。为缓解这一问题，人们发展了符号形式的，使用相对容易一些的汇编语言。下面是用某种假想的汇编语言写出的程序，它完成例 5.2 的工作：

load 0 a —— 将单元 a 的数据装入寄存器 0

load 1 b —— 将单元 b 的数据装入寄存器 1

mult 0 1 —— 将寄存器 1 的数据乘到寄存器 0 原有数据上

load 1 c —— 将单元 c 的数据装入寄存器 1

add 0 1 —— 将寄存器 1 的数据加到寄存器 0 原有数据上

save 0 d —— 将寄存器 0 的数据存入单元 d

计算机不能直接执行汇编语言描述的程序。用汇编语言写的程序需要用专门软件（汇编系统）加工、翻译成二进制机器指令后，才能在计算机上使用。

汇编语言是面向机器的程序设计语言，它是利用计算机所有硬件特性并能直接控制硬件的语言。在汇编语言中，使用符号语言代替机器语言的二进制码，比机器语言易于读写、调试和修改，同时具有机器语言的全部优点。但在编写复杂程序时，汇编语言依赖于具体的处理器体系结构，不能通用，因此不能直接在不同的处理器体系结构之间移植。虽然汇编语言较机器语言提高了效率，但仍然不够直观、简便。

3. 高级语言

1954 年诞生了第一个高级程序语言 FORTRAN，宣告程序设计新时代的开始。至今，人们已提出的语言超过千种，其中大部分只是试验性的，只有少数语言得到了广泛的使用。目前世界上使用较广的语言有 FORTRAN、Pascal、Ada、C、C++、Java 等，这些语言通常被认为是常规语言。在高级语言（例如 C 语言）的层面上，描述例 5.2 中的程序片断只需一行代码：

```
d=a*b+c;
```

这表示要求计算机求出“等于”符号右边的表达式，而后将计算结果存入由 d 代表的存储单元中。

高级语言接近于数学语言或人的自然语言，同时与计算机硬件平台无关，使得编出的程序能在所有的计算机上通用。此外，高级语言中还提供了许多高级的程序结构，供编写程序时用于组织复杂的程序。

20 世纪 80 年代初，面向对象的程序设计方法被提到日程，其方法是软件的集成化，生产一些通用的、封装紧密的功能模块的软件集成块，它与具体应用无关，但能相互组合，完成具体的应用功能，同时又能重复使用。

高级语言的下一个发展目标是面向应用，也就是说，只需要告诉程序要干什么，程序就能自动生成算法，自动进行处理，这就是非过程化的程序语言。

5.2 算　　法

结构化程序设计的先驱，1984 年图灵奖获得者 Niklaus Wirth 最著名的一本书《算法 + 数据结构 = 程序》，表明了算法与数据结构之于程序设计的重要性。

算法是程序的逻辑抽象，是解决某类客观问题的数学过程。数据结构具有两个层面上的含义——逻辑结构和物理结构。客观事物自身所具有的结构特点，将其称为逻辑结构，如家族谱系是一个天然的树形逻辑结构。而逻辑结构在计算机中的具体实现则称之为物理结构，如树形逻辑结构是用指针表示还是用数组实现。而程序是算法用某种程序设计语言的具体实现。

编程作为一种行为，只需要知道其逻辑方法就可以了。所谓编程实际上是把一件事情交给计算机去做，认为这件事该如何做，就用“程序语言”的形式描述给计算机。如果原本就不明白如何去做，那么也不要期望计算机去理解想要做什么。

算法设计是编程前必须要做的事情：要想使计算机完成预定的工程，首先必须为如何完成这个工程设计一个算法，然后再根据算法编写程序。算法就是解决“做什么”和“怎么做”的问题，所以说算法是程序设计的灵魂。

5.2.1 算法的概念

1. 什么是算法?

算法（algorithm）一词源于算术（algorism）。粗略地说，算术方法是一个由已知推求未知的运算过程。后来人们把它推及一般，把进行某一工作的方法和步骤称为算法。因此，算法反映了计算机的执行过程，是对解决特定问题的操作步骤的一种描述。

【例 5.3】输入 3 个数，求其最大值。

问题分析：设 num1、num2、num3 存放 3 个数，max 存放其最大值。

为求最大值，就必须对这 3 个数进行比较，可按如下步骤去做：

① 输入 3 个数 num1、num2、num3。

② 先把第 1 个数 num1 的值赋给 max。

③ 将第 2 个数 num2 与 max 比较，如果 num2>max，则把第 2 个数 num2 的值赋给 max（否则不做任何工作）。

④ 将第 3 个数 num3 与 max 比较，如果 num3>max，则把第 3 个数 num3 的值赋给 max（否则不做任何工作）。

⑤ 输出 max 的值，即最大值。

从上例中可以看出，首先分析题目，然后寻找一种实现这个问题所要完成功能的方法，这种方法的具体化就是算法。

算法是一系列解决问题的清晰指令，也就是说，能够对一定规范的输入，在有限时间内获得所要求的输出。算法常常含有重复的步骤和一些比较或逻辑判断。如果一个算法有缺陷，或不适合于某个问题，则执行这个算法将不会解决问题。在大多数情况下，解决一个问题可以使用几个不同的算法，在编写最终程序之前需要考虑许多潜在的解决方案。

2. 算法的特性

一个算法应具有以下 5 个特性：

（1）有穷性

一个算法必须总是在执行有限个操作步骤和可以接受的时间内完成其执行过程。也就是说，对于一个算法，要求其在时间和空间上均是有穷的。例如：一个采集气象数据并加以计算进行天气预报的应用程序，如果不能及时地得到结果，超出了可以接受的时间，就起不到天气预报的作用。

（2）确定性

算法中的每一步都必须明确含义，不允许存在二义性。例如："将成绩优秀的同学名单打印输出"，在这一描述中"成绩优秀"就不明确，是每门功课均为 90 分以上？还是指总成绩在多少分以上？

（3）有效性

算法中描述的每一步操作都应能有效地执行，并最终得到确定的结果。例如：当 $Y=0$ 时，X/Y 是不能有效执行的。

（4）有零个或多个输入

一个算法有零个或多个输入数据。例如：计算 1~10 的累计和的算法，则无须输入数据，而对 10 个数据进行排序的算法，却需要从键盘上输入这 10 个数据。

（5）有一个或多个输出

一个算法应该有一个或多个输出数据。执行算法的目的是为了求解，而"解"就是输出，因此没有输出的算法是毫无意义的。

3. 算法好坏的评价

算法设计的要求包括正确性、可读性、健壮性、高效率与低存储量需求。

不同的算法可能用不同的时间或空间效率，来完成同样的任务。一个算法的优劣可以用时间复杂度与空间复杂度来衡量。算法的时间复杂度是指算法需要消耗的时间资源。一般来说，计算机算法是问题规模 n 的函数 $f(n)$，算法执行的时间的增长率与 $f(n)$ 的增长率正相关，称做渐进时间复杂度（Asymptotic Time Complexity）。时间复杂度用"O(数量级)"来表示，称为"阶"。常见的时间复杂度有：$O(1)$常数阶，$O(\log^2 n)$对数阶，$O(n)$线性阶，$O(n^2)$平方阶等。

算法的空间复杂度是指算法需要消耗的空间资源。其计算和表示方法与时间复杂度类似，一般都用复杂度的渐近性来表示。

5.2.2 算法的表示

1. 算法的表示方法

算法的表示方法很多，常用的有自然语言、传统流程图、N–S 流程图、伪代码、PAD 图等。

（1）用自然语言表示

自然语言就是人们日常使用的语言，可以是中文、英文等。用自然语言表示算法通俗易懂，但一般篇幅冗长，表达上往往不易准确，容易引起理解上的“歧义性”。因此，自然语言一般用于算法较简单的情况。

（2）用传统流程图表示

传统流程图是用规定的一组图形符号、流程线和文字说明来表示各种操作算法的表示方法。传统流程图常用的符号如表 5–1 所示。

表 5-1 传统流程图常用的符号

符 号	符号名称	含 义
（圆角矩形）	起止框	表示算法的开始和结束
（平行四边形）	输入/输出框	表示输入/输出操作
（矩形）	处理框	表示对框内的内容进行处理
（菱形）	判断框	表示对框内的条件进行判断
→ ↓	流程线	表示流程的方向
（圆圈）	连接点	表示两个具有同一标记的“连接点”应连接成一个点
----[	注释框	表示注释说明

用传统流程图表示算法直观、形象，算法的逻辑流程一目了然，便于理解。但占用篇幅较大，画起来比较麻烦，而且又由于允许使用流程线，使用者可以随心所欲，使流程可以任意转移，从而造成阅读和修改上的困难。

（3）用 N–S 流程图表示

针对传统流程图存在的问题，美国学者 I.Nassi 和 B.Shneiderman 于 1973 年提出一种新的结构化流程图形式，简称为 N–S 流程图。Chapin 在 1974 年对其进行了进一步扩展，因此，N–S 流程图又称为 Chapin 图或盒状图。

N–S 流程图的目标是开发一种破坏结构化基本构成元素的过程设计表示。其主要特点是完全取消了流程线，不允许有随意的控制流，全部算法写在一个矩形框内，该矩形框以 3 种基本结构（顺序、选择、循环）描述符号为基础复合而成。

（4）用伪代码表示

伪代码是用一种介于自然语言和计算机语言之间的文字和符号来描述算法。伪代码的表现形式比较灵活、自由，没有严谨的语法格式。

例 5.3 中求 3 个数的最大值的算法，用伪代码描述如下：

```
input num1, num2, num3
num1→max
```

```
if num2>max then num2→max
if num3>max then num3→max
output max
```

1996 年，计算机科学家 Bohm 和 Jacopini 证明了这样的事实：任何简单或复杂的算法都可以由顺序结构、选择结构和循环结构这 3 种基本结构组合而成。所以，这 3 种结构就被称为程序设计的 3 种基本结构，也是结构化程序设计必须采用的结构。任何复杂的算法均可以用顺序、选择、循环这 3 种基本结构组合、嵌套进行描述。

2. 3 种基本结构的流程图

使用图形表示算法的思路是一种极好的方法。结构化程序由顺序、选择、循环 3 种基本结构组成。这 3 种结构分别用传统的流程图和 N-S 流程图表示如下。

（1）顺序结构

顺序结构的程序设计是最简单的，只要按照解决问题的顺序写出相应的语句即可，它的执行顺序是自上而下，依次执行。顺序结构可以独立使用构成一个简单的完整程序，常见的输入、计算、输出三部曲的程序就是顺序结构，例如计算圆的面积，其程序的语句顺序就是输入圆的半径 r，计算 $s = 3.14×r×r$，输出圆的面积 s。

顺序结构是最简单的基本结构。在顺序结构中，要求顺序地执行且必须执行有先后顺序排列的每一个最基本的处理单位。如图 5-2（a）所示是用传统流程图表示的顺序结构，如图 5-2（b）所示是用 N-S 流程图表示的顺序结构，先执行处理 A，然后再顺序执行处理 B。

（2）选择结构

在选择结构中，要根据逻辑条件的成立与否，分别选择执行不同的处理。如图 5-3 所示，当逻辑条件成立时，执行处理 A，否则执行处理 B。

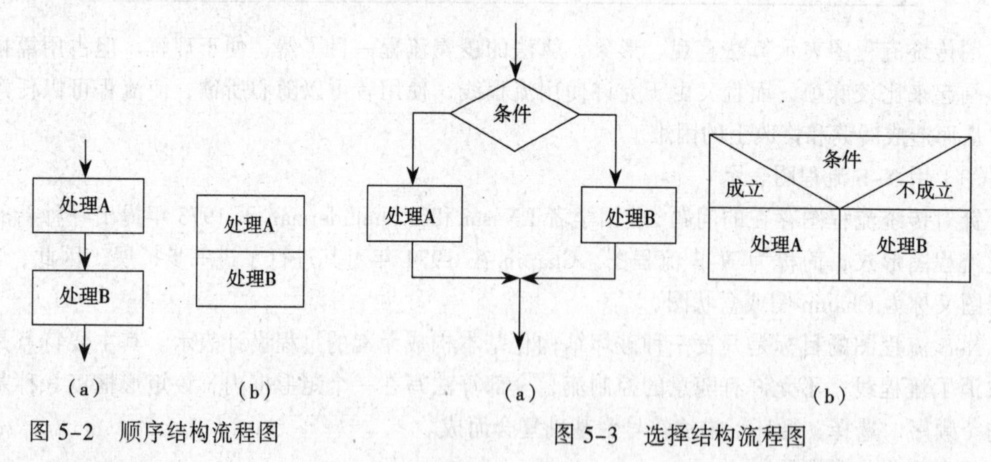

图 5-2　顺序结构流程图

图 5-3　选择结构流程图

（3）循环结构

循环结构一般分为当型循环和直到型循环。

① 当型循环：在当型循环结构中，当逻辑条件成立时，就反复执行处理 A（称为循环体），直到逻辑条件不成立时结束，如图 5-4 所示。

② 直到型循环：在直到型循环结构中，反复执行处理 A，直到逻辑条件成立结束（即逻辑条件不成立时继续执行），如图 5-5 所示。

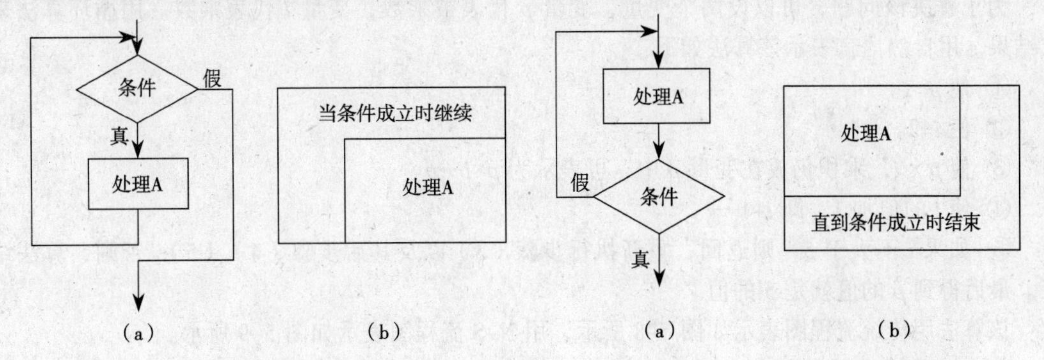

图 5-4　当型循环结构流程图　　图 5-5　直到型循环结构流程图

由于 N-S 流程图无箭头指向，而局限在一个个嵌套的框中，最后描述的结果必须是结构化的，因此，N-S 流程图描述算法，适用于结构化程序设计。

3. 算法设计举例

【例 5.4】用传统流程图和 N-S 流程图来描述，求 3 个数中的最大值的算法。

该算法用传统流程图描述如图 5-6 所示，用 N-S 流程图描述如图 5-7 所示。

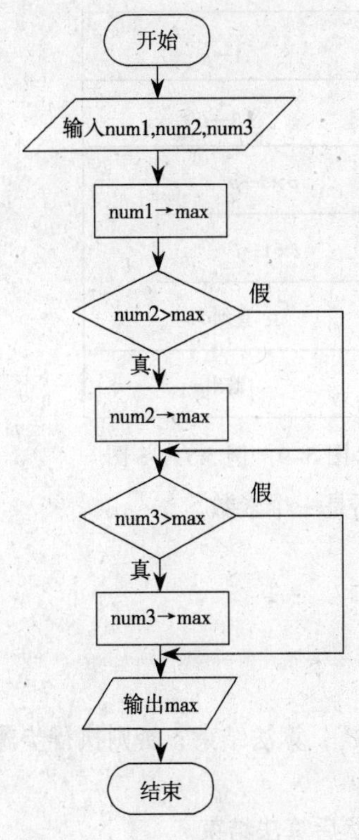

图 5-6　例 5.4 流程图

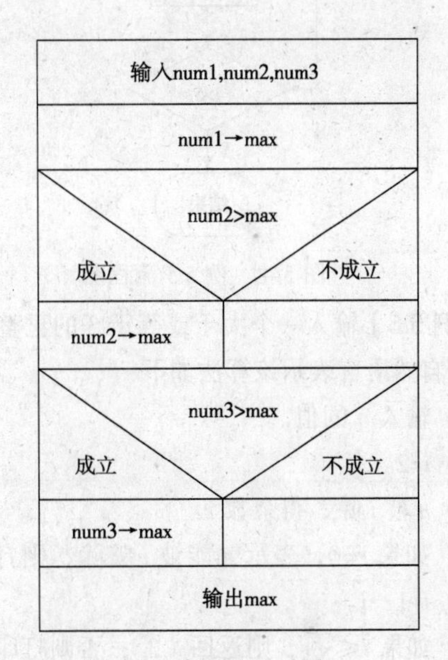

图 5-7　例 5.4 N-S 图

【例 5.5】求 5! 的值（即 1×2×3×4×5 的值），设计一个算法，分别用自然语言、传统流程图及 N–S 流程图来表示。

为了解决该问题，可以设两个变量，变量 p 代表被乘数，变量 i 代表乘数。用循环算法来求结果。用自然语言表示该算法如下：

① 使 p=1。

② 使 i=2。

③ 使 $p \times i$，乘积仍放在变量 p 中，可表示为 $p \times i \rightarrow p$。

④ 使 i 的值加 1，即 $i+1 \rightarrow i$。

⑤ 如果 i 不大于 5，则返回，重新执行步骤（3）以及其后步骤（4）、（5）；否则，算法结束。最后得到 p 的值就是 5!的值。

该算法用传统流程图表示如图 5–8 所示，用 N–S 流程图表示如图 5–9 所示。

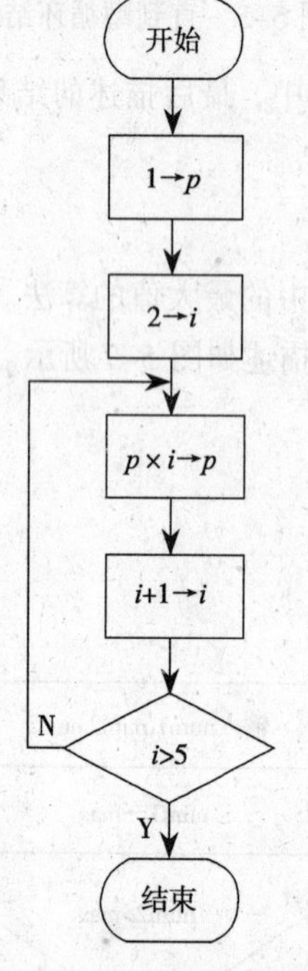

图 5–8　例 5.5 流程图

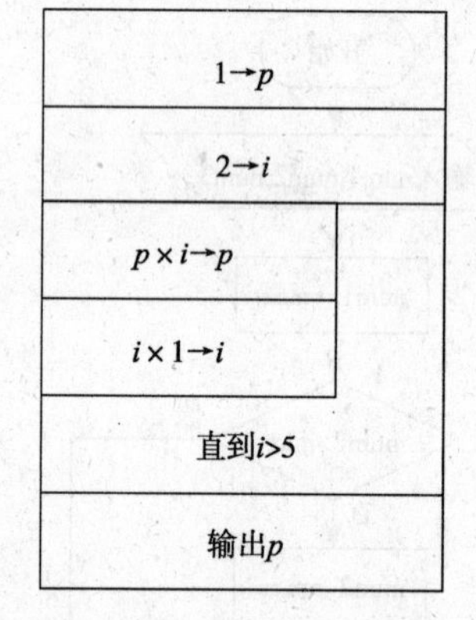

图 5–9　例 5.5 N–S 图

【例 5.6】输入一个大于或等于 3 的正整数，判断它是不是一个素数。

用自然语言表示该算法如下：

① 输入 n 的值。

② i=2。

③ n 被 i 除，得余数 r。

④ 如果 r=0，表示 n 能被 i 整除，则打印 n “不是素数”，算法结束；否则执行步骤（5）。

⑤ $i+1 \rightarrow i$。

⑥ 如果 $i \leqslant \sqrt{n}$，则返回（3）；否则打印 n “是素数”，然后算法结束。

该算法用传统流程图表示如图 5–10 所示，用 N–S 流程图表示如图 5–11 所示。

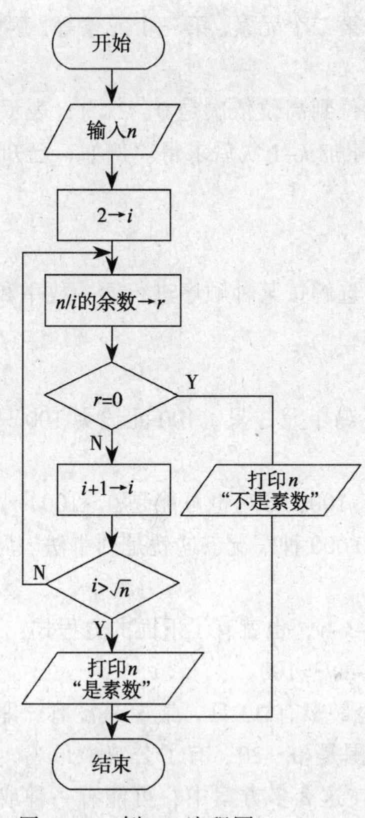

图 5-10　例 5.6 流程图

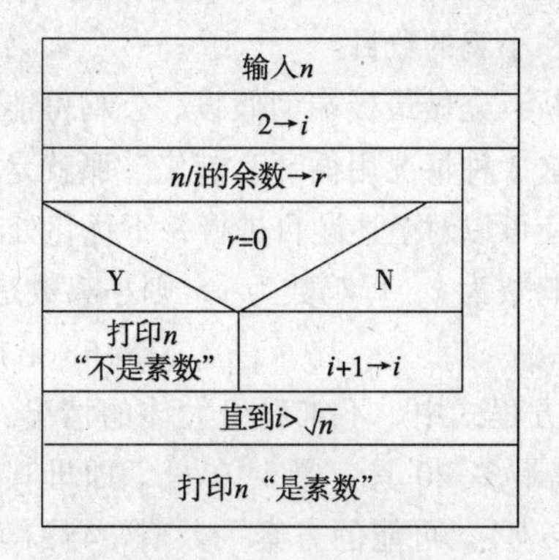

图 5-11　例 5.6 N-S 图

5.2.3　常用算法

算法有许多种，常用的基本算法有递推法、穷举法、迭代法、递归法、分治法和贪心法这 6 种，这些在日常处理问题中经常被用到。

1. 递推法

递推法是利用问题本身所具有的一种递推关系求问题解的一种方法。设要求问题规模为 n 的解，当 n=1 时，解或为已知，或能非常方便地得到解。能采用递推法构造算法的问题有重要的递推性质，即当得到问题规模为 $i-1$ 的解后，由问题的递推性质，能从已求得的规模为 1、2、…、$i-1$ 的一系列解，构造出问题规模为 i 的解。这样，程序可从 i=0 或 i=1 出发，重复地，由已知至 $i-1$ 规模的解，通过递推，获得规模为 i 的解，直至得到规模为 N 的解。

【问题】阶乘计算。

问题描述：编写程序，对给定的 n（$n \leqslant 100$），计算并输出 k 的阶乘 $k!$（k=1，2，…，n）的全部有效数字。

由于要求的整数可能大大超出一般整数的位数，程序用一维数组存储长整数，存储长整数数组的每个元素只存储长整数的一位数字。如有 m 位长整数 N 用数组 $a[\,]$存储：

$$N=a[m]\times10^{m-1}+a[m-1]\times10^{m-2}+\cdots+a[2]\times10^{1}+a[1]\times10^{0}$$

并用 $a[0]$存储长整数 N 的位数 m，即 $a[0]=m$。按上述约定，数组的每个元素存储 k 的阶乘

k! 的一位数字，并从低位到高位依次存储于数组的第二个元素、第三个元素等。例如，5! =120，在数组中的存储形式为 3 0 2 1。

首元素 3 表示长整数是一个 3 位数，接着从低位到高位依次是 0、2、1，表示成整数 120。

计算 k! 可采用对已求得的阶乘（k–1)! 连续累加 k–1 次后求得。例如，已知 4! =24，计算 5!，可对原来的 24 累加 4 次 24 后得到 120。

2. 穷举法

穷举法又叫做列举法，是对可能是解的众多候选解按某种顺序进行逐一枚举和检验，并从中找出那些符合要求的候选解作为问题的解。

【问题】百钱买百鸡。

问题描述：公鸡 3 元每只，母鸡 5 元每只，小鸡 1 元 3 只，100 元钱买 100 只鸡。试求出公鸡、母鸡和小鸡的数目。

算法分析：先做最极端的假设，公鸡可能是 0～100，母鸡也可能是 0～100，小鸡还可能是 0～100，将这 3 种情况用循环套起来，那就是 1 000 000 种情况。这就是列举法。为了将题目再简化一下，还可以对上述题目进行一下优化处理。

假设公鸡数为 x，母鸡数为 y，则小鸡数是 $100-x-y$，也就有了下面的方程式：

$$3\times x+5\times y+(100-x-y)/3=100$$

从这个方程式中，不难看出大体的情况：公鸡最多有 33 只，最少是没有，即 x 的范围是 0～33；母鸡最多 20 只，最少 0 只，即母鸡的范围是 0～20；有了公鸡、母鸡，小鸡数自然就是 $100-x-y$ 只。可能的方案一共有 34×21 种，在这么多方案中，可能有一种或几种正好符合相等的条件。

计算机怎样工作呢？计算机事实上就是将上述 34×21 种方案全部过滤一遍，找出符合百钱买百鸡条件的（即上式），只要符合，就是要求的输出结果。

3. 迭代法

迭代法是用于求方程或方程组近似根的一种常用的算法设计方法。设方程为 $f(x)=0$，用某种数学方法导出等价的形式 $x=g(x)$，然后按以下步骤执行：

（1）选一个方程的近似根，赋给变量 $x0$；

（2）将 $x0$ 的值保存于变量 $x1$，然后计算 $g(x1)$，并将结果存于变量 $x0$；

（3）当 $x0$ 与 $x1$ 的差的绝对值还小于指定的精度要求时，重复步骤（2）的计算。

若方程有根，并且用上述方法计算出来的近似根序列收敛，则按上述方法求得的 $x0$ 就认为是方程的根。

4. 递归法

能采用递归描述的算法通常有这样的特征：为求解规模为 N 的问题，设法将它分解成规模较小的问题，然后从这些小问题的解方便地构造出大问题的解，并且这些规模较小的问题也能采用同样的分解和综合方法，分解成规模更小的问题，并从这些更小问题的解构造出规模较大问题的解。特别地，当规模 $N=1$ 时，能直接得解。

【问题】编写计算斐波那契（Fibonacci）数列的第 n 项 fib(n)。

问题描述：斐波那契数列为，0、1、1、2、3、…，即

fib(0)=0;

fib(1)=1;

fib(n)=fib(n−1)+fib(n−2) （当 n>1 时）。

写成如下所示的递归函数：

```
int fib(int n)
{
    if (n==0) return 0;
    if (n==1) return 1;
    if (n>1)
        return fib(n-1)+fib(n-2);
}
```

递归算法的执行过程分为递推和回归两个阶段。在递推阶段，把较复杂的问题（规模为 n）的求解推到比原问题简单一些的问题（规模小于 n）的求解。例如上例中，求解 fib(n)，把它推到求解 fib(n−1)和 fib(n−2)。也就是说，为计算 fib(n)，必须先计算 fib(n−1)和 fib(n−2)，而计算 fib(n−1)和 fib(n−2)，又必须先计算 fib(n−3)和 fib(n−4)。依此类推，直至计算 fib(1)和 fib(0)，分别能立即得到结果 1 和 0。在递推阶段，必须有终止递归的情况，这个终止情况叫做递归的出口，例如在函数 fib 中，当 n 为 0 和 1 的情况。

在回归阶段，当获得最简单情况的解后，逐级返回，依次得到稍复杂问题的解，例如得到 fib(1)和 fib(0)后，返回得到 fib(2)的结果，…，在得到了 fib(n−1)和 fib(n−2)的结果后，返回得到 fib(n)的结果。

5．分治法

为了解决一个问题，算法有时需不止一次地对自身进行调用，来解决类似的子问题。这样的算法通常称为分治法：将原问题分成 n 个规模较小而结构与原问题相似的子问题。下面通过排序的一种方法来进行讲解。

希尔排序即是采用分治法来进行排序的，又称做缩小增量排序，其思想是：把已经在数组中的数据按下标的一定增量分组，对分出的每一小组使用插入排序，随着增量逐渐减小，所分成的组包含的数据越来越多，直到减小到 1 时，整个数据合并成一组，构成一组有序数，则完成排序。

【问题】循环赛日程表。

问题描述：设有 $n=2^k$ 个运动员要进行网球循环赛。现要设计一个满足以下要求的比赛日程表：

① 每个选手必须与其他 n−1 个选手各赛一次；

② 每个选手一天只能参赛一次；

③ 循环赛在 n−1 天内结束。

试按此要求将比赛日程表设计成有 n 行和 n−1 列的一个表。在表中的第 i 行、第 j 列处填入第 i 个选手在第 j 天所遇到的选手。其中 $1 \leq i \leq n$，$1 \leq j \leq n-1$。

按分治策略，将所有的选手分为两半，则 n 个选手的比赛日程表可以通过 n/2 个选手的比赛日程表来决定。递归地用这种一分为二的策略对选手进行划分，直到只剩下两个选手时，比赛日程表的制定就变得很简单。这时只要让这两个选手进行比赛就可以了，如图 5-12 所示。

1	2	3	4	5	6	7	8
2	1	4	3	6	5	8	7
3	4	1	2	7	8	5	6
4	3	2	1	8	7	6	5
5	6	7	8	1	2	3	4
6	5	8	7	2	1	4	3
7	8	5	6	3	4	1	2
8	7	6	5	4	3	2	1

图 5-12 8 位选手比赛的循环赛日程表

6．贪心法

贪心法是一种不追求最优解，只希望得到较为满意解的方法。贪心法一般可以快速得到满意的解，因为它省去了为找最优解要穷尽所有可能而必须耗费的大量时间。贪心法常以当前情况为基础做最优选择，而不考虑各种可能的整体情况，所以贪心法不要回溯。

例如，平时购物找钱时，为使找回的零钱的硬币数最少，不考虑找零钱的所有各种方案，而是从最大面值的币种开始，按递减的顺序考虑各币种，先尽量用大面值的币种，当不足大面值币种的金额时才去考虑下一种较小面值的币种。这就是在使用贪心法。这种方法在这里总是最优，是因为银行对其发行的硬币种类和硬币面值的巧妙安排。如只有面值分别为 1、5 和 11 单位的硬币，而希望找回总额为 15 单位的硬币。按贪心算法，应找 1 个 11 单位面值的硬币和 4 个 1 单位面值的硬币，共找回 5 个硬币。但最优的解应是 3 个 5 单位面值的硬币。

对于规模比较大的更为复杂的问题可采用动态规划、回溯法、分支限界法、概率法等算法，以及线性规划和 NP 完全性等理论。

算法本身是抽象的策略；函数是以某种程序设计语言表示的算法的具体实现。当要将算法作为程序的一部分实现时，通常要写一个函数来实现该算法，而该函数也可以调用其他函数处理它的一部分工作。

5.3 程序设计的基本概念

本节将通过下面一道例题用 C 语言的实现过程，来介绍结构化程序设计的主要基本概念。

【例 5.7】输入两个整型数，计算它们的和并输出。

用 C 语言描述的源程序如下：

```
1  #include<stdio.h>                      /*头文件*/
2  void main( )                           /*主函数名*/
3  {                                      /* main函数开始*/
4      int a,b,c;                         /*定义变量*/
5      printf("Input two numbers:");      /*输出提示信息*/
6      scanf("%d%d",&a,&b);               /*输入函数，从键盘上获得变量值*/
7      c=a+b;                             /*求和运算*/
```

```
8     printf("The result is %d\n",c);    /*输出运算结果*/
9  }                                     /*main函数结束*/
```

运行程序，用户屏幕如下：

```
Input two numbers: 3 5 ↙
The result is: 8
```

将 3 存放到变量 *a* 中，将 5 存放到变量 *b* 中，输出的是变量 *c* 中内容为 8。

5.3.1　数据类型与变量

要让计算机解决各种实际问题，就必须把反映实际问题的数据以一定的形式存储到计算机中，并保证在对数据进行处理时能够准确地找到这些数据，因此必须对数据的特性进行相应的描述。

1. 标识符与保留字

保留字（reserved word）指在高级语言中已经定义过的字，使用者不能再将这些字作为变量名或函数名使用。每种程序设计语言都规定了自己的一套保留字。在例 5.7 源代码的第 1 行的 include、第 2 行的 void 和第 4 行的 int 是 C 语言的保留字，分别表示包含命令、空类型和整型。C 语言规定不能用保留字作为变量名或函数名。

标识符（identifier）是用户编程时使用的名字。平时，指定某个东西、人，都要用到它、他或她的名字；在数学中解方程时，也常常用到这样或那样的变量名或函数名。同样的道理，在程序设计语言中，变量、常量、函数、语句块的名字，统称为标识符。在给人起名字时要遵循一定的规范，比如，头一个字为父亲或母亲的姓氏，后面一般为一个或两个字。同样，计算机语言中的标识符也有一定的命名规则。

C 语言对标识符的命名规则如下：

① C99 标准规定，编译器至少应该能够处理 63 个字符（包括 63）以内的内部标识符；编译器至少应该能够处理 31 个字符（包括 31）以内的外部标识符。

② C99 标准规定，标识符只能由大小写英文字母、下画线（_）及阿拉伯数字组成。标识符的第一个字符必须是大小写英文字母或者下画线，而不能是数字。

```
合法命名      非法命名
wiggles      $Z]             /*$、] 和 * 都是非法字符*/
cat2         2cat            /*不能以数字开头*/
Hot_Tub      Hot-Tub         /*- 是非法字符*/
taxRate      tax rate        /*不能有空格*/
_kcab        don't           /*' 是非法字符*/
```

③ C 语言是大小写敏感的语言，也就是说，star、Star、sTar、stAr 和 STAR 等都是相互不同的标识符。

④ 回避保留字，不能用保留字来给用户自定义的标识符命名。

2. 数据类型与变量

变量（variable）是用来存储值的所在处；它们有名字和数据类型（data type）。变量的数据类型决定了如何将代表这些值的位存储到计算机的内存中。在声明变量时也可指定它的数据类型。所有的变量都具有数据类型，以决定能够存储哪种数据。

例 5.7 源代码第 4 行：

```
int a,b,c;                              /*定义了a、b和c是3个整型变量*/
```

其中，保留字 int 是数据类型名。数据类型起到如下几方面的作用：

① 决定了存储单元的大小。例如，在 VC 环境下，一个 int 变量要分配 4 个字节的空间。

② 决定了数据的组织形式。例如，整型量是以补码的形式存放的，在 VC 环境下一个 int 量是以 32 位补码的形式存放的。

③ 决定了该数据类型的量可以进行的操作。比如，求余数的运算（运算符为%），要求参与运算的两个量必须是整型。12%7 的值 5，而 12.4%7 是非法的。

标识符 a、b 和 c 是 3 个变量名，它们的类型是整型，在 VC 环境下它们分别获得 4B 的存储空间。变量拥有自己的存储空间，这一点是程序设计语言中的变量与数学上的变量的一个重要区别。变量名可以表示如下两方面的含义：

① 表示变量的值。

② 表示变量的存储单元。

例 5.7 源代码第 7 行：

```
c=a+b;                                  //将a和b中的值求和,并存放到c变量中
```

其中，a 和 b 分别代表变量 *a* 和 *b* 里面的值，在如上的运行过程中，*a* 的值为 3，*b* 的值为 5，所以“=”号右侧的值为 8；“=”号左侧的 c 代表变量 *c* 的存储单元，把 8 存放到 c 所表示的存储单元中。

既然变量拥有自己的存储单元，那么变量也就具有了地址。在 C 语言中变量的地址用&变量名来表示，&a、&b 分别表示变量 *a* 和 *b* 的地址。

除了变量，还有一些在程序执行过程中，其值不发生改变的量，称为常量。常量分为不同的类型，如 68、0、-12 为整型常量，3.14、9.8、0.618 为实型常量，'A'、'a'、'9'则为字符常量。

5.3.2 表达式与语句

要把孤立的常量与变量有机地结合起来，就需要运算符的配合，由运算符连接起来的式子是表达式（expression）；表达式再按照语法规则组织成语句（sentence）；若干语句的集合构成了源程序。

1. 运算符与表达式

运算是对数据进行加工的过程，用来表示各种不同运算的符号称为运算符。将数据（如常量、变量、函数或者是表达式等），用运算符按一定的规则连接起来的、有意义的式子称为表达式。例 5.7 源代码的第 7 行：

```
c=a+b;                        /*求和运算*/
```

其中，“+”属于算术运算符，其功能是将“+”号两侧的两个参与运算的量的值做加法运算，“a+b”为算术表达式。当 a 的值为 3，b 的值为 5 的情况下，表达式“a+b”的值为 8。

“=”属于赋值运算符，在 C 语言中赋值也是一种运算。赋值运算的功能是将“=”右边的表达式的值存放到“=”左边的变量所代表的存储单元中。“c = a + b”为赋值表达式，它的值就是“=”左边变量的值，例 5.7 中“c=a+b”的值为 8。

应该看到，虽然 C 语言采用“=”作为赋值符号，但程序中的赋值与数学中的等于关系是完全不同的两个概念。举一个典型的例子，$x = x +1$：

① 在数学中，等式 $x = x +1$ 是一个矛盾式，因为没有任何值能够满足这个式子；

② 在程序中，$x = x + 1$ 是一个很常见的表达式，其意义非常清楚，就是取出变量 x（“=”右侧的 x）当时的值与 1 相加，然后把得到的结果再赋给变量 x（“=”左侧的 x），这个语句的执行效果就是使变量 x 的值增加了 1，这是一个合法的表达式。

2. 语句

表达式是数据处理的基本单位，一个程序往往会包含多个表达式，当程序中有多个表达式时，就会面临以下问题：

① 先计算哪个表达式。

② 根据不同的情况计算不同的表达式。

③ 一个或几个表达式需要重复计算多次等。

对于这样的问题，在程序中用语句来进行控制。一个程序可以包含一个或多个语句。

在例 5.7 的源代码的 4～8 行分别是 5 个 C 语言的语句，它们都是以“;”作为结束标志的，其中第 4 行是变量定义语句；第 7 行是赋值语句。第 5、6、8 行为函数调用语句，在此它们分别调用了库函数“printf”和“scanf”。注意：这两个函数的定义包含在头文件“stdio.h”之中，这也是为什么源代码的第 1 行就是#include<stdio.h>，其目的是把头文件“stdio.h”打开并包含到定义的源程序之中。

除了例 5.7 中涉及到的赋值语句和函数调用语句之外，还有控制语句（如例 5.1 中的 if 语句）、表达式语句（如 x+y;）、空语句（;），以及用 {} 扩起来的复合语句（如例 5.1 源程序中的 8～12 行）。

3. 流程控制语句

语句用于实现对程序执行流程的控制。一般情况下，语句根据它们的书写次序依次执行，也就是执行一条语句以后会自动执行下一条语句。如果要改变程序的流程，需要用转移、选择、循环等语句来实现复杂的程序流程的控制。

C 语言提供的改变程序流程的语句分为如下 4 种：

① 转移语句：goto 语句、break 语句、continue 语句、return 语句。

② 选择语句：if 语句、switch 语句。

③ 循环语句：while 语句、do－while 语句、for 语句。

④ 函数调用语句。

例 5.1 中的 if 语句为选择语句，它就是根据 if 之后的表达式(x<y)的取值情况来决定程序执行的流程的。如果(x<y)为真，那么就执行 8～12 行的复合语句，将变量 x 和 y 的值互换；否则，就直接跳转到第 13 行执行。

5.3.3　子程序与函数

结构化程序设计的思想，即为了解决一个大问题的编程，首先将问题分解成若干部分，每个部分又细分成若干更小的部分，逐步细化，直至分解成很容易实现的小问题。每个小问题用一个程序模块实现，最后将这些小程序模块像搭积木一样组合在一起，就形成了解决整个问题的大程序。每个功能模块就是一个子程序，叫做过程，或者叫做函数。

1. 子程序

在有程序设计语言之前就已经有了过程的概念。早在 1946 年，美国数学家 Grzce Murray Hopper 等人就通过相互复制文稿中“代码段”，以便更快地构造程序。其实为一段代码起一个名字就得到了一个过程，这段代码叫做过程体。当这个名字被调用时，过程体就得以执行。

子程序（subprogram）是基本的计算过程抽象机制（控制抽象）。一个子程序封装了一段程序代码并给以命名，允许通过子程序的名字引用这段代码，完成代码所描述的计算。与减少代码量的作用相比，子程序的抽象作用更加重要。子程序的使用者只需要知道相应的子程序能够做什么（what to do），而不必知道如何做（how to do）。

子程序还起到名字空间的作用，在不同的子程序中，可以使用相同的名字表示不同的变量。因为子程序中的局部变量都是随着子程序的调用才分配的，子程序执行以后会自动释放局部变量。

子程序可以看成一种语言扩充机制，因为子程序扩充了语言里描述计算的词汇，这是最基本的扩充需要。例如很多语言没有定义的功能（例如，数学函数 sin、cos 等），可以通过定义一些子程序来实现。

子程序除了包括过程（完成动作的子程序）和函数（计算值的子程序）外，还有其他子程序形式，如面向对象语言中类的方法、并行子程序、协作子程序等。

2. 函数

子程序是一个重要的程序设计机制，大多数程序设计语言都提供了支持子程序的语言成分。函数（function）是 C 语言用于实现子程序的语言成分。例 5.7 用函数实现的 C 的源程序如下：

```
1  #include<stdio.h>                       /*头文件*/
2  int sum(int x, int y);                  /*函数声明*/
3  void main( )                            /*主函数名*/
4  {                                       /*main函数开始*/
5     int a,b,c;                           /*定义变量*/
6     printf("Input two numbers:");        /*输出提示信息*/
7     scanf("%d%d",&a,&b);                 /*准备实际参数*/
8     c=sum(a,b);                          /*函数调用*/
9     printf("The result is %d\n",c);      /*输出运算结果*/
10 }                                       /*main函数结束*/
11  int sum(int x, int y)                  /*sum函数首部*/
12 {                                       /*sum函数开始*/
13     int z;                              /*定义局部变量z*/
14     z=x+y;                              /*求和*/
15     return z;                           /*通过函数名字sum返回z的值*/
16 }                                       /*sum函数结束*/
```

这里函数 sum 为自定义的函数。函数名在程序段中出现了 3 次：

① 函数声明。第 2 行为函数声明。如果函数的定义在函数调用之后，必须在调用前用函

数首部加分号的方式进行声明。

② 函数调用。第 8 行为函数调用。当发生函数调用的时候，根据函数名跳转到第 11 行执行，执行到第 15 行 return 语句后，返回值通过函数名 sum 带回到主函数（第 8 行）。

③ 函数定义。第 11～16 行为函数定义。函数定义是相互独立的。

3．数据在函数之间的传递

C 语言的函数兼有其他语言中的函数和过程两种功能。从这个角度看，又可以把函数分为有返回值函数和无返回值函数两种。

① 有返回值函数。此类函数被调用执行完后，将向调用者返回一个执行结果，称为函数返回值。由用户编写的这种要返回函数值的函数，必须在函数定义和函数声明中明确返回值的类型。例 5.7 中函数的返回值类型为 int 类型，return 的表达式 z 和函数返回值类型一致。在函数调用过程中，函数返回值通过函数名带回主函数，并把函数返回值赋值给变量 *c*。

② 无返回值函数。此类函数用于完成某项特定的处理任务，执行完成后不向调用者返回函数值。这类函数类似于其他语言的过程。由于函数无须返回值，用户在定义此类函数时可指定它的返回值为“空类型”，空类型的说明符为“void”。

从主调函数向被调函数传送数据的角度看，函数又可分为无参函数和有参函数两种。

① 无参函数。函数定义、函数声明及函数调用中均不带参数。主调函数和被调函数之间不进行参数传递。此类函数通常用来完成一组指定的功能，可以返回或不返回函数值。

② 有参函数。有参函数也称为带参函数。在函数定义及函数声明时都有参数，称为形式参数（简称为形参）。在函数调用时也必须给出参数，称为实际参数（简称为实参）。在进行函数调用时，主调函数将把实参的值传递给形参，供被调函数使用。例 5.7 中函数 sum 为有参函数，它的形参表列为（int x, int y）。在函数调用的时候给形参临时分配空间 x 和 y，并且 x 取实参 a 的值，y 取实参 b 的值。

main 函数是主函数，它可以调用其他函数，而不允许被其他函数调用。实际上是系统调用主函数。因此，C 程序的执行总是从 main 函数开始，完成对其他函数的调用后再返回到 main 函数，最后由 main 函数结束整个程序。一个 C 源程序必须有也只能有一个主函数 main。

5.4　程序设计语言概述

语言的实现最重要的是由编译器来完成的。编译器是将便于人编写、阅读、维护的高级语言翻译为计算机能解读、运行的低级机器语言的程序。编译器将原始程序（Source Program）作为输入，翻译产生使用目标语言（Target Language）的等价程序。源代码一般为高级语言（High-level Language），如 Pascal、C、C++、Java 等，而目标语言则是汇编语言或目标机器的目标代码（Object Code），有时也称做机器代码（Machine Code）。

5.4.1　程序设计语言的规范

要弄清用某语言写的一个程序的意义，应该怎么做？是什么规定了一个程序设计语言？方法一：将它输入计算机，编译后试运行；方法二：找懂得这个语言的人询问。但这两种做法都不一定能够有效地解决问题，而这往往还不能引起人们的注意。那么正确的方法是什么呢？

答：参考语言的标准文本（或称为语言规范）。因为，语言规范定义了如下标准：

① 语言的语法形式（合法程序的形式）。

② 合法形式的程序结构的语义。

③ 明确说明“规范”对某些东西未予定义。

每一种程序设计语言可以被看作是一套包含语法、词汇和含义的正式规范。这些规范通常包括如下4种：

① 数据和数据结构。

② 指令及流程控制。

③ 引用机制和重用。

④ 设计哲学。

大多数被广泛使用或经久不衰的语言，拥有负责标准化的组织，这些组织的成员经常会创造及发布该语言的正式定义，并讨论扩展或贯彻现有的定义。

C语言的标准化过程，始于1983年，美国国家标准委员会（ANSI）对C语言进行了标准化，于1983年颁布了第一个C语言标准草案（83 ANSI C）。后来于1987年又颁布了另一个C语言标准草案（87 ANSI C）。最新的C语言标准是1999年颁布，并在2000年3月被ANSI采用的C99。

语言的标准或者规范是书面的文本，它是语言实现的指南，通常情况下，语言的实现要尽可能遵守标准。语言的实现只能在如下几个方面灵活处理：对规范中未明确定义的语义规则可以任意选择；对语言规范做适当的扩充；舍弃规范中的一部分特征不实现。

5.4.2 程序设计语言的实现

计算机不能直接执行高级语言描述的程序。人们在定义好一种语言之后，还需要开发出一套实现这一语言的软件，这种软件被称做高级语言系统，也常被说成是这一高级语言的实现。在研究和开发高级语言的工作过程中，人们也研究了各种实现技术。高级语言的基本实现技术是编译和解释，下面是两种方式的简单介绍。

1. 采用编译方式实现高级语言

人们首先针对具体语言（例如 C 语言）开发出一个翻译软件，其功能就是将采用该种高级语言书写的源程序翻译为所用计算机的机器语言的等价程序。用这种高级语言写出程序后，只要将它送给翻译程序，就能得到与之对应的机器语言程序，即目标程序。此后，只要命令计算机执行这个机器语言目标程序，计算机就能完成所需要的工作了。源程序经过一次编译，得到的目标程序可以多次执行，如图5-13所示。

2. 采用解释方式实现高级语言

人们首先针对具体的高级语言开发一个解释软件，这个软件的功能就是读入这种高级语言的程序，并能一步步地按照程序要求工作，完成程序所描述的计算。有了这种解释软件，只要直接将写好的程序送给运行这个软件的计算机，该种语言的解释程序将程序逐条解释，逐条执行，执行完只得结果，而不保存解释后的机器代码，下次运行此程序时还要重新解释执行，如图5-14所示。

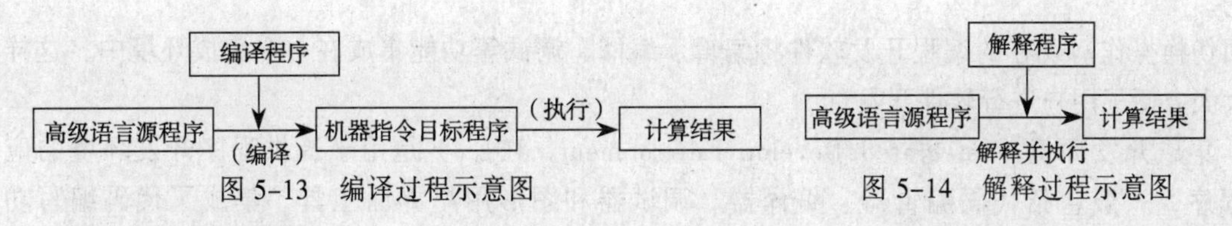

图 5-13　编译过程示意图　　图 5-14　解释过程示意图

3. C 语言的实现

C 语言的实现与其他以编译方式实现的高级语言一样，一般要经过编辑、编译、连接、运行 4 个步骤，如图 5-15 所示。

（1）编辑

编辑就是建立、修改 C 语言源程序并把它输入计算机的过程。C 语言的源程序以文本文件的形式存储在磁盘上，它的后缀名为 .c。

源文件的编辑可以用任何文字处理软件完成，一般用编译器本身集成的编辑器进行编辑。

（2）编译

C 语言是以编译方式实现的高级语言，C 程序的实现必须经过编译程序对源文件进行编译，生成目标代码文件，它的后缀名为 .obj。

编译前一般先要进行预处理，譬如进行宏代换、包含其他文件等。

编译过程主要进行词法分析和语法分析，如果源文件中出现错误，编译器一般会指出错误的种类和位置，此时要回到编辑步骤修改源文件，然后再进行编译。

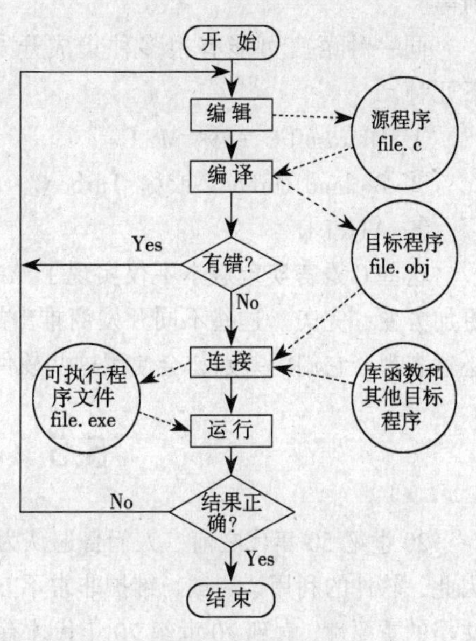

图 5-15　C 程序实现过程

（3）连接

编译形成的目标代码还不能在计算机上直接运行，必须将其与库文件进行连接处理，这个过程由连接程序自动进行，连接后生成可执行文件，它的后缀名为 .exe。

如果连接出错，同样需要返回到编辑步骤修改源代码，直至正确为止。

（4）运行

一个 C 源程序经过编译、连接后生成了可执行文件。要运行这个程序文件，可通过编译系统下的“运行”功能，也可以在 DOS 系统的命令行输入文件名后再按【Enter】键确定，或者在 Windows 系统上双击该文件名。

程序运行后，可以根据运行结果判断程序是否还存在其他方面的错误。编译时产生的错误属于语法错误，而运行时出现的错误一般是逻辑错误。出现逻辑错误时需要修改原有算法，重新进行编辑、编译和连接，再运行程序。

5.4.3　程序设计语言的集成开发环境

较早期程序设计的各个阶段都要用不同的软件来进行处理，如先用字处理软件编辑源程序，然后用编译程序进行编译，再用连接程序进行函数、模块连接，开发者必须在几种软件间来回切换操作。现在的编程开发软件将编辑、编译、调试等功能集成在一个集成环境中，这样就大大方便了用户进行软件开发。

集成开发环境（Integrated Develop Environment，IDE ）是用于提供程序开发环境的应用程序，一般包括代码编辑器、编译器、调试器和图形用户界面工具，集成了代码编写功能、分析功能、编译功能、debug 功能等一体化的开发软件组。所有具备这一特性的软件或者软件组都可以叫做 IDE，如微软的 Visual Studio 系列、Borland 的 C++ Builder、Delphi 系列等。

同一种语言可能有很多种集成开发环境来支持它。目前流行的 C 语言的实现环境有以下几种。

① Microsoft C 或称 MS C。

② Borland Turbo C 或称 Turbo C。

③ AT&T C。

这些 C 语言实现版本不仅实现了 ANSI C 标准，而且在此基础上各自做了一些扩充，使之更加方便、完美。这些不同开发商推出的 C 语言实现之间有一定的差别，但对初学者来说，不必过多理会它们的差别，会使用这些软件编辑调试程序即可。

5.5 软件工程概述

20 世纪 50 年代之前，人们普遍认为软件就是程序。在软件开发中不重视软件的相关文档，因此，软件的利用、测试、维护非常不方便。到了 20 世纪 60 年代出现了软件危机，人们认识到文档的重要性，直到 20 世纪 70 年代才有人提出这样的观点：软件（software）是由程序和开发它、使用它、维护它所需的一切文档组成的，软件逐步从程序的观点，发展到软件工程的观点上来。

经过半个世纪的研究与发展，软件工程正逐步走向成熟。但是，很多个人和公司仍然在随意地开发软件，许多软件专业的学生甚至软件工程师还没有掌握现代化的软件开发方法，以至于生产的软件仍然存在大量的质量问题。因此，认真学习并在实际工作中正确地应用软件工程，是一项十分迫切的任务。

5.5.1 软件危机

软件危机（software crisis）是落后的软件生产方式无法满足迅速增长的计算机软件需求，从而导致软件开发与维护过程中出现一系列严重问题的现象。

20 世纪 60 年代中期，大容量、高速度计算机的出现，使计算机的应用范围迅速扩大，软件开发急剧增长。高级语言开始出现，操作系统的发展引起了计算机应用方式的变化，大量的数据处理导致第一代数据库管理系统的诞生。软件系统的规模越来越大，复杂程度越来越高，软件可靠性问题也越来越突出。原来的个人设计、个人使用的方式不再能满足要求，迫切需要改变软件生产方式，提高软件生产率，软件危机开始爆发。

1. 软件危机的具体体现

（1）软件开发进度难以预测

拖延工期几个月甚至几年的现象并不罕见，这种现象降低了软件开发组织的信誉。以丹佛新国际机场为例。

该机场规模位于世界前10名，可以全天侯同时起降3架喷气式客机；投资1.93亿美元建立了一个地下行李传送系统，总长约34km，有4 000台遥控车，可按不同线路在20家不同的航空公司柜台、登机门和行李领取处之间发送和传递行李；支持该系统的是5 000个电子眼、400台无线电接收机、56台条形码扫描仪和100台计算机。按原定计划要在1993年万圣节前启用，但一直到1994年6月，机场的计划者还无法预测行李系统何时能达到可使机场开放的稳定程度。

（2）软件开发成本难以控制

投资一再追加，令人难以置信。往往是实际成本比预算成本高出一个数量级。而为了赶进度和节约成本所采取的一些权宜之计又往往损害了软件产品的质量，从而不可避免地引起用户的不满。

（3）用户对产品功能难以满足

开发人员和用户之间很难沟通、意见很难统一。往往是软件开发人员不能真正了解用户的需求，而用户又不了解计算机求解问题的模式和能力，双方无法用共同熟悉的语言进行交流和描述。在双方互不充分了解的情况下，就仓促上阵设计系统、匆忙着手编写程序，这种“闭门造车”的开发方式必然导致最终的产品不符合用户的实际需要。

（4）软件产品质量无法保证

系统中的错误难以消除。软件是逻辑产品，质量问题很难以统一的标准度量，因而造成质量控制困难。软件产品并不是没有错误，而是盲目检测很难发现错误，而隐藏下来的错误往往是造成重大事故的隐患。

（5）软件产品难以维护

软件产品本质上是开发人员的代码化的逻辑思维活动，他人难以替代。除非是开发者本人，否则很难及时检测、排除系统故障。为使系统适应新的硬件环境，或根据用户的需要在原系统中增加一些新的功能，又有可能增加系统中的错误。

（6）软件缺少适当的文档资料

文档资料是软件必不可少的重要组成部分。实际上，软件的文档资料是开发组织和用户之间权利和义务的合同书，是系统管理者、总体设计者向开发人员下达的任务书，是系统维护人员的技术指导手册，是用户的操作说明书。缺乏必要的文档资料或者文档资料不合格，将给软件开发和维护带来许多严重的困难和问题。

最典型的失败系统的例子是IBM公司开发的OS/360系统，共有4 000多个模块，约100万条指令，投入5 000人·年，耗资数亿美元，结果还是延期交付。在交付使用后的系统中仍发现大量（2 000个以上）的错误。

2. 软件危机的形成原因

（1）硬件生产率大幅提高

如今，计算机的发展已进入一个新的历史阶段；硬件产品已系列化、标准化，“即插即用”。硬件产品的生产可以采用高精尖的现代化工具和手段、自动成批生产。生产效率几百万倍地提高。

（2）软件生产随规模增大、复杂度增大

以美国宇航局的软件系统为例：

1963 年，水星计划系统有 200 万条指令；

1967 年，双子星座计划系统有 400 万条指令；

1973 年，阿波罗计划系统有 1 000 万条指令；

1979 年，哥伦比亚航天飞机系统有 4 000 万条指令。

假设一个人一年生产一万条有效指令，那么是否 4 000 人生产一年，或 400 人生产 10 年就能完成任务呢？答案是否定的。一万条指令的复杂度决不仅仅是 100 条指令复杂度的 100 倍。

（3）软件生产率很低

伴随计算机的普及，整个社会对计算机应用的需求越来越大。但软件的生产却还沿用“手工作坊”的生产方式，人工编程生产，生产效率仅提高了几倍，生产能力极其低下。

（4）软、硬件供需失衡

社会大量需求、生产成本高、生产过程控制复杂、生产效率低等因素构成软件生产的恶性循环。由此产生了“软件危机”。

（5）矛盾引发“软件危机”

软件危机是指在计算机软件的开发和维护过程中所遇到的一系列严重问题。

1968 年北大西洋公约组织的计算机科学家在联邦德国召开国际会议，第一次讨论软件危机问题，并正式提出“软件工程”一词，从此一门新兴的工程学科——软件工程学为研究和克服软件危机应运而生。

5.5.2 软件工程

软件工程（software engineering）是应用计算机科学、数学及管理科学等原理，开发软件的工程。软件工程借鉴传统工程的原则、方法，以提高质量、降低成本。其中，计算机科学、数学用于构建模型与算法，工程科学用于制定规范、设计范型（paradigm）、评估成本及确定权衡，管理科学用于计划、资源、质量、成本等管理。软件工程学的主要内容是软件开发技术和软件工程管理。

软件开发技术包含软件工程方法学、软件工具和软件开发环境；软件工程管理学包含软件工程经济学和软件管理学。

1. 软件工程的基本原理

著名的软件工程专家 B.Boehm 综合有关专家和学者的意见，并总结了多年来开发软件的经验，于 1983 年在一篇论文中提出了软件工程的 7 条基本原理，分别如下所示：

① 用分阶段的生存周期计划进行严格的管理。

② 坚持进行阶段评审。

③ 实行严格的产品控制。

④ 采用现代程序设计技术。

⑤ 软件工程结果应能清楚地审查。

⑥ 开发小组的人员应该少而精。

⑦ 承认不断改进软件工程实践的必要性。

B.Boehm 指出，遵循前 6 条基本原理，能够实现软件的工程化生产；按照第 7 条原理，不仅要积极、主动地采纳新的软件技术，而且要注意不断总结经验。

2．软件工程的框架

软件工程的框架可概括为目标、过程和原则。

（1）软件工程目标

软件工程目标是指生产具有正确性、可用性以及开销合宜的产品。正确性指软件产品达到预期功能的程度。可用性指软件基本结构、实现及文档为用户可用的程度。开销合宜指软件开发、运行的整个开销满足用户要求的程度。这些目标的实现不论在理论上还是在实践中均存在很多待解决的问题，它们形成了对过程、过程模型及工程方法选取的约束。

（2）软件工程过程

软件工程过程是指生产一个最终能满足需求且达到工程目标的软件产品所需要的步骤。软件工程过程主要包括开发过程、运作过程、维护过程。它们覆盖了需求、设计、实现、确认以及维护等活动。

（3）软件工程的原则

软件工程遵循的原则是围绕工程设计、工程支持以及工程管理而提出的以下 4 条基本原则：

① 选取适宜的开发模型：该原则与系统设计有关。在系统设计中，软件需求、硬件需求以及其他因素间是相互制约和影响的，经常需要权衡。因此，必须认识需求定义的易变性，采用适当的开发模型，保证软件产品满足用户的要求。

② 采用合适的设计方法：在软件设计中，通常需要考虑软件的模块化、抽象与信息隐蔽、局部化、一致性以及适应性等特征。合适的设计方法有助于这些特征的实现，以达到软件工程的目标。

③ 提供高质量的工程支撑：工欲善其事，必先利其器。在软件工程中，软件工具与环境对软件过程的支持颇为重要。软件工程项目的质量与开销直接取决于对软件工程所提供的支撑质量和效用。

④ 重视软件工程的管理：软件工程的管理直接影响可用资源的有效利用，生产满足目标的软件产品以及提高软件组织的生产能力等问题。因此，仅当软件过程予以有效管理时，才能实现有效的软件工程。

5.5.3　软件生存周期

1．软件生存周期的概念

软件生存周期（software life cycle）又称为软件生命期、生存期，是指从形成开发软件概念起，所开发的软件使用以后，直到失去使用价值消亡为止的整个过程。

一般来说，整个生存周期包括计划（定义）、开发、运行（维护）3 个时期，每一个时期又划分为若干阶段。每个阶段有明确的任务，这样使规模大、结构复杂和管理复杂的软件开发变得容易控制和管理。

软件定义时期的任务是确定软件开发工程必须完成的总目标；确定工程的可行性，导出实现工程目标应该采用的策略及系统必须完成的功能；估计完成该项工程需要的资源和成本，并且制定工程进度表。这个时期的工作通常又称为系统分析，由系统分析员负责完成。软件定义时期通常进一步划分成 3 个阶段，即问题定义、可行性研究和需求分析。

开发时期具体设计和实现在前一个时期定义的软件，它通常由 4 个阶段组成：总体设计、详细设计、编码和单元测试、综合测试。

维护时期的主要任务是使软件持久地满足用户的需要。具体地说，当软件在使用过程中发现错误时应该加以改正；当环境改变时应该修改软件以适应新的环境；当用户有新要求时，应该及时改进软件，以满足用户的新需要。通常对维护时期不再进一步划分阶段，但是每一次维护活动本质上都是一次压缩和简化了的定义和开发过程。

软件生命期一般包括以下阶段：

① 软件计划与可行性研究（问题定义、可行性研究）。

② 需求分析。

③ 软件设计（概要设计和详细设计）。

④ 编码。

⑤ 软件测试。

⑥ 运行与维护。

需求活动包括问题分析和需求分析。问题分析获取需求定义，又称为软件需求规约。需求分析生成功能规约。设计活动一般包括概要设计和详细设计。概要设计建立整个软件系统结构，包括子系统、模块，以及相关层次的说明、每一模块的接口定义。详细设计产生程序员可用的模块说明，包括每一模块，中数据结构说明及加工描述。实现活动把设计结果转换为可执行的程序代码。确认活动贯穿于整个开发过程，实现完成后的确认，保证最终产品满足用户的要求。维护活动包括使用过程中的扩充、修改与完善。伴随以上过程，还有管理过程、支持过程、培训过程等。

2. 软件开发模型

描述软件开发过程中各种活动如何执行的模型，是软件工程过程的简化的抽象描述。

（1）瀑布模型

1970 年温斯顿·罗伊斯（Winston Royce）提出了著名的“瀑布模型”（waterfall model），如图 5-16 所示，直到 20 世纪 80 年代早期，它一直是唯一被广泛采用的软件开发模型。

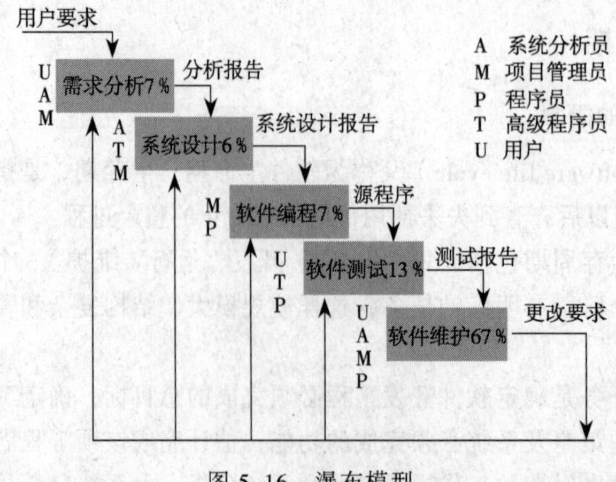

图 5-16 瀑布模型

瀑布模型将软件生存周期划分为制定计划、需求分析、软件设计、程序编写、软件测试和运行维护 6 个基本活动，并且规定了它们自上而下、相互衔接的固定次序，如同瀑布流水，逐级下落。从本质上来讲，它是一个软件开发架构，开发过程是通过一系列阶段顺序展开的，从系统需求分析开始直到产品发布和维护，每个阶段都会产生循环反馈，因此，如果有信息未被覆盖或者发现了问题，那么最好“返回”上一个阶段并进行适当的修改，开发进程从一个阶段“流动”到下一个阶段，这也是瀑布开发名称的由来。

瀑布模型是最早出现的软件开发模型，在软件工程中占有重要的地位，它提供了软件开发的基本框架。其过程是从上一项活动接收该项活动的工作对象作为输入，利用这一输入实施该项活动应完成的内容，给出该项活动的工作成果，并作为输出传给下一项活动。同时评审该项活动的实施，若确认，则继续下一项活动；否则返回前面，甚至更前面的活动。

尽管瀑布模型招致了很多批评，但是它对很多类型的项目而言依然是有效的，如果正确使用，可以节省大量的时间和金钱。对于一个项目而言，是否使用这一模型主要取决于开发者是否能理解客户的需求以及在项目的进程中这些需求的变化程度，对于经常变化的项目而言，瀑布模型毫无价值，对于这种情况，可以考虑其他的架构来进行项目管理，比如螺旋模型的方法。

（2）螺旋模型

1988 年，BarryBoehm 正式发表了软件系统开发的“螺旋模型”（spiral model），它将瀑布模型和快速原型模型结合起来，强调了其他模型所忽视的风险分析，特别适合于大型、复杂的系统，如图 5-17 所示。螺旋模型沿着螺线进行若干次迭代，图中的 4 个象限代表了以下活动：

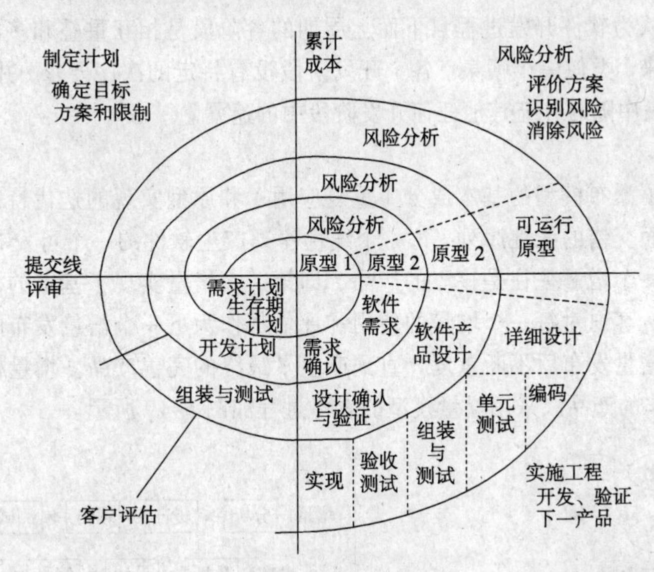

图 5-17　螺旋模型

① 制定计划：确定软件目标，选定实施方案，弄清项目开发的限制条件；

② 风险分析：分析评估所选方案，考虑如何识别和消除风险；

③ 实施工程：实施软件开发和验证；

④ 客户评估：评价开发工作，提出修正建议，制定下一步计划。

螺旋模型由风险驱动，强调可选方案和约束条件，从而支持软件的重用，有助于将软件质量作为特殊目标融入产品开发之中。但是，螺旋模型也有一定的限制条件，具体如下：

① 螺旋模型强调风险分析，但要求许多客户接受和相信这种分析，并做出相关反应是不容易的，因此，这种模型往往适用于内部的大规模软件开发。

② 如果执行风险分析将大大影响项目的利润，那么进行风险分析毫无意义，因此，螺旋模型只适用于大规模软件项目。

③ 软件开发人员应该擅长寻找可能的风险，准确地分析风险，否则将会带来更大的风险。

一个阶段首先是确定该阶段的目标，完成这些目标的选择方案及其约束条件，然后从风险角度分析方案的开发策略，努力排除各种潜在的风险，有时需要通过建造原型来完成。如果某些风险不能排除，则该方案立即终止，否则启动下一个开发步骤。最后，评价该阶段的结果，并设计下一个阶段。

（3）喷泉模型

喷泉模型（fountain model）主要用于采用对象技术的软件开发项目，喷泉一词本身就体现了迭代和无间隙的特性，如图 5-18 所示。喷泉中的水循环使用，不间断地喷出；软件的某个部分常常被重复工作多次，相关对象在每次迭代中随之加入渐进的软件成分。无间隙指在各项活动之间无明显的边界，如分析和设计活动之间没有明显的界限，由于对象概念的引入，表达分析、设计、实现等活动只用对象类和关系，从而可以较为容易地实现活动的迭代和无间隙，使其开发自然地包括复用。

喷泉模型是一种以用户需求为动力，以对象为驱动的模型，主要用于描述面向对象的软件开发过程。该模型认为软件开发过程自下而上周期的各阶段是相互重叠和多次反复的，就像水喷上去又可以落下来，类似一个喷泉。各个开发阶段没有特定的次序要求，并且可以交互进行，可以在某个开发阶段中随时补充其他任何开发阶段中的遗漏。

（4）增量模型

增量模型融合了瀑布模型的基本成分（重复应用）和原型实现的迭代特征，该模型采用随着日程时间的进展而交错的线性序列，每一个线性序列产生软件的一个可发布的“增量”。当使用增量模型时，第一个增量往往是核心的产品，即第一个增量实现了基本的需求，但很多补充的特征还没有发布。客户对每一个增量的使用和评估都作为下一个增量发布的新特征和功能，这个过程在每一个增量发布后不断重复，直到产生了最终的完善产品。增量模型强调每一个增量均发布一个可操作的产品。采用增量模型的软件过程如图 5-19 所示。

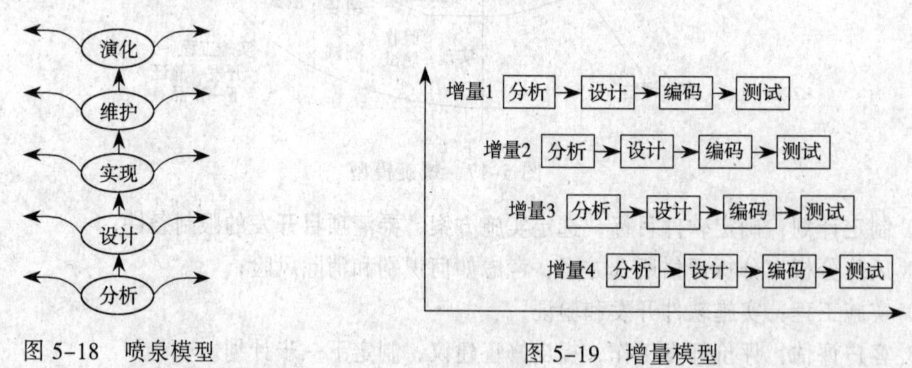

图 5-18 喷泉模型　　图 5-19 增量模型

增量模型与原型实现模型和其他演化方法一样，本质上是迭代的，但与原型实现不一样的是，其强调每一个增量均发布一个可操作产品。早期的增量是最终产品的“可拆卸”版本，但提供了为用户服务的功能，并且为用户提供了评估的平台。增量模型的特点是引进了增量包的概念，无须等到所有需求都出来，只要某个需求的增量包出来即可进行开发。虽然某个增量包可能还需要进一步适应客户的需求并且更改，但只要这个增量包足够小，其影响对整个项目来说是可以承受的。

此外，还有通过逐步调整原型使其满足客户的要求的快速原型模型（rapid prototype model），主要针对事先不能完整定义需求的软件开发的演化模型（incremental model），以及智能模型（四代技术（4GL））和混合模型（hybrid model）等软件开发模型。

每个软件开发组织应该选择适合于该组织的软件开发模型，并且应该随着当前正在开发的特定产品特性而变化，以减小所选模型的缺点，充分利用其优点。

5.5.4　面向对象的软件开发方法

当软件规模较大或对软件的需求模糊易变时，采用面向过程的方法开发往往不能成功。其原因是结构化模型技术要么面向行为（对数据的操作），要么面向数据。而面向对象方法把数据和行为看作同等重要，是一种以数据为主线，把数据和对数据的操作紧密地结合在一起的方法。面向对象方法简化了软件的开发和维护工作，提高了软件的可重用性。

1. 面向对象分析

分析的过程是提取系统需求的过程，它的工作主要包括理解、表达和验证。面向对象分析的关键工作是分析、确定问题域中的对象及对象间的关系，并建立起问题域的对象模型。

大型、复杂系统的对象模型通常由 5 个层次组成：主题层、类和对象层、结构层、属性层和服务层。它们对应着建立对象模型过程中所应完成的五项工作。

2. 面向对象设计

面向对象设计是用面向对象观点建立求解空间模型的过程。通过面向对象分析得出的问题域模型，为建立求解空间模型奠定了基础。分析与设计本质上是一个多次反复迭代的过程，而面向对象分析与面向对象设计的界限尤其模糊。

优秀设计是使得目标系统在其整个生存周期中总开销最小的设计。为获得优秀的设计结果，应该遵循一些基本准则。这些基本准则结合了面向对象方法固有的特点，主要有模块化、抽象、信息隐藏、弱耦合、强内聚和可重用。

用面向对象方法设计软件，原则上也是先进行总体设计（系统设计），然后再进行详细设计（对象设计）。

3. 统一建模语言

面向对象建模语言出现于 20 世纪 70 年代中期。从 1989～1994 年，其数量从不到 10 种增加到 50 多种。在众多的建模语言中，语言的创造者努力推崇自己的产品，并在实践中不断完善。但是，面向对象方法的用户并不了解不同建模语言的优缺点及相互之间的差异，因而很难根据应用特点选择合适的建模语言，于是爆发了一场“方法大战”。因此在客观上，极有必要在精心比较不同的建模语言优缺点及总结面向对象技术应用实践的基础上，组织联合设计小组，根据应用需求，取其精华，去其糟粕，求同存异来统一建模语言。

1994 年 10 月，Grady Booch 和 Jim Rumbaugh 开始致力于这一工作。他们首先将 Booch 93 和 OMT-2 统一起来，并于 1995 年 10 月发布了第一个公开版本，称之为统一方法 UM 0.8(United Method)。1995 年秋，OOSE 的创始人 Ivar Jacobson 加盟到这项工作。经过 Booch、Rumbaugh 和 Jacobson 的共同努力，于 1996 年 6 月和 10 月分别发布了两个新的版本，即 UML 0.9 和 UML 0.91，并将 UM 重新命名为 UML (Unified Modeling Language)。

统一建模语言是用来对软件密集系统进行可视化建模的一种语言。UML 为面向对象开发系统的产品进行说明、可视化和编制文档的一种标准语言。标准建模语言 UML 适用于以面向对象技术来描述任何类型的系统，而且适用于系统开发的不同阶段，从需求规格描述直至系统完成后的测试和维护。

总之，在软件工程理论的指导下，软件行业已经建立起较为完备的软件工业化生产体系，形成了强大的软件生产能力。软件标准化与可重用性得到了工业界的高度重视，在避免重复劳动，缓解软件危机方面起到了重要作用。

习　题

一、选择题

1. 不需要了解计算机内部构造的语言是（　　）。
   A. 机器语言　　B. 汇编语言　　C. 操作系统　　D. 高级程序设计语言
2. 能够把由高级语言编写的源程序翻译成目标程序的系统软件叫做（　　）。
   A. 解释程序　　B. 汇编程序　　C. 操作系统　　D. 编译程序
3. 不属于结构化程序设计的控制成分是（　　）。
   A. 顺序结构　　B. 循环结构　　C. goto 结构　　D. 选择结构
4. 一个算法是否是直接递归，就是看这个算法定义中（　　）。
   A. 是否有循环结构　　B. 是否有对自身的调用
   C. 是否有调用过程　　D. 不能有对自身的调用
5. 在数学中，迭代经常被用来进行数值计算，迭代算法是（　）的过程。
   A. 不断用变量的旧值递推新值　　B. 不断改变输出结果
   C. 比较变量的值　　D. 根据变量的值的变化进行输出

二、填空题

1. 结构化程序由________、________和________3 种基本结构组成。
2. 程序设计语言有________、________、________，其中计算机能直接执行的是________语言。
3. 以不同的计算模型来对计算进行描述形成了不同的程序设计范型，主流程序设计范型是传统的________和目前被广泛接受的________。
4. 算法是解决问题的一系列步骤。算法的表示是为了把算法以某种形式加以表达，因此一个算法的表示可以有不同的方法，常用的有________、________、________和 PAD 图等。
5. 高级语言的基本实现技术的两种方式是________和________。
6. 面向对象的软件开发方法简化了软件的开发和维护工作，提高了软件的可重用性。________为面向对象开发系统的产品进行说明、可视化和编制文档的一种标准语言。

三、简答题

1. 简述程序设计的基本过程。
2. 简述结构化程序设计的要点。
3. 试分别用自然语言和传统流程图来表示计算 1 – 2 + 3 – 4 + 5 – … – 100 的算法。
4. 试用 N–S 流程图表示下列算法：

   （1）输入一个同学的平时成绩和期末成绩，按照 0.7、0.3 的权加权平均，并输出总分；

   （2）输入一个同学的成绩，判断其通过与否，若通过则打印“pass”，否则打印“fail”；

   （3）输入全班 30 位同学的成绩，计算平均分，并输出平均分。

   注意：成绩为百分制，大于等于 60 分为通过。

5. 在 C 语言中，表达式 x = x+1 为什么是对的？
6. 什么是子程序？它的作用是什么？
7. 什么是软件？什么是软件工程？

第6章 数据结构

数据结构是一门重要的计算机专业的基础课。数据结构作为一门独立课程，在国外是从1968年开始设立，我国从20世纪80年代初才开始正式开设数据结构课程。它主要研究的内容有计算机加工对象的逻辑结构、在计算机中的表示形式以及各种针对它们的操作。数据结构是学习操作系统、数据库原理、编译原理等后续课程的基础。

6.1 概　　述

6.1.1 数据结构课程的地位

1968年美国D. E. Knuth教授开创了数据结构的最初体系，他所著的《计算机程序设计技巧》较为系统地阐述了数据的逻辑结构和存储结构及其操作。从20世纪60年代末到20世纪70年代初，出现了大型程序，软件也相对独立，结构程序设计成为程序设计方法学的主要内容，人们越来越重视数据结构，认为程序设计的实质是对确定的问题选择一种好的结构，并设计一种好的算法。

数据结构课程较系统地介绍了软件设计中常用数据结构以及相应的存储结构和算法，系统介绍了常用的查找和排序技术，并对各种结构与技术进行分析和比较，内容非常丰富。数据结构在计算机科学中是一门综合性的专业基础课。数据结构涉及到多方面的知识，如计算机硬件范围的存储装置和存取方法，在软件范围中的文件系统、数据的动态管理、信息检索，数学范围的集合、逻辑的知识，还有一些综合性的知识，如数据类型、程序设计方法、数据表示、数据运算、数据存取等，因此数据结构是介于数学、计算机硬件、计算机软件三者之间的一门核心课程。在计算机科学中，数据结构不仅是一般程序设计的基础，而且是设计和实现编译程序、操作系统、数据库系统及其他系统程序和大型应用程序的重要基础。

6.1.2 基本概念和术语

随着计算机的发展及其应用范围的不断扩大，计算机所处理的数据的数量在不断扩大，并且所处理的数据的形式也越来越多样。计算机所处理的数据已不再是单纯的数值数据，而更多的是非数值数据。这些需要处理的数据并不是杂乱无章的，它们有内在的联系，只有弄清楚它们之间的本质联系，才能使用计算机对大量的数据进行有效的处理。

例如，某学校学生的住宿情况信息如表6-1所示。

表 6-1 学生住宿情况信息表

序号	姓名	电话号码	寝室详细地址	
			楼号	室号
00001	张艳	8800235	01	504
00002	万霞	8800667	05	401
00003	李晓南	8700123	12	302
00004	王洪涛	8700567	03	415
⋮	⋮	⋮	⋮	⋮

可以看出表 6-1 中的数据，每一行是一个用户的有关信息，它由序号、姓名、电话号码和寝室详细地址等项组成，把序号、姓名、电话号码等项称为基本项，是有独立意义的最小标识单位，而把寝室详细地址称为组合项，组合项是由一个或多个基本项组合组成的，是有独立意义的标识单位，把这里的每一行称为一个结点，每一个项称为一个字段，那么，结点是由若干个字段构成的，对于能唯一标识一个结点的字段或几个字段的组合，如这里的"序号"字段，称之为关键码。当要使用计算机处理这个信息表中的数据时，必须弄清楚下面 3 个问题。

1. 数据的逻辑结构

表 6-1 中的数据之间存在的内在联系是：在这些数据中，有且只有一个结点是表首结点，它前面没有其他结点，后面有一个和它相邻的结点；有且只有一个结点是表尾结点，它后面没有其他结点，前面有一个和它相邻的结点；除了这两个结点之外，表中所有其他的结点都有且仅有一个和它相邻的位于它之前的一个结点，也有且仅有一个和它相邻的位于它之后的一个结点，这些就是学生住宿情况信息表的逻辑结构。

2. 数据的存储结构

将表 6-1 中的所有结点存入计算机时，就必须考虑存储结构，使用 C 语言进行设计时，常见的方式是用一个结构数组来存储整个信息表，每一个数组元素对应于信息表中的一个结点。信息表中相邻的结点，对应的数组元素也是相邻的，或者说在这种存储方式下，逻辑相邻的结点就必须物理相邻。这是一种称为顺序存储的方式，当然，还有其他的存储方式。数据在计算机中的存储方式称为存储结构。

3. 数据的运算集合

对数据的处理必定涉及到相关的运算，在上述信息表中，可以有删除一个结点、增加一个结点等操作。应该明确指明这些操作的含义。比如删除操作，是删除序号为"00004"的结点还是删除姓名为"王洪涛"的结点是应该明确定义的，如果需要，可以定义两个不同的删除操作，为一批数据定义的所有运算（或称为操作）构成一个运算（操作）集合。

对于一批待处理的数据，只有分析清楚上面三方面的问题，才能进行有效的处理。一个数据结构就是指按一定的逻辑结构组成的一批数据，使用某种存储结构将这批数据存储于计算机中，并在这些数据上定义了一个运算集合。在讨论一个数据结构时，数据结构所含的三方面缺一不可，即只有给定一批数据的逻辑结构和它们在计算机中的存储结构，并且定义了数据运算集合，才能确定一个数据结构。例如，在 6.2.2 节中将要介绍的栈和队列，它们的逻辑结构是一样的，它们都可以用同样的存储结构，但是由于它们所定义的运算性质不同，而成为两种不同的数据结构。常见的数据结构有线性结构、树形结构和图状结构。

6.2 几种经典的数据结构

6.2.1 线性表

线性表是一种最简单的、最常见的的数据结构。

1. 线性表的逻辑结构

线性表（Linear List）是由 n（$n \geqslant 0$）个类型相同的数据元素 a_1、a_2、…、a_n 组成的有限序列，记作（$a_1,a_2,\cdots,a_{i-1},a_i,a_{i+1},\cdots,a_n$）。这里 n 为线性表的长度，$n=0$ 时称为空表，数据元素 a_i（$1 \leqslant i \leqslant n$）只是一个抽象的符号，其具体含义在不同情况下可以不同。此外，线性表中相邻的数据元素之间存在着次序关系，即对于非空的线性表（$a_1,a_2,\cdots,a_{i-1},a_i,a_{i+1},\cdots,a_n$），表中 a_{i-1} 领先于 a_i，称 a_{i-1} 是 a_i 的直接前驱，而称 a_i 是 a_{i-1} 的直接后继。除了第一个元素 a_1 外，每个元素 a_i 有且仅有一个被称为其直接前驱的结点 a_{i-1}，除了最后一个元素 a_n 外，每个元素 a_i 有且仅有一个被称为其直接后继的结点 a_{i+1}。

例如：英文字母表（A,B,…,Z）就是一个简单的线性表，表中的每一个英文字母是一个数据元素，又如表 6-1 所示，表中的每个结点都是一个数据元素。

2. 线性表的存储结构

（1）线性表的顺序存储结构

线性表的顺序存储是指用一组地址连续的存储单元依次存储线性表中的各个元素，使得线性表中在逻辑结构上相邻的数据元素存储在相邻的物理存储单元中，即通过数据元素物理存储的相邻关系来反映数据元素之间逻辑上的相邻关系。采用顺序存储结构的线性表通常称为顺序表。如图 6-1 所示，假设线性表中有 n 个元素，每个元素占 L 个单元，第一个元素的地址为 $Loc(a_1)$，则可以通过如下公式计算出第 i 个元素的地址：

$$Loc(a_i) = loc(a_1)+(i-1)L$$

存储地址	内存单元
$Loc(a_1)$	a_1
$Loc(a_1)+(2-1)L$	a_2
…	…
$Loc(a_1)+(i-1)L$	a_i
…	…
$Loc(a_1)+(n-1)L$	a_n

图 6-1 线性表的顺序存储示意图

显然，只要知道顺序表的首地址（第一个元素的地址）和每个数据元素所占地址单元的个数，就可以求出第 i 个数据元素的地址，这也是在顺序表中进行存取数据元素时的特点。

（2）线性表的链式存储结构

通常将采用链式存储结构的线性表称为链表。链表是用一组任意的存储单元来存放线性表的数据元素，这组存储单元可以是连续的，也可以是非连续的，甚至是零散分布在内存的任何位置上。从实现角度看，链表可分为动态链表和静态链表；从链接方式的角度看，链表可分为单链表、循环链表和双链表。这里以单链表为例说明线性表的链式存储结构。

为了正确地表示数据元素间的逻辑关系，必须在存储线性表的每个数据元素值的同时，存储指示其后继结点的地址（或位置）信息，这两部分信息组成的存储映像叫做结点（Node），如图6-2所示。它包括两个域：数据域用来存储数据元素的值；指针域用来存储数据元素的直接后继的地址（或位置）。链表正是通过每个结点的指针域将线性表的 n 个数据元素按其逻辑顺序链接在一起。由于链表的每个结点只有一个指针域，故将这种链表又称为单链表。

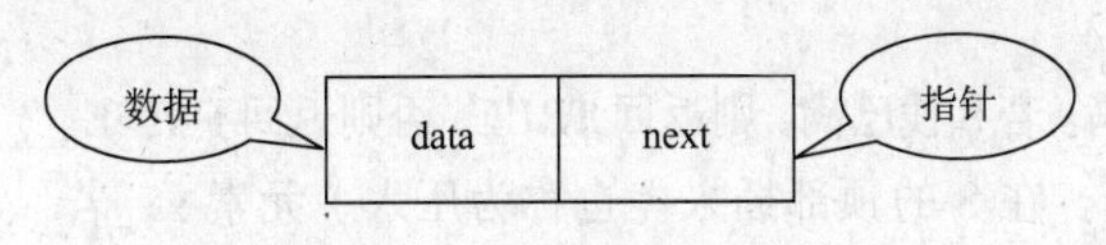

图6-2　单链表的结点结构

由于单链表中每个结点的存储地址是存放在其前驱结点的指针域中的，而第一个结点无前驱，所以应设一个头指针H指向第一个结点。同时，由于表中最后一个结点没有直接后继，则指定线性表中最后一个结点的指针域为“空”（NULL）。这样对于整个链表的存取必须从头指针开始，如图6-3所示。

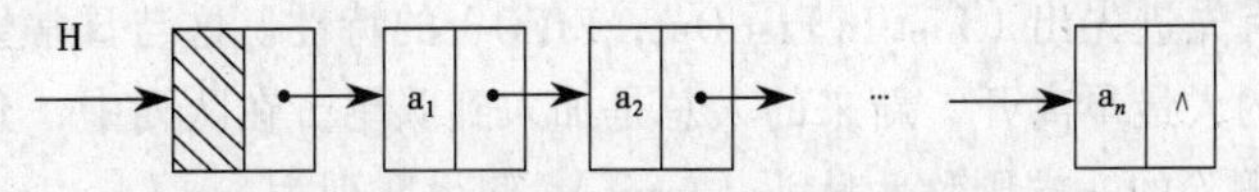

图6-3　带头结点单链表存储示意图

（3）线性表的基本运算

① InitList(L)：将线性表L初始化为空表。

② ListLength(L)：求线性表L的表长。

③ Locate(L,e)：在表L中检索值为e的元素，并返回该结点在L中的位置。

④ GetData(L,i)：取线性表L中第i个元素的值。

⑤ InsertList(L,i,e)：在L中第i个位置之前插入新的数据元素e，L的长度加1。（1≤i≤ListLength(L)+1）

⑥ DeleteList(L,i)：删除L的第i个数据元素，L的长度减1。（1≤i≤ListLength(L)）

6.2.2 栈和队列

栈和队列是两类特殊线性表，它们的逻辑结构和存储结构与线性表相同，其特殊性在于限制了它们的插入和删除等运算的位置。堆栈和队列在各种类型的软件系统中应用广泛。堆栈技术被广泛应用于编译软件和程序设计中，在操作系统和事务管理中广泛应用了队列技术。

1. 栈

栈作为一种限定性线性表，是将线性表的插入和删除运算限制为仅在表的一端进行，通常将表中允许进行插入、删除操作的一端称为栈顶（Top），因此栈顶的当前位置是动态变化的，它由一个称为栈顶指针的位置指示器指示。同时表的另一端被称为栈底（Bottom）。当栈中没有元素时称为空栈。栈的插入操作称为进栈或入栈，删除操作称为出栈或退栈。

根据上述定义，每次进栈的元素都被放在原栈顶元素之上而成为新的栈顶，而每次出栈的总是当前栈中“最新”的元素，即最后进栈的元素。在如图 6-4 所示的栈中，元素是以 a_1、a_2、a_3、…、a_n 的顺序进栈的，而退栈的次序却是 a_n、…、a_3、a_2、a_1。栈的修改是按后进先出的原则进行的。因此，栈又称为后进先出的线性表，简称为 LIFO 表。

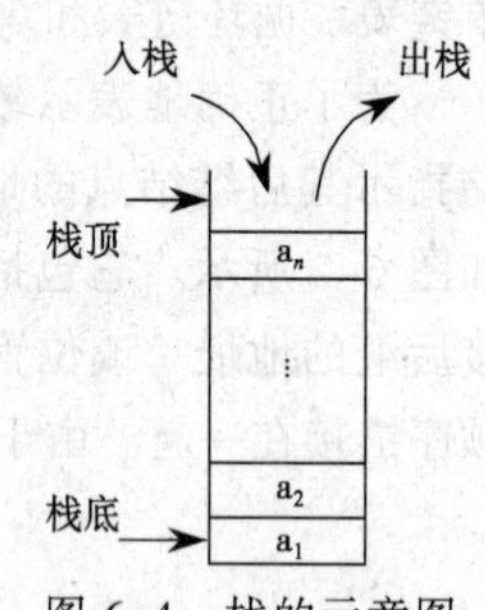

图 6-4　栈的示意图

栈的基本操作如下：

① InitStack(S)：将 S 初始化为空栈。

② IsEmpty(S)：判栈空。若 S 为空栈，则返回 TRUE，否则返回 FALSE。

③ IsFull(S)：判栈满。若 S 栈已满，则返回 TRUE，否则返回 FALSE。

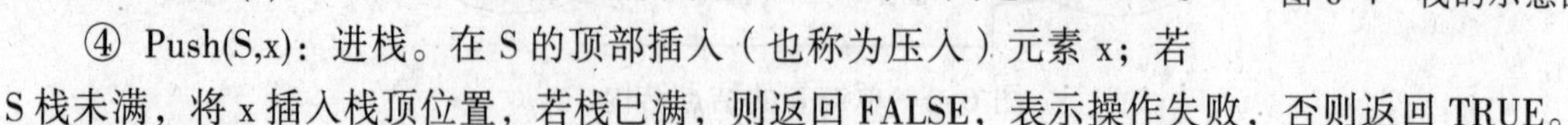

④ Push(S,x)：进栈。在 S 的顶部插入（也称为压入）元素 x；若 S 栈未满，将 x 插入栈顶位置，若栈已满，则返回 FALSE，表示操作失败，否则返回 TRUE。

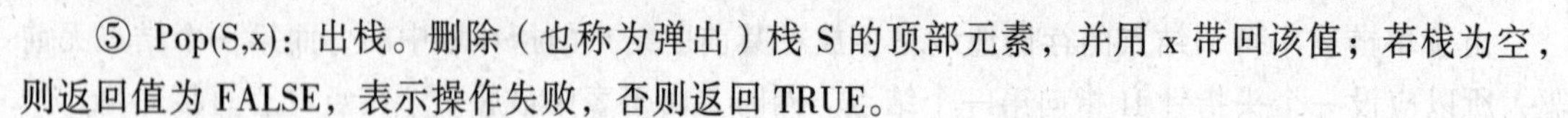

⑤ Pop(S,x)：出栈。删除（也称为弹出）栈 S 的顶部元素，并用 x 带回该值；若栈为空，则返回值为 FALSE，表示操作失败，否则返回 TRUE。

2. 队列

队列（Queue）是另一种限定性的线性表，它只允许在表的一端插入元素，而在另一端删除元素，所以队列具有先进先出（Fist In Fist Out，FIFO）的特性。这与日常生活中的排队是一致的，最早进入队列的人最早离开，新来的人总是加入到队尾。在队列中，允许插入的一端叫做队尾（rear），允许删除的一端则称为队头（front）。假设队列为 q=（a_1，a_2，…，a_n），那么 a_1 就是队头元素，a_n 则是队尾元素。队列中的元素是按照 a_1、a_2、…、a_n 的顺序进入的，退出队列也必须按照同样的次序依次出队，也就是说，只有在 a_1、a_2、…、a_{n-1} 都离开队列之后，a_n 才能退出队列。如图 6-5 所示是队列的示意图。

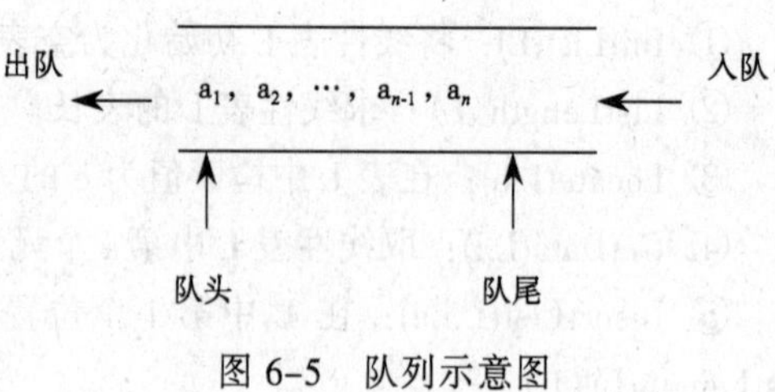

图 6-5　队列示意图

队列的基本操作如下：

① InitQueue(Q)：初始化操作。设置一个空队列。

② IsEmpty(Q)：判空操作。若队列为空，则返回 TRUE，否则返回 FALSE。

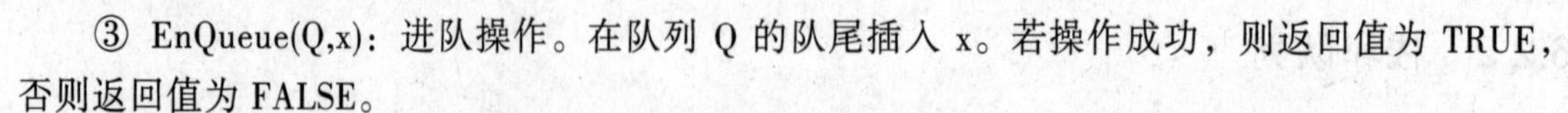

③ EnQueue(Q,x)：进队操作。在队列 Q 的队尾插入 x。若操作成功，则返回值为 TRUE，否则返回值为 FALSE。

④ DeQueue(Q,x)：出队操作。使队列 Q 的队头元素出队，并用 x 带回其值。若操作成功，则返回值为 TRUE，否则返回值为 FALSE。

6.2.3　树

树形结构是一种重要的非线性结构，结点间的关系是前驱唯一而后继不唯一，即结点之间是一对多的关系。直观地看，树形结构是指具有分支关系的结构（其分叉、分层的特征，类似于自然界中的树）。本节以树形结构中最简单但应用十分广泛的二叉树为例来说明树形结构。

1．树的概念与定义

树是 n（$n \geqslant 0$）个结点的有限集合 T。当 $n=0$ 时，称为空树；当 $n>0$ 时，该集合满足如下条件：

① 其中必有一个称为根的特定结点，它没有直接前驱，但有零个或多个直接后继。

② 其余 $n-1$ 个结点可以划分成 m（$m \geqslant 0$）个互不相交的有限集 T_1、T_2、T_3、…、T_m，其中 T_i 又是一棵树，称为根的子树。每棵子树的根结点有且仅有一个直接前驱，但有零个或多个直接后继。

如图 6-6 所示给出了一棵树的示意图，它如同一棵倒长的树。

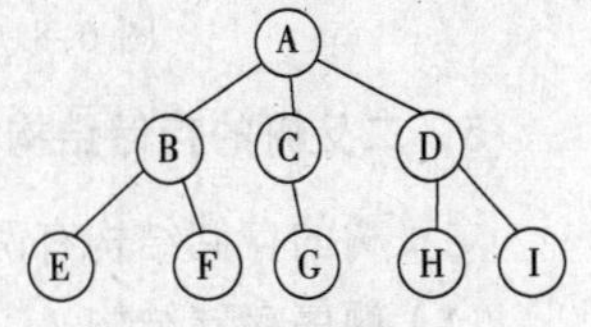

图 6-6　树形结构示意图

2．二叉树

把满足以下两个条件的树形结构叫做二叉树：

① 每个结点的度都不大于 2；

② 每个结点的孩子结点次序不能任意颠倒。

由此定义可以看出，一个二叉树中的每个结点只能含有 0、1 或 2 个孩子，而且每个孩子有左右之分。把位于左边的孩子叫做左孩子，位于右边的孩子叫做右孩子。如图 6-7 所示给出了二叉树的 5 种基本形态。

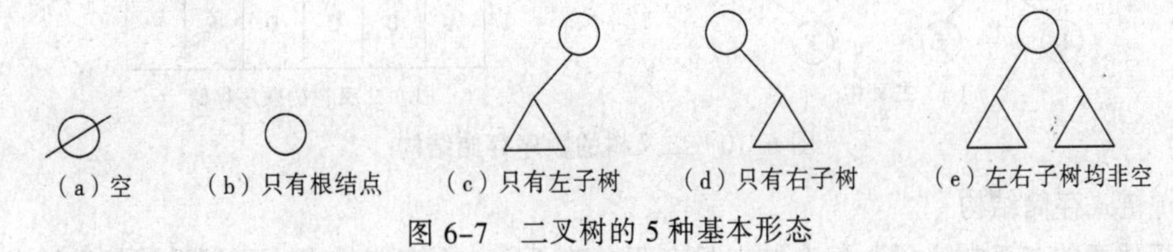

图 6-7　二叉树的 5 种基本形态

3．二叉树的重要性质

性质 1：在二叉树的第 i 层上至多有 2^{i-1} 个结点（$i \geqslant 1$）。

性质 2：深度为 k 的二叉树至多有 2^k-1 个结点（$k \geqslant 1$）。

性质 3：对任意一棵二叉树 T，若终端结点数为 n_0，而其度数为 2 的结点数为 n_2，则 $n_0= n_2+1$。

性质 4：具有 n 个结点的完全二叉树的深度为 $\lfloor \log_2 n \rfloor +1$。

性质 5：对于具有 n 个结点的完全二叉树，如果按照从上到下和从左到右的顺序对二叉树中的所有结点从 1 开始顺序编号，则对于任意的序号为 i 的结点有如下特点：

① 若 $i=1$，则序号为 i 的结点是根结点，无双亲结点；若 $i>1$，则序号为 i 的结点的双亲结点序号为 $\lfloor i/2 \rfloor$。

② 若 $2i>n$，则序号为 i 的结点无左孩子；若 $2i \leqslant n$，则序号为 i 的结点的左孩子结点的序号为 $2i$。

③ 若 $2i+1>n$，则序号为 i 的结点无右孩子；若 $2i+1 \leqslant n$，则序号为 i 的结点的右孩子结点的序号为 $2i+1$。

4．满二叉树和完全二叉树

① 满二叉树：深度为 k 且有 2^k-1 个结点的二叉树。在满二叉树中，每层结点都是满的，即每层结点都具有最大结点数。如图 6-8 所示的二叉树，即为一棵满二叉树。

② 完全二叉树：深度为 k，结点数为 n 的二叉树，如果其结点 1～n 的位置序号分别与满

二叉树的结点 1～n 的位置序号一一对应，则为完全二叉树，如图 6-9 所示。

满二叉树一定是完全二叉树，而完全二叉树不一定是满二叉树。

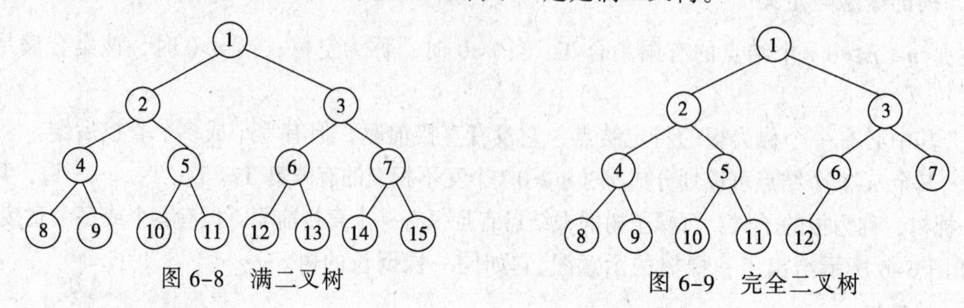

图 6-8 满二叉树

图 6-9 完全二叉树

5. 二叉树的存储结构

二叉树的存储结构有两种：顺序存储结构和链式存储结构。

（1）顺序存储结构

顺序存储结构是用一组连续的存储单元来存放二叉树的数据元素，如图 6-10 所示。

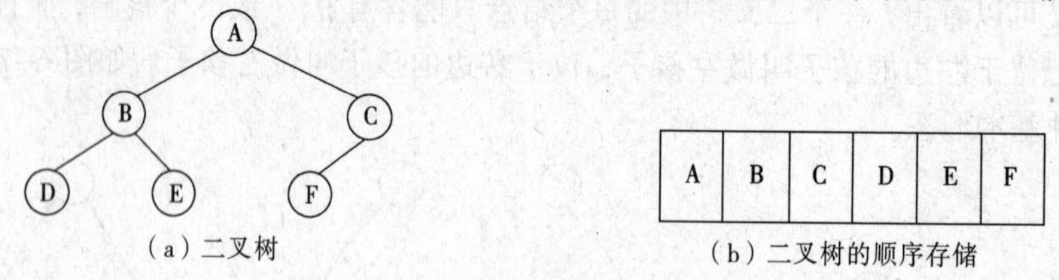

（a）二叉树

（b）二叉树的顺序存储

图 6-10 二叉树的顺序存储结构

（2）链式存储结构

对于任意的二叉树来说，每个结点只有两个孩子，一个双亲结点。可以设计每个结点至少包括 3 个域：数据域和两个指针域——左孩子和右孩子。结点形式如下：

LChild	Data	RChild

其中，LChild 指向该结点的左孩子，Data 记录该结点的信息，RChild 指向该结点的右孩子。用这种结点结构形成的二叉树的链式存储结构称为二叉链表，如图 6-11 所示。

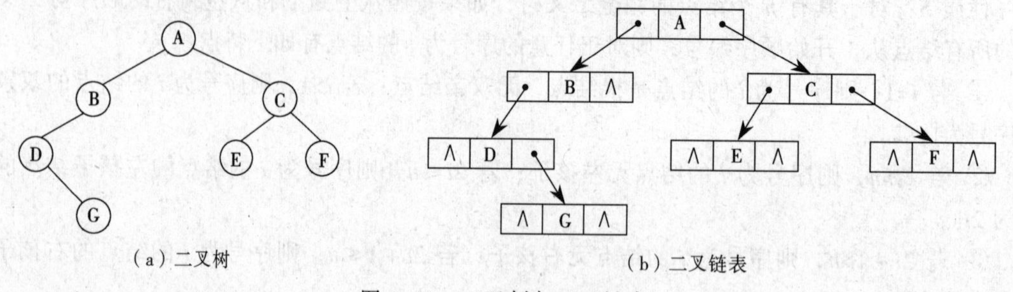

（a）二叉树

（b）二叉链表

图 6-11 二叉树与二叉链表

6. 二叉树的运算

与线性表类似，二叉树也有插入、删除、检索等运算，但这些运算的实现方法与线性表有很大的差别。二叉树的运算大都与二叉树的遍历有关。二叉树的遍历就是按一定的次序访问二叉树中的所有结点，每个结点恰好被访问一次。遍历一棵二叉树实际上是对二叉树的结点进行一次扫描，将二叉树的结点放入一个线性序列的过程。遍历二叉树有3种主要方法：先序遍历、中序遍历和后序遍历。

（1）先序遍历的定义

若二叉树不为空，则执行以下操作：

① 访问根结点；

② 先序遍历左子树；

③ 先序遍历右子树。

（2）中序遍历的定义

若二叉树不为空，则执行以下操作：

① 中序遍历左子树；

② 访问根结点；

③ 中序遍历右子树。

（3）后序遍历的定义

若二叉树不为空，则执行以下操作：

① 后序遍历左子树；

② 后序遍历右子树；

③ 访问根结点。

6.2.4　图

图状结构与线性结构、树形结构的不同表现在结点之间的关系上，线性表中结点之间的关系是一对一的，即每个结点仅有一个前驱和一个后继（前提是存在前驱或后继）；树是按分层关系组织的结构，树结构中结点之间的关系是一对多，即一个双亲可以有多个孩子，每个孩子结点仅有一个双亲；对于图状结构，图中结点之间的关系可以是多对多，即一个结点和其他结点关系是任意的，可以有关也可以无关。

1. 图的定义

图是由非空的顶点集合和描述顶点之间关系的边的集合组成的，其形式化定义如下：

```
G=(V,E)
V={x | x∈DataObject}
E={(x,y) | P(x,y)∧(x,y∈V)}
```

其中，G表示一个图，V是图G中顶点的集合，E是图G中的边的集合，P（x，y）表示顶点x和顶点y之间有边相连，即偶对（x，y）表示一条边。如图6-12所示分别给出了一个有向图和一个无向图的示例。

图6-12　有向图、无向图示例

2. 图的基本术语

（1）无向图

图中的顶点之间的边是没有方向的，称这样的图为无向图。

（2）有向图

图中的顶点之间的边是有方向的，称这样的图为有向图。

（3）完全图、稀疏图与稠密图

设 n 表示图中顶点的个数，用 e 表示图中边或弧的数目，并且不考虑图中每个顶点到其自身的边或弧。即若$<v_i, v_j> \in E$，则 $v_i \neq v_j$。对于无向图而言，其边数 e 的取值范围是 $0 \sim n(n-1)/2$。称有 $n(n-1)/2$ 条边（图中每个顶点和其余 $n-1$ 个顶点都有边相连）的无向图为无向完全图。对于有向图而言，其边数 e 的取值范围是 $0 \sim n(n-1)$。称有 $n(n-1)$ 条边（图中每个顶点和其余 $n-1$ 个顶点都有弧相连）的有向图为有向完全图。对于有很少条边的图（$e < n\log n$）称为稀疏图，反之称为稠密图。

（4）子图

设有两个图 G=（V，E）和图 G'=（V'，E'），若 $V' \subseteq V$ 且 $E' \subseteq E$，则称图 G'为 G 的子图。

（5）邻接点

对于无向图 G=（V，E），如果边（v，v'）$\in$ E，则称顶点 v、v'互为邻接点，即 v、v'相邻接。边（v，v'）依附于顶点 v 和 v'，或者说边（v，v'）与顶点 v 和 v'相关联。对于有向图 G=（V，A）而言，若弧$<v, v'> \in A$，则称顶点 v 邻接到顶点 v'，顶点 v'邻接自顶点 v，或者说弧$<v, v'>$与顶点 v、v'相关联。

（6）度、入度和出度

对于无向图而言，顶点 v 的度是指和 v 相关联的边的数目，记作 TD(v)。例如，图 6-12 中 G2 的顶点 V4 的度是 3，V1 的度是 2；在有向图中顶点 v 的度有出度和入度两部分，其中以顶点 v 为弧头的弧的数目称为该顶点的入度，记作 ID(v)，以顶点 v 为弧尾的弧的数目称为该顶点的出度，记作 OD(v)，则顶点 v 的度为 TD(v)=ID(v)+OD(v)。例如，图 6-12 中 G1 的顶点 V1 的入度是 ID(V1)=1，出度 OD(V1)=2，顶点 V1 的度 TD(V1)=ID(V1)+OD(V1)=3。一般地，若图 G 中有 n 个顶点，e 条边或弧，则图中顶点的度与边的关系如下：

$e = (\sum TD(V_i))/2$

（7）权与网

在实际应用中，有时图的边或弧上往往与具有一定意义的数有关，即每一条边都有与它相关的数，称为权，这些权可以表示从一个顶点到另一个顶点的距离或耗费等信息。将这种带权的图叫做赋权图或网，如图 6-13 所示。

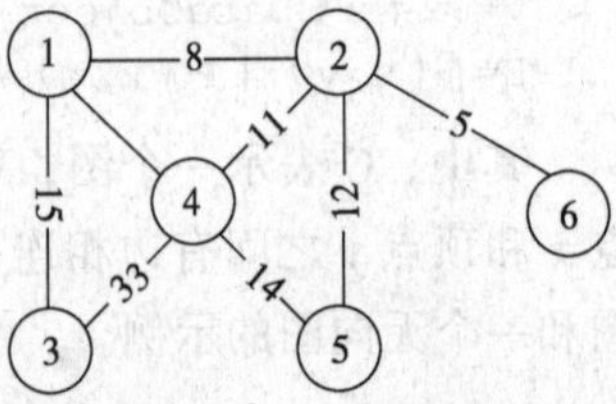

图 6-13　网的示例

（8）路径与回路

无向图 G=（V，E）中从顶点 v 到 v'的路径是一个顶点序列 v_{i0}、v_{i1}、v_{i2}、…、v_{in}，其中（v_{ij-1}，v_{ij}）$\in$ E，$1 \leq j \leq n$。如果图 G 是有向图，则路径也是有向的，顶点序列应满足$<v_{ij-1}, v_{ij}> \in A$，$1 \leq j \leq n$。路径的长度是指路径上经过的弧或边的数目。在一个路径中，若其第一个顶点和最后一个顶点是相同的，即 v=v'，则称该路径为一个回路或环。若表示路径的顶点序列中的顶点各不相同，则称这样的路径为简单路径。除了第一个和最后一个顶点外，其余各顶点均不重复出现的回路为简单回路。

3. 图的运算

（1）深度优先遍历

从图中某个顶点v出发，访问该顶点，然后依次从v的未被访问的邻接点出发，继续深度优先遍历图中的其余顶点，直至图中所有与v有路径相通的顶点都被访问完为止。

（2）广度优先遍历

从图中某个顶点v出发，在访问了v之后依次访问v的各个未曾访问过的邻接点，然后分别从这些邻接点出发依次访问它们的邻接点，并使得先被访问的顶点的邻接点先于后被访问的顶点的邻接点进行访问，直至图中所有已被访问的顶点的邻接点都被访问到。如果此时图中尚有顶点未被访问，则需另选一个未曾被访问过的顶点作为新的起始点，重复上述过程，直至图中所有的顶点都被访问到为止。

6.3 基本算法

本节将介绍数据结构中的重要算法——查找和排序。在非数值运算问题中，数据存储量一般很大，为了在大量信息中找到某些值，就需要用到查找技术，而为了提高查找效率，就需要对一些数据进行排序。查找和排序的数据处理量几乎占到总处理量的80%以上，故查找和排序的有效性直接影响到运行速度，因而查找和排序是重要的基本技术。

6.3.1 查找

1. 查找的基本概念和术语

① 查找表：由同一类型的数据元素（或记录）构成的集合，可利用任意数据结构实现。

② 关键字：数据元素的某个数据项的值，用它可以标识列表中的一个或一组数据元素。如果一个关键字可以唯一标识列表中的一个数据元素，则称其为主关键字，否则为次关键字。当数据元素仅有一个数据项时，数据元素的值就是关键字。

③ 查找：根据给定的关键字值，在特定的列表中确定一个其关键字与给定值相同的数据元素，并返回该数据元素在列表中的位置。若找到相应的数据元素，则称查找是成功的，否则称查找是失败的，此时应返回空地址及失败信息，并可根据要求插入这个不存在的数据元素。

2. 查找方法

（1）顺序查找

用所给关键字与线性表中各元素的关键字逐个比较，直到成功或失败。在进行顺序查找过程中，如果线性表中的第一个元素就是被查找元素，则只需做一次比较就查找成功，查找效率最高；但如果初查的元素是线性表中的最后一个元素，或者被查元素根本不在线性表中，则为了查找这个元素需要与线性表中所有的元素进行比较，这是顺序查找的最坏情况。在平均情况下，利用顺序查找法在线性表中查找一个元素，大约要与线性表中一半的元素进行比较。

（2）折半查找

折半查找又称为二分法查找，这种方法要求待查找的列表必须是按关键字大小有序排列的顺序表。其基本过程是：将表中间位置记录的关键字与查找关键字比较，如果两者相等，则查找成功；否则利用中间位置记录将表分成前、后两个子表，如果中间位置记录的关键字大于查找关键字，则进一步查找前一子表，否则进一步查找后一子表。重复以上过程，直到找到满足条件的记录，使查找成功，或直到子表不存在为止，此时查找不成功。

（3）分块查找

分块查找又称为索引顺序查找，是对顺序查找的一种改进。分块查找要求将查找表分成若干个子表，并对子表建立索引表，查找表的每一个子表由索引表中的索引项确定。索引项包括两个字段：关键字字段（存放对应子表中的最大关键字值）、指针字段（存放指向对应子表的指针），并且要求索引项按关键字字段有序。查找时，先用给定值在索引表中检测索引项，以确定所要进行的查找在查找表中的查找分块（由于索引项按关键字段排序，可用顺序查找或折半查找），然后再对该分块进行顺序查找。

6.3.2 排序

当进行数据处理时，经常需要进行查找操作，而为了查得快、找得准，通常希望待处理的数据按关键字大小有序排列，因为这样就可以采用查找效率较高的折半查找法。由此可见，排序是计算机程序设计中的一种基础性操作，研究和掌握各种排序方法是非常重要的。

首先介绍排序的基本概念。

① 排序：有 n 个记录的序列$\{R_1, R_2, \cdots, R_n\}$，其相应关键字的序列是$\{K_1, K_2, \cdots, K_n\}$，相应的下标序列为 1、2、…、$n$。通过排序，要求找出当前下标序列 1、2、…、$n$ 的一种排列 p1、p2、…、pn，使得相应关键字满足如下的非递减（或非递增）关系，即 $K_{p1} \leqslant K_{p2} \leqslant \cdots \leqslant K_{pn}$，这样就得到一个按关键字有序的记录序列：$\{R_{p1}, R_{p2}, \cdots, R_{pn}\}$。

② 内部排序与外部排序：根据排序时数据所占用存储器的不同，可将排序分为两类。一类是整个排序过程完全在内存中进行，称为内部排序；另一类是由于待排序记录数据量太大，内存无法容纳全部数据，排序需要借助外部存储设备才能完成，成为外部排序。

③ 稳定排序与不稳定排序：上面所说的关键字 K_i 可以是记录 R_i 的主关键字，也可以是次关键字，甚至可以是记录中若干数据项的组合。若 K_i 是主关键字，则任何一个无序的记录序列经排序后得到的有序序列是唯一的；若 K_i 是次关键字或是记录中若干数据项的组合，则得到的排序结果将是不唯一的，因为待排序记录的序列中存在两个或两个以上关键字相等的记录。假设 K_i=K_j（$1 \leqslant i \leqslant n$，$1 \leqslant j \leqslant n$，$i \neq j$），若在排序前的序列中 R_i 领先于 R_j（即 $i<j$），经过排序后得到的序列中 R_i 仍领先于 R_j，则称所用的排序方法是稳定的；反之，当相同关键字的领先关系在排序过程中发生变化者，则称所用的排序方法是不稳定的。无论是稳定的还是不稳定的排序方法，均能排好序。在应用排序的某些场合，如选举和比赛等，对排序的稳定性是有特殊要求的。

下面介绍一些常用的内部排序的方法。

1. 直接插入排序

直接插入排序是一种最基本的插入排序方法。其基本操作是将第 i 个记录插入到前面 i–1

个已排好序的记录中，具体过程为：将第 i 个记录的关键字 K_i 顺次与其前面记录的关键字 K_{i-1}、K_{i-2}、…，K_1 进行比较，将所有关键字大于 K_i 的记录依次向后移动一个位置，直到遇见一个关键字小于或者等于 K_i 的记录 K_j，此时 K_j 后面必为空位置，将第 i 个记录插入空位置即可。完整的直接插入排序是从 i=2 开始，也就是说，将第 1 个记录视为已排好序的单元素子集合，然后将第 2 个记录插入到单元素子集合中。i 从 2 循环到 n，即可实现完整的直接插入排序。例如，对{48，62，35，77}进行直接插入排序的每趟操作如下：（大括号内为当前已排好序的记录子集合）

初　始	{48}	62	35	77
第一趟	{48	62}	35	77
第二趟	{35	48	62}	77
第三趟	{35	48	62	77}

2．希尔排序

希尔排序的基本思想是：先将待排序记录序列分割成若干个“较稀疏的”子序列，分别进行直接插入排序。经过上述粗略调整，整个序列中的记录已经基本有序，最后再对全部记录进行一次直接插入排序。

具体实现时，首先选定两个记录间的距离 d_1，在整个待排序记录序列中将所有间隔为 d_1 的记录分成一组，进行组内直接插入排序，然后再取两个记录间的距离 $d_2<d_1$，在整个待排序记录序列中，将所有间隔为 d_2 的记录分成一组，进行组内直接插入排序，直至选定两个记录间的距离 $d_t=1$ 为止，此时只有一个子序列，即整个待排序记录序列。

例如，以下给出了一个希尔排序过程的实例。

初始关键字序列：

{46,55,13,42,94,17,05,70}

取 $d_1=4$，分为 4 个间隔为 4 的子序列，各子序列内进行插入排序，结果为：

{46,17,05,42,94,55,13,70}

取 $d_2=2$，分为两个间隔为 2 的子序列，各子序列内进行插入排序，结果为：

{05,17,13,42,46,55,94,70}

取 $d_3=1$，分为一个间隔为 1 的子序列，最后的排序结果为：

{05,13,17,42,46,55,70,94}

3．冒泡排序

冒泡排序是一种简单的交换排序方法，它是通过相邻的数据元素的交换，逐步将待排序序列变成有序序列的过程。冒泡排序的基本思想是：从头扫描待排序记录序列，在扫描的过程中顺次比较相邻的两个元素的大小。以升序为例，在第一趟排序中，对 n 个记录进行如下操作：若相邻的两个记录的关键字比较，逆序时就交换位置。在扫描的过程中，不断地将相邻两个记录中关键字大的记录向后移动，最后将待排序记录序列中的最大关键字记录换到待排序记录序列的末尾，这也是最大关键字记录应在的位置。然后进行第二趟冒泡排序，对前 n-1 个记录进行同样的操作，其结果是使次大的记录被放在第 n-1 个记录的位置上。如此反复，直到排好序为止（若在某一趟冒泡过程中，没有发现一个逆序，则可结束冒泡排序），所以冒泡过程最多进

行 n–1 趟。为了理解这种排序过程，假设待排序序列{48,62,77,55,14}，冒泡排序的操作如下所示：

初始	第一趟	第二趟	第三趟	第四趟
48	48	48	48	14
62	62	55	14	48
77	55	14	55	55
55	14	62	62	62
14	77	77	77	77

4．快速排序

快速排序也是一种交换排序方法。快速排序的基本思想是：从待排序记录序列中选取一个记录（通常选取第一个记录）作为枢轴，其关键字设为 K_1，然后将其余关键字小于 K_1 的记录移到前面，而将关键字大于 K_1 的记录移到后面，结果将待排序记录序列分成两个子表，最后将关键字为 K_1 的记录插到其分界线的位置处。将这个过程称做一趟快速排序。通过一次划分后，就以关键字为 K_1 的记录为分界线，将待排序序列分成两个子表，且前面子表中所有记录的关键字均不大于 K_1，而后面子表中的所有记录的关键字均不小于 K_1。对分割后的子表继续按上述原则进行分割，直到所有子表的表长不超过 1 为止，此时待排序记录序列就变成了一个有序表。假如有一组关键字：{48,62,77,55,14,10,19,72}，进行一趟快速排序，其具体操作如下：

取 48 为枢轴，

48　62　77　55　14　10　19　72

48　62　77　55　14　10　19　72

19　62　77　55　14　10　48　72

19　48　77　55　14　10　62　72

19　10　77　55　14　48　62　72

19　10　48　55　14　77　62　72

19　10　14　55　48　77　62　72

19　10　14　48　55　77　62　72

5．简单选择排序

简单选择排序的基本思想是：第 i 趟简单选择排序是指通过 $n-i$ 次关键字的比较，从 $n-i+1$ 个记录中选出关键字最小的记录，并和第 i 个记录进行交换。共需进行 i–1 趟比较，直到所有记录排序完成为止。例如：进行第 i 趟选择时，从当前候选记录中选出关键字最小的 k 号记录，并和第 i 个记录进行交换。下面给出了一个简单选择排序示例，假设待排序的关键字序列为{48,62,77,55,14}，简单选择排序的每趟操作如下：

初　始　48　62　77　55　14

第一趟　{14} 62　77　55　48

第二趟　{14　48} 77　55　62

第三趟　{14　48　55} 77　62

第四趟　{14　48　55　62} 77

6. 归并排序

归并排序的基本思想是将两个或两个以上有序表合并成一个新的有序表。假设初始序列含有 n 个记录，首先将这 n 个记录看成 n 个有序的子序列，每个子序列的长度为 1，然后两两归并，得到 $\lceil n/2 \rceil$ 个长度为 2（n 为奇数时，最后一个序列的长度为 1）的有序子序列；在此基础上，再进行两两归并，如此重复，直至得到一个长度为 n 的有序序列为止。这种方法被称做 2-路归并排序。下面给出了一个 2-路归并实例，假设待排序的关键字序列为{48,62,77,55,14}，2-路归并排序的操作如下：

初　始	{48}	{62}	{77}	{55}	{14}
第一趟	{48	62}	{55	77}	{14}
第二趟	{48	55	62	77}	{14}
第三趟	{14	48	55	62	77}

习　　题

一、选择题

1. 在数据结构中，从逻辑上可以把数据结构分成（　　）。
   A. 动态结构和静态结构　　B. 紧凑结构和非紧凑结构
   C. 线性结构和非线性结构　　D. 内部结构和外部结构
2. 线性表若采用链式存储时，要求内存中可用存储单元的地址（　　）。
   A. 必须是连续的　　B. 部分地址必须是连续的
   C. 一定是不连续的　　D. 连续不连续都可以
3. 一个栈的入栈序列是 abcde，则栈的不可能的输出序列是（　　）。
   A. edcba　　B. decba
   C. dceab　　D. abcde
4. 在一个图中，所有顶点的度数之和等于所有边数的（　　）倍。
   A. 1/2　　B. 1
   C. 2　　D. 4
5. 深度为 5 的二叉树至多有（　　）个结点。
   A. 16　　B. 32
   C. 31　　D. 10

二、填空题

1. 数据结构是一门研究非数值计算的程序设计问题中计算机的________以及它们之间的________和运算等的学科。
2. 一个线性表的第一个元素的存储地址是 100，每个元素的长度为 2，则第 5 个元素的地址是________。
3. 结点最少的二叉树为________。
4. 一个有 n 个顶点的无向图最多有________条边。
5. 具有 4 个顶点的无向完全图有________条边。

三、简答题

1. 什么是数据结构？
2. 什么是线性表？它怎样在计算机中存储？
3. 什么是栈？它有什么特点？
4. 什么是队列？它有什么特点？
5. 试比较顺序查找、折半查找的优劣。
6. 什么是内部排序？有哪些方法？
7. 什么是排序的稳定性？

第7章 数据库基础

数据库是数据管理的最新技术，是计算机科学的重要分支。今天，信息资源已成为各个部门的重要财富和资源。建立一个满足各级部门信息处理要求的行之有效的信息系统也成为一个企业和组织生存和发展的重要条件。因此，作为信息系统核心和基础的数据库技术得到了越来越广泛的应用。对于一个国家来说，数据库的建设规模、数据库信息量的大小和使用频率已成为衡量这个国家信息化程度的重要标志。

7.1 数据库的概念

数据库技术是应数据管理任务的需要而产生的。数据库管理是指如何对数据进行分类、组织、编码、存储、检索和维护，它是数据处理的中心问题。随着计算机硬件和软件的发展，数据管理经历了人工管理、文件管理和数据库系统3个发展阶段，如表7-1所示。

表7-1 数据管理3个阶段的比较

		人工管理	文件管理	数据库系统
背景	应用背景	科学计算	科学计算、管理	大规模管理
	硬件背景	无直接存取存储设备	磁盘、磁鼓	大容量磁盘
	软件背景	没有操作系统	有文件系统	有数据库管理系统
	处理方式	批处理	联机实时处理、批处理	联机实时处理、分布处理、批处理
特点	数据的管理者	人	文件系统	数据库管理系统
	数据面向的对象	某一应用程序	某一应用程序	整个问题域
	数据的共享程度	无共享，冗余度极大	共享性差，冗余度大	共享性高，冗余度小
	数据的独立性	不独立，完全依赖于程序	独立性差	具有高度的物理独立性和逻辑独立性
	数据的结构化	无结构	文件内部有结构，整体无结构	整体结构化，用数据模型描述
	数据控制能力	应用程序自己控制	应用程序自己控制	由数据库管理系统提供数据安全性、完整性、并发控制和恢复能力

7.1.1 数据管理方式的发展

20世纪50年代中期以前，计算机主要用于科学计算，软件方面既没有完整的操作系统，也没有数据管理软件，计算作业采用批处理方式；硬件方面只有纸带、卡片、磁带，没有磁盘等快速直接存储设备。因此，数据只能放在卡片上或其他介质上，由工作人员手动管理。这种数据管理方式的特点是应用程序需要自己管理数据，程序员不但要规定数据的逻辑结构，而且还要考虑数据的物理结构，数据不共享，数据面向特定的应用，一组数据对应一个程序，因此数据不具备独立性，数据和程序具有最大程度的耦合性。

20世纪50年代后期到20世纪60年代中期这段时间，计算机已经有了操作系统。在操作系统基础之上建立的文件系统已经成熟并广泛应用；硬件方面出现了磁盘、磁鼓等快速直接存储设备。因此，人们自然想到用文件把大量的数据存储在磁盘这种介质上，以实现对数据的永久保存、自动管理及维护。这种数据管理方式的特点是数据与程序之间有了一定的独立性，程序员只需考虑数据的逻辑结构，而不必考虑物理结构，但一个文件基本对应一个应用程序，文件内部数据面向特定应用建立了一定的逻辑结构，但数据整体仍然无结构，不能反映现实世界事物之间内在的联系，数据共享性、独立性依然很差。

20世纪60年代后期以来，随着社会信息化进程的推进，计算机广泛应用于管理，随着管理中产生的业务数据的急剧增加，如何实现海量数据的科学、安全的管理直接推动了数据库技术的发展。通过数据库管理系统管理大量的数据，不仅解决了数据的永久保存，而且真正实现了数据的方便查询和一致性维护问题，并且能严格保证数据的安全。这种数据管理方式的特点是数据整体结构化、数据共享性高且具有高度的物理独立性和一定的逻辑独立性。

7.1.2 数据库的基本概念

数据、数据库、数据库系统和数据库管理系统是与数据库技术密切相关的4个基本概念。

1. 数据（data）

说起数据，人们首先想到的是数字。其实数字只是最简单的一种数据。数据的种类很多，在日常生活中数据无处不在：文字、图形、图像、声音、学生的档案记录、货物的运输情况等，这些都是数据。

为了认识世界，交流信息，人们需要描述事物，数据是描述事物的符号记录。在日常生活中，人们直接用自然语言（如汉语）描述事物。在计算机中，为了存储和处理这些事物，就要抽出对这些事物感兴趣的特征组成一个记录来描述。例如，在学生档案中，如果人们最感兴趣的是学生的姓名、性别、出生年月、籍贯、所在系别、入学时间，那么可以这样描述：

(王伟，男，1990，湖北，计算机系，2008)

数据与其语义是不可分的。对于上面一条学生记录，了解其语义的人会得到如下信息：王伟是个大学生，1990年出生，湖北人，2008年考入计算机系；而不了解其语义的人则无法理解其含义。可见，数据的形式本身并不能全面表达其内容，需要经过语义解释。

2. 数据库（Database，DB）

收集并抽取出一个应用所需要的大量数据之后，应将其保存起来，以供进一步加工处理和抽取有用信息。保存方法有很多种：人工保存、存放在文件里、存放在数据库里，其中数据库是存放数据的最佳场所。

所谓数据库就是长期存储在计算机内、有组织的、可共享的数据集合。数据库中的数据按一定的数据模型组织、描述和存储，具有较小的冗余度、较高的数据独立性和易扩展性，并可被各种用户共享。

3. 数据库管理系统（Database Management System，DBMS）

收集并抽取出一个应用所需要的大量数据之后，如何科学地组织这些数据并将其存在数据库中，又如何高效地处理这些数据呢？完成这个任务的是一个软件系统——数据库管理系统。

数据库管理系统是位于用户与操作系统之间的一层数据管理软件。

数据库在建立、运用和维护时由数据库管理系统统一管理、统一控制。数据库管理系统使用户能方便地定义数据和操纵数据，并能够保证数据的安全性、完整性，多用户对数据的并发使用及发生故障后的系统恢复。

4. 数据库系统（Database System，DBS）

数据库系统是指在计算机系统中引入数据库后的系统构成，一般由数据库、数据库管理系统（及其开发工具）、应用系统、数据库管理员和用户构成。应当指出的是，数据库的建立、使用和维护等工作只靠一个 DBMS 远远不够，还要有专门人员来完成，这些人称为数据库管理员（Database Administrator，DBA）。

在不引起混淆的情况下人们常常把数据库系统简称为数据库。

数据库系统如图 7-1 所示。

数据库系统在整个计算机系统中的地位如图 7-2 所示。

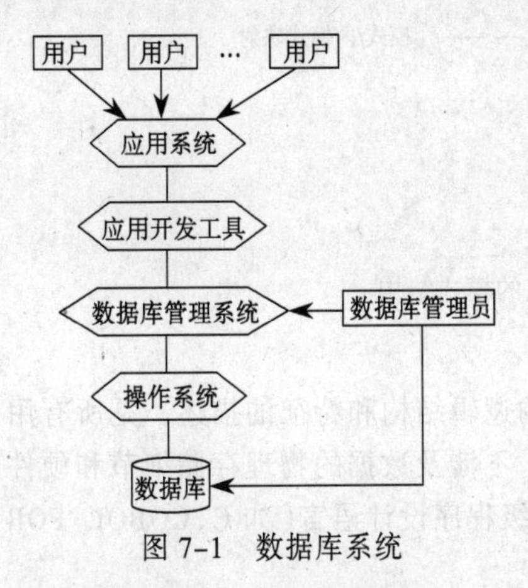

图 7-1　数据库系统

应用系统
应用开发工具
DBMS
操作系统
硬件

图 7-2　数据库在计算机系统中的地位

7.1.3　数据库系统的体系结构

考查数据库系统的结构可以从多种不同的角度查看。从数据库管理系统角度看，数据库系统通常采用三级模式结构；从数据库最终用户角度看，数据库系统的结构分为单用户结构、主从式结构、分布式结构和客户/服务器结构。

1. 数据库系统的模式结构

在数据模型中有“型”（type）和“值”（value）的概念。型是指对某一类数据的结构和属性的说明，值是型的一个具体赋值。例如，学生人事记录定义为(学号，姓名，性别，系别，年龄，籍贯)这样的记录型，而(900201，李明，男，计算机，22，江苏)则是该记录型的一个记录值。

模式（Schema）是数据库中全体数据的逻辑结构和特征的描述，它仅仅涉及到型的描述，不涉及到具体的值。模式的一个具体值称为模式的一个实例（Instance）。同一个模式可以有很多实例。模式是相对稳定的，而实例是相对变动的，模式反映的是数据的结构及其关系，而实例反映的是数据库某一时刻的状态。

虽然实际的数据库系统软件产品种类很多，它们支持不同的数据模型，使用不同的数据库语言，建立在不同的操作系统之上，数据的存储结构也各不相同，但从数据库管理系统角度看，它们在体系结构上通常都具有相同的特征，即采用三级模式结构（微型计算机上的个别小型数据库系统除外），并提供两级映像功能。

数据库系统的三级模式结构是指数据库系统是由外模式、模式和内模式三级构成的，如图7-3所示。

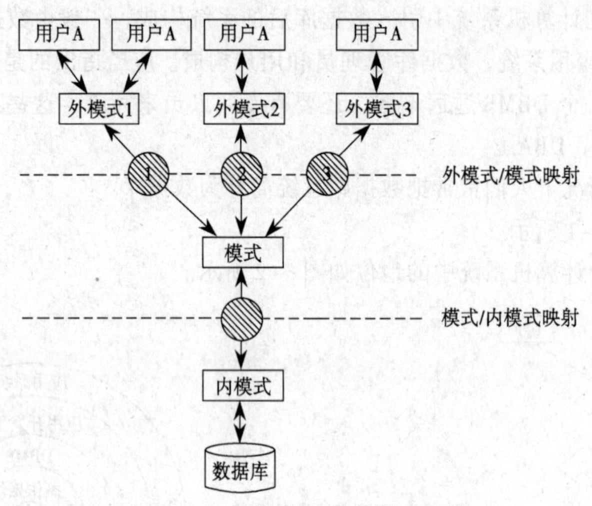

图 7-3　数据库系统的模式结构

（1）模式

模式也称为逻辑模式，是数据库中全体数据的逻辑结构和特征的描述，是所有用户的公共数据视图。它是数据库系统模式结构的中间层，不涉及数据的物理存储细节和硬件环境，与具体的应用程序，与所使用的应用开发工具及高级程序设计语言（如 C、COBOL、FORTRAN）无关。

实际上模式是数据库数据在逻辑级上的视图。一个数据库只有一个模式。数据库模式以某一种数据模型为基础，统一、综合地考虑了所有用户的需求，并将这些需求有机地结合成一个逻辑整体。定义模式时不仅要定义数据的逻辑结构，例如，数据记录由哪些数据项构成，数据项的名字、类型、取值范围等，而且要定义与数据有关的安全性、完整性要求，定义这些数据之间的联系。

（2）外模式

外模式也称为子模式或用户模式，它是数据库用户（包括应用程序员和最终用户）看见和使用的局部数据的逻辑结构和特征的描述，是数据库用户的数据视图，是与某一应用有关的数据的逻辑表示。

外模式通常是模式的子集。一个数据库可以有多个外模式。由于它是各个用户的数据视图，如果不同的用户在应用需求、看待数据的方式、对数据保密的要求等方面存在差异，则他们的外模式描述就是不同的。即使对模式中同一数据，在外模式中的结构、类型、长度、保密级别等都可以不同。另一方面，同一外模式也可以为某一用户的多个应用系统所使用，但一个应用程序只能使用一个外模式。

外模式是保证数据库安全性的一个有力措施。每个用户只能看见和访问所对应的外模式中的数据，数据库中的其余数据对他们来说是不可见的。

（3）内模式

内模式也称为存储模式，它是数据物理结构和存储结构的描述。是数据在数据库内部的表示方式。例如，记录的存储方式是顺序存储、按照 B 树结构存储还是按 hash 方法存储；索引按照什么方式组织；数据是否压缩存储，是否加密；数据的存储记录结构有何规定等。一个数据库只有一个内模式。

数据库系统的三级模式是对数据的 3 个抽象级别。它把数据的具体组织留给 DBMS 管理，使用户能逻辑、抽象地处理数据，而不必关心数据在计算机中的具体表示方式与存储方式。而为了能够在内部实现这 3 个抽象层次的联系和转换，数据库系统在这三级模式之间提供了两层映射：外模式/模式映射和模式/内模式映射。正是这两层映射保证了数据库系统中的数据能够具有较高的逻辑独立性和物理独立性。

模式描述的是数据的全局逻辑结构，外模式描述的是数据的局部逻辑结构。对应于同一个模式可以有任意多个外模式。对于每一个外模式，数据库系统都有一个外模式/模式映射，它定义了该外模式与模式之间的对应关系。这些映射定义通常包含在各自外模式的描述中。当模式改变时（例如，增加新的数据类型、新的数据项、新的关系等），由数据库管理员对各个外模式/模式的映射进行相应的改变，可以使外模式保持不变，从而应用程序不必修改，保证了数据的逻辑独立性。

数据库中只有一个模式，也只有一个内模式，所以模式/内模式映射是唯一的，它定义了数据全局逻辑结构与存储结构之间的对应关系。例如，说明逻辑记录和字段在内部是如何表示的。该映射定义通常包含在模式描述中。当数据库的存储结构改变时（例如，采用了更先进的存储结构），由数据库管理员对模式/内模式映射进行相应的改变，可以使模式保持不变，从而保证了数据的物理独立性。

在数据库的三级模式结构中，数据库模式即全局逻辑结构是数据库的中心与关键，它独立于数据库的其他层次。因此设计数据库模式结构时应首先确定数据库的逻辑模式。

数据库的内模式依赖于它的全局逻辑结构，但独立于数据库的用户视图即外模式，也独立于具体的存储设备。它是将全局逻辑结构中所定义的数据结构及其联系按照一定的物理存储策略进行组织，以达到较好的时间与空间效率。

数据库的外模式面向具体的应用程序，它定义在逻辑模式之上，但独立于存储模式和存储设备。当应用需求发生较大变化，相应的外模式不能满足其视图要求时，该外模式就需要进行相应的改动，所以设计外模式时应充分考虑到应用的扩充性。

特定的应用程序是在外模式描述的数据结构上编制的，它依赖于特定的外模式，与数据库的模式和存储结构独立。不同的应用程序有时可以共用同一个外模式。数据库的二级映像保证了数据库外模式的稳定性，从而从底层保证了应用程序的稳定性，除非应用需求本身发生变化，否则应用程序一般不需要修改。

2. 数据库系统的体系结构

从数据库管理系统角度来看，数据库系统是一个三级模式结构，但数据库的这种模式结构对最终用户和程序员是透明的，他们见到的仅是数据库的外模式和应用程序。从最终用户角度来看，数据库系统分为单用户结构、主从式结构、分布式结构和客户/服务器结构。

（1）单用户结构的数据库系统

单用户结构的数据库系统（见图 7-4）是一种早期的最简单的数据库系统。在单用户系统中，整个数据库系统，包括应用程序、DBMS、数据都装在一台计算机上，由一个用户独占，不同计算机之间不能共享数据。

例如，一个企业的各个部门都使用本部门的计算机来管理本部门的数据，各个部门的计算机是独立的。由于不同部门之间不能共享数据，因此企业内部存在大量的冗余数据。例如，人事部门、会计部门、技术部门必须重复存放每一名职工的一些基本信息（职工号、姓名等）。

（2）主从式结构的数据库系统

主从式结构是指一个主机带多个终端的多用户结构。在这种结构中，数据库系统，包括应用程序、DBMS、数据，都集中存放在主机上，所有处理任务都由主机来完成，各个用户通过主机的终端并发地存取数据，共享数据资源，如图 7-5 所示。

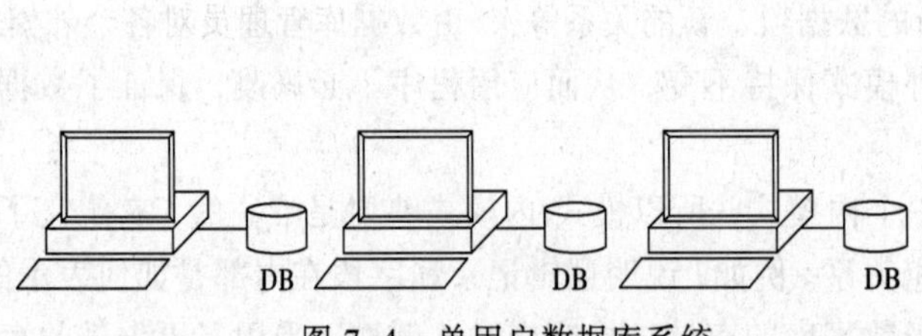

图 7-4 单用户数据库系统

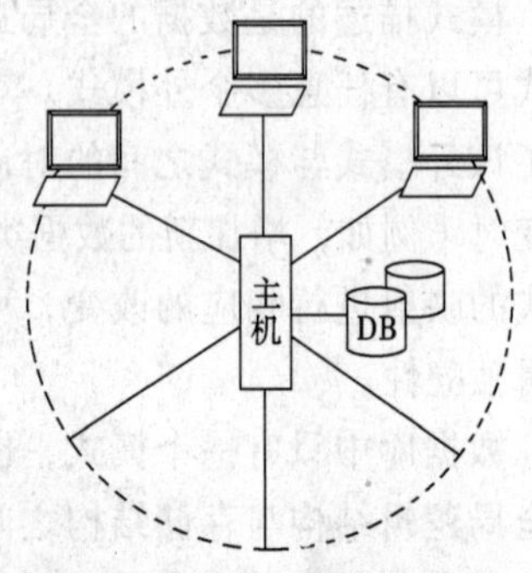

图 7-5 主从式数据库系统

主从式结构的优点是简单，数据易于管理与维护。缺点是当终端用户数目增加到一定程度时，主机的任务会过于繁重，成为瓶颈，从而使系统性能大幅度下降。另外，当主机出现故障时，整个系统都不能使用，因此系统的可靠性不高。

（3）分布式结构的数据库系统

分布式结构的数据库系统是指数据库中的数据在逻辑上是一个整体，但物理地分布在计算机网络的不同结点上，如图 7-6 所示。网络中的每个结点都可以独立处理本地数据库中的数据，执行局部应用；也可以同时存取和处理多个异地数据库中的数据，执行全局应用。

分布式结构的数据库系统是计算机网络发展的必然产物。它适应了地理上分散的公司、团体和组织对于数据库应用的需求。但数据的分布存放，给数据的处理、管理与维护带来困难。此外，当用户需要经常访问远程数据时，系统效率会明显地受到网络交通的制约。

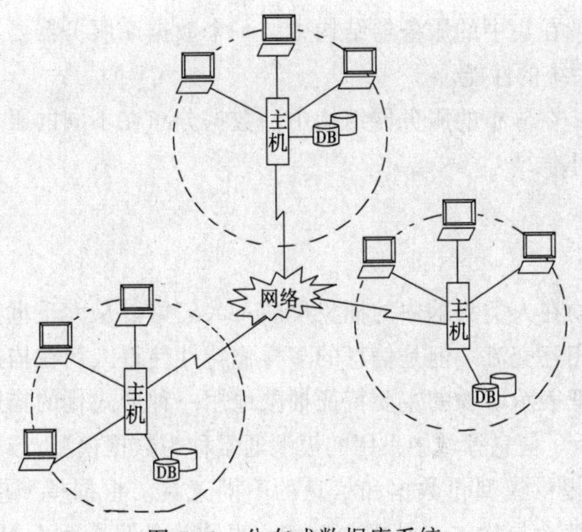

图 7-6　分布式数据库系统

（4）客户/服务器结构的数据库系统

主从式数据库系统中的主机和分布式数据库系统中的每个结点机是一个通用计算机，既执行 DBMS 功能，又执行应用程序。随着工作站功能的增强和广泛使用，人们开始把 DBMS 功能和应用分开，网络中某个（些）结点上的计算机专门用于执行 DBMS 功能，称为数据库服务器，简称服务器，其他结点上的计算机安装 DBMS 的外围应用开发工具，支持用户的应用，称为客户机，这就是客户/服务器结构的数据库系统。

在客户/服务器结构中，客户端的用户请求被传送到数据库服务器，数据库服务器进行处理后，只将结果返回给用户（而不是整个数据），从而显著减少了网络上的数据传输量，提高了系统的性能、吞吐量和负载能力。

另一方面，客户/服务器结构的数据库往往更加开放。客户与服务器一般都能在多种不同的硬件和软件平台上运行，可以使用不同厂商的数据库应用开发工具，应用程序具有更强的可移植性，同时也可以减少软件维护开销。

客户/服务器数据库系统可以分为集中的服务器结构（见图 7-7）和分布的服务器结构（见图 7-8）。前者在网络中仅有一台数据库服务器，而客户机是多台。后者在网络中有多台数据库服务器。分布的服务器结构是客户/服务器与分布式数据库的结合。

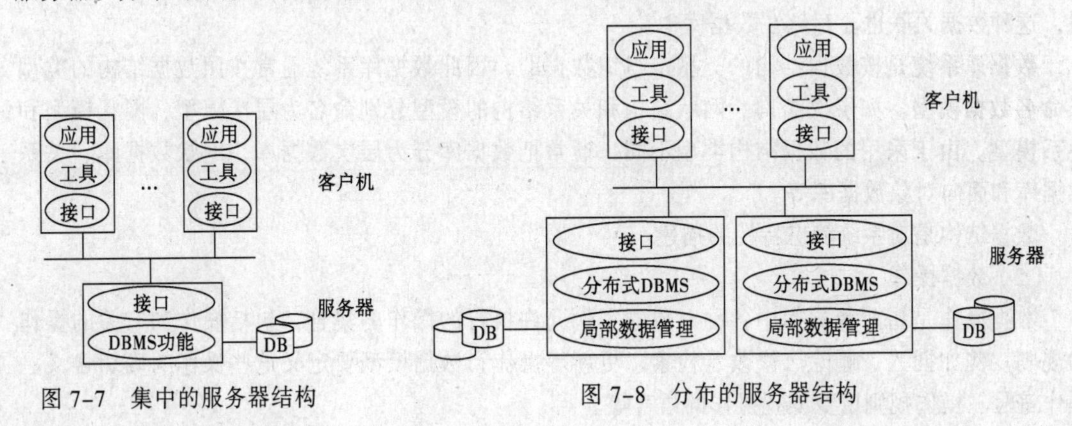

图 7-7　集中的服务器结构　　图 7-8　分布的服务器结构

与主从式结构相似，在集中的服务器结构中，一个数据库服务器要为众多的客户服务，往往容易成为瓶颈，制约系统的性能。

与分布式结构相似，在分布的服务器结构中，数据分布在不同的服务器上，从而给数据的处理、管理与维护带来困难。

7.1.4 数据模型

所谓信息是客观事物在人类头脑中的抽象反映。人们可以从大千世界中获得各种各样的信息，从而了解世界并且相互交流。但是信息的多样化特性使得人们在描述和管理这些数据时往往力不从心，因此人们把表示事物的主要特征抽象地用一种形式化的描述表示出来，模型方法就是这种抽象的一种表示。信息领域中采用的模型通常称为数据模型。

不同的数据模型是提供模型化数据和信息的不同工具。根据模型应用的不同目的，可以将模型分为两类或者说两个层次：一是概念模型（也称为信息模型），是按用户的观点来对数据和信息建模；二是数据模型（如网状、层次、关系模型），是按计算机系统的观点对数据建模。本节主要讨论数据模型的构成和概念模型的建立以及一个面向问题的概念模型，即实体联系模型。

数据模型是实现数据抽象的主要工具。它决定了数据库系统的结构、数据定义语言和数据操纵语言、数据库设计方法、数据库管理系统软件的设计与实现。了解关于数据模型的基本概念是学习数据库的基础。

1. 数据模型及其三要素

一般地讲，数据模型是严格定义的概念的集合，这些概念精确地描述系统的静态特性、动态特性和完整性约束条件。因此，数据模型通常由数据结构、数据操作和数据的完整性约束三部分组成。

（1）数据结构

数据结构是研究存储在数据库中的对象类型的集合，这些对象类型是数据库的组成部分。例如某一所大学需要管理学生的基本情况（学号、姓名、出生年月、院系、班级、选课情况等），这些基本情况说明了每一个学生的特性，构成在数据库中存储的框架，即对象类型。学生在选课时，一个学生可以选多门课程，一门课程也可以被多名学生选，这类对象之间存在着数据关联，这种数据关联也要存储在数据库中。

数据库系统是按数据结构的类型来组织数据的，因此数据库系统通常按照数据结构的类型来命名数据模型。如层次结构、网状结构和关系结构的模型分别命名为层次模型、网状模型和关系模型。由于采用的数据结构类型不同，通常把数据库分为层次数据库、网状数据库、关系数据库和面向对象数据库等。

数据结构是对系统静态特性的描述。

（2）数据操作

数据操作是指对数据库中各种对象的实例允许执行的操作的集合，包括操作和有关的操作的规则。例如插入、删除、修改、检索、更新等操作，数据模型要定义这些操作的确切含义、操作符号、操作规则以及实现操作的语言等。

数据操作是对系统动态特性的描述。

（3）数据的完整性约束

数据的约束条件是完整性规则的集合，用以限定符合数据模型的数据库状态以及状态的变化，以保证数据的正确、有效和相容。数据模型中的数据及其联系都要遵循完整性规则的制约。例如数据库的主键不能允许空值；每一个月的天数最多不能超过 31 天等。

另外，数据模型应该提供定义完整性约束条件的机制，以反映某一应用所涉及的数据必须遵守的特定的语义约束条件。例如在学生成绩管理中，本科生的累计成绩不得有三门以上不及格等。

数据模型是数据库技术的关键，它的三个方面的内容完整地描述了一个数据模型。

2. 概念模型及其表示方法

概念模型是对现实世界的抽象反映，它不依赖于具体的计算机系统，是现实世界到计算机世界的一个中间层次，如图 7-9 所示。

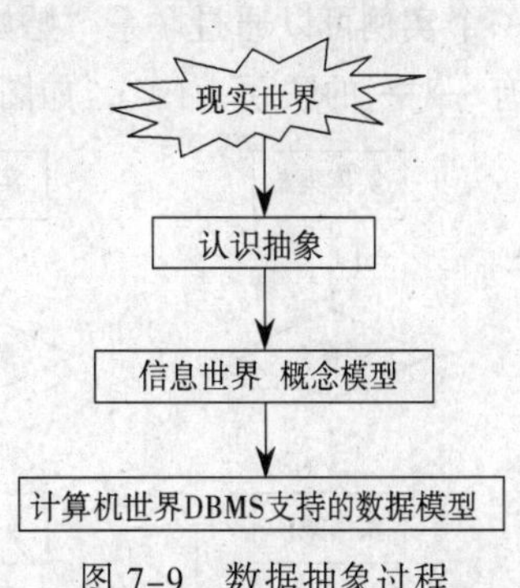

图 7-9　数据抽象过程

（1）信息实体的概念

在信息领域中，数据库技术涉及的主要概念如下：

① 实体（Entity）：实体是客观存在并可相互区分的事物。实体可以是具体的人或物，如学生、桌子等，也可以是抽象的概念和事物与事物间的联系，例如学生的一次选课，某人在商店的一次购物等。

② 属性（Attribute）：属性是实体所具有的特性，每一特性称为实体的属性。一个实体可以由若干个属性来刻画。例如，学生实体的属性有学号、姓名、性别、年龄、出生日期、所在院系、班级等。

③ 键（Key）：唯一标识实体的属性集称为键，也叫做关键字。例如，学号是学生实体的键。

④ 实体型（Entity Type）：具有相同属性的实体具有共同的特征和性质，用实体名及其属性名集合来抽象和刻画同类实体称为实体型。

⑤ 实体集（Entity Set）：同型实体的集合称为实体集。例如全体学生就是一个实体集。

⑥ 联系：现实世界中事物之间的联系必然要在信息世界中加以反映。包括两类联系：一个是实体内部的联系，主要指实体的各个属性之间的联系；一个是实体之间的联系。

（2）实体之间的联系

实体间的联系是错综复杂的，但就两个实体型的联系来说，主要有以下 3 种情况：

① 一对一的联系（1:1）。对于实体集 A 中的每一个实体，实体集 B 中至多有一个实体与之联系，反之亦然。则称实体集 A 与实体集 B 具有一对一联系，记为 1:1。例如，一座大楼里每个房间都对应一个房间号，房间和房间号之间具有一对一联系。

② 一对多联系（1:M）。对于实体集 A 中的每一个实体，实体集 B 中有 M 个实体（$M\geqslant0$）与之联系；反过来，对于实体集 B 中的每一个实体，实体集 A 中至多有一个实体与之联系，则称实体集 A 与实体集 B 具有一对多联系，记为 1:M。例如，一个班内有多名同学，一名同学只能属于一个班。班级与同学之间具有一对多联系。

③ 多对多联系（M:N）。对于实体集 A 中的每一个实体，实体集 B 中有 N 个实体（$N\geqslant0$）

与之联系；反过来，对于实体集 B 中的每一个实体，实体集 A 中也有 M 个实体（$M\geqslant 0$）与之联系，则称实体集 A 与实体集 B 具有多对多联系，记为 $M:N$。例如，学生在选课时，一个学生可以选修多门课程，一门课程也可以被多名学生选修。则学生和课程之间具有多对多联系。实体之间的联系又被称为联系的功能度。实体之间的联系也可以用图形的方式表示，如图 7-10 所示。

以上讨论的是两个不同的实体型之间的关系，这两个实体型分属于不同的实体集。实际上，同一实体集内的各实体之间也具有 3 种联系，分别是一对一联系（1:1）、一对多联系（1:M）和多对多联系（$M:N$）。

① 一对一联系（1:1）。例如：在一夫一妻制的国度里，户籍身份管理中，每个已婚公民的一个实例可以通过联系“婚姻”与另外一个已婚公民的实例建立唯一的联系，两个实例之间具有一对一的联系（1:1），如图 7-11 所示。

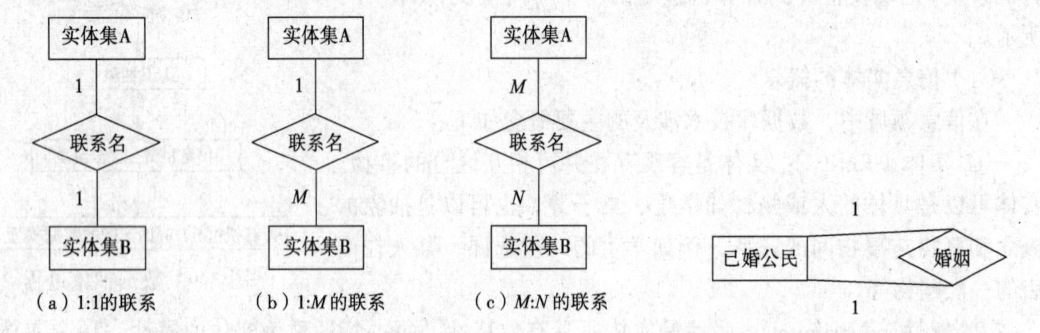

图 7-10　两个实体集之间的联系　　图 7-11　实体集内部的 1:1 的联系

② 一对多联系（1:M）。例如：在职工实体集中有经理和工人两个实体，假设只有一个经理，那么经理可以管理所有的工人，反过来，每个工人都必须被经理管理。因此，经理和工人之间具有一对多的联系（1:M），如图 7-12 所示。

③ 多对多联系（$M:N$）。例如：在零件实体集中包括有结构的零件和无结构的零件两个实体。一个有结构的零件可以由多个无结构的零件组成，一个无结构的零件也可以出现在多个有结构的零件中。因此，这两个实体之间具有多对多的联系（$M:N$），如图 7-13 所示。

图 7-12　实体集内部的 1:M 的联系　　图 7-13　实体集内部的 $M:N$ 的联系

一般地，两个以上实体型之间也存在着一对一、一对多和多对多的联系。如图 7-14 所示是一个三元联系的例子。考虑“公司”、“国家”和“产品”这 3 个实体之间的销售关系：一个产品可以出口到许多国家，一个国家也可以进口多种产品；一个公司可以销售多种产品到多个国家，一个国家进口的产品可以由多个公司提供；一个公司可以销售多种产品，一种产品也可以由多个公司销售。

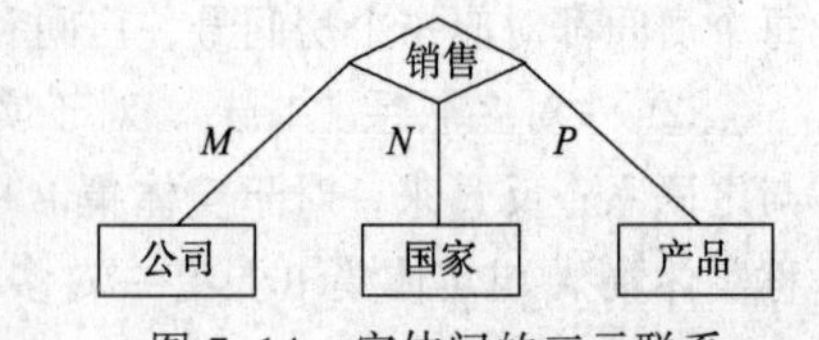

图 7-14　实体间的三元联系

3. 实体联系模型

数据库处理的数据是信息的载体，是从现实世界中经过抽象描述出来的，用以载荷信息的数据表示。现实世界中实体之间是有联系的，所表示的数据之间也是有联系的。只有正确地表述现实世界实体本身以及实体之间的联系的数据，才能被计算机所采用和处理。

（1）概念模型的表示方法

概念模型的表示方法最常用的是实体联系方法（Entity-Relationship Approach）。这是P.P.S.Chen 于 1976 年提出的。用这个方法描述的概念模型称为实体联系模型（Entity-Relationship Model），简称为 ER 模型。ER 模型是一个面向问题的概念模型，即用简单的图形方式（E-R 图）描述现实世界中的数据。这种描述不涉及数据在数据库中的表示和存取方法，非常接近人的思维方式。后来又提出了扩展实体联系模型（Extend Entity-Relationship Model），简称为 EER 模型。EER 模型目前已经成为一种使用广泛的概念模型，为面向对象的数据库设计提供了有效的工具。下面将深入讨论 ER 模型和 E-R 图。

（2）ER 模型的图形描述

在 ER 模型中，信息由实体型、实体属性和实体间的联系 3 种概念单元来表示。

① 实体型表示建立概念模型的对象，用长方形表示，在框内写上实体名。例如“学生”实体如图 7-15 所示。

② 实体属性是实体的说明。用椭圆形表示实体的属性，并用无向边把实体与其属性连接起来。例如学生实体有学号、姓名、年龄、性别、出生年月等属性，则其 E-R 图如图 7-16 所示。

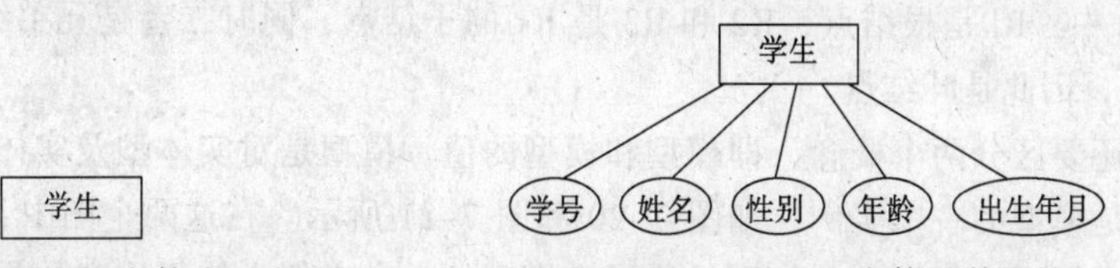

图 7-15 “学生”实体表示方法　　图 7-16 “学生”实体及其属性

③ 实体间的联系是两个或两个以上实体类型之间的有名称的关联。实体间的联系用菱形表示，菱形内要有联系名，并用无向边把菱形分别与有关实体相连接，在无向边旁标上联系的类型。例如可以用 E-R 图来表示某学校学生选课情况的概念模型，如图 7-17 所示。

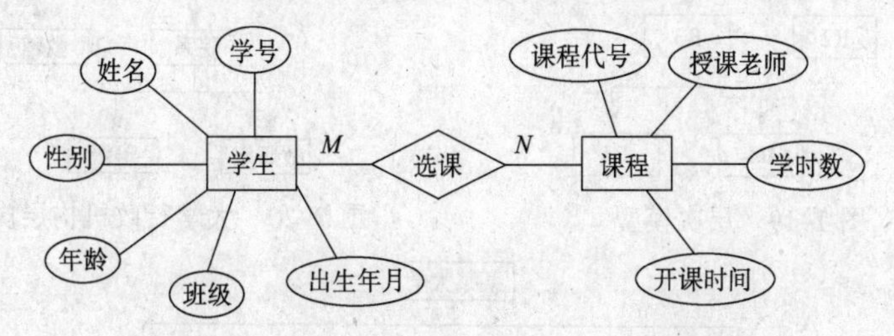

图 7-17 实体、实体属性及实体联系模型图

学生选课涉及的实体及其属性如下：

学生：学号、姓名、年龄、性别、出生年月、班级。

课程：课程代号、授课教师、学时数、开课时间。

一个学生可以选修多门课程，一门课程也可以被多个学生选修，因此，学生和课程之间具有多对多的联系。

如果概念模型中涉及的实体带有较多的属性而使实体联系图非常不清晰，可以将实体联系图分成两部分，一部分是实体及其属性图，另一部分是实体及其联系图。如图 7-18 所示，只给出学生实体与课程实体的联系图，而二者的属性可以单独画出。

图 7-18　实体及其联系图

4．3 种常见的数据模型

前面讲到了一种按用户观点对数据进行建模的方法，称之为概念模型。数据模型是一种按计算机观点对数据进行建模的方法，数据模型是数据库系统的核心问题之一，数据库系统大都是基于某种数据模型的。下面将对 3 种常见的数据模型进行讨论。

实际数据库系统中所支持的主要数据模型是层次模型（Hierarchical Model）、网状模型（Network Model）、关系模型（Relational Model）。

（1）层次模型

层次模型是较早用于数据库技术的一种数据模型。层次模型是一种树形结构，树中的每个结点代表一种实体类型。每个结点必须满足以下两个条件才能构成层次模型：

① 有且仅有一个结点无双亲，这个结点称为根结点。

② 其他结点有且仅有一个双亲。

在层次模型中，根结点处在最上层，其他结点都有上一级结点作为其双亲结点，这些结点称为双亲结点的子结点；同一双亲结点的子结点称为兄弟结点；没有子结点的结点称为叶结点。双亲结点与子结点之间具有实体间一对多的联系，如图 7-19 所示。

在图 7-19 中，Rl 是根结点，R2 和 R3 是 R1 的子结点，同时二者是兄弟结点，R2、R4 和 R5 没有子结点，因此是叶结点。

在这里，还要区分两个概念，即模型和模型的值。模型是对实体型及实体型之间联系的描述，模型的值是模型的一个实例，如图 7-20 和图 7-21 所示。在这两个图中，图 7-20 是大学行政机构的层次模型，而图 7-21 则是该层次模型的一个实例。值得注意的是，一个数据模型可以有多个模型实例。

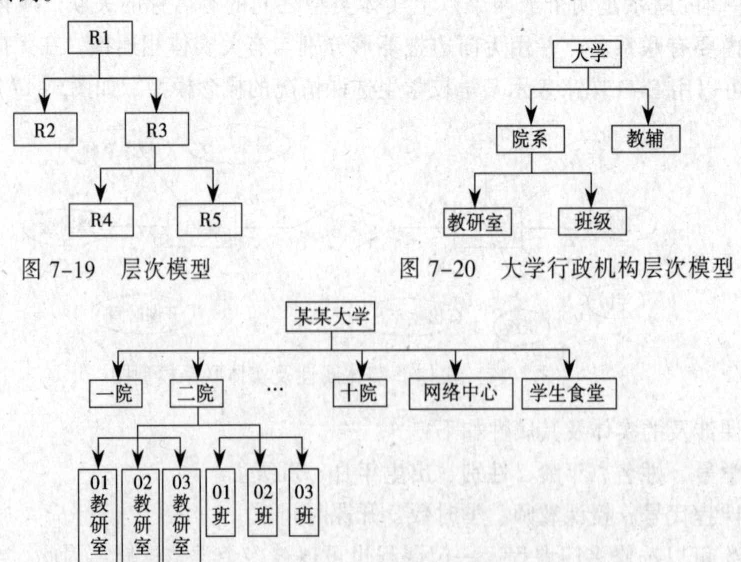

图 7-19　层次模型

图 7-20　大学行政机构层次模型

图 7-21　大学行政机构层次模型的一个实例

（2）网状模型

在描述现实世界中，层次结构往往比较简单、直观而且易于理解，但是对于更复杂的实体间的联系就很难描述了。因此，引入了网状模型。

在网状模型中，结点必须满足以下条件：

① 一个结点可以有多个双亲结点。

② 有一个以上的结点没有双亲结点。

在网状模型中，结点之间的联系可以是任意的，更适于描述客观世界，如图 7-22 所示。

在图 7-22 中，图（a）、图（b）都是网状模型的例子。其中图（a）中如果 R1 与 R3、R2 与 R3 之间分别具有一对多的联系，那么这样的网称为简单网；图（b）中两个结点之间具有多对多的联系，这样的网称为复杂网。一个复杂网通常要先分解成简单网然后再进行处理。分解方法一般是增加一个连接实体型，将结点之间多对多的联系分解为一对多的联系，如图 7-23 所示。

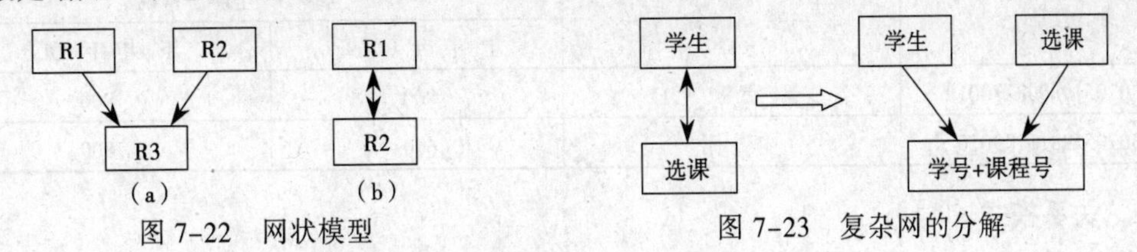

图 7-22　网状模型

图 7-23　复杂网的分解

在图 7-23 中，学生和选课之间具有多对多的联系，通过增加一个“学号+课程号”实体型，将学生和选课之间的多对多的联系分解为两个一对多的联系。

（3）关系模型

关系模型是 3 种数据模型中最重要的一种，数据库领域中当前的研究工作也都是以关系方法为基础的。

7.2　关系数据库

关系是集合论中的一个重要概念。1970 年，E.F.Codd 发表了题为“大型共享数据库数据的关系模型”的论文，把关系的概念引入了数据库，自此人们开始了数据库关系方法和关系数据理论的研究，在层次和网状数据库系统之后，形成了以关系数据模型为基础的关系数据库系统。

关系模型的数学理论基础是建立在集合代数上的，与层次模型、网状模型相比较，是目前广为应用的一种重要的数据模型。关系型数据库在 PC、局域网和广域网上使用更为普遍。关系型数据库的数据组织、管理与检索等，都是基于数学理论的方法来处理数据库中的数据本身和数据之间的联系。

7.2.1　关系模型的组成

介绍关系模型的组成前先来看几个有关关系模型的基本概念。

1. 关系（Relation）

一个关系对应于一张二维表，每个关系有一个关系名，在计算机中可以作为一个文件存储起来。

定义 7.1 $D_1 \times D_2 \times \cdots \times D_n$ 的子集叫做在域 D_1、D_2、…、D_n 上的关系，用 R（D_1，D_2，…，D_n）表示。这里 R 表示关系的名字，n 是关系的目或度（Degree）。

数据库中关系的性质应具有如下要求：

① 列是同质的，即每一列中的值是同类型的数据，来自同一个域。

② 不同的列可以有相同的域，每一列称为属性，用属性名标识。

③ 列的次序无关紧要。

④ 元组的次序无关紧要。

⑤ 关系中的各个元组是不同的，即不允许有重复的元组。

⑥ 关系中的每一个分量是不可再分的数据项。（如表 7-2 所示为非规范化的关系。）

表 7-2 缴税报表

身份证号	姓　名	上缴个人全年所得税	
		上半年（元）	下半年（元）
13070519800811001	张敏	800	900
13070519811109010	李志刚	600	800

2. 关系模式

定义 7.2 关系的描述称为关系模式（Relation Schema）。一个关系模式应当是一个五元组。它可以形式化地表示为 R（U，D，DOM，F）。其中 R 为关系名，U 为组成该关系的属性名集合，D 为属性组 U 中属性所来自的域，DOM 为属性向域的映射集合，F 为属性间数据的依赖关系集合。

关系模式通常可以简记为 R（A_1，A_2，…，A_n）。其中 R 为关系名，A_1、A_2、…、A_n 为属性名。而域名及属性向域的映射常常直接说明为属性的类型、长度。

3. 关系和关系模式的区别

关系实际上就是关系模式在某一时刻的状态或内容。也就是说，关系模式是型，关系是它的值。关系模式是静态的、稳定的，而关系是动态的、随时间不断变化的，因为关系操作在不断地更新着数据库中的数据。但在实际应用中，常把关系模式和关系统称为关系。

4. 关系数据库和关系数据库模式的区别

对应于关系和关系模式，关系数据库也有型和值之分。关系数据库模式即为关系数据库的型，是对关系数据库的描述，对应于关系模式的集合。关系数据库的值也称为关系数据库，是关系的集合。关系数据库模式与关系数据库通常统称为关系数据库。

5. 元组、属性和域

元组：表中的一行称为一个元组。

属性：表中的一列称为属性，列名即属性名。

域：属性的取值范围。

6. 笛卡儿积

数学家将关系定义为一系列域上的笛卡儿积的子集。这一定义与对表的定义几乎是完全相符的，把关系看成一个集合，这样就可以将一些直观的表格以及对表格的汇总和查询工作转换成数学的集合以及集合的运算问题。

定义 7.3 笛卡儿积：设 D_1、D_2、…、D_n 为 n 个集合，称 $D_1 \times D_2 \times \cdots \times D_n = ((d_1, d_2, \cdots, d_n) \in D_i, (i=1, 2, \cdots, n))$ 为集合的笛卡儿积。D（i=1，2，…，n）即为以上定义的域；其中的每一个元素（d_1，d_2，…，d_n）即为以上定义的元组；n 表示参与笛卡儿积的域的个数，称做度，同时它也表示了每一个元组中分量的个数，n=1 称为一元组，n=2 称为二元组，…，n=p 称为 p 元组。

【例 7.1】给出 3 个域 D_1（学生姓名）、D_2（教师姓名）、D_3（课程名）：

D_1=｛张红，许刚｝

D_2=｛王竟，赵永强｝

D_3=｛数据库原理，C 语言｝

D_1、D_2、D_3 的笛卡儿积为 $D_1 \times D_2 \times D_3$=｛（张红，王竟，数据库原理），（张红，王竟，C 语言），（张红，赵永强，数据库原理），（张红，赵永强，C 语言），（许刚，王竟，数据库原理），（许刚，王竟，C 语言），（许刚，赵永强，数据库原理），（许刚，赵永强，C 语言）｝。

结果有 8 个元组，如表 7–3 所示。

表 7-3　学生、教师、课程的元组

D1	D2	D3	D1	D2	D3
张红	王竟	数据库原理	许刚	王竟	数据库原理
张红	王竟	C 语言	许刚	王竟	C 语言
张红	赵永强	数据库原理	许刚	赵永强	数据库原理
张红	赵永强	C 语言	许刚	赵永强	C 语言

7．码

一个学生登记表如表 7–4 所示。实际应用中如果需要检索学生数据，可知按姓名、性别、年龄和所在院系，均无法唯一确定查找某位同学的信息，即不能够唯一地标识出需要查询的人。因此在以关系运算为基础的二维表中，必须有关键属性用以标识表中的每一条数据记录，这个关键属性就是码。下面介绍超码、候选码和主码 3 个概念。

表 7-4　学生登记表

学　号	姓　名	性　别	年　龄	所在院系
2002000001	张静	女	18	计算机信息学院
2002000001	许晓刚	男	18	电子工程学院
2002000016	张静	女	17	电子工程学院
…	…	…	…	…

① 超码：超码是一个或多个属性的集合，这些属性的组合可以在一个实体集中唯一标识一个实体。如 K 是超码，则 K 的任一超集也是超码。如表 7–4 所示实体集学生登记表中的“学号”属性足以把不同的学生区分开，因此，学号是实体集学生表的一个超码，同样，学号和姓名、学号和性别、学号和年龄都是实体集学生表的超码。但姓名、性别或年龄不是超码，因为他们有可能同名、同性别和同年龄，不能作为区分的条件。

② 候选码：候选码即最小超码。如果姓名和性别组合可以唯一标识实体集学生表，那么学号、姓名和性别都是候选码。常用的候选码方法是以姓名、生日及家庭住址的组合来作为候选码。

③ 主码：若一个关系有多个候选码，则选定其中一个为主码。主码的属性称为主属性。

8. 关系模型组成

关系模型由三部分组成：数据结构、关系操作、关系的完整性。

（1）关系数据结构

在关系模型中的基本的数据结构是按二维表形式表示的，由行和列组成。一张二维表称为一个关系，水平行称为元组，垂直列称为属性，元组相当于其他数据结构中的记录或片段，单个数据项称为分量。在关系模型中，实体和实体间的联系都是用关系表示的。二维表中存放了两类数据：实体本身的数据；实体间的联系。关系数据结构中的数据可以重新定义，改变关系或增加新的数据并不改变数据结构本身。这种结构也支持数据的逻辑视图，允许程序员只关心数据库的内容，而不考虑数据库的物理结构。

关系数据库是表的集合，每张表有唯一的名字。表中一行代表的是一系列值之间的联系。

（2）关系操作

关系操作的方式是集合操作，即操作的对象与结果都是集合。这种操作方式也称为一次一集合（set-at-a-time）的方式，相应的非关系模型的数据操作方式则为一次一记录（record-at-a-time）的方式。关系的操作是高度非过程化的，用户只需要给出具体的查询要求，不必请求 DBA（数据库管理员）为他建立特殊的存取路径，存取路径的选择由 DBMS（数据库管理系统）的优化机制来完成，此外用户也不必求助于循环、递归来完成数据操作。

早期的关系操作能力是用两种方式来表示的：代数方式和逻辑方式，即关系代数和关系演算。

① 关系代数：关系代数是一种抽象的查询语言，常用的有并（Union）、交（Intersection）、差（Set difference）、除法（Divide）、θ选择（Theta select）、投影（Project）和θ连接（Theta join）。其中θ表示大于、小于、等于、不等于、大于或等于、小于或等于这些比较运算符中的一种。使用选择、投影和连接这些运算，可以把二维表进行任意的分割和组装，随机地构造出各种用户所需要的表格（关系）。同时，关系模型采取了规范化的数据结构，所以关系模型的数据操作语言的表达能力和功能都很强，可以嵌入高级语言中使用，没有规定具体的语法要求，使用起来非常方便。

② 关系演算：关系演算是用谓词（对动作的要求）来表示查询的要求和条件。关系演算又可按谓词变元的基本对象是元组变量还是域变量分为元组关系演算和域关系演算。这 3 种语言在表达能力上是完全等价的。

另外还有一种介于关系代数和关系演算之间的语言 SQL（Structure Query Language）。SQL 不仅具有丰富的查询功能，而且具有数据定义和数据控制功能，是集查询、DDL、DML 和 DCL 于一体的关系数据语言，它充分体现了关系数据语言的特点和优点，是关系数据库的标准语言。

因此，关系数据语言可以分为如下三类：

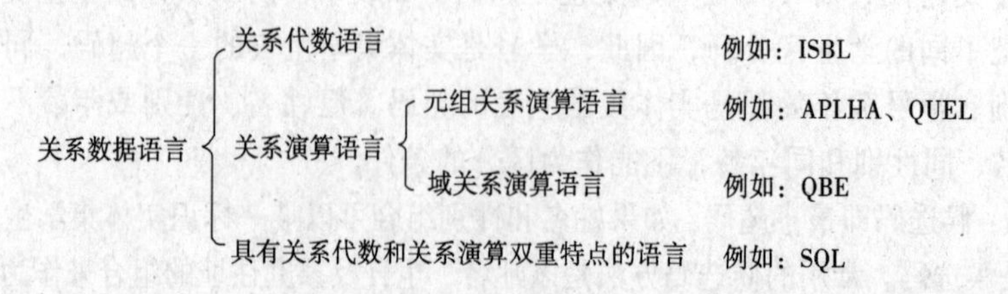

这些关系数据语言的共同特点是，语言具有完备的表达能力，是非过程化的集合操作语言，功能强，能够嵌入高级语言中使用。

（3）关系完整性约束

关系模型的完整性规则是用来约束关系的，以保证数据库中数据的正确性和一致性。关系模型的完整性共有三类：实体完整性、参照完整性和用户定义的完整性。数据完整性由实体完整性和参照完整性规则来维护，实体完整性和参照完整性是关系模型必须满足的完整性约束条件，将由关系系统自动支持。

① 实体完整性：

若属性 A 是基本关系 R 的主属性，则属性 A 不能取空值。其中空值包括“不知道”或“无定义”的值。主属性不能为空，不仅是主码整体不能为空。例如：姓名、生日和家庭住址组合作为主码，则“姓名”、“生日”、“家庭住址”都不能取空值，而不是整体不为空。

在关系数据库系统中有各种各样的关系，即各种各样的表，如基本表、查询表、视图表等。基本表是客观存在的表，是实际存储数据的逻辑表示：查询表是查询结果所对应的表；视图表是由基本表或视图表导出的表，是虚拟表，不对应实际存储的数据。实体完整性规则是针对基本表的。

对于实体完整性的说明如下：

a. 一个基本关系对应着一个现实世界的实体集。

b. 现实世界中的实体是可区分的，即它们具有某种唯一的标识。

c. 关系模型中由主码作为唯一性标识。

d. 主码不能取空值，因为主码取空值说明存在某个不可标识的实体，与第2点矛盾。

② 参照完整性：

现实世界中的实体之间往往存在一定的联系，在关系模型中实体与实体的联系是用关系来描述的。参照完整性即是有关关系之间能否正确进行联系的规则。两个表能否正确地进行联系，外码是关键。

定义 7.4 设 F 是基本关系 R 的一个或一组属性，但不是关系 R 的主码，另有关系 S，关系 S 的主码为 K_s，若 F 与 K_s 相对应，则称 F 是基本关系 R 的外码。

【例 7.2】 两个实体学生和院系由以下两个关系表示，主码用下画线表示。

学生（学号、姓名、院系号）

院系（院系号、院系名）

“院系号”是学生表的一组属性，但不是学生表的主码，“院系号”与院系表的主码相对应，则“院系号”是学生表的外码。学生表中某个属性的取值要参照院系表属性的取值。可以清楚地看到外码“院系号”是联系学生表和院系表的桥梁，两个关系进行联系就是通过外码实现的。

规则二即参照完整性规则：若属性（或属性组）F 是基本关系 R 的外码，它与基本关系 S 的主码 K_s 相对应（基本关系 R 和 S 不一定是不同的关系），则对于 R 中的每一个元组在 F 上的值必须满足如下条件：

① 取空值（F 的每个属性值均为空值）；

② 等于 S 中某个元组的主码值。

在例 7.2 中学生关系中的“院系号”可以为空值，表示尚未给该学生分配院系；或者非空值，但必须是院系关系中属性“院系号”的某个元组值，表示不能把学生分到一个根本不存在的院系。即被参照关系“院系”中一定存在一个元组，它的主码值等于参照关系“学生”中的外码值。

③ 用户定义的完整性

实体完整性和参照完整性用于任何关系数据库系统。用户定义的完整性则是针对某一具体数据库的约束条件，由应用环境决定，它反映了某一具体应用所涉及的数据必须满足的语义要求。例如，成绩的取值用户会定义在 0～100 之间。关系模型应提供定义和检验这类完整性机制，以便用统一的方法处理它们而不要由应用程序承担这一功能。

在实际系统中，这类完整性规则一般在建立库表的同时进行定义，应用编程人员不需再做考虑。如果某些约束条件没有建立在库表一级，则应用编程人员应在各模块的具体编程中通过程序进行检验和控制。

7.2.2 关系模型的特点

关系模型具有下列特点：

① 关系模型的概念单一。无论是实体还是实体之间的联系都用关系来表示。关系之间的联系通过相容的属性来表示，相容的属性即来自同一个取值范围的属性。在关系模型中，用户看到的数据的逻辑结构就是二维表，而在非关系模型中，用户看到的数据结构是由记录以及记录之间的联系所构成的网状结构或层次结构。当应用环境很复杂时，关系模型就体现出其简单清晰的特点。

② 关系必须是规范化的关系。所谓规范化是指关系模型中的每一个关系模式都要满足一定的要求或者称为规范条件。最基本的一个规范条件是每一个分量都是一个不可分的数据项，即表中不允许还有表。

③ 集合操作。操作对象和结果都是元组的集合，即关系。

④ 有坚实的理论基础，关系模型是建立在严格的数学概念的基础上的。

⑤ 关系模型的存取路径对用户透明，从而具有更高的数据独立性，更好的安全保密性，也简化了程序员的工作和数据库开发建立的工作。但由于存取路径对用户透明，查询效率往往不如非关系数据模型。因此为了提高性能，必须对用户的查询请求进行优化，增加了开发数据库管理系统的负担。

7.2.3 关系的基本运算

一个 n 元关系是多个元组的集合，n 是关系模式中属性的个数，称为关系的目数。可把关系看成一个集合。集合的运算如并、交、差、笛卡儿积等运算，均可以用到关系的运算中。

关系代数的另一种运算如对关系进行水平分解的选择运算、对关系进行垂直分解的投影运算、用于关系结合的连接运算等，是为关系数据库环境专门设计的，称为关系的专门运算。关系代数是一种过程化的抽象的查询语言。它包括一个运算集合，这些运算以一个或两个关系为输入，产生一个新的关系作为结果。

关系代数的运算可以分为两类：一类是传统的集合运算，另一类是专门的关系运算。

① 传统的集合运算，如并、交、差、广义笛卡儿积。这类运算将关系看成元组的集合，运算时从行的角度进行。

② 专门的关系运算，如选择、投影、连接、除。这些运算不仅涉及到行，而且也涉及到列。

③ 关系代数用到的运算符如下：

a. 集合运算符：∪（并）、-（差）、∩（交）、×（广义笛卡儿积）；

b. 专门的关系运算符：σ（选择）、Π（投影）、∞（连接）、÷（除）；

c. 算术比较符θ=｛>，≥，<，≤，=，≠｝；

d. 逻辑运算符：逻辑“与”（and）运算符∧、逻辑“或”（or）运算符∨和逻辑“非”（not）运算符¬。

1. 传统的集合运算

传统的集合运算都是二目运算。设关系 R 和关系 S 具有相同的目 $n=3$，即有相同的属性个数 3，且相应的属性取自同一个域，如表 7-5 和表 7-6 所示。传统的集合运算如图 7-24 所示。

表 7-5　关系 R

A	B	C
a	1	a
b	2	b
a	2	c

表 7-6　关系 S

A	B	C
a	1	a
b	1	d

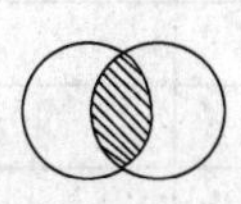

$R\cup S$　　$R-S$　　$R\cap S$

图 7-24　传统的集合运算

（1）并（Union）运算

设关系 R 和关系 S 具有相同的目 n（即两个关系都有 n 个属性），且相应的属性取自同一个域，则关系 R 与关系 S 的并由属于 R 或属于 S 的元组组成。其结果关系仍为 n 目关系。记作：

$R\cup S=\{t|t\in R\vee t\in S\}$

其中 t 代表元组。

【例 7.3】利用如表 7-5 和表 7-6 所示的数据做并运算，得到的结果如表 7-7 所示。

表 7-7　R∪S

A	B	C
a	1	a
b	2	b
a	2	c
b	1	d

（2）差（Difference）运算

设关系 R 和关系 S 具有相同的目 n，且相应的属性取自同一个域，则关系 R 与关系 S 的差由属于 R 而不属于 S 的所有元组组成。其结果关系仍为 n 目关系。记作：

$R-S=\{t|t\in R\wedge t\in S\}$

【例 7.4】利用如表 7-5 和表 7-6 所示的数据做差运算，得到的结果如表 7-8 所示。

（3）交（Intersection）运算

设关系 R 和关系 S 具有相同的目 n，且相应的属性取自同一个域，则关系 R 与关系 S 的交由既属于 R 又属于 S 的元组组成。其结果关系仍为 n 目关系。记作：

$R\cap S=\{t|t\in R\wedge t\in S\}$

【例 7.5】利用如表 7-5 和表 7-6 所示的数据做交运算，得到的结果如表 7-9 所示。

表 7-8 *R-S*

A	*B*	*C*
b	2	*b*
a	2	*c*

表 7-9 *R*∩*S*

A	*B*	*C*
a	1	*a*

关系的交运算可以用差运算表示：

$R \cap S = R-(R-S)$

（4）广义笛卡儿乘积（Extended Cartesian Product）

关系 *R* 为 *n* 目，关系 *S* 为 *m* 目，则关系 *R* 和关系 *S* 的广义笛卡儿积为（*n*+*m*）元组的集合，记作：

$R \times S=\{t_r t_s | \ t_r \in R \wedge t_s \in S\}$

元组的前 *n* 个分量是关系 *R* 的一个元组，后 *m* 个分量是关系 *S* 的一个元组。

【例 7.6】利用如表 7-5 和表 7-6 所示的数据做广义笛卡儿积，其结果如表 7-10 所示。

表 7-10 *R*×*S*

R.A	*R.B*	*R.C*	*S.A*	*S.B*	*S.C*
a	1	*a*	*a*	1	*a*
b	2	*b*	*a*	1	*a*
a	2	*c*	*a*	1	*a*
a	1	*a*	*b*	1	*d*
b	2	*b*	*b*	1	*d*
a	2	*d*	*b*	1	*d*

2. 专门的关系运算

专门的关系运算包括选择运算、投影运算、连接运算、除运算等。

（1）选择（Selection）运算

选择运算又称为限制运算（Restriction），选择运算是关系上的一元运算，简记为 SL，它根据给定的条件对关系进行水平分解，在关系 *R* 中选择满足条件的元组组成一个新的关系。这个关系是关系 *R* 的一个子集，如果选择条件用 *F* 表示，则选择可以记为$\sigma_F(R)$或 $SL_F(R)$，记作：

$\sigma_F (R)=\{t|t \in R \wedge F(t)='TRUE'\}$

其中：σ表示选择运算符，*R* 是关系名，*F* 是选择条件。

说明：*F* 是一个逻辑表达式，取值为“真”或“假”；*F* 由逻辑运算符∧（AND）、∨（OR）、¬（NOT）连接各种算术表达式组成；算术表达式的基本形式为 $x\ \theta\ Y$，θ=｛>，≥，<，≤，=，≠｝，*x*、*y* 可以是属性名、常量或简单函数。表达式既可用属性名构造，也可用序列号构造。

【例 7.7】如条件 *F* 为 *A*=*a*，用如表 7-5 所示的数据做选择运算$\sigma_{A=a}(R)$，其结果如表 7-11 所示。

【例 7.8】如条件 *F* 为 *B*=2，用如表 7-5 所示的数据做选择运算$\sigma_{B=2}(R)$，其结果如表 7-12 所示。

表 7-11　$\sigma_{A=a}(R)$

A	B	C
a	1	a
a	2	c

表 7-12　$\sigma_{B=2}(R)$

A	B	C
b	2	b
a	2	c

（2）投影（Projection）运算

投影也是关系上的一元运算，简记为 PJ，它是从列的角度进行操作的。

设 R 是一个 n 目关系，A_{i1}、A_{i2}、A_{i3}、…、A_{im} 是 R 的第 i_1、i_2、i_3、…、$i_m(m \leqslant n)$个属性，关系 R 在 A_{i1}、A_{i2}、A_{i3}、…、A_{im} 上的投影定义如下：

$\pi i_1、i_2、i_3、\cdots、im(R)=\{t|t=(t_{i1}、t_{i2}、t_{i3}、\cdots、t_{im}) \wedge (t_{i1}、t_{i2}、t_{i3}、\cdots、t_{im} \in R)$

即从关系 R 中按照 i_1、i_2、i_3、…、i_m 的顺序取下这 m 列，构成以 i_1、i_2、i_3、…、i_m 为顺序的 m 目关系。其中：n 是投影运算符。投影后不仅取消了原关系中的某些列，而且还可能取消某些元组，因为取消某些列后，可能出现重复的元组，应消去这些完全相同的元组。

【例 7.9】若对如表 7–5 所示的关系 R 做投影运算 Π_{AB}、Π_{BC}，则其结果如表 7–13、表 7–14 所示。

表 7-13　π_{AB}

A	B
a	1
b	2
a	2

表 7-14　π_{BC}

B	C
1	a
2	b
2	c

（3）连接（Join）运算

连接运算简记 JN，也称为∞，连接是从两个关系的笛卡儿积中选取属性间满足一定条件的元组。记为：

$R \infty S=\sigma_{R.A\theta S.B}(R \times S)$，或 $A\theta B$。

其中 A 和 B 分别为 R 和 S 上度数相等且可比较的属性组。θ是比较运算符，θ可以是>、≥、<、≤、=、≠等符号。连接运算从 R 和 S 的笛卡儿积 $R \times S$ 中选取（R 关系）在 A 属性组上的值与（S 关系）在 B 属性组上值满足比较关系θ的元组，这些元组构成的关系是 $R \times S$ 的一个子集。θ为“=”的连接运算称为等值连接。它是从关系 R 与 S 的笛卡儿积中选取 A、B 属性值相等的那些元组，即等值连接为 $R \infty S$，或$(R)\mathrm{JN}_{R.C=S.C}(S)$，如表 7–15 和表 7–16 所示。

表 7-15　关系 R

A	B	C
a	1	a
b	2	b
a	2	c

表 7-16　关系 S

B	C	D
1	a	3
2	a	2
3	b	2
2	c	1
2	d	1
1	b	2

【例 7.10】利用如表 7–15、表 7–16 所示的数据做关系 R 与 S 的等值连接 $R \infty S$，得到的新关系如表 7–17 所示。

表 7-17　$(R)JN_{R.C=T.C}(S)$

R.A	R.B	R.C	S.B	S.C	S.D
a	1	a	1	a	3
a	1	a	2	a	2
b	2	b	3	b	2
b	2	b	1	b	2
a	2	c	2	c	1

除等值连接外，其余的都可称为不等值连接。下面看一个不等值连接的例子。

【例 7.11】利用如表 7-15、表 7-16 所示的数据进行$(R)JN_{R.B>T.B}(S)$运算，其结果如表 7-18 所示。

表 7-18　$(R)JN_{R.B>T.B}(S)$

R.A	R.B	R.C	S.B	S.C	S.D
b	2	b	1	a	3
b	2	b	1	b	2
a	2	c	1	a	3
a	2	c	1	b	2

（4）自然连接（Natural Join）运算

自然连接是最常用的连接之一，简记为 NJN，它是指从两个关系的笛卡儿积中选择出公共属性值相等的元组所构成的新的关系。下面看一下从笛卡儿积的角度定义的自然连接。

定义 7.5 设关系 R 和关系 S 具有相同的属性集 U，$U=\{A_1, A_2, \cdots, A_k\}$

从关系 R 和关系 S 的笛卡儿积中，取满足 $\Pi_{R.U}=\Pi_{S.U}$ 的所有元组，且去掉 $S.A_1$、$S.A_2$、…、$S.A_k$，所得的新关系

$$R\infty S=\Pi_{i1,\ i2,\ i3,\ \cdots,\ ik}(\sigma_{R.A1=S.A1\wedge R.A2=S.A2\wedge\cdots\wedge R.Ak=S.Ak}(R\times S))$$

记为关系 R 和关系 S 的自然连接，也可简记为$(R)NJN(S)$。

【例 7.12】取表 7-15、表 7-16 中关系 R 和关系 S 的数据，做自然连接$(R)NJN(S)$，得到的结果如表 7-19 所示。

表 7-19　$(R)NJN(S)$

A	B	C	D
a	1	a	3
a	2	c	1

（5）左连接（Left Join）运算

左连接运算简记为 LJN，是一种特殊的扩展连接方式。“R 左连接 S”得到的结果关系是所有来自 R 的元组和那些连接字段相等处的 T 的元组。下面给出在笛卡儿积角度的定义。

设关系 R 和关系 S 具有相同的属性集 U，记 $U=\{A_1, A_2, \cdots, A_k\}$。对于 R 中的每个元组，如果 S 中没有元组与 R 相匹配，则相应结果关系中的元组保留 R 的元组分量，而来自 S 中的元组分量取空值；如果 S 中有唯一的元组与 R 中的某一元组相匹配，则相应结果关系中的元组保留 R 的元组分量，同时也保留 S 的元组分量；如果 S 中有 n 个元组与 R 中的一个元组相匹配，则相应结果关系的元组中保留 n 个相同的 R 的元组，相应地，也保留来源于 S 的这些不同的 n 个不同元组。左连接后所得的结果记为：

(R) LJN $_{R.A1=S.A1 \wedge R.A2=S.A2 \wedge \cdots \wedge R.Ak=S.Ak}$ (S)

【例 7.13】取表 7-15、表 7-16 中关系 R 和关系 S 中的数据，做左连接运算：

(R)LJN $_{R.B=S.B \wedge R.C=S.C}$ (S)

得到的结果如表 7-20 所示。

表 7-20 (R)LJN(S)

A	R.B	R.C	S.B	S.C	S.D
a	1	a	1	a	3
b	2	b			
c	2	c	2	c	1

（6）右连接（Right Join）运算

右连接运算简记为 RJH。与左连接的定义类似，“R” 右连接 “S”，得到的结果关系是所有来自 S 的元组和那些连接字段相等处的 R 的元组。下面给出在笛卡儿积角度的定义。

设关系 R 和关系 S 具有相同的属性集 U，记 $U=\{A_1, A_2, \cdots, A_k\}$。对于 S 中的每个元组，如果 R 中没有元组与 S 相匹配，则相应结果关系中的元组保留 S 的元组分量，而来自 R 中的元组分量取空值；如果 R 中有唯一的元组与 S 中的某一元组相匹配，则相应结果关系中的元组保留 S 的元组分量，同时也保留 R 的元组分量；如果 R 中有 n 个元组与 S 中的一个元组相匹配，则相应结果关系的元组中保留 n 个相同的 S 的元组，相应地，也保留来源于 R 的这些不同的 n 个不同元组。右连接后所得的结果记为：

(R) RJN $_{R.A1=S.A1 \wedge R.A2=S.A2 \wedge \cdots \wedge R.Ak=S.Ak}$ (S)

【例 7.14】取表 7-15、表 7-16 中关系 R 和关系 S 中的数据，做右连接运算，得到的结果如表 7-21 所示。

表 7-21 (R)RJN(S)

A	R.B	R.C	S.B	S.C	S.D
a	1	a	1	a	3
NULL	NULL	NULL	2	a	2
NULL	NULL	NULL	3	b	2
a	2	c	2	c	1
NULL	NULL	NULL	2	d	1
NULL	NULL	NULL	1	b	2

（7）除法（division）运算

给定关系 R（X，Y）和 S（Y，Z），其中 X、Y、Z 为属性组。R 中的 Y 与 S 中的 Y 可以有不同的属性名，但必须出自相同的域集。R 与 S 的除运算得到一个新的关系 $P(X)$，P 是 R 中满足下列条件的元组在 X 属性列上的投影：元组在 X 上分量值 x 的像集 Y_x 包含 S 在 Y 上投影的集合。记作：

$R \div S=\{t_r[X] \mid t_r \in R \wedge Y_x \supseteq \Pi_y(S)\}$

其中 Y_x 为 x 在 R 中的像集，$x=t_r[X]$。

这样的定义或许有些抽象，那么看一个有关除法的实例：

【例 7.15】设有关系 R、S_1、S_2、S_3，如表 7–22、表 7–23、表 7–24、表 7–25 所示。

表 7-22 R

A	B
a	d
a	e
a	f
b	d
b	e
c	d

表 7-23 S_1

B
d

表 7-24 S_2

B
d
e

表 7-25 S_3

B
d
e
f

分别计算 $R \div S_1$、$R \div S_2$、$R \div S_3$，所得的结果如表 7–26、表 7–27、表 7–28 所示。

表 7-26 $R \div S_1$

A
a
b
c

表 7-27 $R \div S_2$

A
a
b

表 7-28 $R \div S_3$

A
a

3. 关系数据检索实例

通过以上两节的学习，已经对关系运算有了一定的了解，下面把问题具体化，一起来研究一个有关学生选课的实例。其中涉及到的实体集有“学生表”和“课程表”，还涉及到两个实体集的联系“选课”，如表 7–29、表 7–30 和表 7–31 所示。

表 7-29 Student

学号（Sno）	姓名（Sname）	性别（Ssex）	年龄（Sage）	所在院系（Sdept）
200100114	李辉	男	20	计算机信息学院
200100098	张菲	女	19	经济管理学院
200100101	许漫	女	19	建筑学院
200100156	李鹏飞	男	20	建筑学院
200100024	赵红岩	男	20	计算机信息学院
200100132	王凌	女	21	水利学院

表 7-30 Course

课程号（Cno）	课程名（Cname）	先行课（Cpno）	学分（Ccredit）
001	数字信号处理	4	2
002	城市规划与设计	NULL	2
003	Java 程序设计	4	2
004	C 语言	6	3
005	随机过程	6	3
006	动态规划	NULL	2

表 7-31　Student-Course

学号（Sno）	课程号（Cno）	成绩（Grade）	学号（Sno）	课程号（Cno）	成绩（Grade）
200100098	002	92	200100098	005	79
200100098	003	86	200100156	005	82
200100156	003	92	200100132	003	87

【例 7.16】查询计算机信息学院全体学生。

$\sigma_{Sdept=\text{“计算机信息学院”}}(Student)$或$\sigma_{5=\text{“计算机信息学院”}}(Student)$

运算结果如表 7-32 所示。

表 7-32　查询结果

学号（Sno）	姓名（Sname）	性别（Ssex）	年龄（Sage）	所在院系（Sdept）
200100114	李辉	男	20	计算机信息学院
200100024	赵红岩	男	20	计算机信息学院

【例 7.17】查询年龄小于 20 岁的元组。

$\sigma_{Sage<20}(Student)$或$\sigma_{4<20}(Student)$

运算结果如表 7-33 所示。

表 7-33　查询结果

学号（Sno）	姓名（Sname）	性别（Ssex）	年龄（Sage）	所在院系（Sdept）
200100098	张菲	女	19	经济管理学院
200100101	许漫	女	19	建筑学院

【例 7.18】查询学生关系 Student 在学生姓名和所在系两个属性上的投影。

$\Pi_{Sname,Sdept}(Student)$或 $\Pi_{2,5}(Student)$

运算结果如表 7-34 所示。

表 7-34　投影运算结果

姓名（Sname）	所在院系（Sdept）	姓名（Sname）	所在院系（Sdept）
李辉	计算信息学院	李鹏飞	建筑学院
张菲	经济管理学院	赵红岩	计算机信息学院
许漫	建筑学院	王凌	水利学院

【例 7.19】查询学生关系 Student 中有哪些院系。

$\Pi_{Sdept}(Student)$

运算结果如表 7-35 所示。

表 7-35　投影运算结果

所在院系（Sdept）	所在院系（Sdept）
计算机信息学院	建筑学院
经济管理学院	水利学院

注意：投影后不仅会删除某些列，也会取消某些行。（参考专门的关系运算）

【例 7.20】求至少选修 002 号课程和 003 号课程的学生学号。

这类题的解题步骤可分为如下两步：

① 建立临时关系 K，如表 7-36 所示。

表 7-36 临时关系 K

Cno
002
003

② 做除法 $\Pi_{Sno,Cno}(Student\_Course) \div K$。

得出的结果为{200100098}

【例 7.21】查询选修了 003 号课程的学生的学号。

$\Pi_{Sno}(\sigma_{Cno='003'}(Student\_Course))$ = {200100098,200100156,2001001321}

【例 7.22】查询至少选修了一门其直接选修课为 4 号课程的学生姓名。

$\Pi_{Sname}(\sigma_{Cpno='4'}(Course) \infty Student\_Course \infty \Pi_{Sno,Sname}(Student))$

或 $\Pi_{Sname}(\Pi_{Sno}(\sigma_{Cpno='4'}(Course) \infty Student\_Course) \infty \Pi_{Sno,Sname}(Student))$

【例 7.23】查询选修了全部课程的学生学号和姓名。

$\Pi_{Sno,Cno}(Student\_Course) \div \Pi_{Cno}(Course) \infty \Pi_{Sno,Sname}(Student)$

7.3 结构化查询语言 SQL

目前，结构化查询语言 SQL（Structured Query Language）是数据库的标准主流语言。SQL 语言是在 1974 年由 Boyce 和 Chamberlin 提出的，并在 IBM 公司的关系数据库系统 System R 上得到实现。SQL 语言的前身是 1972 年提出的 SQUARE（Specifying Queries As Relational Expression）语言，1974 年将其做了修改，称为 SEQUEL（Structured English Query Language）语言，后来简称 SQL 语言。

由于 SQL 语言具有使用方式灵活、功能强大、语言简单易学等突出优点，许多关系数据库如 DB2、Oracle、SQL Server 等都实现了 SQL 语言，同时数据库产品厂商也纷纷推出各自的支持 SQL 的软件或与 SQL 的接口软件。很快 SQL 语言就被整个计算机界认可，1986 年美国国家标准局（ANSI）首先颁布了 SQL 语言的美国标准，1987 年国际标准组织（ISO）也把这个标准纳入国际标准，经修订后，1989 年 4 月颁布了增强完整性特征的 SQL89 版本，1992 年再次修订后颁布了 SQL92 版本，也就是今天所说的 SQL 标准。当前最新的 SQL 语言是 ANSI SQL99。我国的 SQL 国家标准类似于 SQL89 版本。

现在，SQL 语言已经成为关系数据库的通用语言。由于在实际系统中使用的 SQL 语言的标准文本对 SQL99 有许多扩充，例如 SQL Server 2000 使用的是 Transact SQL，所以本节介绍标准的 SQL 语言。

7.3.1 SQL 概述

虽然在命名 SQL 语言时，使用了“结构化查询语言”，但是实际上 SQL 语言有四大功能：查询（Query）、操纵（Manipulation）、定义（Definition）和控制（Control），这四大功能使 SQL 语言成为一个综合的、通用的、功能强大的关系数据库语言。

1. SQL 语言的特点

（1）一体化的特点

SQL 语言一体化的特点主要表现在 SQL 语言的功能和操作符上。SQL 语言能完成定义关系模式、输入数据以建立数据库、查询、更新、维护、数据库重构、数据库安全性控制等一系列操作要求，具有集数据定义语言 DDL（Date Define Language）、数据操纵语言 DML（Date Manipulate Language）、数据控制语言 DCL（Date Control Language）为一体的特点。用 SQL 语言可以实现数据库生命期中的全部活动。

因为在关系模型中实体以及实体间的联系都用关系来表示，这种单一的数据结构带来了数据操纵符的统一性，因此要想操作仅以一种方式表示的信息，只需要一种操作符。

（2）两种使用方式、统一的语法结构

SQL 语言有两种使用方式：联机交互使用方式和嵌入某种高级程序设计语言中进行数据库操作的方式。在联机交互使用方式下，SQL 语言为自含式语言，可以独立使用，这种方式适合非计算机专业人员使用；在嵌入某种高级语言的使用方式下，SQL 语言为嵌入式语言，它依附于主语言，这种方式适合程序员使用。

尽管用户使用 SQL 语言的方式可能不同，但是 SQL 语言的语法结构是基本一致的。这就大大改善了最终用户和程序设计人员之间的通信。

（3）高度非过程化

在使用 SQL 语言时，无论在哪种使用方式下，用户都不必了解文件的存取路径。存取路径的选择和 SQL 语句操作的过程由系统自动完成。也就是说，只要求用户提出“干什么”，而无需指出“怎么干”。

（4）语言简洁、易学易用

虽然 SQL 语言的功能非常强大，但是它的语法一点都不复杂，十分简洁。标准 SQL 语言完成核心功能共用了 6 个动词，其他的扩充 SQL 语言一般又在数据定义部分加了 DROP，在数据控制部分加了 REVOKE。SQL 语言的语法接近英语口语，因此易学易用。

如表 7-37 所示为 SQL 语言能够实现的各个功能和使用的语法。

表 7-37　SQL 语言使用的动词

SQL 语言的功能	动　词
数据库查询	SELECT
数据定义	CREATE、DROP
数据操纵	INSERT、UPDATE、DELETE
数据控制	GRANT、REVOKE

2．SQL 数据库的三级模式结构

SQL 语言支持关系数据库的三级模式的结构。但是在 SQL 语言中，有些术语与传统的关系数据库术语有所不同。例如：关系模式在 SQL 语言中称为“基本表”；存储模式称为“存储文件”；子模式称为“视图”；元组称为“行”；属性称为“列”等。如图 7-25 所示是 SQL 数据库的三级模式结构。

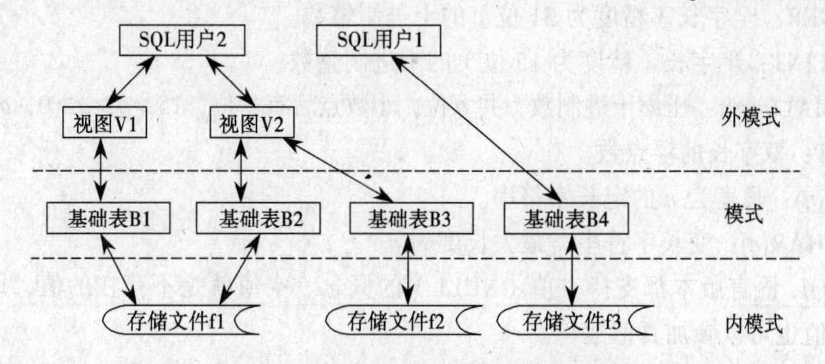

图 7-25　SQL 数据库的三级模式结构

① 用户可以用SQL语言对视图（View）和基本表（Base Table）进行查询等操作。在用户观点中，视图和基本表一样都是关系。

② 视图是从一个或几个基本表导出的表，它本身不独立存储在数据库中，即数据库中只存储视图的定义，不存储对应的数据，视图的数据基于基本表的数据。因此，视图是一张虚拟表。

③ 基本表是本身独立存在的表，每个基本表都有与之对应的存储文件。一个表可以跨越若干个存储文件，一个存储文件也可存放若干个基本表。一个存储文件对应外部存储器上的一个物理文件，一个表可以带若干索引。存储文件和索引组成了关系数据库的内模式。存储文件和索引文件的文件结构是任意的。

④ SQL 用户可以是应用程序，也可以是最终用户。目前 SQL 标准允许使用的主语言主要有 FORTRAN、COBOL、Pascal、PL/L 和 C 语言等。SQL 用户也可以作为独立的用户接口，供交互环境下的终端用户使用。

7.3.2 SQL 数据定义

SQL 语言的数据定义（DDL）功能包括三部分：定义基表、定义视图和定义索引。其中定义基表中包括建立基表、修改基表和删除基表；定义视图中包括建立视图和删除视图；定义索引中包括建立索引和删除索引。它们的语句分别为 CREATE TABLE、ALTER TABLE、DROP TABLE、CREATE VIEW、DROP VIEW；CREATE INDEX、DROP INDEX。本节分别介绍定义基表和定义索引两部分功能，有关 SQL 语言定义视图的功能将在学完 SQL 语言的数据操纵功能后再进行介绍。

1. 定义基表

（1）建立基表

建立基表的格式如下：

```
CREATE TABLE 表名(列名 1 数据类型 1[NOT NULL]
                        [,列名 2 数据类型 2[NOT NULL]] …)
                        IN 数据库空间名];
```

一个表可以有一个列或者多个列，列的定义要说明列名、数据类型，指出列的值是否允许为空值（NULL）。如果某列作为该基表的关键字，应该定义该列为非空（NOT NULL）。

一般情况下，标准 SQL 语言支持以下数据类型：

① INTEGER：全字长（精度为 31 位）的十进制整数。

② SMALLINT：半字长（精度为 15 位）的十进制整数。

③ DECIMAL($p[q]$)：压缩十进制数，共 p 位，小数点后有 q 位；$15 \geqslant p \geqslant q \geqslant 0$，$q=0$ 时可省略。

④ FLOAT：双字长的浮点数。

⑤ CHAR(n)：长度为 n 的定长字符串。

⑥ VARCHAR(n)：变长字符串，最大长度为 n。

一般的 SQL 语言版本都支持空值（NULL）的概念。空值就是不存在的值，即未知的或者不可用的，空值也可以参加真值运算。

在算术表达式中，如果任一运算分量为空值，则表达式的值为空值。如 $x+y \times z$ 中，如果 y

为空值，则 $x+y\times z$ 的值为空。

在逻辑表达式中，如果有一个值为空值，则整个逻辑表达式的值为空值。如 $x+y\times z>0$ AND SEX=MALE，如果 y 为空值，则 $x+y\times z>0$ 的值为空，整个逻辑表达式的值也为空。

【例 7.24】建一个学生基表 Student。

```
CREATE TABLE Student(ID_Card CHAR(18)NOT NULL,
                     Sname CHAR(8),
                     Sage SMALLINT,
                     Sschool number CHAR(6));
```

执行上述语句就在数据库中建立了一个新的学生表 Student，该表有 4 列，分别是：身份证号（ID_Card），数据类型（CHAR（3）），不允许有空值（NOT NULL）；姓名（Sname），数据类型（CHAR（8））；年龄（Sage），数据类型（SMALLINT）；所属学校代号（Sschool_number），数据类型（CHAR（6））。

（2）修改基表

修改基表的格式如下：

```
ALTER TABLE 表名 ADD 列名数据类型;
```

上述语句的功能是在已经存在的表中增加一列。

【例 7.25】修改学生表 Student，在其中增加一个新列：性别（Ssex），数据类型（CHAR（2））。

```
ALTER TABLE Student ADD Ssex char (2);
```

（3）删除基表

删除基表的格式如下：

```
DROP TABLE 表名;
```

该语句把一个基表的定义，连同表中的所有数据记录、索引以及由此表导出的所有视图全部删除，并释放相应的存储空间。

【例 7.26】删除学生表 Student。

```
DROP TABLE Student;
```

2. 定义索引

索引就是针对一个基表根据应用环境的不同需要建立的能够提供多种存取路径的文件。通常情况下，只有 DBA 或建表的人负责索引的建立和删除，用户不必也不能在存取数据时选择索引，存取路径的选择由系统自动进行。

（1）建立索引

建立索引的格式如下：

```
CREATE[UNIQUE] INDEX 索引名 ON 基表名
    (列名 1[ASC/DESC][,列名 2[ASC/DESC]]…)
    [PCTFREE={10/整数}];
```

该语句允许在基表的一列或者多列上建立索引，最多不超过 16 列。索引可按升序（ASC）或者降序（DESC）排列，默认时为升序。UNIQUE 表示每一索引值只对应唯一的数据记录。

选项 PCTFREE 指明在建立索引时，索引页中为以后插入或者更新索引想保留的自由空间的百分比，默认值为 10%。

在一个基表上可以建立多个索引，以提供多种存取路径。索引一旦建立，在它被删除前一直有效。系统能够自动提供最优存取路径，使存取代价为最小。

【例 7.27】在学生表 Student 中按身份证号（ID_Card）降序建立索引 XID_Card。

```
CREATE UNIQUE INDEX XID_Card ON Student(ID_Card DESC);
```

【例 7.28】在学生表 Student 中同时按身份证号（ID_Card）降序和所属学校代号（Sschool_number）建立索引 IN_S。

```
CREATE UNIQUE INDEX IN_S ON Student(ID_Card DESC,Sschool_number ASC);
```

（2）删除索引

删除索引的格式如下：

```
DROP INDEX 索引名;
```

该语句可删除基表上建立的索引。在删除索引的同时，系统会自动把有关索引的描述从数据字典中删除。另外，当一个基表被删除时，在此基表上建立的索引也随之被删除。

【例 7.29】在学生表 Student 中删除索引 XID_SN。

```
DROP INDEX XID_SN;
```

7.3.3 SQL 数据检索

SQL 语言的数据操纵功能主要包括两个方面：检索和更新（包括增加、修改、删除）。涉及到 4 个语句：查询（SELECT）、插入（INSERT）、删除（DELETE）和更新（UPDATE）。本节主要讨论 SQL 语言的检索功能。

SQL 语言的核心是数据库查询语句。查询语句的格式如下：

```
SELECT [ALL/DISTINCT] */目标列
FROM 基表(或视图)
[WHERE 条件表达式 1
[GROUP BY 列名 1[HAVING 内部函数表达式]]
[ORDER BY 列名 2 ASC/DESC];
```

该语句的功能是：根据 WHERE 子句中的条件表达式，从 FROM 后给出的基表或视图中找出满足条件的元组，按 SELECT 子句中的目标列，选出元组中的分量形成结果表。GROUP 子句将结果按列名 1 分组，每个组产生结果表中的一个元组；当有 HAVING 短语时，列名 1 按 HAVING 后的条件分组。如果有 ORDER 子句，则结果表要根据指定的列名 2 按升序或降序排序。

在上述格式中，SELECT 后是查询目标表，其中参数说明如下：

① ALL：检索所有符合条件的元组。

② DISTINCT：检索去掉重复组的所有元组，默认值为 ALL。

③ *：检索结果为整个元组，即包括所有的列。

④ 目标列是由“,”分开的多个项，可以是列名、常数或系统内部函数。

通常 SQL 语言为了增强检索功能，提供了一些内部函数来方便用户的检索，称为库函数。这些库函数有如下几种：

① COUNT：对一列中的值计算个数。

② COUNT(*)：计算元组个数。

③ SUM：求某一列值的总和（此列的值必须是数值）。

④ AVG：求某一列值的平均值（此列的值必须是数值）。

⑤ MAX：求某一列中的最大值。

⑥ MIN：求某一列中的最小值。

在求内部函数时，空值被忽略，如果所有值为空，则结果也为空，但 COUNT 函数返回值为 0。

一般情况下，各种关系数据库系统产品都会提供以上所列出的库函数，但又会在此基础上进行扩展，所以不同的数据库系统的内部函数可能会有所不同，这里不详细讨论。

在上述格式中，条件表达式可以有多种形式，例如可以含有算术运算符（+、-、*、/）、逻辑运算符（AND、OR、NOT）和比较运算符（=、>、>=、<、<=、<>），还有以下几种形式：

① <列名>IS[NOT]NULL：列值是否为空。

② <表达式 1>[NOT]BETWEEN<表达式 2>AND<表达式 3>：表达式 1 的值是否在表达式 2 和表达式 3 的值之间。

③ '表达式' [NOT]IN（目标表列）：表达式的值是否是目标表列中的一个值。

④ '列名' [NOT]LIKE<'字符串'>列值是否包含在'字符串'中。字符串中可用通配符"?"、"_"、"*"和"%"。"?"和"_"表示任意一个字符，"*"和"%"表示任意一串字符。

下面用一些实例来分别讲述 SQL 语言检索功能中的简单查询、连接查询和嵌套查询。以 test 数据库中的 3 张表如表 7-38、表 7-39 和表 7-40 所示为基础举例说明。

表 7-38　学生表（Student）

ID_Card	Sname	Sage	Ssex	Sschool_number
11010519740506001	刘志刚	28	男	A_15
11010719770304002	蒋辉	25	女	A_01
11013019781008004	许静	24	女	B_19
12109619810706001	王军	21	男	C_82
13070519750215002	程红	27	女	B_57
32605619800318004	王言	22	女	
40507819801124003	李赞	22	男	B_19

表 7-39　贷款单表（Loan）

Loan_number	Amount
L_04	¥15000.00
L_11	¥20000.00
L_16	¥35000.00
L_25	¥10000.00
L_28	¥15000.00
L_30	¥10000.00
L_33	¥15000.00

表 7-40　学生贷款表（Borrower）

ID_Card	Load_number
11010519740506001	L_33
11010719770304002	L_16
11013019781008004	L_28
13070519750215002	L_25
13070519750215002	L_30
40507819801124003	L_11

1. 简单查询

【例 7.30】查询全体学生的详细信息。

```
SELECT * FROM Student;
```

【例 7.31】查询所属学校代号是 B_19 的学生的姓名和年龄。

```
SELECT Sname,Sage
```

```
FROM Student
WHERE Sschool_number='B_19';
```

结果列出“许静”和“李赞”的姓名的年龄。

【例 7.32】查询所有贷款的学生的身份证号。

```
SELECT DISTINCT ID_Card
FROM Borrower;
```

结果列出所有贷款的学生和身份证号。

本例中，由于一个学生可能多次贷款，因此在学生贷款表（Borrower）中可能有多条身份证号的值相同的元组，在进行选择查询时，只想知道有哪个同学贷款，而不关心他的贷款次数，所以在查询语句中采用 DISTINCT 来去掉结果集中重复的元组。

【例 7.33】查询所属学校代号是 B_57 的学生中年龄大于 24 的学生姓名、年龄和性别。

```
SELECT Sname,Sage,Ssex
FROM Student
WHERE Sschool_number='B_57'AND Sage>24;
```

结果为“程红”的有关信息。

【例 7.34】查询所属学校代号为 B_19 的学生姓名、年龄和性别，并按年龄降序排序。

```
SELECT Sname,Sage,Ssex
FROM Student
WHERE Sschool_number='B_19'
ORDER BY Sage DESC;
```

【例 7.35】查询贷款金额为 15 000 的学生的贷款单号。

```
SELECT Loan_number
FROM Loan
WHERE amount=15000;
```

【例 7.36】查询贷款金额在 15 000~20 000 之间的贷款单号，并按贷款金额升序排序。

```
SELECT Loan_number,amount
FROM Loan
WHERE amount BETWEEN 15000 AND 20000
ORDER BY amount;
```

【例 7.37】查询所属学校代号是 B_57、A_01 和 C_82 的所有学生身份证号、姓名和所属学校代号，并按学校代号升序排序。

```
SELECT ID_Card,Sname,Sschool_number
FROM Student
WHERE Sschool_number IN ('B_57', 'A_01', 'C_82')
ORDER BY Sschool_number;
```

IN 等价于用多个 OR 连接起来的复合条件。如果想查询所属学校代号不是 B_57、A_01 和 C_82 的所有学生身份证号、姓名和所属学校代号，并按学校代号升序排序，则只需在 IN 前加上 NOT。

```
SELECT ID_Card,Sname,Sschool_number
FROM Student
WHERE Sschool_number NOT IN ('B_57', 'A_01', 'C_82')
ORDER BY Sschool_number;
```

【例 7.38】查询身份证号以“110”开始的学生的所有信息。

```
SELECT *
FROM Student
WHERE ID_Card LIKE '110';
```

【例 7.39】查询最高和最低的贷款金额。

```
SELECT Min(amount) AS AMOUNTOfMin,Max(amount)AS
AMOUNTOfMax
FROM Loan;
```

表 7-41　例 7.39 执行结果

AMOUNTOfMin	AMOUNTOfMax
¥10000.00	¥35000.00

结果如表 7-41 所示。

2．连接查询

当查询涉及两个或两个以上的基表时，就称之为连接查询。连接查询是关系数据库中最主要的查询功能。

【例 7.40】查询已参加贷款的学生的全部信息和其贷款单号。

```
SELECT S.*,B.Loan_number
FROM Student AS S,Borrower AS B
WHERE S.ID_Card=B.ID_Card;
```

在本查询中，为了简化语句的书写，用到了表的别名，如 Student AS S，S 就是 Student 的别名。如果要选择的列名在多个表中是唯一的，则其前的表名可以省略，如本例中的 B.Loan_number 也可以直接写成 Loan_number。WHERE 后为多表查询的连接条件，在后面的例子中会看到各种形式的连接条件。

【例 7.41】查询贷款号为 L_33 的学生信息。

```
SELECT S.*
FROM Student AS S,Borrower AS B
WHERE S.ID_Card=B.ID_Card AND B.Loan_number='L_33';
```

【例 7.42】查询贷款金额为 15 000 元的学生信息。

```
SELECT S.*,L.Loan_number
FROM Student AS S,Borrower AS B.Loan AS L
WHERE S.ID_Card=B.ID_Card AND B.Loan_number=L.Loan_number AND
L.amount=15000;
```

另外，还有一种使用 INNER JOIN_ON 语句的自然连接查询。例如本例可以写成如下形式：

```
SELECT S.*,L.Loan_number
FROM (Student AS S INNER JOIN Borrower AS B ON S.ID_Card=B.ID_Card) INNER
JOIN Loan AS L ON B.Loan_number=L.Loan_number
WHERE L.amount=15000;
```

执行结果读者自己验证。

【例 7.43】查询多次参加贷款的学生的身份证号及其贷款单号。

```
SELECT DISTINCT B1.ID_Card, B1.Loan_number,B2.Loan_number
FROM Borrower AS B1,Borrower AS B2
WHERE B1.ID_Card=B2.ID_Card AND B1.Loan_number<>B2.Loan_number;
```

连接也可以是一个表自身的连接。在连接时，实际上是将一个表作为两个表来处理的。为了区分开，在查询语句中要使用表的别名。

3．嵌套查询

嵌套查询也称为子查询，是指一个查询块（SELECT-FROM-WHERE）可以嵌入另一个查询块之中。SQL 语言允许多层嵌套。有时人们将子查询分为无关联子查询和关联子查询，二者的区别将在以下的例题中进行讲解。

【例 7.44】查询年龄大于 23 岁的学生的贷款单号和贷款金额。

```
SELECT *
FROM Loan
WHERE Loan_number IN
          (SELECT Loan_number
          FROM Borrower
          WHERE Borrower.ID_Card IN
                 (SELECT ID_Card
                 FROM Student
                 WHERE Sage>23));
```

本查询是一个无关联子查询的例子，无关联子查询使用“IN”。查询中用了两次子查询，执行时先得到最内层的查询结果，逐层向外求值，最后得到要查询的值。无关联子查询的内、外层查询的返回结果均为二维表。使用子查询层次清楚，容易表示，易于理解。当然本例也可以用连接查询实现。

【例 7.45】查询多次贷款的学生的身份证号。

```
SELECT ID_Card
FROM Borrower AS B1
WHERE ID_Card IN
        (SELECT ID_Card
        FROM Borrower AS B2
        WHERE B1.Loan_number<B2.Loan_number);
```

【例 7.46】查询贷款金额为 15 000 元的学生的身份证号。

```
SELECT ID Card
FROM Borrower AS B1
WHERE ID Card IN
        (SELECT ID_Card
        FROM Borrower AS B2
        WHERE B1.Loan_number<B2.Loan number);
```

【例 7.47】查询贷款金额为 15 000 元的学生的身份证号。

```
SELECT ID_Card
FROM Borrower
WHERE EXISTS
    (SELECT *
    FROM Loan
    WHERE Borrower.Loan_number=Loan.Loan_number AND Loan.amount=15000);
```

结果如表 7-42 所示。

表 7-42 例 7.47 执行结果

ID_Card
11010519740506001
11013019781008004

本查询是一个关联子查询的例子，关联子查询使用量词“EXISTS”。在执行关联子查询的语句时，当且仅当子查询的值不为空时，存在量词的值为真。也就是说，关联子查询中的子查询返回的是布尔值，不是二维表。如果子查询的返回值为真，则在结果集中保留该元组的值，否则就不保留该元组。

如果需要正好相反的结果集，则使用 NOT EXISTS。读者可自己验证。

【例 7.48】查询身份证号为 13070519750215002 或者贷款金额为 20 000 元的贷款单号。

SQL 中提供了并运算（UNION）。如果两个查询是兼容的，则可以并为一个查询结果，也就是说，如果两个查询的结果集有相同的列，则二者相容，此时可以做并运算。UNION 运算可以自动削去重复元组。本例就是一个使用并运算的例子。

```
SELECT Loan_number
FROM Borrower
WHERE ID_Card='13070519750215002'
UNION
SELECT Loan_number
FROM Loan
WHERE amount=35000;
```

表 7-43　例 7.48 执行结果

Loan_number
L_16
L_25
L_30

结果如表 7-43 所示。

7.3.4　SQL 数据更新

SQL 语言的数据更新功能保证了 DBA 或数据库用户可以对已经建好的数据库进行数据维护，SQL 语言的更新语句包括修改、删除和插入三类语句。下面分别介绍这三类语句的使用。

1. 修改语句

修改语句也称为更新语句，它的一般格式如下：

```
UPDATE 表名
SET 列名 1=表达式 1[,列名 2=表达式 2]…
[WHERE 条件表达式];
```

该语句的功能是修改指定表中满足条件表达式的元组，把这些元组按 SET 子句中的表达式修改相应列上的值。

【例 7.49】修改贷款单号为 L_33 的贷款金额为 20 000 元。

```
UPDATE Loan
SET amount=20000
WHERE Loan_number='L_33';
```

【例 7.50】把身份证号为 11010519740506001 的学生的贷款金额修改为 20 000 元。

```
UPDATE Loan
SET amount=20000
WHERE Loan_number=
    (SELECT Loan_number FROM Borrower
    WHERE ID_Card='110105197 40506001');
```

这里如果确定子查询的结果唯一，可以使用“=”，否则应使用“IN”。

2. 插入语句

插入语句的一般格式如下：

```
INSERT INTO 表名[(列名 1[,列名 2]…)]
VALUES(常量 I[,常量 2] …);
```

或者

```
INSERT INTO 表名[(列名 1[,列名 2] …)]
        嵌套查询;
```

第一种格式一次可以插入一个新元组，也可以插入一个元组的几列的值。第二种格式是把嵌套查询得到的结果插入表中。如果表中的某些列没有在插入语句中出现，则这些列上的值取空值 NULL。如果在定义基表时说明了某个列的值非空，则该列在插入时不能取空值。

【例 7.51】在学生表中插入一个新元组（11015019821228003，孙晓明，20，男，C_20）。

```
INSERT INTO Student
VALUES('11015019821228003','孙晓明',20,'男','C_20');
```

如果某一允许空的列的值暂时不知道，可以不写在列表中。如本例中暂不知道学校代号，可以写成如下的语句：

```
INSERT INTO Student
VALUES('11015019821228003','孙晓明',20,'男');
```

【例 7.52】建立一张新表 B_A（ID_Card，Loan_number，amount），并在其中插入贷款金额为 15 000 元的学生贷款信息。

```
INSERT INTO B_A
SELECT Borrower.ID_Card,Borrower.Loan_number,Loan.amount
FROM Borrower INNER JOIN Loan ON Borrower.Loan_number=Loan.Loan_number
WHERE Loan.amount=15000;
```

3. 删除语句

删除语句的一般格式如下：

```
DELETE FROM 表名
[WHERE 条件表达式];
```

该语句的功能是从指定基表中删除满足条件表达式的元组。如果没有 WHERE 子句，则删除所有元组，删除后该基表成为空表，但是该表的定义仍保存在数据字典中。

【例 7.53】删除年龄为 25 的学生记录。

```
DELETE FROM Student
WHERE Sage=25;
```

用 SQL 语言对数据库中的数据进行更新、插入或删除时，都是对单个表进行的，如果表之间没有定义完整性约束，则可能导致多个表之间的数据不一致。

4. SQL 语言对视图的操纵

视图（View）是从一个或几个基表（或视图）导出的表。一个用户可以定义若干个视图，因此，对于某一用户而言，它的外模式是由若干基表和若干视图组成的。

前面讲过，视图是一张虚拟表，即视图所对应的数据不实际存储在数据库中。数据库中只存储视图的定义，只有对视图进行操作时才根据定义从基表中形成实际数据供用户使用。本节就来讨论视图的定义。

（1）建立视图

建立视图的格式如下：

```
CREATE VIEW 视图名 [字段名[,字段名]…]
AS 查询语句
[WITH CHECK OPTION];
```

该语句执行的结果就是把视图的定义存入数据字典中，定义该视图的查询语句并不执行。选项 WITH CHECK OPTION 表示对视图进行更新（UPDATE）和插入（INSERT）操作时要保证更新或插入的行满足视图定义中的谓词条件。另外，在上述格式的查询语句中，不能有 UNION 和 ORDERBY 子句。

【例 7.54】建立学校代号为 B_19 的学生信息视图。

```
CREATE VIEW Stu_B_19
AS  SELECT *
    FROM Student
    WHERE Sschool_number='B_19';
```

视图 Stu_B_19 的字段名都省略了，隐含是子查询中 SELECT 子句目标列中的诸字段。

但是当目标列中是库函数或字段表达式，或者多表连接时选出了几个同名字段作视图的字段时，则在视图定义中必须指出它的诸字段名字。

【例 7.55】把学生的身份证号和贷款金额定义成一个视图。

```
CREATE VIEW Stu_Amount(ID_Card,amount)
AS  SELECT ID_Card,amount
    FROM Borrower,Loan
    WHERE Borrower.Loan_number=Loan.Loan_number
```

（2）删除视图

删除视图的格式如下：

```
DROP VIEW 视图名;
```

该语句的执行结果就是从数据字典中删除某个视图的定义，由此视图导出的其他视图通常不能被自动删除，但是已经不能使用了。若导出此视图的基表被删除了，则此视图也将被自动删除。

【例 7.56】删除视图 Stu_B_19。

```
DROP VIEW Stu_B_19
```

（3）视图的查询

前面讲过，视图也是二维表，因此视图定义以后，用户可以如同操作基表那样对视图进行操作。但视图是一个虚拟表，在视图上不能建立索引。本节先来介绍视图的查询。

对基表的各种查询形式对视图同样有效，如连接查询、分组、排序和嵌套查询等，但在有些情况下对视图的查询要受到限制。如果视图中的列是使用内部函数定义的，则该列名不能在查询条件中出现，也不能作为内部函数的参数。用 GROUP BY 定义的视图不能进行连接查询，即不能同其他视图或基表连接

【例 7.57】在视图 Stu_B_19 中查询年龄大于 23 岁的学生信息，并按年龄排序。

```
SELECT * FROM Stu_B_19
WHERE Sage>23
ORDER BY Sage;
```

系统执行此查询时，首先把它转换成等价的对基表的查询，然后执行修改了的查询。即当查询是针对视图时，系统首先从数据字典中取出该视图的定义，然后把定义中的子查询和视图查询语句结合起来，形成一个修正的查询语句。本例修正后的查询语句如下：

```
SELECT * FROM Stuent
WHERE Sage>23 AND Sschool_number='B_19'
ORDER BY Sage;
```

对视图的查询实质上是对基表的查询，因此基表的变化可以反映到视图上。视图就如同“窗

口”一样，通过视图可以看到基表动态的变化。通常视图查询的转换是直截了当的，但有时也会产生一些问题。

【例 7.58】建立一个学校学生的平均年龄的视图 Sch_AVGOfAge。

```
CREATE VIEW Sch_AVGOfAge(Sschool_number,AVGOfAge)
AS  SELECT Sschool_number,AVG(Sage)
   FROM Student
   GROUP BY Sschool_number;
```

在该视图中查询平均年龄大于 22 岁的学校代号和平均年龄。

```
SELECT * FROM Sch_AVGOfAge
WHERE AVGOfAge>22;
```

执行查询转换后得到了一个不正确的查询语句：

```
SELECT Sschool_number,AVG(Sage)
FROM Student
WHERE AVG(Sage)>22
GROUP BY Sschool_number;
```

WHERE 子句中不能用库函数作为条件表达式，正确的转换语句如下：

```
SELECT Sschool_number,AVG(Sage)
FROM Student
GROUP BY Sschool_number HAVING AVG(Sage)>22;
```

（4）视图的更新

视图的更新是指 INSERT、UPDATE、DELETE 三类操作。视图的更新最终要转换成对基表的更新。

【例 7.59】给视图 Stu_B_19 中所有学生的年龄加一。

```
UPDATE Stu_B_19
SET Sage=Sage+1
```

将其转换为对基表 Student 的更新：

```
UPDATE Student
SET Sage=Sage+1
WHERE Sschool_number='B_19'
```

【例 7.60】在视图 Stu_B_19 中插入一个学生（11016019820609001，王晓波，23，男，B_j9）。

```
INSERT INTO Stu_B_19
VALUES('11016019820609001','王晓波',23,'男','B_19');
```

转换成对基表的插入：

```
INSERT INTO Student
VALUES('11016019820609001','王晓波',23,'男','B_19');
```

若一个视图是由单个基表导出的，并且只是去掉了基表的某些行和某些列（不包括键），如视图 Stu_B_19，则称这类视图为行列子集视图。行列子集视图是可更新的。有些视图虽然不是行列子集视图，但是理论上讲仍是可更新的，而有些视图则是不可更新的。

【例 7.61】在视图 Sch_AVGOfAge 中，将学校代号为 B_19 的学校学生平均年龄改为 24。

```
UPDATE Sch_AVGOfAge
SET AVGOfAge=24
WHERE Sschool_number='B_19';
```

由于视图 Sch_AVGOfAge 中的一个元组是由基表 Student 中若干行经过分组求平均值得到的，因此对视图 Sch_AVGOfAge 的更新就无法转换成对 Student 的更新。所以视图 Sch_AVGOfAge 是不可更新的。

在关系数据库中，并非所有的视图都是允许更新的，也就是说，有些视图的更新不能唯一地、有意义地转换成对基表的更新。一般的数据库管理系统都有如下几种情况：

① 若视图的字段来自字段表达式或常数，则不允许对此视图执行 INSERT 和 UPDATE，但允许执行 DELETE 操作；

② 若视图的字段来自库函数，则此视图不允许更新；

③ 若视图的定义中有 GROUP BY 子句，则此视图不允许更新；

④ 若视图的定义中有 DISTINCT 选项，则此视图不允许更新；

⑤ 若视图的定义中有嵌套查询，并且嵌套查询的 FROM 子句中涉及的表也是导出该视图的基表，则此视图不允许更新；

⑥ 若视图是由两个以上基表导出的，则此视图不允许更新；

⑦ 一个不允许更新的视图上定义的视图也不允许更新。

那么不可更新视图和不允许更新视图有什么区别呢？不可更新视图是指在理论上已经证明了的不可更新的视图；不允许更新视图是指在实际的系统中不支持更新的视图，这里面既包括不可更新视图，也可能包括理论上可更新的视图，只是系统不允许对它们执行更新操作而已。

（5）视图的优点

SQL 中提供视图的概念，使用户操作数据更加灵活、方便，提高了数据库的性能。它的主要优点有以下几点：

① 视图对于数据库的重构造提供了一定程度的逻辑独立性。数据的物理独立性是指用户和用户程序不依赖于数据库的物理结构；数据的逻辑独立性是指当数据库重构造时，用户和用户程序不会受影响。一般的数据库都能很好地支持数据的物理独立性，但对于逻辑独立性，则不能完全地支持。有了数据的逻辑独立性，即使数据库的逻辑结构发生了改变，用户程序也不必作修改。这是因为视图定义了用户原来的关系，使用户的外模式不变，原来的应用程序仍能通过视图查找数据，但由于视图更新的条件性，更新操作会受到影响。

② 简化了用户观点。视图机制使用户把注意力集中在他所关心的数据上，简化了用户的数据结构。同时一些需要通过若干表连接才能得到的数据，以简单表的形式提供给用户，把从表到表所需要的连接操作向用户隐藏起来。

③ 使用户以不同的方式看待同一数据。例如某些用户关心某学校学生的贷款金额，而另一些用户则关心所有学生的平均贷款金额。当许多不同种类的用户使用同一集成的数据库时，这种灵活的使用方式显然是很重要的。

④ 对机密数据提供了自动的安全保护功能。视图机制可以把机密数据从公共的数据视图中分离出去，即针对不同用户定义不同的视图，在用户视图中不包括机密数据的字段。这样，用户通过视图只能操作他应该操作的数据，其他数据被隐藏起来，达到了对机密数据的保密目的。

7.3.5 SQL 数据控制

SQL 语言的数据控制功能是指控制数据库用户对数据的存取权力。实际上数据库中的数据控制包括数据的安全性、完整性、并发控制和数据恢复。这里仅讨论数据的安全性控制功能。

某个用户对数据库中某类数据具有何种操作权限是由 DBA 决定的。这是个政策问题而不是技术问题。DBMS 的功能是保证这些决定的执行，因此它必须具有以下功能：

① 把授权的决定告知系统，这是由 SQL 的 GRANT 和 REVOKE 语句完成的。

② 把授权的结果存入数据字典。

③ 当用户提出操作请求时，根据授权情况进行检查，以决定是执行操作请求还是拒绝它。

1. 授权语句

SQL 语言中授权语句的一般格式如下：

```
GRANT 权力 1[,权力 2,…][ON 对象类型 对象名]TO 用户 1[,用户 2,…]
[WITH GRANT OPTION];
```

对不同类型的操作对象可有不同的操作权限，如表 7-44 所示。

表 7-44 对象类型和操作权力表

对象类型	操作权利
表、视图、列（TABLE）	SELECT、INSERT、UPDATE、DELETE
基表（TABLE）	ALTER、INDEX
数据库（DATABASE）	CREATETAB
表空间（TABLESPACE）	USE
系统	CREAREDBC

对表 7-44 做以下说明：

① 对于基表、视图及表中的列，其操作权力有查询、插入、更新、删除以及它们的总和 ALL PRIVILEGES。

② 对于基表还有修改和建立索引的操作权力。

③ 对于数据库有建立基表（CREATETAB）操作权力，用户有了此权力就可以建立基表，他也因此称为表的主人，拥有对此基表的一切操作权力。

④ 对于表空间有使用（USE）数据库空间存储基表的权力。

⑤ 系统权力有建立新数据库（CREATEDBC）的权力。SQL 授权语句中的 WITH GRANT OPTION 选项的作用是使获得某种权力的用户可以把权力再授予别的用户。

下面通过例子来理解 SQL 语言的数据控制功能。

【例 7.62】把修改学生表中的身份证号和查询学生表的权利授予用户 1（USER1）。

```
GRANT UPDATE(ID_Card),SELECT ON TABLE Student TO USER1;
```

【例 7.63】把对表 Student，Borrower，Loan 的查询、修改、插入和删除等全部权力授予用户 1 和用户 2。

```
GRANT ALL PRIVILIGES ON TABLE Student,Borrower,Loan TO USER1,USER2;
```

【例 7.64】把对表 Loan 的查询权力授予所有用户。

```
GRANT SELECT ON TABLE Loan TO PUBLIC;
```

【例 7.65】把在数据库 TEST 中建立表的权力授予用户 2。

```
GRANT CREATETAB ON DATABASE TEST TO USER2;
```

【例 7.66】把对表 Borrower 的查询权力授予用户 3，并给用户 3 有再授予的权力。

```
GRANT SELECT ON TABLE Borrower TO USER3
WITH GRANT OPTION;
```

【例 7.67】用户 3 把查询 Borrower 表的权力授予用户 4。

```
GRANT SELECT ON TABLE Borrower TO USER4;
```

2. 回收语句

已经授予用户的权力可用 REVOKE 语句收回，格式如下：

```
REVOKE 权力 1 [,权力 2…] [ON 对象类型 对象名]
FROM 用户 1 [,用户 2];
```

【例 7.68】把用户 1 修改学生身份证号的权力收回。

```
REVOKE UPDATE (ID_Card) ON TABLE Student FROM USER1
```

【例 7.69】把用户 3 查询 Borrower 表的权力收回。

```
REVOKE SELECT ON TABLE Borrower FROM USER3;
```

由于在例 7.66 中授予用户 3 再授予的权力，而且用户 3 在例 7.67 中将对 Borrower 表的查询权力又授予了用户 4，因此，当在例 7.69 中把用户 3 的查询权力收回时，系统将自动地收回用户 4 对 Borrower 表的查询权力。注意，系统只收回由用户 3 授予用户 4 的那些权力，而用户 4 仍然具有从其他用户那里获得的权力。

SQL 的授权机制十分灵活，用户对自己建立的基表和视图拥有全部的操作权力，还可以用 GRANT 语句把某些操作权力授予其他用户，包括“授权”的权力。拥有“授权”权力的用户还可以把获得的权力再授予其他用户。如果用户不想再让其他用户使用某些权力，还可以用 REVOKE 语句收回。

7.4　常用的关系数据库

20 世纪 70 年代是关系数据库理论研究和原型开发的时代。关系模型被提出后，由于其突出的优点，迅速被商用数据库系统所采用。据统计，20 世纪 70 年代末以来新发展的 DBMS 产品中，近 90%十是采用关系数据模型，其中涌现出了许多性能良好的商品化关系数据库管理系统（RDBMS），例如，小型数据库系统 FoxPro、Access、PARADOX 等，大型数据库系统 DB2、INGRES、Oracle、INFORMIX、Sybase、SQL Server 等。因此可以说 20 世纪 80 年代和 90 年代是 RDBMS 产品发展和竞争的时代。RDBMS 产品经历了从集中到分布，从单机环境到网络，从支持信息管理到联机事务处理（OLTP），再到联机分析处理（OLAP）的发展过程；对关系模型的支持也逐步完善，并增加了对象技术，系统的功能不断增强。

目前商用数据库产品很多，本节简单介绍具有代表性的 MS SQL Server 2000、Oracle 10g 和 Access。

7.4.1 MS SQL Server 2000

SQL Server是由Sybase、Microsoft和Ashton-Tate联合开发的OS/2系统上的数据库系统，1988年正式投入使用。1990年，Ashton-Tate公司退出了SQL Server的开发，1994年，Sybase公司也将重点投入到UNIX版本的SQL Server开发上，而Microsoft公司则致力于将SQL Server移植到NT平台上。1996年，Microsoft公司独立推出了MS SQL Server 6.5；1998年，升级到7.0版本；到了2000年，MS SQL Server 2000面世了。

MS SQL Server是基于SQL客户/服务器（C/S）模式的关系型数据库管理系统，它建立在Microsoft Windows NT平台上，提供强大的企业数据库管理功能。

MS SQL Server 2000数据库系统是在Windows NT环境下开发的一种全新的关系型数据库系统，是发展最快的关系数据库，占世界市场份额的38%。SQL Server 2000具有大型数据库的一些基本功能，支持事务处理功能、支持数据库加密、设置用户组或用户的密码和权限等。它为用户提供了大规模联机事务处理（OLTP）、数据仓库和电子商务应用程序所需的最新的优秀数据库平台。

MS SQL Server 2000中的Transact-SQL是对ISO SQL99的实现，通过使用各种Transact-SQL语言，在服务器和客户机之间传送请求和回应，完成数据库中的各种操作。Transact-SQL语言是微软公司对SQL语言的扩展。它同SQL语言一样是一种交互式查询语言，具有功能强大、简单易学的特点：它既允许用户联机交互使用，也可以嵌入到某种高级程序语言中使用，它有自己的数据类型、表达式、关键字和语句结构，而且相对其他语言要简单得多。

MS SQL Server 2000是一个具备完全Web支持的数据库产品，提供了以Web标准为基础的扩展数据库编程功能，提供了对可扩展标记语言（XML）的核心支持以及在Internet上和防火墙外进行查询的能力。使用MS SQL Server 2000可以获得非凡的可伸缩性和可靠性。通过向上伸缩和向外扩展的能力，MS SQL Server 2000满足了苛刻的电子商务和企业应用程序要求。它还是Microsoft .NET Enterprise Server的数据管理与分析中枢，并包括加速从概念到最后交付开发过程的工具。作为最新的MS SQL Server版本，MS SQL Server 2000可以为各种企业用户提供完整的数据库解决方案。

MS SQL Server 2000可以在各种版本的Windows操作系统上运行。MS SQL Server 2000的服务器环境可以是Windows 2000、Windows NT或者Windows 9x，其客户机环境可以是Windows 2000、Windows NT、Windows 9x、Windows 3.x、MS-DOS、第三方平台和Internet浏览器等。MS SQL Server 2000与Windows 2000完全集成，并且利用了操作系统的许多功能；MS SQL Server 2000也可以很好地与Microsoft BackOffice产品集成；这些是MS SQL Server 2000得天独厚的优势，它实现了数据库与电子邮件等办公系统以及操作系统的完美结合。

7.4.2 Oracle 10g

Oracle是世界上最早的、技术最先进的、具有面向对象功能的对象关系型数据库管理系统，该产品的应用非常广泛。据统计，Oracle在全球数据库市场的占有率达到33.3%，在关系型数据库市场上拥有42.1%的市场份额，在关系型数据库UNIX市场上占据66.2%的市场。在应用领域，包括惠普、波音和通用电气等众多大型跨国企业利用Oracle电子商务套件运行业务。在我国，Oracle公司的业务也取得了迅猛发展，赢得了国内行业主管部门、应用单位和合作伙伴的广泛信任和支持，确立了在中国数据库和电子商务应用市场的领先优势。目前，Oracle 的应用已经深入到了银行、邮电、电力、铁路、气象、民航、情报、公安、军事、航天、财税、制造和教育等许多行业。

Oracle 公司成立于 1977 年，是一家著名的专门从事研究、生产关系数据库管理系统的专业厂家。1979 年推出的 Oracle 第一版是世界上首批商用的关系数据库管理系统之一。Oracle 当时就采用 SQL 语言作为数据库语言。自创建以来的 20 年中，不断推出新的版本。1986 年推出的 Oracle RDBMS 5.1 版是一个具有分布处理功能的关系数据库系统。1988 年推出的 Oracle 6 加强了事务处理功能。对多用户配置的多个联机事务的处理应用，吞吐量大大提高，并对 Oracle 的内核做了修改。1992 年推出的 Oracle 7 对体系结构做了较大的调整，并对核心做了进一步修改。1997 年推出的 Oracle 8 则主要增强了对象技术，成为对象-关系数据库系统。

1999 年，针对 Internet 技术的发展，Oracle 公司推出了第一个 Internet 数据库 Oracle 8i，该产品把数据库产品、应用服务器和工具产品全部转向了支持 Internet 环境，形成了一套以 Oracle 8i 为核心的、完整的 Internet 计算平台。企业可以利用 Oracle 产品构建各种业务应用，把数据库和各种业务应用都运行在后端的服务器上，进行统一的管理和维护，前端的客户只需要通过 Web 浏览器就可以根据访问权限访问应用和数据。

2001 年，Oracle 公司又推出了新一代 Internet 电子商务基础架构 Oracle 9i。这个由 Oracle 9i 数据库、Oracle 9i 应用服务器和 Oracle 9i 开发工具包组成的新一代电子商务基础架构，具有完整性、集成性和简单性等显著特点，为了使用户能够以最经济、有效的方式开发和部署 Internet 电子商务应用，提供了包括数据库、应用服务器、开发工具、内容工具和管理工具等最完整的功能支持。

2003 年 9 月，Oracle 公司发布最新版本 Oracle 10g，Oracle 10g 根据网格计算的需要增加了实现网格计算所需的重要的新功能，Oracle 将它的新技术产品命名为 Oracle 10g，这是自 Oracle 在 Oracle 8i 中增加互联网功能以来第一次重大的更名。

作为一个广泛使用的数据库系统，Oracle 10g 具有完整的数据管理功能，这些功能包括存储大量数据、定义和操纵数据、并发控制、安全性控制、完整性控制、故障恢复与高级语言接口等。Oracle 10g 还是一个分布式数据库系统，支持各种分布式功能，特别是支持各种 Internet 处理。作为一个应用开发环境，Oracle 10g 提供了一套界面友好、功能齐全的开发工具，使用户拥有一个良好的应用开发环境。Oracle 10g 使用 PL/SQL 语言执行各种操作，具有开放性、可移植性、灵活性等特点，支持面向对象的功能，支持类、方法和属性等概念。

企业 IT 不断承受着用更少的资源做更多的事情的压力。变化是持续的，公司需要快速地适应以保持竞争力。同时，对于可用性和性能的需求在不断增长，而预算在紧缩。为了应付计算需求的不可预测性和即时性，公司一般扩大服务器规模来适应高峰负载，并由 IT 组织配备人员来处理即席请求。为了解决这些问题，出现了一种新的计算模型，那就是整个业界都看好的网格计算模型。业内的一些领导者为网格创造了一些新的名词，比如按需计算（Computing on Demand）、自适应计算（Adaptive Computing）、效用计算（Utility Computing）、托管计算（Hosted Computing）、有机计算（Organic Computing）和泛在计算（Ubiquitous Computing）等。Oracle 10g 允许将企业 IT 朝网格计算模型的方向发展。Oracle 10g 新的技术满足了网格计算对于存储器、数据库、应用服务器和应用程序等方面的需求。Oracle Database 10g、Oracle Application Server 10g 和 Oracle Enterprise Manager 10g 一起提供了第一个完整的网格基础架构软件。

目前 Oracle 产品覆盖了大、中、小型机几十种机型，支持 UNIX、Windows 等多种操作系统平台，成为世界上使用非常广泛的、著名的商用数据库管理系统。

7.4.3 Access

Access 是 Microsoft Office 办公套件中一个极为重要的组成部分。刚开始时，微软公司是将 Access 单独作为一个产品进行销售的，后来微软发现如果将 Access 捆绑在 Office 中一起发售将带来更加可观的利润，于是第一次将 Access 捆绑到 Office 97 中，成为 Office 套件中的一个重要成员。现在它已经成为 Office 办公套件中不可缺少的部件。自从开始销售以来，Access 已经卖出了超过 6 000 万份，现在它已经成为世界上最流行的桌面数据库管理系统之一。

后来微软公司通过大量的改进，将 Access 的新版本功能变得更加强大。不管是处理公司的客户订单数据，管理自己的个人通讯录；还是大量科研数据的记录和处理，人们都可以利用它来解决大量数据的管理工作，随着版本的升级，Access 的使用也变得越来越容易。过去很烦琐的工作现在只需几个很简单的步骤就可以高质量地完成了。

作为 Microsoft Office XP 组件之一的 Microsoft Access 2002 是微软公司开发的 Windows 环境下流行的桌面数据库管理系统。使用 Microsoft Access 2002 无须编写任何代码，只需要通过直观的可视化操作就可以完成部分数据库管理工作。Microsoft Access 2002 是一个面向对象的、采用实践驱动机制的关系型数据库管理系统；在 Microsoft Access 2002 数据库中，包括许多组成数据库的基本要素，这些要素是存储信息的表、显示人机交互界面的窗口、有效检索数据的查询、在 Internet 上发布信息的数据访问页、信息输出载体的报表、提高数据库应用效率的宏以及功能强大的模块工具等。Microsoft Access 2002 可以通过 ODBC、OLE DB 与其他数据库互连，实现数据互操作，也可以与 Word、Excel 等办公软件进行数据交换和共享，还可以通过对象链接与嵌入技术在数据库中嵌入和链接声音、图像等多媒体数据。

在 Microsoft Access 系统中，内置了功能多样、种类丰富的各种函数，可以帮助开发人员开发功能完善、操作简单的数据库系统。

习　题

一、选择题

1. 数据库的体系结构是（　　）。

   A. 两级模式结构和三级映像　　B. 三级模式结构和两级映像

   C. 三级模式结构和三级映像　　D. 两级模式结构和两级映像

2. 数据库系统中最重要的用户是（　　）。

   A. 系统管理员　B. 应用程序员　C. 专业人员　D. 终端用户

3. 数据库系统与文件系统的主要区别是（　　）。

   A. 数据库系统复杂，而文件系统简单

   B. 文件系统不能解决数据冗余和数据独立性问题，而数据库系统可以解决

   C. 文件系统只能管理程序文件，而数据库系统能够管理各种类型的文件

   D. 文件系统管理的数据量较少，而数据库系统可以管理庞大的数据量

4. 在数据库的三级模式中，描述数据库中全体数据的全局逻辑结构和特征的是（ ）。
   A. 外模式 B. 内模式 C. 存储模式 D. 模式
5. 数据库三级模式体系结构的划分，有利于保持数据库的（ ）。
   A. 数据独立性 B. 数据安全性 C. 结构规范化 D. 操作可行性

二、填空题

1. 目前数据库系统中最重要、最流行的数据库是________数据库。
2. 数据独立性是指________和________之间相互独立，不受影响。
3. 数据库系统的主要特点是实现数据________、减少数据________、采用特定的数据________、具有较高的数据________、具有统一的数据控制功能。
4. 数据库系统由________、________、________、数据库管理员和用户所组成。
5. 数据库系统具有数据的________、________和________三级模式结构。
6. 数据库管理系统提供了数据库的________、________和________功能。

三、简答题

1. 简述数据库系统的特点。
2. 简述SQL的组成部分。
3. 什么是数据独立性？包括哪些内容？

第 8 章 计算机网络技术及应用

计算机网络目前研究与应用的主要方向是 Internet 技术及应用、高速网络技术与信息安全技术。其应用的主要领域是电子商务、电子政务、远程教育、远程医疗与社区网络服务等。随着计算机网络的进一步发展，其应用领域不断扩展：全球通信、数字地球、环境检测预报、能源与地球资源的利用。目前，移动计算网络、网络多媒体计算、网络并行计算、网格计算、存储区域网络与网络分布式对象计算正在成为网络最新的研究与应用的热点问题。

8.1 计算机网络概述

计算机网络（Computer network）是计算机技术与通信技术紧密结合的产物，它从最初的单机系统、多机系统到如今的计算机网络系统，经历了从简单到复杂、从功能单一到功能较齐全的演变和发展过程。计算机网络已经渗透到人类生产和生活的各个方面，其技术的发展与应用已成为衡量一个国家与地区政治、经济、科学与文化发展的重要因素之一。

8.1.1 计算机网络的定义与功能

1. 计算机网络的定义

计算机网络是将分布在不同地理位置上的具有独立功能的计算机或计算机系统通过通信设备和通信线路互相连接起来，在网络操作系统的控制下，按照约定的通信协议进行信息交换，实现资源共享的系统。简言之，计算机网络就是“以能够相互共享资源的方式互联起来的自治计算机系统的集合”。

从以上的定义中可以看出计算机网络具有如下几个重要特征：

① 联网的主要目的是实现计算机资源共享。资源共享是指网络用户不仅可以使用本地计算机资源，而且可以通过网络访问联网的远程计算机资源。

② 互联的计算机是分布在不同地理位置的多台独立的“自治计算机系统”。自治计算机系统是指互联的计算机之间不存在主从关系，每台计算机既可以联网工作，也可以脱离网络独立工作。网络中的每台计算机都是一个完整的计算机系统。

③ 联网计算机在通信过程中必须遵守相同的网络协议。计算机联网的目标是实现入网系统的资源共享，因此网上各系统之间要不断地进行地数据交换，但不同的系统可能使用完全不同的操作系统，或采用不同标准的硬件设备等。这种差异直接影响到双方的通信，网络协议就是为通信双方能有效地进行数据交换而建立的规则、标准或约定，必须严格遵守，否则通信是

毫无意义的。网络协议具体到计算机中就是一组实现规则的软件。

2. 计算机网络的功能

计算机网络提供的主要功能有数据通信、资源共享、负载均衡、提高可靠性和综合信息服务。

(1) 数据通信

通信或数据传输是计算机网络的主要功能之一，用以在计算机系统之间传送各种信息。利用该功能，地理位置分散的生产单位和业务部门可通过计算机网络连接在一起，进行集中控制和管理。也可以通过计算机网络传送电子邮件、发布新闻消息和进行电子数据交换，极大地方便了用户，提高了工作效率。

(2) 资源共享

资源共享是计算机网络最重要的功能。通过资源共享，可使网络中分散在异地的各种资源互通有无，分工协作，从而大大提高系统资源的利用率。资源共享包括软件资源共享和硬件资源共享。

硬件资源共享：可以在全网范围内提供对处理机、存储器、输入/输出设备等资源的共享，特别是对一些较高级和昂贵设备的共享，如巨型计算机、高分辨率打印机、大型绘图仪等，从而使用户节省投资，也便于资源和任务的集中管理及分担负荷。

软件资源共享：在局域网上允许用户共享文件服务器上的程序和数据；在互联网上允许用户远程访问各种类型的数据库，可以得到网络文件传送服务、远程管理服务和远程文件访问。从而可以避免软件研制上的重复劳动及数据资源的重复存储，且便于集中管理。

(3) 负载均衡

在计算机网络中可进行数据的集中处理或分布式处理，一方面可以通过计算机网络将不同地点的主机或外部设备采集到的数据信息送往一台指定的计算机，在此计算机上对数据进行集中和综合处理，通过网络在各计算机之间传送原始数据和计算结果；另一方面当网络中某台计算机任务过重时，可将任务分派给其他空闲的多台计算机，使多台计算机相互协作，均衡负载，共同完成任务。当今计算方式的一种新趋势——协同式计算，就是利用网络环境的多台计算机来共同处理一个任务。客户机/服务器模式也是实现这一功能的一种应用。

(4) 提高可靠性

提高可靠性是指在计算机网络中的各台计算机可以通过网络彼此互为后备机。一旦某台计算机出现故障，故障机的任务就可由其他计算机代为处理。计算机网络一般都属于分布式控制，由于相同的资源分布在不同的计算机上，这样网络系统可以通过不同路由来访问这些资源，不影响用户对同类资源的访问，避免了单机无后备机情况下的系统瘫痪现象，大大提高了系统的可靠性。

(5) 综合信息服务

借助于计算机网络，在各种功能软件的支持下，人类可以进行高速的异地电子信息交换，并获得了多种服务，例如：新闻浏览和信息检索；传送电子邮件；多媒体电信服务，如可视电话和电视会议；远程教育；网上营销；网上娱乐；远程医疗诊断。

随着计算机网络覆盖地域的扩大，信息交流已越来越不受地理位置、时间和空间的限制，人类对计算机资源能够互通有无，共同分享，从而大大提高了资源利用率，提高了信息处理能力，节省了数据处理的成本，更使人类的生活质量和工作效率得到了极大的改善。

8.1.2 计算机网络的分类与拓扑结构

1. 计算机网络的分类

计算机网络的种类繁多，从不同的角度有多种不同的分法，很难做到用某种单一的标准统一分类。本节所介绍的是目前比较公认的其中的两种分类方法。

（1）按网络通信子网信道类型分类

① 广播式网络（broadcast networks）：所有联网计算机都共享一个公共通信信道，一个节点广播信息，其他节点必须接收信息。

② 点对点式网络（point-to-point networks）：每条物理线路连接一对计算机，若两个节点之间没有直接连接线路，则须通过中间节点转接。

（2）按网络的覆盖范围分类

① 局域网（Local Area Network，LAN）：局域网是在有限范围内构建的网络，其覆盖范围一般在几千米以内，通常不超过 10km。局域网通常不涉及远程通信问题，归单一组织或部门所拥有和使用，所以组网简单、成本较低、使用灵活，不受任何公共网络管理机构的规定约束，容易进行设备的更新和新技术的引用。

此外，局域网还具有高质量的数据传输能力：数据传输速率高，延迟小；数据传输可靠，误码率低。

② 城域网（Metropolitan Area Network，MAN）：城域网是规模介于局域网与广域网之间的一种大范围的高速网络，其范围可覆盖一个城市或地区，一般为几千米至几十千米。城域网技术的特点之一是使用具有容错能力的双环结构，并具有动态分配带宽的能力，支持同步和异步数据传输，并可以使用光纤作为传输介质。因此，城域网的目标是要满足几十千米范围内的大量企业、机关、公司与社会服务部门的计算机联网需求，实现大量用户之间的数据、语音、图形与视频等多种信息的传输。

③ 广域网（Wide Area Network，WAN）：广域网也称为远程网。其覆盖范围通常为几十乃至几千千米，因此网络所涉及的范围可为市、地区、省、国家乃至世界，是以数据通信为主要目的的数据通信网。在广域网中，网络之间连接用的通信线路大多租用现有的公共通信网，所以数据传输速率相对较低，误码率较高，且通信控制复杂。

2. 计算机网络的拓补结构

计算机网络的拓扑结构是指对计算机物理网络进行几何抽象后得到的网络结构，它把网上各种设备看作一个个单一节点，把通信线路看作一根连线，以此反映出网络中各实体间的结构关系。

网络的拓扑结构分为网络的物理拓扑结构和逻辑拓扑结构。网络的物理拓扑结构指的是计算机、电缆或光缆、集线器、交换机、路由器以及其他网络组件的物理布局。网络的逻辑拓扑指的是信号在网络中的实际通路。除非特别指明，网络的拓扑结构指的是物理拓扑结构。

广播式网络的拓扑主要有 4 种：总线形、环形、无线通信形和卫星通信形。微波和卫星通信是采用电磁波形式在空中传播，无法确定其具体的拓扑结构，其优点是可实现长距离的传输，信道容量大；缺点是保密性差，受环境影响大。点对点式网络的拓扑结构也有 4 种主要类型，分别是星形、环形、树形和网状形。

常见的网络拓扑结构有 5 种：总线形、星形、环形、树形和网状形，如图 8-1 所示。在局域网中只有前 3 种结构。

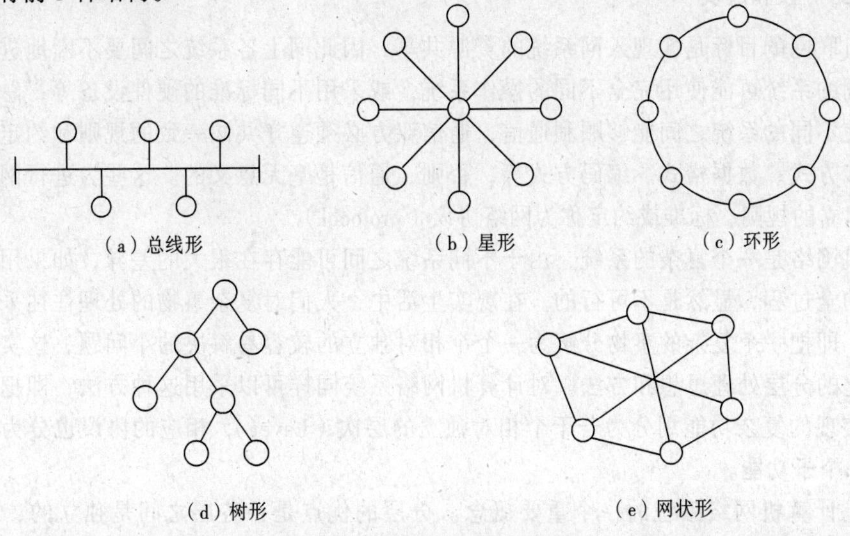

图 8-1　网络的 5 种拓扑结构

（1）总线形

总线形的所有节点都连接在一条被称为总线（Bus）的主干电缆上，电缆连接简单、易于安装，增加和撤销网络设备灵活方便、成本低。在总线形结构中没有关键性节点，单一的工作站故障并不影响网络上其他站点的正常工作，但由于网络中各节点共享一条公用线路，且采用“广播”方式收发信息，所以通信效率较低；网络上的信息延迟时间不确定，故障隔离和检测困难，尤其是总线故障会引起整个网络瘫痪。

（2）星形

星形结构以一台设备作为中央节点，其他外围节点都单独连接在中央节点上。各外围节点之间不能直接通信，必须经过中央节点进行通信。中央节点可以是文件服务器或专门的接线设备，负责接收某个外围节点的信息，再转发给另一个外围节点。这种结构的优点是结构简单、建网容易、网络延迟时间短、故障诊断与隔离比较简单、便于管理。但需要的电缆长、成本高；网络运行依赖于中央节点，因而可靠性低，中央单元负荷重。

（3）环形

环形各节点形成闭合的环，信息可在环中作单向或双向流动，实现任意两点间的通信，在实际应用中以单向环居多。环形拓扑的优点是结构简单，传输延迟确定，通信设备和线路较为节省，传输速率高，抗干扰性较强。但环中任一处故障都可能会造成整个网络的崩溃，因而可靠性低，环的维护复杂；且环路封闭，扩充较难。目前由于采用了多路访问部件，能有效隔离故障，从而大大提高了可靠性。

其他类型的拓扑在此不做介绍。需要注意的是，在实际组建网络时，网络的拓扑结构通常并不是单一的，而是几种拓扑结构的有机组合。在选择网络拓扑结构时，应考虑可靠性、成本、灵活性、响应时间和吞吐量等因素。

8.1.3 计算机网络协议与体系结构

1. 网络协议和层次

计算机联网的目标是实现入网系统的资源共享，因此网上各系统之间要不断地进行数据交换，但不同的系统可能使用完全不同的操作系统，或采用不同标准的硬件设备等，总之差异很大。为了使不同的系统之间能够顺利通信，通信双方必须遵守共同一致的规则和约定，如通信过程的同步方式、数据格式、编码方式等，否则，通信是毫无意义的。这些为进行网络中的数据交换而建立的规则、标准或约定称为网络协议（protocol）。

计算机网络是一个复杂的系统，由于不同系统之间可能存在很大的差异，如果用一个协议规定通信的全过程，显然是不可行的。在现实生活中，人们对复杂事物的处理往往采用分而治之的方法，即把一个复杂的事物分解为一个个相对独立的较容易解决的小问题，这实际上就是一种模块化的分层处理思想和方法。对计算机网络系统同样可以采用这种方法，即把计算机网络系统要实现的复杂功能划分为若干个相对独立的层次（Layer），相应的协议也分为若干层，每层实现一个子功能。

分层是计算机网络系统的一个重要概念。分层的优点是：各层之间是独立的，相邻层之间通过层接口交换信息，只要接口不变，某一层的变化不会影响到其他层；分层结构易于实现和维护；能促进标准化工作；不同系统之间只要采用相同的层次结构和协议就能实现互联、互通、互操作。

2. 网络的体系结构

计算机网络的分层以其协议的集合称为计算机网络的体系结构。

网络体系结构对计算机网络应该实现的功能进行了精确的定义，而这些功能是用什么样的硬件与软件去完成的，则是具体的实现问题。体系结构是抽象的，而实现是具体的，它是指能够运行的一些硬件和软件。

常见的网络体系结构有：针对广域网的 OSI/RM 和 TCP/IP 及针对局域网的 IEEE 802。

3. OSI/RM 参考模型

（1）OSI/RM 的结构

为了实现不同厂家生产的计算机系统之间以及不同网络之间的数据通信，国际标准化组织（International Organization for Standardization，ISO）对当时的各类计算机网络体系结构进行了研究，并于 1974 年正式公布了一个网络体系结构模型作为国际标准，称为开放系统互连参考模型（Open System Interconnection/Reference Model，OSI/RM）。所谓“开放”是指任何两个遵守 OSI/RM 的系统都可以进行互连，当一个系统能按 OSI/RM 与另一个系统进行通信时，就称该系统为开放系统。

OSI/RM 采用分层的结构化技术，它将整个网络功能划分为 7 层，由底向上依次是物理层、数据链路层、网络层、传输层、会话层、表示层、应用层，其分层模型如图 8-2 所示。

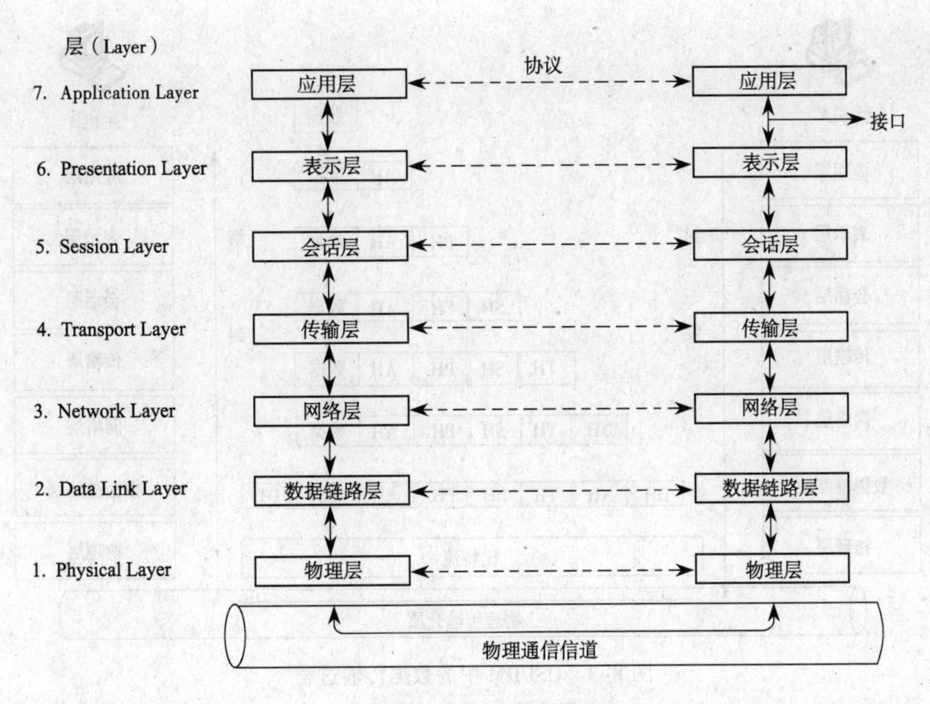

图 8-2　OIS/RM 参考模型

可见，在 OIS/RM 参考模型中，不同系统在相应层可以进行通信，我们称这种通信为对等层通信，对等层双方称为对等实体。在图 8-2 中，除物理层外，其他各对等层通信均用虚线表示，表示这些对等层通信是虚拟通信或称为逻辑通信，这种通信并不完成真正的物理数据交换。对等层虚拟通信这一概念在 OIS/RM 参考模型中十分重要，它的真正含义在于只要获得紧邻下层提供的足够、可靠的服务、对等层通信就能得以实现，而这种通信功能的实现又为其紧邻的上层提供必要的服务。

（2）OSI/RM 中的数据传输过程

在 OSI/RM 参考模型中，不同系统对等层之间按相应的协议进行通信，同一系统不同层之间通过接口进行通信。除了最底层的物理层是通过传输介质进行物理数据传输外，其他对等层之间的通信均为逻辑通信。在这个模型中，每一层将上层传递过来的通信数据加上若干控制位后再传递给下一层，最终由物理层传递到对方物理层，再逐级上传，从而实现对等层之间的逻辑通信。

如图 8-3 所示，设 A 系统的用户要向 B 系统的用户传送数据。A 系统用户的数据先送入应用层。该层给它附加控制位 AH（头标）后，送入表示层。表示层对数据进行必要的变换并加头标 PH 后送入会话层。会话层加头标 SH 送入传输层。传输层将长报文分段后并加头标 TH 送至网络层。网络层将信息变成报文分组，并加组号 NH 送至数据链路层。数据链路层将信息加上头标和尾标（DH 及 DT）变成数据帧，经物理层按位发送到对方。B 系统接收到信息后，按照与 A 系统相反的动作，层层剥去控制位，最后把原数据传送给 B 系统的用户。可见，两系统中只有物理层是实通信，而其余各层均为虚通信。

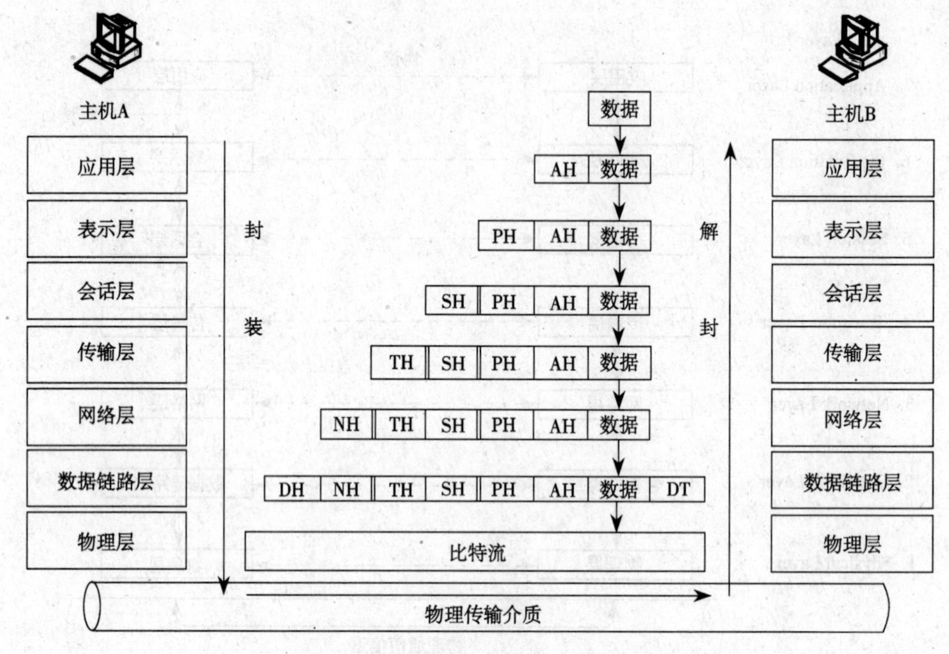

图 8-3 OSI/RM 中的数据传输过程

（3）OSI/RM 各层功能简介

OSI/RM 中的 1～3 层主要负责通信功能，一般称为通信子网层。上 3 层即 5 ~ 7 层属于资源子网的功能范畴，称为资源子网层。传输层起着衔接上下 3 层的作用。

① 物理层：为上层提供一个物理连接，以便在相邻节点之间无差错地传输非结构的比特（bit）流。需要注意的是，用来传输比特流的传输介质（如双绞线、同轴电缆等）并不属于物理层。

② 数据链路层：负责在两个相邻节点之间，传输和重发以“帧”（Frame）为单位的数据包；为网络层提供一条点到点的无差错帧传输的理想链路，并进行流量控制。

③ 网络层：负责网络之间的两点间的数据传输，为传输层提供端到端的交换网络数据传送功能，诸如路由选择、交换方式、网络互联、拥挤控制等。网络层的数据传输单位称为分组（Packet）。

④ 传输层(Transport Layer)：为会话层提供透明、可靠的数据传输服务，保证端到端的数据完整性。传输层的数据传送单位称为数据段（Segment），当上层的报文较长时，先要把它分割成适于在通信子网传输的分组。传输层向上一层屏蔽了下层数据通信的细节，即传输层以上不再考虑数据传输问题，因此，传输层是计算机网络体系结构中最重要的一层，其协议也是最复杂的。

⑤ 会话层：为表示层提供建立、维护和结束会话连接的功能；提供远程会话地址，并将其转换为相应的传输地址；提供会话的管理和同步；具有把报文分组重新组成报文的功能。

⑥ 表示层：为应用层进程提供能解释所交换信息含义的一组服务，如对数据格式的表达和转换、对正文进行压缩与解压、加密与解密等功能。

⑦ 应用层：应用层是用户与网络的接口，实现具体的应用功能。该层通过应用程序来完成网络用户的应用需求，如文件传输、收发电子邮件等。

应该指出的是，OSI/RM 为研究、设计与实现网络通信系统提供了功能上和概念上的框架结构，但它本身并非是一个国际标准，至少至今尚未出台严格按照 OSI/RM 定义的网络协议及国际标准。但是，在指定有关网络协议和标准时都要把 OSI/RM 作为“参考模型”，并说明与该“参考模型”的对应关系，这正是 OSI/RM 的意义所在。

4. TCP/IP 参考模型

（1）TCP/IP 简介

1972 年第一届国际计算机通信会议就不同计算机和网络间的通信协议达成一致，并在 1974 年诞生了两个 Internet 基本协议，即传输控制协议（Transmission Control Protocol，TCP）和互联网协议（Internet Protocol，IP）。事实上，TCP/IP 是一个协议族，它包含了 100 多个协议，是由一系列支持网络通信的协议组成的集合。作为 Internet 的核心协议，它不仅定义了网络通信的过程，而且它还定义了数据单元所采用的格式及它所包含的信息。TCP/IP 及相关协议形成了一套完整的系统，详细地定义了如何在支持 TCP/IP 协议的网络上处理、发送和接收数据。至于网络通信的具体实现，全由 TCP/IP 协议软件完成。TCP/IP 协议最终成为计算机网络互联的核心技术。虽然 TCP/IP 协议不是 OSI 标准，但被公认是当前的工业标准或事实上的标准。

TCP/IP 协议从发展到现在，一共出现了 6 个版本。其中后 3 个是版本 4、版本 5 与版本 6。目前使用的是版本 4，它的互联网络层 IP 协议一般记为 IPv4。

（2）TCP/IP 模型的结构

TCP/IP 与 OSI/RM 有很大的区别。TCP/IP 将整个网络的功能划分成 4 个层次：应用层、传输层、互联网络层、网络接口层。它与 OSI/RM 的大致对应关系如图 8-4 所示。

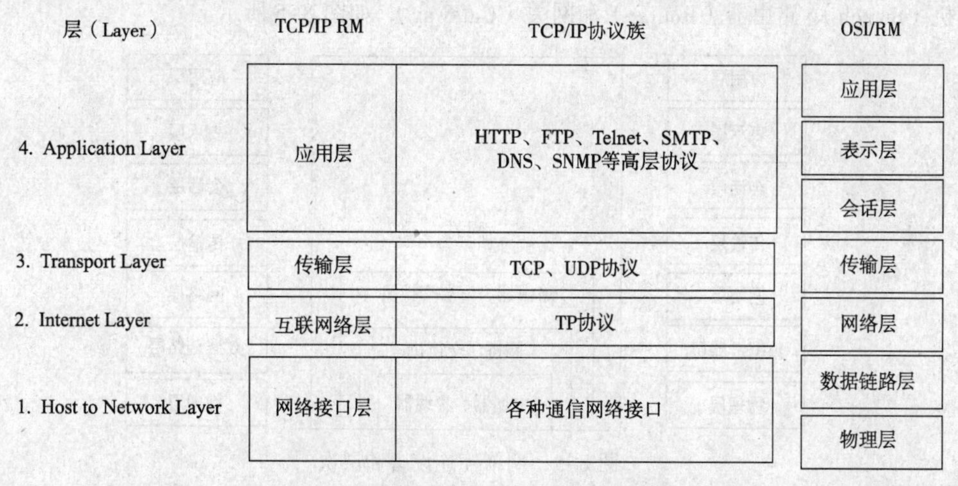

图 8-4　TCP/IP 与 OSI/RM 的对应关系

在 TCP/IP 的网络接口层中，包括各种物理协议，如局域网中的以太网（Ethernet）、令牌环网（Token Ring）、光纤网（FDDI），广域网中的 ATM、X.25 网等。换言之，TCP/IP 协议可以运行在多种物理网络上，这充分体现了 TCP/IP 协议的兼容性与适应性。

在 TCP/IP 网络中，网络之间的数据传输主要依赖 IP 协议。IP 是一种不可靠的无连接协议，“无连接”是指在正式通信前不必与对方先建立连接，而是不考虑对方状态就直接发送。这与现在的手机短信非常相似。IP 只负责尽力传送每一个 IP 数据报（IP Datagram），无论传输正确与否，不做验证，不发确认，也不保证分组的正确顺序，一切可靠近性工作均交由上层协议（TCP 协议）处理。这样带来的效果是网络传输效率的极大提高。当然，这种协议要求低层网络技术要比较可靠。

TCP 是一种可靠的面向连接的协议，负责将传输的信息分割并打包成数据报，并传送到网络层，发送到目的主机。同时负责将收到的数据报进行检查，丢弃重复的数据报，并通知对方重发错误的、丢失的数据报，保证精确地按原发送顺序重组数据。此外，TCP 协议还具有流量控制功能。UDP 协议是一种不可靠的无连接协议，不提供可靠的传输服务，但与 TCP 相比，它开销小、效率高。因而适用于对速度要求较高而功能简单的类似请求/响应方式的数据通信。

为用户提供所需要的各种网络应用服务，协议种类多，常用的协议有 HTTP、FTP、Telnet、DNS、SMTP 等。

8.1.4 网络互连设备

1. 网络互连的概念

网络互连是指将不同地理位置的子网通过网络互连设备连接起来，形成一个更大范围和规模的网络系统，从而达到资源共享和数据通信的目的。

由于互连的子网间可能存在着很大的差异，因此网络互连除了必须提供网络物理的和链路的连接控制，并提供不同网络的路由选择和数据转发外，还必须容纳网络的差异，这种差异可能出现在互联子网的各个层次，而网络互连设备则可以克服这些差异。所以针对不同的层次，使用的互连设备也不相同，相应的互连设备有中继器（Repeater）、集线器（Hub）、网桥（Bridge）、交换机（Switch）、路由器（Router）和网关（Gateway），如图 8-5 所示。

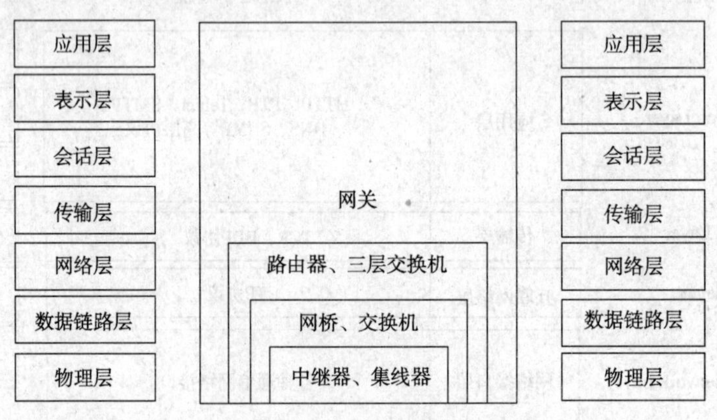

图 8-5 网络互连设备和层次

2. 网络互连设备简介

（1）中继器、集线器

中继器与集线器是工作在物理层上的网络互连设备。其作用是放大通过网络传输的数据信号。中继器主要用于扩展局域网网段的长度，实现两个相同的局域网网段间的互联。集线器实际上就是一个多端口的中继器，能够实现多台设备之间的互联。

（2）网桥、交换机

网桥与交换机是工作在数据链路层上的网络互联设备，是一种智能帧存储转发设备。网桥不仅可以用来连接两个采用不同数据链路层协议、不同传输介质与不同传输速率的相似类型的局域网，而且也可用在同一个局域网内，把一个局域网分割成两个或更多的网段，通过隔离每个网段内部的数据流量来增加每个节点所能使用的有效带宽，从而大大提高网络的性能。

交换机可以认为是一个多端口的网桥，是针对某类网络设计的。它可以在它的多个端口之间建立并发连接，利用“端口/MAC 地址映射表”进行数据交换。网桥和交换机的工作原理相同，但交换机是基于硬件转发的，可以实现更高的端口密度和更快的转发速率。由于交换机是工作在数据链路层上的设备，因此也被称为第二层交换机。

（3）路由器、三层交换机

路由器是工作在网络层上的网络互连设备，用于连接多个逻辑上分开的网络。路由器的功能比网桥更强，它除了具有网桥的全部功能外，还具有判断网络地址和路径选择功能。路由器能够在复杂的网络环境中选择一条最佳路径完成数据转发工作，即当要求通信的双方分别处于两个网络时，且两个站点之间又存在多条通路时，路由器可根据当时网络上的信息拥挤程度而自动地选择传输效率较高的路径，如果某条通信线路不能工作，路由器则自动选择其他可用通道传递信息。

路由器不采用网桥所用的广播方式进行通信，可以有效地将多个局域网的广播通信量相互隔离开来，使得互连的每一个局域网都是独立的子网。除此之外，路由器还具有流量控制和网络管理等功能。路由器主要用于局域网与广域网之间的互联，也可应用在大型网络环境中各个子网之间的互连。

第三层交换机是把第二层交换技术和第三层路由技术组合到一个设备中而形成的，主要目标是为了实现高速的数据转发，所以第三层交换机本质上是用硬件实现的一种高速路由器。其数据包交换速度通常要比路由器快得多，而路由器是基于软件方式交换数据包，延时长，其配置和管理技术复杂。当然，第三层交换机在灵活性、控制性和安全性方面不如路由器。

（4）网关

网关是工作在网络层以上的网络互连设备，可以实现异构网络之间的互连。异构网络意味着其物理网络和高层协议都不一样，因此，网关一般必须提供异构网络间协议的转换，所以网关又被称为协议转换器。由于网关涉及与专用系统的连接，因此网关没有一定的标准。理论上说，有多少种通信体系结构和应用层协议的组合，就可能有多少种网关。

（5）调制解调器

调制解调器（Modem）是计算机之间通过电话线和公用电话网（PSTN）通信必须具有的一个专用网络设备。在发送方，它将计算机传输的数字信号转换成电话线上能够传输的模拟信号（称为调制）；在接收方，它将电话线上传输的模拟信号转换成计算机内部的数字信号（称为解调）。

8.2　局　域　网

局域网是一种地理范围有限、互连设备有限的计算机网络。局域网有较高的数据传输速率，误码率也很低，但是对传输距离有一定的限制，而且同一个局域网中能够连接的节点数量也有一定的要求。局域网有很多种类，不同的局域网有不同的特点和应用领域。目前，流行的局域网有以太网（Ethernet）、令牌环网（Token Ring）、光纤分布式数据接口（FDDI）、异步传输模式（ATM）和无线局域网。本节主要介绍以太网。

决定局域网特性的主要技术要素有 3 点：传输介质、网络拓扑结构和介质访问控制方法。这 3 种技术在很大程度上决定了传输数据的类型、网络的响应时间、吞吐量、利用率及网络应用等各种网络特性。其中最重要的是介质访问控制方法，它对网络特性具有十分重要的影响。

8.2.1 局域网的组成

局域网由网络硬件和网络软件两部分组成。硬件主要有服务器、工作站、传输介质和网络互联设备等。软件包括网络操作系统、控制信息传输的网络协议及相应的协议软件、网络应用软件等。

1. 服务器（Server）

指位于网络主节点上的计算机，可以是大型计算机、中型计算机、小型计算机、工作站或微型计算机。服务器也被称为主机（Host），是为网络提供共享资源并对这些资源进行管理的计算机。常用的网络服务器有文件服务器、邮件服务器、异步通信服务器、数据库服务器、计算服务器和打印服务器等。如利用文件服务器来管理局域网内的文件资源；利用打印服务器为用户提供网络共享打印服务；利用通信服务器进行本地局域网与其他局域网、主机系统或远程工作站的通信；而数据库服务器则是为用户提供数据库检索、更新等服务。一个网络中可以安装多个服务器。用户只要通过一定的命令，就可以存取指定服务器上的数据。

2. 工作站（Workstation）

工作站也称为客户机（Client），可以是一般的 PC，也可以是专用的计算机。工作站可以有自己的操作系统，独立工作；通过运行工作站的网络软件可以访问服务器的共享资源，用户通过工作站向服务器发出服务请求，并从服务器中获取程序和数据进行处理。工作站和服务器之间的连接是通过传输介质和网络互联设备来实现的。

3. 网络适配器（Network Adapter）

网络适配器又称为网络接口卡，简称网卡（NIC），它插在 PC 扩展槽上。其主要功能是实现计算机与局域网传输介质之间的物理连接和电信号匹配，接收和执行计算机送来的各种控制命令，完成物理层功能；按照使用的介质访问控制方法，实现共享网络的介质访问控制、信息帧的发送与接收、差错校验等数据链路层的基本功能。

图 8-6 10/100M 自适应 Ethernet 网卡

目前使用最多的是以太网卡（见图 8-6），每块网卡在出厂时都被分配了一个全球唯一的 48 位编码，称为网卡的物理地址或 MAC 地址，用来标识联网的计算机或其他设备。MAC 地址通常固化在网卡的 EPROM 中，前 24 位由 IEEE 注册委员会统一分配，后 24 位由厂家自行分配。

4. 传输介质

局域网所使用的传输介质分为有线介质和无线介质，有线介质主要有双绞线、同轴电缆和光纤。双绞线价格便宜，便于安装；同轴电缆和光纤则能提供更高的数据速率，连接更多的设备，传输更远的距离。无线介质主要有无线电波、微波、红外线等。

5. 网络软件

网络软件主要有网络操作系统、网络协议软件、网络通信软件和网络应用软件等。

① 网络操作系统是整个局域网的核心，目标就是对所有联网的计算机以及各种软、硬件资源进行统一的调度和管理，为网络中每一个用户提供一致、透明的使用网络资源的服务（如文件服务、打印服务、数据库服务、通信服务、信息服务、分布式服务、名字服务、网络管理服务、Internet 与 Intranet 服务等）。常见的网络操作系统主要有 Netware、UNIX、Linux 和 Windows NT/2K 等几种。

② 网络协议软件主要用来实现物理层和数据链路层的某些功能，如在各种网卡中实现的软件。

③ 网络通信软件用于管理各工作站之间的信息传输，如实现传输层和网络层功能的网络驱动程序等。

④ 网络应用软件主要有两类，一类是用于提高网络本身的性能，改善网络管理能力的应用软件，如在网络操作系统中就集成了许多这样的应用软件；另一类是为了给用户提供更多、更好的网络应用的软件，这类应用软件也称为客户端软件，因为这些软件都是安装和运行在客户机上的，如电子邮件客户端软件，BBS 客户软件端等。

8.2.2 局域网参考模型

1980 年 2 月，美国电气与电子工程师协会（Institute of Electrical and Electronic Engineers，IEEE）成立 802 课题组，研究并制定了局域网标准 IEEE 802，后被 ISO 确定为局域网国际标准。

局域网是一种通信子网，理论上应具有低 3 层，高层留给局域网操作系统去处理。但实际上由于局域网的拓扑非常简单，因此没有必要设置网络层。在 IEEE 802 标准中，只定义了物理层和数据链路层两层，并把数据链路层分为两个子层：逻辑链路控制子层（Logical Link Control，LLC）和介质访问控制子层（Medium Access Control，MAC）。在局域网中数据链路层的功能得到了大大的增强，原本应在网络层中实现的某些功能，如寻址、排序、流量控制和差错控制等现在都可在逻辑链路控制子层得到实现。图 8-7 为 IEEE 802 参考模型和 OSI/RM 的层次对应关系。

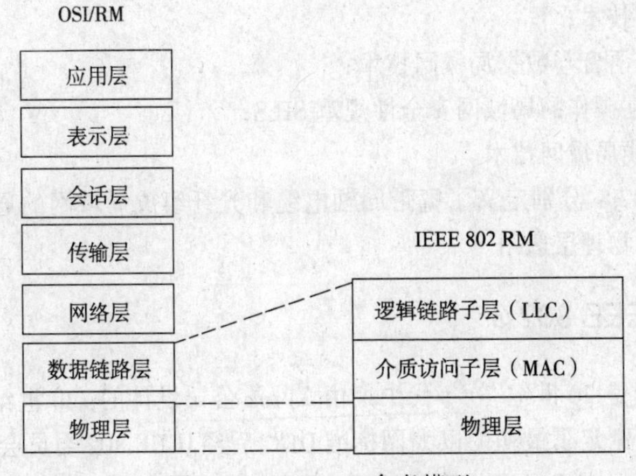

图 8-7　IEEE 802 参考模型

MAC 子层的主要功能是控制网上节点对传输介质的访问，为此，IEEE 802 标准制定了多种媒体访问控制方式，如 CSMA/CD、Token Ring、Token Bus 等。同时 MAC 子层还具有实现帧的寻址和识别，完成帧检测序列产生和检验等功能。

LLC 子层的主要功能是向高层提供一个或多个逻辑接口，以利于局域网之间或局域网与广域网之间进行互联。这些接口被称为服务访问点（SAP）。SAP 具有帧的接收、发送功能。发送时将要发送的数据封装成 LLC 帧；接收时则将帧拆封，并进行地址识别和校验。

IEEE 802 委员会为局域网制定了一系列标准，它们统称为 IEEE 802 标准。IEEE 802 各个子标准之间的关系如图 8-8 所示。

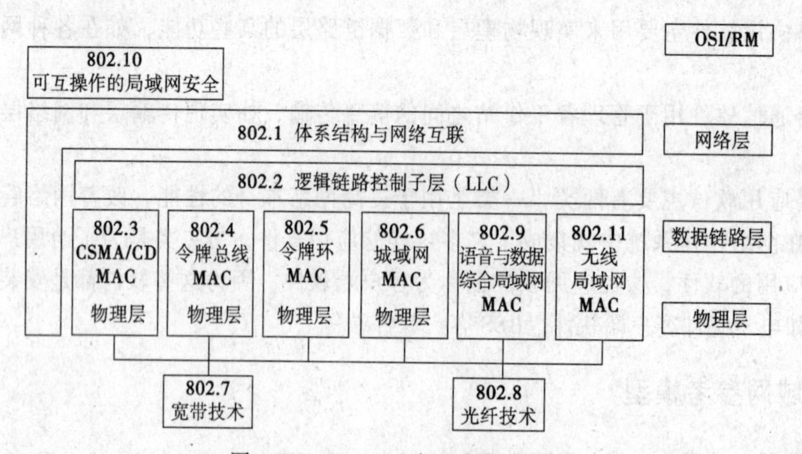

图 8-8 IEEE 802 标准间的关系

IEEE 802.1：概述、体系结构和网络互联，以及网络管理和性能测试；

IEEE 802.2：逻辑链路扩展协议，定义 LLC 功能和服务；

IEEE 802.3：载波监听多路访问/冲突检测（CSMA/CD）控制方法及物理层的规范；

IEEE 802.4：令牌总线（token bus）的访问控制方法及物理层的规范；

IEEE 802.5：令牌网（token ring）的访问控制方法及物理层的规范；

IEEE 802.6：城域网（MAN）的介质访问控制方法及物理层的规范；

IEEE 802.7：宽带技术；

IEEE 802.8：光纤技术；

IEEE 802.9：综合语音与数据局域网技术；

IEEE 802.10：可互操作的局域网安全性规范 SILS；

IEEE 802.11：无线局域网技术。

其中 802.7 和 802.8 分别定义了宽带同轴电缆和光纤组成局域网的通信标准，供 802.3，802.4，802.5 等标准的物理层选用。

8.2.3 以太网与 IEEE 802.3

以太网（Ethernet）是 20 世纪 70 年代中期由 Xerox 公司设计的。20 世纪 80 年代初期，DEC、Intel 与 Xerox 三家公司制定了最初的以太网标准 DIX，后经 IEEE 802 委员会修改并以 IEEE 802.3 标准公布。以太网是一种典型的总线形局域网，经过近 30 年的发展，其技术日臻成熟，性能不断提高，成为目前实际应用最多，市场份额最大的局域网产品。

1. 以太网的介质访问控制方法

局域网的介质访问控制包括两方面的内容：一是要确定网络中每个节点能够将信息送到传输介质上去的特定时刻；二是如何对公用传输介质的访问和利用加以控制。

以太网采用随机争用型方式控制对共享介质的访问，其核心技术是 CSMA/CD（载波侦听多路访问/冲突检测）。CSMA/CD 的工作过程可以简单地概括为 16 个字：先听后发、边听边发、冲突停止、延迟重发。

在 CSMA/CD 方式中，发送站检测通信信道中的载波信号，如果检测到无载波信号，则说明没有其他站发送数据，该站可以发送。否则，需要等待一定时间后再次检测，直到能够发送数据为止。

当信号在信道中传送时，每个站都能检测到。所有的站均检查数据帧中的目的地址，并以此判定是接收还是丢弃。

由于数据在网上传输有延迟，可能某些站监听不到任何消息，因此就会发生冲突。解决方法就是进行冲突检测，即每个发送站同时监听自己的信号，如果信号发生错误，发送站就再发一个干扰信号以加强冲突。任何站听到干扰信号，均会停止一段时间再去试探。这段时间由随机数控制，是由网卡中的一个算法决定的。

CSMA/CD 技术的优点是站点无须依靠中心控制就能进行数据发送。当网络通信量较小时，冲突很少发生；缺点是当网络负载较重时，冲突增加，网络性能会大大降低。

2. 传统以太网、快速以太网和千兆以太网

传统以太网是指网络物理拓扑结构为总线形或星形，数据传输速率为 10Mb/s，采用 CSMA/CD 介质访问控制方法的局域网。这里需要注意的是对网络物理拓扑结构和网络逻辑拓扑结构的定义问题。在传统以太网中，物理结构为星形的网络在逻辑上仍然是总线形的，是一种共享式的广播网络，如图 8-9 所示。

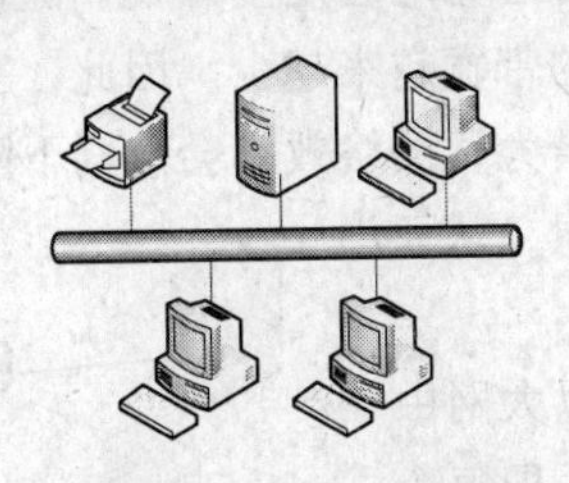

（a）物理与逻辑统一的总线形

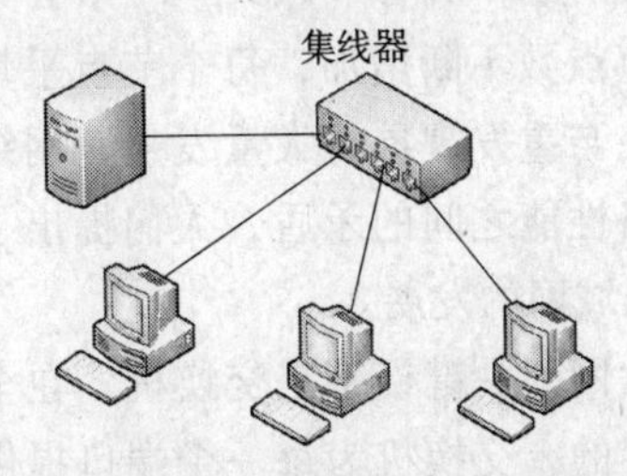

（b）物理上的星形逻辑上的总线形

图 8-9　传统以太网的物理拓扑结构

传统以太网常用的传输介质有 4 种：细缆、粗缆、双绞线和光缆。根据所用的传输介质不同，分别称为 10BASE2、10BASE5、10BASE-T 等。BASE 表示介质上传输的信号是基带信号。表 8-1 给出了它们所代表的含义。

表 8-1 以太网技术标准

	10BASE2	10BASE5	10BASE-T	10BASE-F
物理拓扑结构	总线	总线	星形	星形
数据传输数率	10Mb/s	10Mb/s	10Mb/s	10Mb/s
线缆最大长度	200m	500m	100m	500m 或 2 000m
传输介质	细同轴电缆	粗同轴电缆	非屏蔽双绞线	光纤

快速以太网（Fast Ethernet）的传输速率为 100Mb/s，是传统以太网的 10 倍，其介质访问控制方法仍然采用 CSMA/CD，数据格式和组网方法与传统以太网相同，只不过是在物理层做了一些必要的调整，定义了介质专用接口。快速以太网常见的是 100BASE-T，它可以支持多种传输介质：100BASE-TX 用于两对 5 类非屏蔽双绞线或两对 1 类屏蔽双绞线；100BASE-T4 用于四对 3、4、5 类非屏蔽双绞线；100BASE-FX 用于两芯的多模或单模光纤。目前用得最多的是 100BASE-TX，因为 100BASE-TX 与 10BASE-T 兼容，所以从 100BASE-T 升级到 100BASE-TX 只需要更换网卡和集线器，100BASE-TX 的另一个优点是允许 10M 工作站和 100M 工作站共存于同一个网络中。

千兆以太网（Gigabit Ethernet）是为适应大规模的网络多媒体应用而开发的，它的数据传输速率达到了 1 000Mb/s,1998 年 IEEE 802 委员会批准了千兆以太网的标准 IEEE 802.3z，其传输介质主要是光纤（1 000BASE-LX 和 1 000BASE-SX），当然也可以使用双绞线（1 000BASE-CX 和 1000BASE-T）。和快速以太网一样，千兆以太网与传统以太网有良好的兼容性，以 3 种速率组成的大型以太网，可以有效地解决速度匹配问题，实现无缝对接。

值得一提的是，2002 年 IEEE 802 委员会发布了 10Gb/s 的以太网标准 802.3ae。10Gb/s 以太网在技术上做了重大的改进。例如：只支持全双工模式；传输介质只能使用光纤；不使用 CSMA/CD 协议等。另外，它还具有支持局域网和广域网的接口，有效距离可达 40km。

3. 交换式以太网

在传统局域网中，所有节点共享一条公共通信，不可避免地会发生冲突。随着局域网规模的扩大，网中节点数不断增加，每个节点平均能分配到的带宽越来越少。因此，当网络通信负荷加重时，冲突与重发现象将大量发生，网络传输延迟增大，网络效率会急剧下降。为了克服网络规模与网络性能之间的矛盾，人们提出了交换的思想，从而促进了交换式局域网的发展。

交换式以太网的关键设备是交换机，在全交换式的以太网中是完全没有冲突的，交换机为每一个端口提供专用带宽，即每个与它相连的站点都能独享专用带宽。但在实际应用中，并不是每一个站点都需要专用带宽，只有少数实时性要求较高的站点和服务器才需要专用带宽，一般站点往往通过集线器共享一个端口的带宽，如图 8-10 所示。交换机利用“端口/MAC 地址映射表”进行数据交换，即从端口接收数据帧，并判断数据帧的目的地址，将其转发到目的站点所在的端口。一般把用 10Mb/s 交换机组建的以太网，称为交换式以太网，而用 100Mb/s 交换机组建的以太网，称为交换式快速以太网。

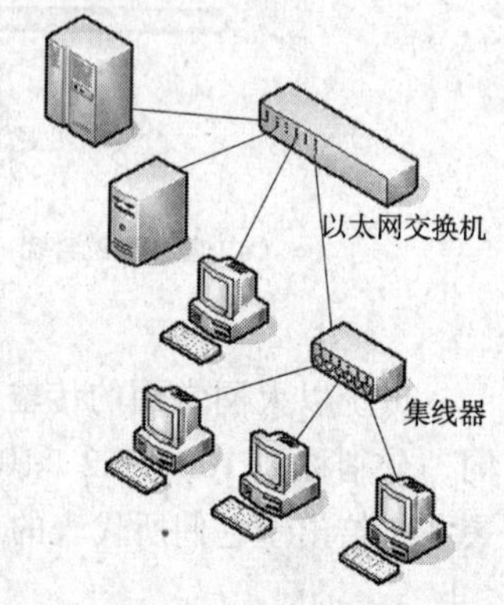

图 8-10 交换式以太网

8.3　Internet

Internet 的中文译名为因特网。它是世界上规模最大、用户最多、影响最广的计算机互联网。Internet 的足迹已遍及全球，其应用范围已远远超出了科研和教育部门，被广泛应用于政府、企业、军事、医疗、商业、娱乐等众多领域。据统计，仅在我国，2007 年因特网用户人数已达到 1.82 亿，预计 2008 年我国互联网用户人数将突破 2.44 亿。

8.3.1　Internet 的发展历史

Internet 的历史可追溯到 20 世纪 60 年代。当时，美国国防部高级研究规划局（Advanced Research Project Agency，ARPA）为了实现异种网络间的互联，大力资助网络互联技术的研究，于 1969 年建立了著名的 ARPAnet。ARPAnet 通过一组主机-主机间的网络控制协议（NCP），把美国的几个军事及研究用计算机主机互相连接起来，最初该网仅由 4 台计算机互联而成，到 1983 年，ARPAnet 已与 300 多台不同型号的大型计算机互联，并开始全面由 NCP 协议转向 TCP/IP 协议，形成了以 ARPAnet 为主干网的互联网，1984 年 ARPAnet 分解成两个网络，一个仍叫做 ARPAnet，主要为民用，另一个称为 MILnet，主要为军用。ARPAnet 是第一个完善地实现分布式资源共享的网络，是计算机网络技术发展的一个重要的里程碑。

1986 年，美国国家科学基金会（National Science Foundation，NSF）组建了基于 TCP/IP 的计算机通信网络 NFSnet，将美国六大超级计算中心相互连接起来。这是一个三级互联网，分为主干网、地区网和校园网，几乎覆盖了美国所有的大学和科研机构。1989 年，在 MILnet 实现和 NSFnet 的连接之后，Internet 的名称被正式采用，NSFnet 主干网经过不断扩充，逐渐取代了 ARPAnet 而成为 Internet 的主干网。同时，世界上许多国家开始设立基于 TCP/IP 协议的国际信道与美国的互联网络系统联通，使 Internet 迅速发展、扩大成为全球性的计算机互联网络。1990 年 ARPAnet 正式关闭。

8.3.2　Internet 的基本工作原理

1. Internet 采用报文分组交换技术

数据经编码后在通信线路上进行传输的最简单形式是在两个互连的设备之间直接进行数据通信。但是网络中所有设备都直接两两相连是不现实的，通常要经过中间节点将数据从信源逐点传送到信宿，从而实现两个互连设备之间的通信。这些中间节点并不关心数据内容，它的目的只是提供一个交换设备，把数据从一个节点传送到另一个节点，直至到达目的地。通常将数据在各节点间的数据传输过程称为数据交换。网络中常用的数据交换技术可分为两大类：线路交换和存储转发交换，其中存储转发交换技术又可分为报文交换和报文分组交换。

目前大多数计算机通信网都采用报文分组交换方式。这种方式不需要事先建立物理通路，只要前方空闲，就以分组为单位发送，中间节点接收到一个分组后就可以转发，从而提高了交换速度。由于分组较小，因而可以直接放在内存中，而不必设置缓存。分组交换是用于长距离数据通信的最重要的技术之一，适于交互式通信和大量数据的传递。

2. Internet 采用 TCP/IP

Internet 上的信息传输是在 TCP/IP 的控制下进行的。

TCP 负责将传输的信息分割并打包成数据报，同时负责将收到的数据报进行检查，丢弃重复的数据报，通知对方重发错误的、丢失的数据报，保证精确地按原发送顺序重新组装数据，即 TCP 协议要保证数据传输的正确性；IP 的作用是控制和负责网上的数据传输，它为数据报定义了标准格式，定义了分配给每台联网计算机的地址（称为 IP 地址），并负责为数据报选择合适路径，将数据报送达目的地。可见，Internet 上的数据传输主要依赖 IP 协议。

3. Internet 上的信息服务采用客户机/服务器（Client/Server）交互模式

客户机（安装有客户端程序）和服务器（安装有服务程序）是指在网络中进行通信时所涉及到的两个软件。如电子邮件服务器一般要求其客户端安装有特定的电子邮件客户端软件；WWW 服务器的客户端必须安装有 Web 浏览器。一台计算机可以同时成为许多服务的客户端。这种模式的通信特点是：服务器应用程序被动地等待通信，而客户应用程序主动地启动通信。即客户机向服务器发出服务请求，服务器则等待、接收、处理客户请求，并将处理结果回送客户机。

8.3.3 Internet 地址与域名

1. Internet 地址

为了使联入 Internet 的计算机在相互通信中能相互识别，Internet 上的每一台主机都有一个唯一的地址标识，称为 IP 地址。在 Internet 上，IP 地址就是每个主机和网络设备的地址号码。

在 IPv4 中，IP 地址由 32 位二进制比特组成，每 8 位为一段，共分为 4 段，段间用“.”分隔。为了易于阅读，人们常常采用“点分十进制”形式表示 IP 地址，即把每一段表示为其对应的十进制数字。

一个 IP 地址中包含两部分信息：网络号（net ID）和主机号（host ID）。在网络上进行通信时，通信系统首先根据 IP 地址中的“网络号”将信息传到目的主机所在的物理网络，再根据“主机号”把信息传给目的主机。IP 地址的这种层次结构具有两个重要的特性：一是 Internet 上的每台主机都具有唯一的地址；二是网络号的分配必须全球统一，但主机号可由本地分配。

为适应不同规模的网络，Internet 委员会定义了 5 种地址类别。它们分别为 A 类、B 类、C 类、D 类和 E 类，如图 8-11 所示。

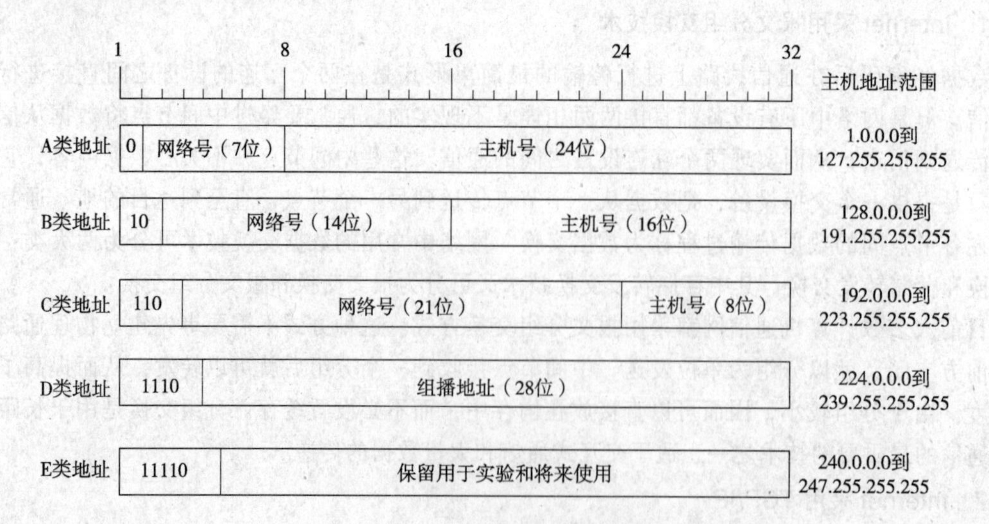

图 8-11 IP 地址类别及范围

A 类地址最高位用 0 标识，适用于有大量主机的大型网络，从理论上讲可以有 2^7=128 个网络。但由于网络号为全 0 和全 1（用十进制表示为 0 与 127）的两个地址保留用于特殊目的，所以实际允许有 126 个不同的 A 类网络。每个 A 类网络最多可以有 2^{24}−2=16 777 214 台主机（主机号全 0 和全 1 的两个地址保留用于特殊目的）。

同理，B 类地址最高位用 10 标识，共可以表示 2^{14}−2=16 382 个网络，每个网络最多可以有 2^{16}−2=65 534 台主机，B 类地址适用于一些大公司与政府机构等中等大小的组织使用；C 类地址最高位用 110 标识，共可以表示 2^{21}−2=2 097 150 个网络，每个网络最多可以有 2^8−2=254 台主机，C 类地址主要用于小型网络。

A、B、C 类地址中主机号全 1 的地址用于广播，称为直接广播地址；主机号各位全为 0 的网络号称为网络地址；在 A 类地址中，127 是一个保留地址，用于网络软件测试以及本地机进程间通信，称为回送地址。

另外，下列 IP 地址在 Internet 上将被路由器阻截，只能用于内部的私有网络上：

A 类（1 个）：10.0.0.0 ~ 10.255.255.255

B 类（32 个）：172.16.0.0 ~ 172.31.255.255

C 类（256 个）：192.168.0.0 ~ 192.168.255.255

随着 Internet 在全球的迅猛发展，IPv4 地址资源十分紧缺，数量明显不足，加之浪费严重，缺乏必要的灵活性和安全性等。IETF（Internet 工程任务组）在 1992 年 6 月提出要制定下一代 IP 协议，即 IPng(IP next generation)，简称 IPv6 协议。IPv6 的地址长度为 128 位，使用冒号十六进制记法（简记为 colon hex），它把 8 个 16 位的值用十六进制值表示，各值之间用冒号分隔，如 26E8:8C01:26C0:0110:12A4:FFFF:960A:0001。IPv6 的地址空间大于 3.4E38，从根本上解决了 IPv4 数量不足的问题，同时其灵活性和安全性也得到了大大的提高，并成为下一代互联网（Internet 2）发展的基石。

2. 域名与域名系统

由于数字形式的 IP 地址难以记忆，所以人们往往采用有意义的字符形式即域名来表示 IP 地址。域名采用层次型的命名机制，由一串用点分隔的名字组成，名字从左往右构造，表示的范围从小到大。其格式如下：

主机名.n 级子域名.…….二级子域名.顶级域名　　（通常 $2 \leqslant n \leqslant 5$）

例如：moe.edu.cn 为中华人民共和国教育部的域名。

顶级域名（最高层域）分为两大类：通用域名和国家或地区域名。

（1）通用域名

描述的是网络机构（也称为地理域），主要源于 Internet 的发源地美国，一般用 3 字母表示，如表 8-2 所示。

表 8-2　通用域名

顶级域名	含义	顶级域名	含义
COM	商业组织	NET	网络机构
EDU	教育机构	ORG	非营利组织
GOV	政府部门	INT	特定的国际组织
MIL	军事部门		

（2）国家或地区域名

描述的是网络的地理位置，采用 ISO 3166 文档中指定的两个字符作为国家名称，美国不用国家域，如表 8-3 所示。

表 8-3　部分国家或地区域名

顶级域名	含　义	顶级域名	含　义
CN	中国，中国台湾 TW，中国香港 HK	CA	加拿大
JP	日本	FR	法国
GB	英国	AU	澳大利亚
DE	德国		

把域名翻译成 IP 地址的软件称为域名系统（Domain Name System，NDS），它负责对整个 Internet 域名进行管理。所有的 Internet 域名都要在域名系统中进行申请和登记。只有得到批准的域名才可以使用。

装有 DNS 的主机称为域名服务器（Domain Name Server），它是一种能够实现名字解析的分层结构数据库。当在网络访问中使用域名地址时，该域名地址被送往本地系统事先指定的某个域名服务器，这个域名服务器内部有一本域名地址和 IP 地址对应的“字典”，如果在其中找到相应的 IP 地址，则将该目的主机的 IP 地址返回给用户主机连接。如果在指定的域名服务器中未找到相应的 IP 地址，则其会将域名地址提交其上一级域名服务器处理，依此类推。如果最终未能找到，则会通知用户，找不到对应的 IP 地址。

8.3.4 Internet 提供的信息服务

共享资源、交流信息、发布和获取信息是 Internet 的三大基本功能。Internet 上具有极其丰富的信息资源，能为用户提供各种各样的服务和应用。如 E-mail、Telnet、ICQ 等向用户提供通信类服务；FTP、WWW、Gopher、WAIS 等则向用户提供信息检索类服务。Internet 提供的信息服务大多采用的是客户机/服务器交互模式。下面介绍几种最常用的信息服务及功能。

1. 电子邮件（E-mail）

电子邮件是一种利用计算机和通信网络传递信息的现代化通信手段，是最受人们欢迎的网络服务之一。电子邮件具有下列特点：

① 信息传递快捷、迅速；

② 接收、发送方便，操作简单、易学；

③ 所需费用低廉，甚至完全免费；

④ 具有自动定时邮寄、自动答复和群发功能；

⑤ 可发送多种格式的邮件。在电子邮件中不但可以发送文本文件，还可以发送图形、声音等各种文件，并且在电子邮件附件中可以发送任何文件。

电子邮件系统使用的协议是简单邮件传输协议（Simple Mail Transfer Protocol，SMTP）和邮局协议（Post Office Protocol 3，POP3）。SMTP 是一种存储/转发协议，其主要功能是将电子邮件从客户机发送到邮件服务器，或从某个邮件服务器传输到另一个邮件服务器。POP3 则为邮件系统提供了一种接收邮件的方式，使用户可以通过 POP3 直接将邮件服务器中的信件下载到本地计算机，在自己的客户端阅读邮件。如果电子邮件服务系统不支持 POP3，用户则必须登录到邮件服务器上查阅邮件。

一般地，在网络中发送邮件的服务器称为 SMTP 服务器，而接收邮件的服务器为 POP3 服务器。电子邮件首先发送给发送方的 SMTP 服务器，SMTP 服务器负责与收件方的 POP3 服务器联系并进行转发。如果一切正常，接收方的 POP3 服务器会根据收件人的地址将其邮件分发到对应的电子邮箱中。

在 Internet 上能直接发送、接收和存储/转发电子邮件的服务器相当于邮局。邮件阅读器（客户端程序）则相当于邮箱，其主要功能是用于编辑、生成、发送、接收、阅读和管理电子邮件。

在 Internet 上发送电子邮件，需要写上发信人和收信人的 E-mail 地址，即电子邮件地址。Internet 上的用户其信箱地址是唯一的，即每一个信箱对应于一个用户。

一个完整的 E-mail 地址形式是：用户账号@主机域名。

其中@代表英文单词 at，表示“在”的意思。

例如：rebaca_ding@163.com 代表一个位于 163.com 主机上的称为 rebaca_ding 的用户。

2. 万维网（WWW）

万维网（World Wide Web，WWW）简称 3W 或 Web。WWW 不是传统意义上的物理网络，它是一种用于组织和管理信息浏览或交互式信息检索的全球分布式信息系统，是 Internet、超文本和超媒体技术结合的产物。

WWW 在 1990 年由欧洲粒子物理研究中心开发，它通过超文本的结构极大地加强了其信息搜集能力和组织能力，从而成为 Internet 上增长速度最快的服务之一。到 1994 年，WWW 便成为访问 Internet 的最流行手段。

WWW 采用网形搜索，WWW 的信息结构像蜘蛛一样纵横交错。其信息搜索能从一个地方到达网络的任何地方，而不必返回根处。以前的信息查询采用的都是树形查询，若到达目的地查不到所需要的信息，就必须一步步再返回树根，然后再重新开始搜索。所以网形结构能提供比树形结构更密、更复杂的链接，搜索信息的效率会更高。

WWW 采用客户机/服务器交互模式。WWW 服务器是指在 Internet 上保存并管理运行 WWW 信息的计算机。在它的磁盘上装有大量供用户浏览和下载的信息。客户机是指在 Internet 上请求 WWW 文档的本地计算机。客户机与服务器之间遵循超文本传输协议（Hyper Text Transfer Protocol，HTTP）。客户机通过运行客户端程序访问 WWW 服务器，客户端程序又称为 Web 浏览器（Browser），目前在 Windows 平台上用得最多是 IE（Internet Explorer）浏览器。

以下是 WWW 涉及到的一些重要的概念：

① 超文本（Hypertext）：它是一种人机界面友好的计算机文本显示技术或称为超链接技术（Hyperlink），它将菜单嵌入到文本中。即每份文档都包括文本信息和用以指向其他文档的嵌入式菜单项。这样用户就可实现非线性式的跳跃式阅读。

② 超媒体（Hypermedia）：它是将图像、音频和视频等多媒体信息嵌入文本的技术。可以说，超媒体是多媒体的超文本。

③ 网页（Web Page）：指 WWW 上的超文本文件。在诸多的网页中为首的那个页面称为主页（Home Page）。主页是服务器上的默认网页，即当浏览到该服务器而没有指定文件时首先看

到的网页，通过它再连接到该服务器的其他网页或其他服务器的主页。

④ 超文本标记语言（HyperText Markup Language，HTML）：它是一种专门用于WWW超文本文件的编程语言。用于描述超文本或超媒体各个部分的构造，告诉浏览器如何显示文本，怎样生成与别的文本或多媒体对象的链接点等。它将文本、图形、音频和视频有机地结合在一起，组成图文并茂的用户界面。超文本文件经常用.htm或.html作为扩展名。

⑤ 统一资源定位器（Uniform Resource Locator，URL）：它是WWW上的一种编址机制，用于对WWW的众多资源进行标识，以便于检索和浏览。每一个文件不论它以何种方式存储在哪一个服务器上，都有一个URL地址。只要用户正确地给出了某个文件的URL，WWW服务器就能正确无误地找到它，并传给用户。所以URL是一个文件在Internet上的标准通用地址。URL的一般格式如下：

```
<通信协议>://<主机域名或IP地址>/<路径>/<文件名>
```

其中，通信协议指提供该文件的服务器所使用的通信协议。可以是HTTP、FTP、Gopher、Telnet等。

例如：http://www.microsoft.com/china/learning/HotspotFocus/20080331.aspx

3. 远程登录（Telnet）

远程登录是指在远程终端访问协议Telnet（Telecommunications Network）的支持下，本地计算机通过Internet成为远程主机的一个虚拟终端的过程。通过Telnet，本地用户就可以方便地使用远程主机上的资源。Telnet允许为任何站点上的合法用户提供远程访问权，而不需要做特殊约定。远程登录使用的程序由运行在本地计算机上的Telnet客户端程序和运行在远程主机上的Telnet服务器端程序组成。

利用Telnet，不仅可以远距离使用大型计算机和专用外围设备，还可以检索Internet上的数据库，访问世界上众多图书馆信息目录和其他信息资源。许多网络信息检索工具，如Gopher、WAIS、archie等，都可以通过Telnet来使用。

若要在一台远程主机上登录，首先要成为其合法用户，即获准在系统建立账号，然后根据系统的提示输入正确的用户名和口令。Telnet仅提供基于字符应用的访问，不具有图形功能。

4. 文件传输服务（FTP）

文件传输协议（File Transfer Protocol，FTP）是为进行文件共享而设计的Internet标准协议，它负责将文件从一台计算机传输到另一台计算机，并保证其传输的可靠性。

文件传输服务由FTP应用程序提供，人们把将远程主机中的文件传回到本地机的过程称为下载（Download），而把将本地机中的文件传送并装载到远程主机中的过程称为上传（Upload）。FTP是一种客户机/服务器结构，FTP服务器上装有服务器程序，它为所有装有客户端软件的客户机提供FTP服务。用户登录成功后，远程FTP服务器中的文件目录就会按原有的格式显示在客户机屏幕上。FTP服务器向客户提供两种访问方式：非匿名访问和匿名访问（anonymous FTP）。

非匿名访问是指在访问该类服务器（非匿名服务器）前，客户必须先向该服务器的系统管理员申请用户名及密码，非匿名FTP服务器通常供内部使用或提供收费咨询服务。

匿名访问是指这类站点（称为匿名服务器）允许任何一个用户免费登录并浏览和下载其中存放的文件，但不允许用户修改、上传或删除站点中的文件。这类服务器不要求用户事先在该服务器进行注册。在与这类匿名服务器建立连接时，一般要在“login”文本框内填上“anonymous”，而在“Password”文本框内填上客户的邮件地址。Internet 上的大部分免费或共享软件均是通过这类匿名服务器向公众免费提供的。FTP 与 Telnet 一样，是一种实时联机服务，其区别是 FTP 客户机可以在 FTP 服务器上进行的操作仅限于文件搜索和传送，而 Telnet 登录后可以进行远程主机允许的所有操作。

5. 搜索引擎（Search Engine）

Internet 是信息的海洋，要从中找到自己所需的信息并不是一件容易的事情，应运而生的众多的中、英文搜索引擎能有效地解决这一问题。

搜索引擎是 Internet 上的一个 WWW 服务器，它的主要任务是在 Internet 中主动搜索其他 WWW 服务器中的信息并对其自动索引，并将索引内容存储在可供查询的大型数据库中。用户可以利用搜索引擎所提供的分类目录和查询功能查找所需要的信息。

搜索引擎能提供多种灵活的查询方式，如关键词搜索、词组搜索、语句搜索、目录搜索、高级搜索和地图搜索等。下面列出了目前常用的中文搜索引擎：

谷歌：http://www.google.cn

百度：http://www.baidu.com

雅虎：http://cn.yahoo.com

搜狐：http://www.sohu.com

新浪：http://cha.iask.com

天网：http://e.pku.edu.cn

8.3.5 校园网的组成

校园网是一个通俗意义上的概念，目前还没有统一的定义。从字面理解，校园网就是校园内部的计算机网络，但是这种说法比较狭溢，不能充分表明校园网的作用、意义和内涵。实际上，校园网从本质上讲可以认为是一种内联网，就如同企业的内联网（Intranet）一样，是在组建内部局域网时，全面采用 Internet 技术而构成的。

校园网是以现代网络技术、多媒体技术及 Internet 技术等为基础建立起来的计算机网络，它以 TCP/IP 协议为基础，以 Web 技术为核心，可以说校园网实际上就是一个缩小的 Internet。校园网一方面要将学校各内部子网和分散于校园各处的计算机连接起来；另一方面要充当校园各内部子网信息交换的平台，为学校的教学、科研、管理、办公和通信等提供服务。

校园网由硬件和软件两部分组成。

硬件通常有服务器，如各种 PC 服务器、UNIX 小型机和大型主机；接入设备，如调制解调器和远程访问服务器；网络互联设备，如 10/100Mbit/s 集线器、网桥、路由器、以太网/快速以太网/千兆以太网交换机、ATM 交换机和网关；传输介质，如双绞线和光纤；防火墙设备等。

建设校园网的真正目的在于为学校师生提供教学、科研和综合信息服务的高速多媒体网络。所以一个好的校园网必须有大量的优秀的应用软件做支撑才能发挥其作用。目前校园网提供的应用软件主要有管理信息系统（MIS）、办公自动化系统（OA）、数字化图书馆系统、数据库及管理系统、电子邮件服务系统、FTP 系统、校园 BBS 系统、多媒体教学系统、远程教育系统等。其中网络多媒体教学系统和教学信息数据库是校园网的两个最重要的应用软件，利用多媒体教学系统可以实现网络备课、网络授课、网上课程学习和练习、在线考试、虚拟实验室、网络教学评价、作业递交与批改、课程辅导答疑和师生在线交流等功能；教学信息数据库则是学校进行网络教学的重要组成部分，它包括教案库、课件库、试题库、多媒体素材库和学科资料库等。

图 8-12 是一个小型的校园网的拓扑结构。它由多个星形局域网组成，通过网络互联设备（交换器、集线器和路由器等）连接成一个内联网，并与 Internet 相连。

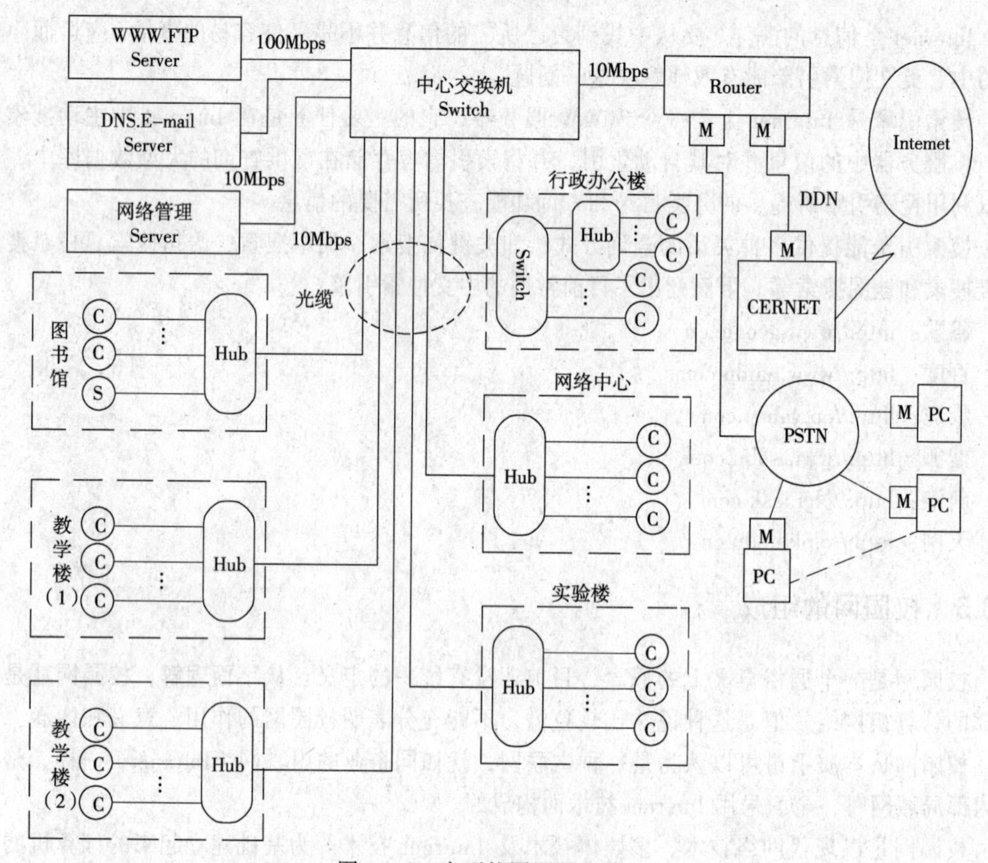

图 8-12 小型校园网的组成

8.4 网络软件应用

8.4.1 网络通信软件

随着 Internet 在全球的普及，网络已经成为人们生活中必不可少的一部分。特别是应用在网络上的各种各样的通信软件，使传统的通信方式受到了严重的冲击，人们的交流方式发生了根本的变化。以下介绍两款常用的网络通信软件。

1. Outlook Express

Outlook Express 是基于 Internet 标准的邮件客户端软件，要使用 Outlook Express，用户必须

拥有自己的 E-mail 地址。申请电子邮箱有两种方式：一是用户直接向 Internet 服务提供商（Internet Service Provider，ISP）申请；二是在一些知名网站申请。

Outlook Express 具有以下主要特点：能管理多个邮件和新闻账号；轻松、快捷地浏览邮件；在服务器上保存邮件以便从多台计算机上查看；使用通信簿存储和检索电子邮件地址；在邮件中添加个人签名或信纸；发送和接收安全邮件。以下是 Outlook Express 的操作步骤：

（1）启动 Outlook Express

在 Windows 下，选择“开始”｜“程序”｜“Outlook Express”命令，或者在任务栏上单击 Outlook Express 图标启动 Outlook Express，会弹出如图 8-13 所示的界面。

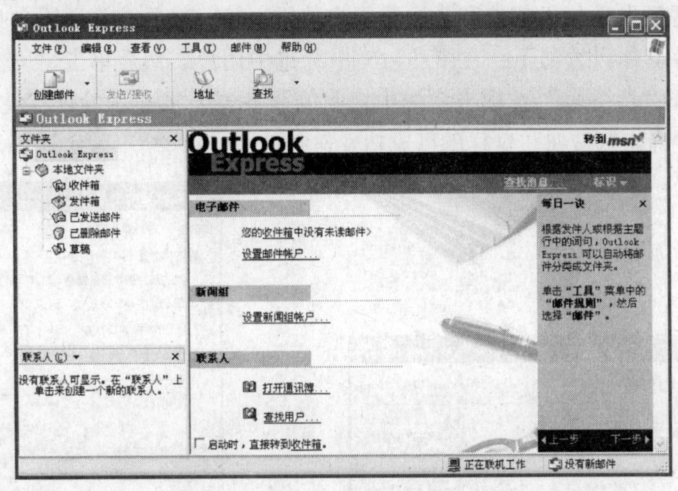

图 8-13　Outlook Express 启动界面

（2）添加 Internet 账户

在窗口的“工具”菜单中，选择“账户”命令，弹出“Internet 账户”对话框，再单击窗口右上角的“添加”按钮，选择“邮件”命令，则弹出如图 8-14 所示的“Internet 连接向导”对话框。

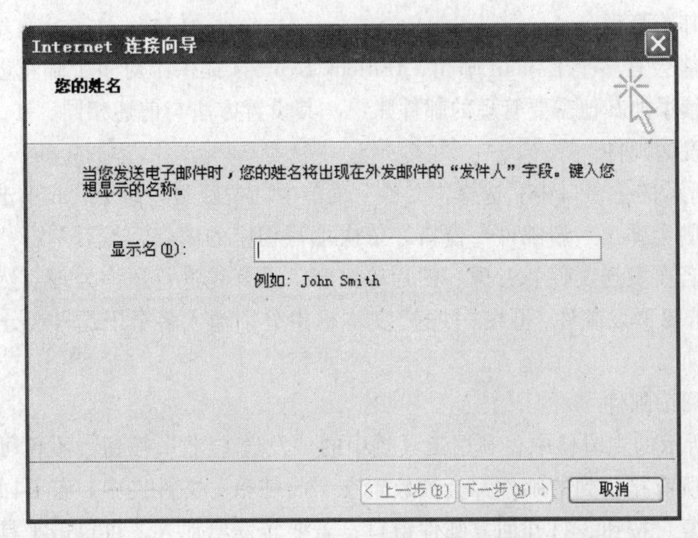

图 8-14　Internet 连接向导

"Internet 连接向导"分为 4 步：首先要求用户任意输入一个发件人的名称；其次要求用户输入自己的 E-mail 地址；第三步要求输入接收邮件服务器（POP3）和发送邮件服务器的域名，如果用户不太清楚，可以与提供电子邮箱地址的 ISP 联系；最后要求用户输入自己的账号（即@之前的部分）和密码，当然为了安全，在这里也可以不输入密码。

完成上述工作后，在"Internet 账户"对话框中就可以看到新加入的账号，如图 8-15 所示。若新添加的账户出现错误，可单击"属性"按钮查看和修改。单击"关闭"按钮后，就可接收邮件了，但要发送邮件还需进一步配置。

（3）设置身份验证

为防止用户恶意发送垃圾邮件和非注册用户使用，ISP 都要求验证用户身份后，才能实现发送邮件的功能。具体设置如下：在图 8-15 中，选中用户，然后单击"属性"按钮，在弹出的对话框中，选择"服务器"选项卡，选中"我的服务器要求身份验证"复选框，如图 8-16 所示，最后单击"确定"按钮。这样就可成功发送邮件了。

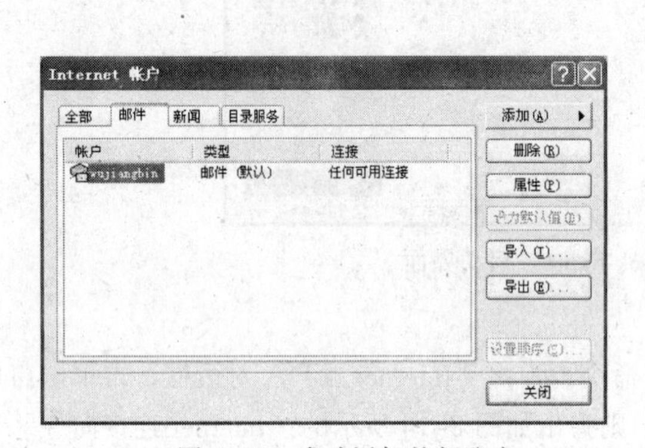

图 8-15　成功添加的新账户

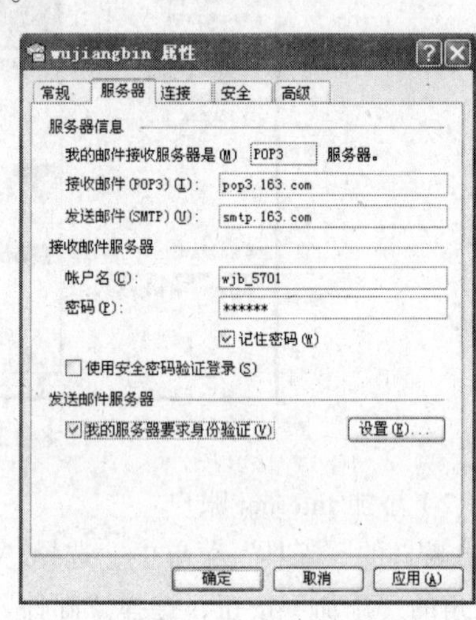

图 8-16　设置身份验证

（4）设置多邮箱管理

一个用户可能会有多个 E-mail 邮箱，Outlook Express 提供了对多个邮箱进行管理的功能，所以用户可以继续添加其他需要管理的邮件账户。其设置方法与前述相同。

（5）创建和发送邮件

在图 8-13 所示的主窗口中，选择"文件"菜单中的"新建"命令，或单击工具栏中的"创建邮件"按钮，则会弹出"新邮件"窗口。依次填写相应的内容，然后单击"发送"按钮，邮件会立即发送。若要发送文件、音乐、图片等内容，最好先进行压缩处理，然后利用"附件"功能进行发送；若要群发邮件，可在"抄送"文本框中分别输入多个用逗号或分号分隔的 E-mail 地址。

（6）接收和阅读邮件

在图 8-13 所示的主窗口中，利用工具拦中的"发送/接收"按钮，不仅可以发送邮件，还可以接收邮件。所有接收到的邮件都会被放置在"收件箱"文件夹中。若要回复邮件，可单击工具栏中的"答复"按钮，打开回复邮件窗口；若要转发给他人，可单击工具栏中的"转发"

按钮，打开转发邮件窗口。

（7）管理邮件创建多个子文件夹

用户可以在“收件箱”文件夹中创建多个子文件夹，对邮件进行分类管理，即将收到的邮件选中（一个或多个），然后通过“编辑”菜单中的“移动到文件夹”或“复制到文件夹”命令进行相应的操作。这种管理方法同样适用于多个用户公用一台计算机的情况。

2. E 话通（ET）

E 话通是一款新一代视频即时通信工具。E 话通软件整合了邮件、数据传输、即时通讯等多种互联网应用于一身，基于超清晰的视频语音通话技术以及独特的防火墙穿透技术，为广大的 Internet 用户提供了一个全新的、高品质的即时视频沟通、聊天交友、娱乐、欣赏的多媒体互动平台。

E 话通是一个免费软件，可以任意下载、安装、传播和使用。下载 E 话通后需执行安装程序。在弹出的“选择语言”对话框中选择简体中文，在随后出现的对话框中按照提示一步一步操作即可成功安装，安装完毕后紧接着会要求用户注册，用户通过注册才能获得一个 E 话通号码。E 话通的注册过程如图 8-17 所示。

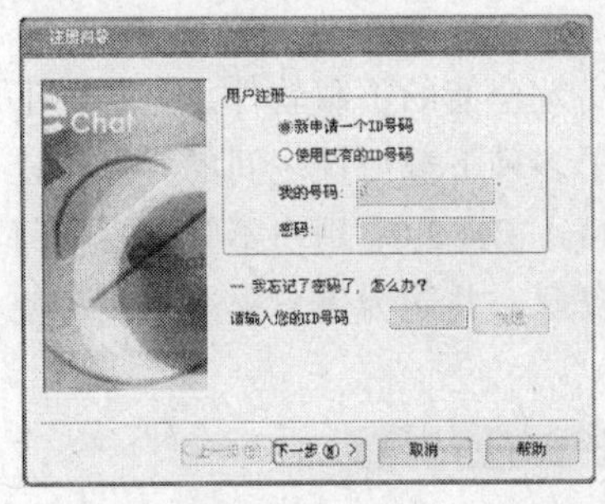

（a）

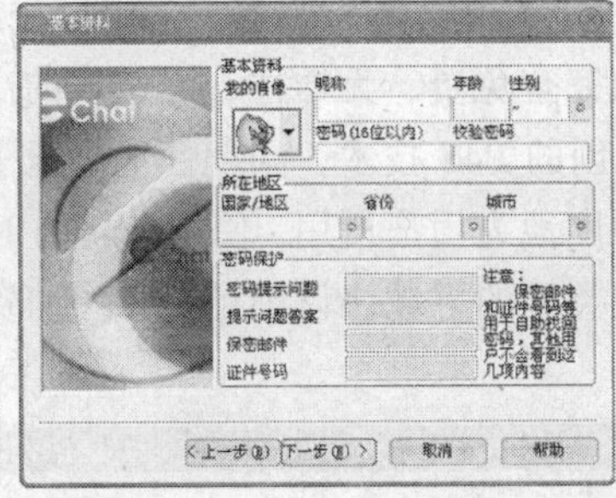

（b）

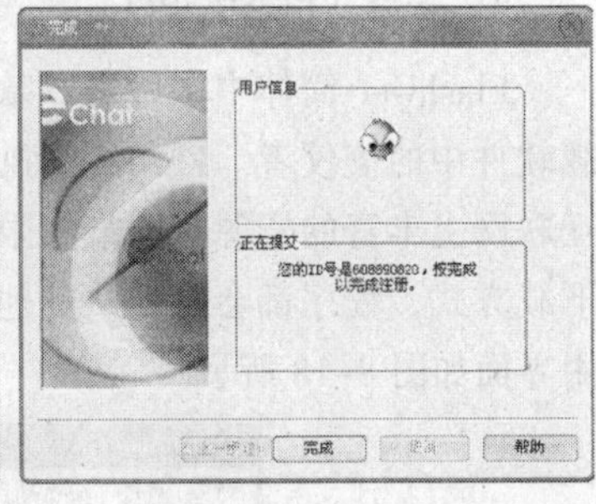

（c）

图 8-17　E 话通注册步骤

E 话通的主要功能如下：

（1）语音视频

用户在进行文本交流的过程中，可以方便地进入语音视频交流模式，通过邀请可以实现最多 4 人同时在线语音视频交流，声音画面品质优良，传输顺畅，人与人沟通更亲切、更自由。

（2）视频会议

当需要 4 人以上同时进行语音视频交流时，用户可以通过登录多媒体社区开通可容纳 10～100 人的多媒体会议室。在 10 人多媒体聊天室中，用户可同时看到 10 人的动态影像，并可以实现 4 人同时发言；在 10 人以上的会议室中，所有用户可同时在线，并通过两个视频窗口轮流发言，其他人员可同时通过文本方式进行讨论。

（3）多媒体文件播放

用户可以通过 E 话通客户端播放各种格式的音频视频文件，一点播放，多点同时接收。

（4）屏幕传输

相互连通的两个用户可以通过此功能，实时看到对方屏幕指定区域的显示内容，从而实现共享双方桌面上打开文件的功能。每当用户邮箱中收到新邮件时，E 话通会自动提示用户有新邮件到达，用户可以直接单击 E 话通界面中的连接，直接进入邮箱的 webmail 界面。

（5）网络通信中心

E 话通提供了强大的网络通信中心功能，用户将感受到全方位、多平台的网络通信体验。用户可以通过单击的方式进入多种通信平台，包括邮件、短信、多方通话等。此外，还可登录 E 话通论坛，畅想交流于网际间。

（6）文本群发

通过 E 话通的文本群发功能，用户可以对多个好友同时发送文本消息，采用单点的发送方式，用户收到的回复将不公开，简单、快捷、安全。

8.4.2 上传下载软件

在 Internet 上有众多的 3W 和 FTP 服务器，上面存有各种各样的海量的信息和资料。它们不仅为用户提供下载服务，而且其中的许多服务器也同时为用户提供上传服务。用户只需通过下载软件就可以方便地下载自己喜欢的资料，通过 FTP 软件不仅可以下载，还可以在 Internet 上发布信息，上传资料。

1. 快车（FlashGet）

FlashGet 简体中文版是一款完全免费、无插件、无广告的高效全能的下载软件，是各种下载软件中的佼佼者。FlashGet 独创的 P4S 技术，开创性地打通了多种下载协议之间的界限，让互联网上丰富的资源能够最大限度地为用户所用。使用最新的 FlashGet 2.0，用户不管采用任何下载方式，程序都会自动从其他类型的下载协议中寻找相同的资源，共同为用户提速。快车使用界面如图 8-18 所示。

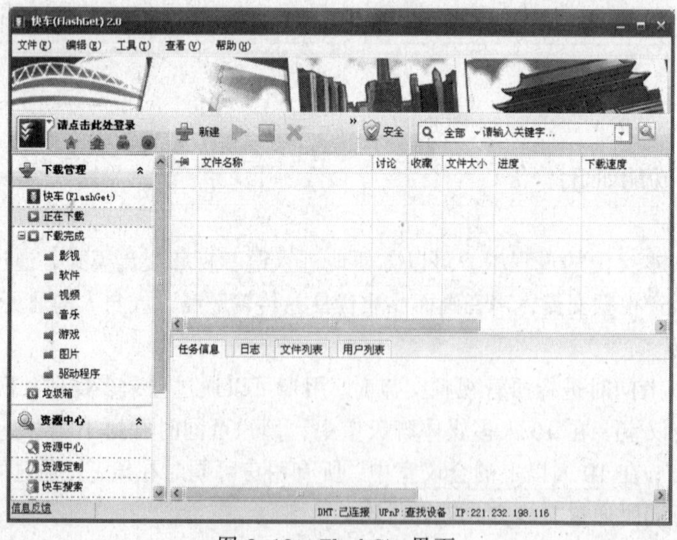

图 8-18 FlashGet 界面

FlashGet 的主要特色如下：

① 高速下载，比普通软件快 10 倍。

大幅减少读写次数，使用多服务器超线程传输（Multi-server Hyper-threading Transportation，MHT）技术，最大限度地优化算法、智能拆分下载文件、多点并行传输、支持断点续传、批量下载、定时下载等。超磁盘缓存技术（Ultra Disk Cache Technology，UDCT）可以全面保护硬盘，下载更快、更稳定。在高速下载的同时，维持超低资源占用，不干扰用户的其他操作。

② 万能下载，全面支持多协议。

P2P（Point to Point）和 P2S（Peer to Sever）无缝兼容，全面支持 BT、HTTP 及 FTP 等多种协议。快车可以智能检测下载资源，HTTP/BT 下载切换无须手动操作。一键式（One Touch）技术优化 BT 下载，获取种子文件后自动下载目标文件，无须二次操作。

③ 资源即得，收藏定制下载。

FlashGet 车库通过管理收藏曾经下载过的影视、音乐、软件、书籍，分享用户对资源的看法。使用“资源中心”可定制最优秀的车库，享受车库海量资源（包括商业资料、DVD 大片等数十种资源）。

④ 安全放心，嵌入式一键杀毒。

与杀毒厂商合作，轻松单击即可关联流行杀毒软件，文件下载完成后自动调用用户指定的杀毒软件，彻底清除病毒和恶意软件。

2．LeapFTP

LeapFTP 是一款小巧且功能强大的 FTP 共享软件。与其他 FTP 软件相比，LeapFTP 的特点是操作方便，设置简单；其断点续传功能不仅在下载文件时有效，且在上传文件时也可实现，LeapFTP 允许用户直接编辑远程服务器上的文件，这些功能在其他的 FTP 软件中是比较少见的；LeapFTP 不仅可以下载或上传整个目录（包括子目录），而且可直接删除整个目录，不会因闲置过久而被站点踢出；它支持自定义的队列传输，可让用户一次下载或上传同一站点中不同目录下的文件，并可设定文件传送完毕后自动中断连接；在浏览网页时若在文件链接上右击，选择“复制捷径”命令便会自动下载该文件。

LeapFTP 启动窗口界面分为四部分，分别为本地目录、远程目录、队列栏和命令栏。如果暂时不想使用，还可以使用快捷键【Ctrl+H】将程序隐藏在系统托盘中，如图 8-19 所示。

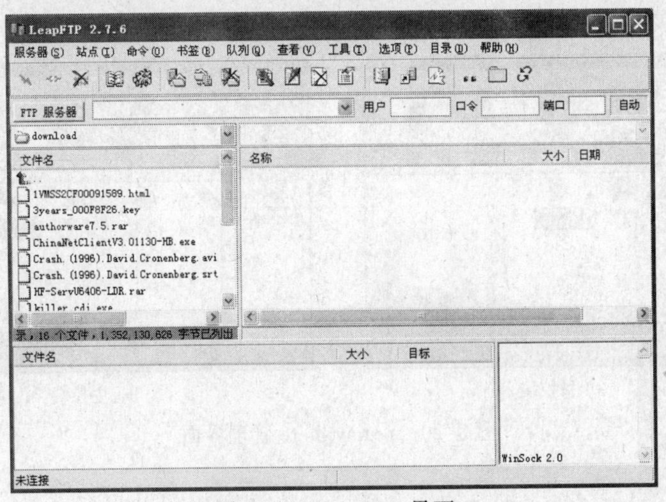

图 8-19　LeapFTP 界面

上传文件的关键是首先需要知道上传服务器的 IP 地址或域名以及用户名和密码，然后通过菜单栏中的“站点”命令，在弹出的“站点管理器”对话框中进行设定。通过单击软件上一个

齿轮形标准按钮，或选择菜单栏中的“选项”|“首选项”|“常规”命令，在弹出的“首选项”对话框中，可对软件进行个性化设置。上述设置完成后，就可与指定的服务器进行连接，并可选择目录或文件进行上传、下载。

8.4.3 远程控制软件 pcAnywhere

美国著名软件公司 Symantec 开发的 pcAnywhere 是一款非常优秀的远程控制软件。使用它可以轻松地实现在本地计算机上控制远程计算机，快速而安全地解决远程工作站和服务器的问题，使两地的计算机协同工作。其主要功能如下：

① 远程控制：对距离较远，不能直接控制的服务器、计算机实现远程控制，具有对远程计算机进行监控、管理和调试的功能。pcAnywhere 提供多种与远程计算机连接的方法，如拨号连接、专线方式、局域网方式和 Internet 方式等。

② 文件传输：支持在远程及本地之间进行双向文件传输，操作过程如同在两个不同的磁盘中进行一样，同时还具有文件管理功能。

③ 充当网关：安装 pcAnywhere 的计算机一旦接入远程网络或 Internet，局域网内外的用户都可以通过它进行资源共享。

④ 远程工作站：远程计算机可以通过拨号进入局域网，并和局域网中的工作站具有相同的地位，可对局域网内部的资源进行按权限存取。

要正确使用 pcAnywhere，关键是要在被远程控制的计算机（被控端）和主控端上分别安装和设置好 pcAnywhere。这时，只要在主控端上按【Alt+ Enter】组合键就可以在全屏下对被控端进行远程操作，感觉就和正在使用远程的计算机一样，而且远程的计算机的鼠标、图形等即时的屏幕信息都会在主控端和被控端上表现出来；若被控端有操作人员在现场，会看到屏幕发生的变化，并可以向主控端发出谈话请求。如果配合动态域名解析，无论在什么时候，被控端有没有人在，只要计算机启动并已接入网络，主控端就可以远程完全控制被控端计算机。pcAnywhere 被控端和主控端的管理界面如图 8-20 所示。

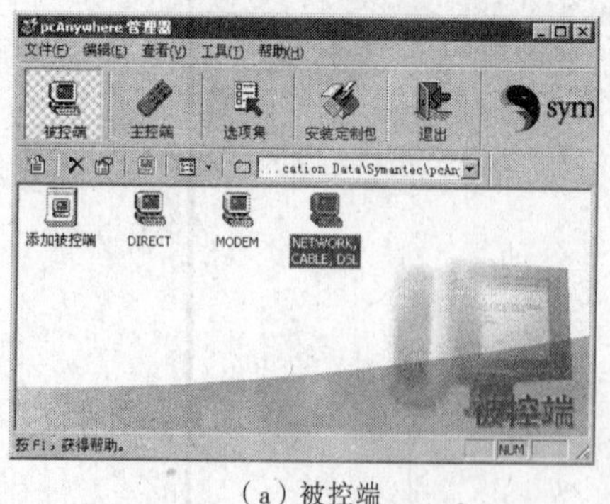

（a）被控端

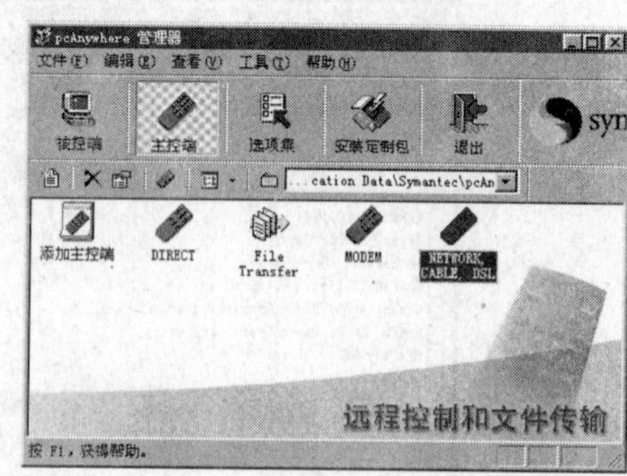

（b）主控端

图 8-20 pcAnywhere 管理界面

8.5 网络安全

网络安全是指网络系统的硬件、软件及其系统中的数据受到保护，不受偶然的或者恶意的原因而遭到破坏、更改、泄漏，系统连续、可靠、正常地运行，网络服务不中断。网络安全从本质上讲就是网络上的信息安全。

8.5.1　网络安全概述

1. 关于网络安全

网络安全涉及的领域相当广泛。这是因为在目前的各种通信网络中，存在着各种各样的安全漏洞和威胁。从广义来说，凡是涉及到网络上信息的保密性、完整性、可用性、真实性和可控性的相关技术和理论，都是网络安全所要研究的领域。

网络之所以受到众多的攻击，其原因是多方面的，但从这些问题的产生来讲，都与网络的信息传输方式和运行机制密切相关。

首先，网络中的信息是从一台计算机的存储系统流向另一台计算机的存储系统，在大多数情况下，信息离开信源后必须经过中继节点才能到达信宿。在整个传输过程中，信息的发送者和接收者只能对发送和接收过程加以控制，而对中间传输过程则无权进行有效的控制。如果信息传输路由中存在不可信或具有攻击者的中继节点机，信息的安全性就会受到严重的威胁。信息可能会被修改、破坏或泄露，因此，计算机网络的运行机制存在着严重的安全隐患。

其次，计算机网络的运行机制是一种协议机制，不同的节点之间的信息交换是按照事先定义好的固定机制，通过交换协议数据单元完成的。对于每个节点来说，通信即意味着对一系列从网络上到达的协议数据单元进行响应。根据以上的分析，这些从网上到达的协议数据单元的真实性是无法保证的。同时，由于协议本身固有的安全漏洞或协议实现中产生的安全漏洞也会造成许多安全问题。

在现有的网络环境中，由于存在不同的操作系统、不同厂家的硬件平台，故增加了网络安全的复杂性，其中有技术上和管理上的诸多原因。一个好的安全的网络应该是由主机系统、应用和服务、路由、网络、网络管理及管理制度等诸多因素决定的。

2. 网络安全涉及的内容

运行系统安全：即保证信息处理和传输系统的安全，包括计算机系统机房环境的保护，计算机结构设计上的安全性考虑，硬件系统的可靠安全与运行，计算机操作系统和应用软件的安全，数据库系统的安全，电磁信息泄漏的防护等。

信息系统的安全：包括用户口令鉴别、用户存取权限限制、方式控制、安全审计、安全问题跟踪、计算机病毒防治、数据加密。

信息传播的安全：信息传播后果的安全，包括信息过滤、不良信息的过滤等。它侧重于防止和控制非法、有害的信息传播的后果。

信息内容的安全：即狭义的信息安全。它侧重于信息的保密性、真实性、完整性。避免攻击者利用系统的安全漏洞进行窃听、冒充、诈骗等有损于合法用户的行为。本质上是保护用户的利益和隐私。

3. 信息系统对安全的基本需求

保密性：保护资源免遭非授权用户“读出”，包括传输信息的加密、存储信息加密、防电磁泄露。

完整性：保护资源免遭非授权用户“写入”，包括数据完整性、软件完整性、操作系统完整性、内存及磁盘完整性、信息交换的真实性和有效性。

可用性：保护资源免遭破坏或干扰。防止病毒入侵和系统瘫痪，防止信道拥塞及拒绝服务，防止系统资源被非法抢占。

可控性：对非法入侵提供检测与跟踪，并能干预其入侵行为。

可核查性：可追查安全事故的责任人。对违反安全策略的事件提供审计手段，能记录和追踪他们的活动。

4．网络的安全威胁

网络安全威胁主要有下列五类：

① 物理威胁：物理威胁是指计算机硬件和存储介质不受到偷窃、废物搜寻及歼敌活动。这里的废物搜寻者就像捡破烂者，不过他在废纸篓中搜寻的是机密信息。

② 网络攻击：网络攻击分为被动攻击与主动攻击。被动攻击主要是进行网络监听，截取重要的敏感信息，被动攻击常常是主动攻击的前奏，被动攻击很难被发现；主动攻击是利用网络本身的缺陷对网络实施的攻击，主动攻击常常以被动攻击获取的信息为基础，杜绝和防范主动攻击相当困难。

③ 身份鉴别：由于身份鉴别通常是用设置口令的手段实现的，入侵者可通过口令圈套、密码破译等方法扰乱身份鉴别。口令圈套依靠欺骗手段获取口令，通过把一段代码模块插入登录过程之前获得用户的用户名和口令；密码破译通过用密码字典或其他工具软件来破解口令。

④ 编程威胁：所谓编程威胁是指通过病毒进行攻击的一种方法。由于病毒是一种能进行自我复制的代码，在网间不断传播更具有危害性。

⑤ 系统漏洞：系统漏洞也称为系统陷阱或代码漏洞，这通常源于操作系统设计者有意设置的，目的是为了使用户在失去对系统的访问权时，仍有机会进入系统。入侵者可使用扫描器发现系统陷阱，从而进行攻击。

8.5.2 网络攻击方法

1．密码破解

密码是对抗攻击的第一道防线。如果攻击者不能访问系统，入侵系统的方法就不多了，所以攻击者总是设法得到合法用户的密码来获得没有授权的访问。

破解密码有如下两种方法：

① 猜测法：首先使用字典攻击，从存放了许多常用密码的数据库中，逐一取出“密码”尝试，如果得到了匹配的词，则破解成功。如果未成功，则使用暴力攻击，即尝试所有的数字和字符。它会消耗相当长的时间，但远远小于密码的有效期。

② 另一种方法是设法偷走密码文件，然后通过密码破解工具来破解这些加密的密码。密码在网络上传送的途中是可以被截获的。密码破解程序能将密码解译出来，或者让密码保护失效。密码破解程序一般并不是真正地去解码，因为事实上很多加密算法是不可逆的，即没有对加密进行反向处理的过程（或者说寻找这样的过程需要很长时间）。只能用已知的加密算法尝试每个单词，直到发现一个单词经过加密后的结果和要解密的数据一样为止。

2. 网络监听

网络监听工具原本是提供给管理员的一类管理工具，使用这种工具可以监视网络的状态、数据流动情况以及网络上传输的信息。网络攻击者用这种方法能够很容易地获取想要的密码和其他信息。

将网络接口设置在监听模式，便可以源源不断地将网上传输的信息截获。网络监听可以在网上的任何一个位置实施，如局域网中的一台主机、网关上或远程网的调制解调器之间等。其工作原理为：在以太网中，将要发送的数据包发往连接在一起的所有主机，在数据包中包含着应该接收数据包的主机的正确地址。因此，只有与数据包中目标地址一致的主机才能接收数据包。但是，当主机工作在混合模式下，同一网段的任何主机都能接收到。

3. 拒绝服务攻击

拒绝服务攻击是攻击者经常使用的一种攻击方法。所谓拒绝服务（DoS）是指网络攻击者采用具有破坏性的方法阻塞目标网络的资源，从而使系统没有剩余的资源给其他用户使用，导致目标机性能降低或失去服务，甚至使网络暂时或永久性瘫痪。如 SYN Flood 攻击、电子邮件炸弹和分布式拒绝服务攻击（DDoS）等。

DDoS 工作的基本原理是先在不同的主机上安装大量的 DoS 服务程序，随后中央客户端命令全体受控服务程序对一个特定目标发送尽可能多的网络访问请求。该工具将攻击一个目标的任务分配给所有可能的 DoS 服务程序，这就是它被叫做分布式 DoS 的原因。DDoS 自动完成连接每一台需利用的远程主机，并且以用户身份登录，启动每一台主机向攻击目标发送海量信息流。在这种情况下，就会有一股拒绝服务洪流冲击网络，并使其因过载而崩溃。几大著名网站曾经相继遭到网络攻击者狂风暴雨式的攻击，导致网站瘫痪、服务中断。攻击者就是采用了非常成熟的分布式拒绝服务技术 DDoS。

4. 程序攻击

程序攻击指利用危险程序对系统进行攻击，从而达到控制或破坏系统的目的。危险程序主要包括病毒、特洛伊木马、后门等。

计算机病毒是指编制或者在计算机程序中插入的破坏计算机功能或数据，影响计算机使用并能够自我复制的一组计算机指令或者程序代码。计算机病毒具有如下主要特点：寄生性、传染性、隐蔽性、激发性、破坏性和衍生性。目前威胁网络安全的病毒主要有宏、蠕虫、逻辑或时间炸弹、木马、种子程序、细菌程序和兔子程序等。

宏病毒是一个或多个具有病毒特点的宏的集合。它的传播速度非常快，感染率高达 40%，并实现了多平台交叉感染。宏病毒能够直接破坏操作系统，造成系统崩溃，而且极易变种。危害较大的宏病毒是梅利莎病毒。

蠕虫是一种可以在网上不同主机间传播，而无须修改目标主机上其他程序的一类程序。它大量地自我繁殖而并不一定具有潜伏能力和激活能力，它一旦进入系统，便迅速繁殖，最终导致系统瘫痪。

逻辑炸弹是在程序中设置了一些条件，当这些条件满足时，程序将会做与原来功能不一样的事情；时间炸弹也是一种能执行破坏性指令的程序，它通常是在满足特定的时间和数目时发作。

特洛伊木马是一个包含在一个合法程序中的非法程序，该非法程序被用户在不知情的状态下执行。它是一种基于远程控制的黑客工具。著名的特洛伊木马程序有BO(Back Orifice)、YAI、Netspy、NetBus、冰河等。

特洛伊木马一般有两个程序：服务器程序和控制器程序。假如计算机安装了服务器程序，则黑客就可以使用控制器进入计算机，通过命令服务器程序达到控制该台计算机的目的。这就是远程控制。

特洛伊木马控制远程计算机的过程如下：

① 木马服务端程序的植入：攻击者要通过木马攻击用户的系统，一般他所要做的第一步就是把木马的服务器端程序植入用户的计算机。植入的方法有通过下载的软件、交互脚本、利用系统漏洞。

② 木马将入侵主机信息发送给攻击者：木马在被植入攻击主机后，会通过一定的方式把入侵主机的信息，如主机的IP地址、木马植入的端口等发送给攻击者，这样攻击者就可以与木马里应外合地控制受攻击主机。

③ 木马程序启动并发挥作用：黑客通常都是和用户计算机中的木马程序联系，当木马程序在用户的计算机中存在的时候，黑客就可以通过控制器端的软件来命令木马。特洛伊木马要能发挥作用，必须具备以下3个因素：木马需要一种启动方式，一般在注册表启动组中；木马需要在内存中；木马会打开特别的端口，以便黑客通过这个端口和木马联系。

后门是软、硬件制造者为了进行非授权访问而在程序中故意设置的万能访问口令，这些口令无论是被攻破，还是只掌握在制造者手中，都对使用者的系统安全构成严重的威胁。后门的种类很多，常见的有密码破解后门、Telnet 后门、服务后门、文件系统后门、Boot块后门、内核后门等。

漏洞是指硬件、软件或策略上的缺陷，这种缺陷导致非法用户未经授权而获得访问系统的权限或提高其访问权限。有了这种访问权限，非法用户就可以为所欲为，从而造成对网络安全的威胁。

5. 信息欺骗攻击

欺骗是主动攻击的重要手段，主要目的是掩盖攻击者的真实身份，使攻击者看起来像正常用户或者嫁祸于其他用户。因为用户可以窃听和劫持别的数据报，所以可以获得足够的信息来伪装自己，从而实施信息欺骗。TCP/IP本身并不是一个完美的协议，它存在的一些缺陷可以被黑客利用。从分析TCP/IP信息欺骗技术的角度出发，信息欺骗可分为多种，如IP欺骗、ARP欺骗、DNS欺骗、Web欺骗、电子邮件欺骗、源路由欺骗与地址欺骗等。

8.5.3 网络防御技术

网络防御技术涉及的内容非常广泛，如加密技术、认证技术、防火墙技术、网络防攻击技术、入侵检测技术、文件备份与恢复技术、防病毒技术及网络管理技术等。本节仅简要介绍其中比较常用的两种技术，即加密技术和防火墙技术。

1. 加密技术

加密措施是保护信息的最后防线，被公认为是保护信息传输唯一实用的方法。在物理安全不足的地方，也是保护存储信息的十分有效而经济的方法。对信息进行加密保护是在密钥的控制下，通过密码算法将敏感的机密明文数据变换成不可懂的密文数据，称为加密（Encryption）。对于一些重要的口令、数据、电子邮件用加密软件进行加密后，再发送或保存。信息即使被截获，攻击者也要耗费时间、精力去解密，从而为采取补救措施赢得了时间。数据加密与解密中常用到如下几个术语：

① 明文：人和机器容易读懂、理解的信息称为明文。明文既可以是文本、数字，也可以是语音、图像、视频等其他信息形式。

② 密文：通过加密的手段，将明文变换为晦涩难懂的信息称为密文。

③ 加密：将明文转变为密文的过程。

④ 解密：将密文还原为明文的过程。解密是加密的逆过程。

⑤ 密码体制：指实现加密和解密的特定的算法。

⑥ 密钥：由使用密码体制的用户随机选取的，唯一能控制明文与密文转换的关键信息称为密钥。密钥通常是随机字符串。在同一种加密算法下，密钥的位数越长，安全性越好。表 8-4 列出了密钥长度与密钥个数之间的关系。

表 8-4 密钥长度与密钥个数

密钥长度（位）	组合个数	密钥长度（位）	组合个数
40	2^{40}=1 099 511 627 776	112	2^{112}=5.192 296 858 535 × 10^{33}
56	2^{56}=7.205 759 403 793 × 10^{16}	128	2^{128}=3.402 823 669 209 × 10^{38}
64	2^{64}=1.844 674 407 371 × 10^{19}		

目前常用的加密技术可分为两类，即秘密密钥加密技术（对称加密）和公钥加密技术（非对称加密）。前者加密用的密钥与解密用的密钥是相同的，通信双方都必须具备这个密钥，并保证该密钥在通信中不被泄漏，如图 8-21 所示。后者加密用的公钥与解密用的私钥是不同的，公钥可以公开，而私钥自己保管，必须严格保密，如图 8-22 所示。这里以一个例子说明公钥加密的通信过程：假设 A 想要从 B 处接收资料，在采用公钥加密体制时，A 用某种算法产生一对公钥和私钥，然后把公钥公开发布，B 得到公钥后，把资料加密，传送给 A，A 用自己的私钥解密，得到明文。

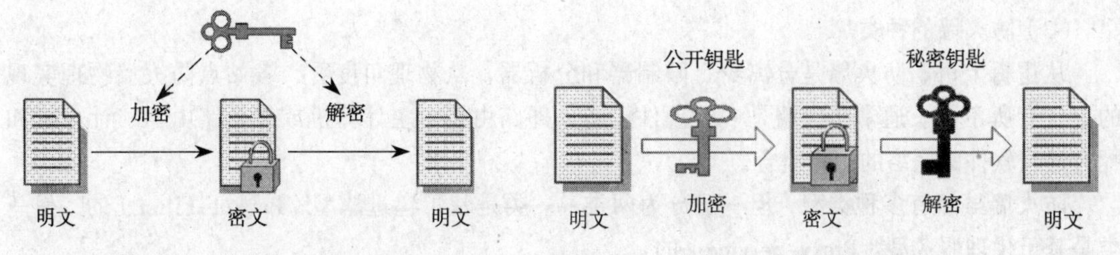

图 8-21 秘密密钥加密技术　　图 8-22 公钥加密技术

秘密密钥加密技术的特点是：算法简单、速度快，被加密的数据块长度可以很大；密钥在加密方和解密方之间传递、分发必须通过安全通道进行，在公用网络上使用明文传递密钥是不合适的。

公开密钥加密技术的特点是：算法复杂、速度慢，被加密的数据块长度不宜太大；公钥在加密方和解密方之间传递、分发不必通过安全通道进行。

著名的加密算法有：数据加密标准（Data Encryption Standard，DES）由 IBM 公司提出，经 ISO 认定为数据加密的国际标准。DES 算法是目前广泛采用的秘密密钥加密方式之一，主要用于银行中的电子资金转账领域。DES 算法采用了 64 位密钥长度，其中 8 位用于奇偶校验，用户可以使用其余的 56 位；RSA（RSA 是发明者 Rivest、Shamir 和 Adleman 名字首字母的组合）体制被认为是目前为止理论上最为成熟的一种公钥密码体制，其密钥长度可以为 768 位、1 024 位或 2 048 位。RSA 体制多用在数字签名、密钥管理和认证等方面。

2. 防火墙（Firewall）技术

防火墙是位于两个网络之间执行控制策略的系统，它使得内部网络与 Internet 之间、或者与其他外部网络互相隔离，从而保护内部网络的安全。简单的防火墙只用路由器就可以实现，复杂的防火墙要用主机甚至一个子网来实现。设置防火墙是为了在内部网与外部网之间设立唯一的通道,从而简化网络的安全功能。图 8-23 为防火墙示意图。

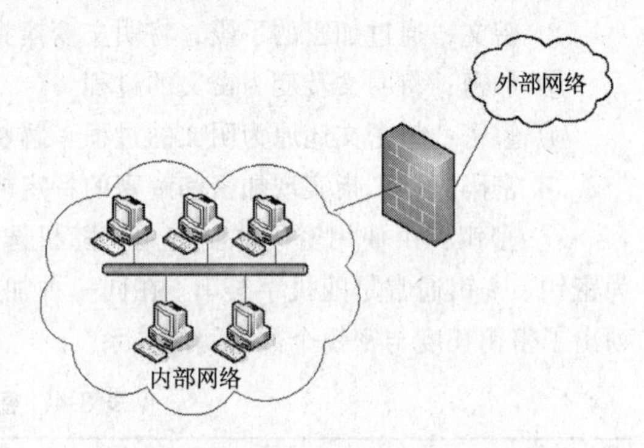

图 8-23 防火墙

（1）防火墙的定义

在计算机科学中，防火墙是具有以下特征的计算机硬件或软件：

① 由内到外和由外到内的所有访问都必须通过它；

② 只有本地安全策略所定义的合法访问才被允许通过它；

③ 理论上说，防火墙无法被穿透。

（2）防火墙的功能特点

检查和检测所有进出内部网的信息流，防止未经授权的通信进出被保护的内部网络，若有异常，则给出报警提示；提供网络地址转换功能，缓解 IP 地址资源紧张；集中化的安全管理；对网络访问进行记录和统计。

防火墙的不足之处：不能防范恶意的知情者；防火墙不能防范不通过它的连接；防火墙不能防备全部的威胁；防火墙不能防范病毒。

（3）防火墙的种类

从逻辑上讲，防火墙是分离器、限制器和分析器。从物理角度看，各站点防火墙物理实现的方式有所不同。通常防火墙是一组硬件设备，即路由器、主计算机或者是路由器、计算机和配有适当软件的网络的多种组合。

防火墙虽然有多种类型，但一般分为两类：一类是基于包过滤型（Packet-Filter）的，另一类是基于代理服务型（Proxy-Service）的。

① 包过滤防火墙：

这种防火墙通常是一个安装了包过滤功能的简单路由器或服务器。包是网络上信息流动的单位。在网上传输的文件一般在发送端被划分成一串数据包，经过网上的中间站点，最终传到目的地，然后这些包中的数据又重新组成原来的文件。每个包有两个部分：数据部分和包头。包头中含有源地址和目标地址等信息。

包过滤一直是一种简单而有效的方法。通过拦截数据包，读出并拒绝那些不符合标准的包头，过滤掉不应入站的信息。

使用包过滤器模式的防火墙的优点在于：在原有网络上增加这样的防火墙，几乎不需要任何额外的费用。因为差不多所有的路由器都可以对通过的数据包进行过滤，而一个网络路由器与 Internet 连接是必不可少的。目前，已安装的防火墙，80%都是包过滤器模式的防火墙，它们不过是在连接内部网络与 Internet 的路由器上设置了一些过滤原则而已。

包过滤器比起其他模式的防火墙有着更高的网络性能和更好的应用程序透明性。当然，由于包过滤器无法有效地区分同一 IP 地址的不同用户，它的安全性相对较低。

② 代理服务防火墙：

这种防火墙使用了与包过滤器不同的方法。代理服务器使用一个客户程序与特定的中间节点（防火墙）连接，然后中间节点与期望的服务器进行实际连接。与包过滤器所不同的是，使用这种类型的防火墙，内部与外部网络之间不存在直接连接。因此，即使防火墙发生了问题，外部网络也无法获得与被保护的网络的连接。代理提供了详细的注册及审计功能，这大大提高了网络的安全性，也为改进现有软件的安全性能提供了可能。它是基于特定协议的，如 FTP、HTTP 等。为了通过代理支持一个新的协议，必须改进代理服务器以适应新协议。

双宿主主机防火墙、被屏蔽主机、堡垒主机、被屏蔽子网等均属于代理型防火墙。

习　题

一、选择题

1. 计算机网络的最重要的功能是（　　）。
   A. 资源共享　　B. 数据交换　　C. 节省费用　　D. 提高可靠性
2. 点-点网络与广播式网络的根本区别是（　　）。
   A. 点-点网络只有两个节点，广播式网络中有多个节点
   B. 所采用的拓扑结构不同
   C. 点-点网络独占链路信道，广播式网络共享链路信道
   D. 点-点网络需要进行路由选择，而广播式网络无须进行路由选择
3. 调制解调器的作用是（　　）。
   A. 将模拟信号转化为数字信号　　B. 将数字信号转化为模拟信号
   C. 使数字信号能够通过模拟信道传输　　D. 使模拟信号能够通过数字信道传输
4. 下面的（　　）技术需要在收/发端建立一条物理通路。
   A. 报文交换　　B. 报文分组交换　　C. 信元交换　　D. 线路交换
5. 在 OSI/RM 参考模型中，（　　）中包含了文件传输协议。
   A. 传输层　　B. 会话层　　C. 表示层　　D. 应用层
6. 局域网的高层目前没有形成统一的标准，其物理层和数据链路层采用的标准是（　　）。
   A. OSI　　B. SNA　　C. IEEE 802　　D. Windows NT
7. 下面（　　）网络采用星形拓扑结构。
   A. 10BASE-5　　B. 10BASE-2　　C. 10BASE-T　　D. 以上皆非

8. Internet 上的 WWW 服务是在（　　）协议的直接支持下实现的。
　A. TCP　　B. IP　　C. HTTP　　D. PPP
9. Internet 目前最流行的应用模式是（　　）。
　A. 基于数据库的客户机/服务器模式　　B. 集中式模式
　C. 基于 Web 的客户机/服务器的模式　　D. 分布式计算模式
10. 与对称密钥系统相比，公开密钥系统的主要缺点是（　　）。
　A. 安全性差　　B. 运算量大
　C. 不适合用户认证　　D. 不适合数字签名

二、填空题

1. 计算机广域网是由________和________组成的。
2. 目前计算机网络中两个主要的网络体系结构是________和________。
3. 在 OSI/RM 参考模型中，网络层使用________提供的服务，并为________提供服务。
4. IEEE 802 标准将局域网的底层划分为两个子层，这两个子层是________和________。
5. 10BASE-5 以太网采用________作为传输介质，10BASE-T 以太网采用________作为传输介质。
6. 在 Internet 中，WWW 服务使用________协议，电子邮件服务使用________协议。
7. 防火墙采用的两种主要技术是________和________。
8. 在 TCP/IP 协议集中，传输层的两个主要协议是________和________。

三、简答题

1. 什么是网络体系结构？
2. OSI/RM 共分为哪几层？简要说明各层的功能。
3. 常用的网络互联设备有哪些？它们有什么特点？
4. IEEE 802 标准规定了哪些层次？局域网的 3 个关键技术是什么？
5. 局域网的拓扑结构分为几种？它们各有什么特点？
6. 与共享式以太网相比，为什么说交换式以太网能够提高网络的性能？
7. 什么是网络操作系统？它提供的服务功能有哪些？
8. 简述 Internet 的基本工作原理。
9. 什么是 IP 地址？它们分为几类？DNS 是什么？它有什么作用？
10. URL 是由几部分组成的？每部分的作用是什么？
11. FTP 有什么特点？如何访问 FTP 服务器？
12. 信息系统对安全的基本需求是什么？
13. 常见的网络攻击方法有哪些？
14. 目前常用的加密技术有哪几种？简述公开密钥加密技术的特点。
15. 什么是防火墙？它的主要作用是什么？

第 9 章 计算理论与人工智能

可计算理论是关于计算机械本身的数学理论。20 世纪 30 年代前期，哥德尔和克林尼等人创立了递归函数论，将数论函数的算法可计算性描述为递归性。20 世纪 30 年代中期，图灵和波斯特彼此独立地提出了理想计算机的概念，将问题的算法可解性描述为在具有严格定义的理想计算机上的可解性。20 世纪 30 年代发展起来的算法理论，对在 20 世纪 40 年代后期出现的存储程序型计算机的设计思想是有影响的。图灵提出的理想计算机（称为图灵机）中的一种通用机就是存储程序型的。

可计算理论的主要内容有：自动机理论与形式语言理论；程序理论（包括程序正确性证明、程序验证等）；形式语义学；算法分析和计算复杂性理论。自动机理论和形式语言理论是 20 世纪 50 年代发展起来的。前者的历史还可以上溯到 20 世纪 30 年代，因为图灵机就是一类自动机（无限自动机）。20 世纪 50 年代以来一些学者开始考虑与现实的计算机更相似的理想计算机，冯·诺依曼在 20 世纪 50 年代初提出了有自繁殖功能的计算机的概念。

同时，随着计算技术的不断发展，人们开始期望计算机能够像人一样学习新知识，思考问题，解决问题。于是人们就提出了人工智能的思想，通过研究人工智能，使计算机能够代替人来做一些更复杂的事情。

9.1 计 算 理 论

通过前面的学习可知，计算机做的事情归根到底就是计算，无论是视频播放还是文档处理，计算机最终都是通过 CPU 进行计算来完成指定的任务。计算机计算什么？怎么计算以及是否可以计算等相关问题是计算理论所关注的问题。

9.1.1 计算理论的基础

1. 集合

现在，集合论已经成为内容充实、使用广泛的一门学科，在近代数学中占据重要的地位，它的观点已渗透到古典分析、泛函、概率、函数论、信息论、排队论等现代数学的各个分支，正在影响着整个数学科学。集合论在计算机科学中也具有十分广泛的应用，计算机科学领域中的大多数基本概念和理论几乎均采用集合论的有关术语来描述和论证，成为计算机科学工作者必不可少的基础知识。集合论可作为数学学科的通用语言，一切必要的数据结构都可以利用集合这个原始的数据结构构造出来。

"集合"是集合论中一个原始的概念，因此它不能被精确地定义出来。一般地说，把具有某种共同性质的许多事物，汇集成一个整体，就形成一个集合。构成这个集合的每一个事物称为这个集合的一个成员（或一个元素），构成集合的这些成员可以是具体的事物，也可以是抽象的事物。例如：教室内的桌椅；图书馆的藏书；全国的高等学校；自然数的全体；程序设计语言 C 的基本字符的全体等均分别构成一个集合。通常用大写的英文字母表示集合的名称；用小写的英文字母表示元素。若元素 a 属于集合 A 记作 $a \in A$，读作"a 属于 A"。否则，若 a 不属于 A，就记为 $a \notin A$，读作"a 不属于 A"。一个集合，若其组成集合的元素个数是有限的，则称做"有限集"，否则就称做"无限集"。

集合的表示方法有两种：一种是列举法，又称为穷举法，它是将集合中的元素全部列出来，元素之间用逗号","隔开，并用花括号"{ }"在两边括起来，表示这些元素构成整体。

【例 9.1】$A=\{a, b, c, d\}$；$B=\{1, 2, 3, \cdots\}$；$C=$ {桌子，台灯，钢笔，计算机，扫描仪，打印机}；$D=\{a, a^2, a^3, \cdots\}$。

集合的另一种表示方法叫做谓词法，又叫做叙述法，它是利用一项规则，概括集合中元素的属性，以便决定某一事物是否属于该集合的方法。设 x 为某类对象的一般表示，$P(x)$为关于 x 的一个命题，用$\{x \mid p(x)\}$表示"使 $P(x)$成立的对象 x 所组成的集合"，其中竖线"|"左边写的是对象的一般表示，右边写的是对象应满足（具有）的属性。

【例 9.2】全体正奇数集合表示为 $S_1=\{x \mid x \text{是正奇数}\}$；

所有偶自然数集合可表示为 $E=\{m \mid 2 \mid m \text{且} m \in N\}$其中 2 | m 表示 2 能整除 m；

[0,1]上的所有连续函数集合表示为 $C_{[0,1]}=\{f(x) \mid f(x)\text{在}[0,1]\text{上连续}\}$。

集合的元素也可以是集合。例如 $S=\{a, \{1, 2\}, p, \{q\}\}$，但必须注意：$q \in \{q\}$，而 $q \notin S$，同理 $1 \in \{1, 2\}$，$\{1, 2\} \in S$，而 $1 \notin S$。

两个集合相等是按下述原理定义的。外延性原理：两个集合相等，当且仅当两个集合有相同的元素。两个集合 A、B 相等，记作 $A=B$，两个集合不相等，记作 $A \neq B$。

集合中的元素是无次序的，集合中的元素也是彼此不相同的。

例如：$\{1, 2, 4\}=\{1, 4, 2\}$，$\{1, 2, 4\}=\{1, 2, 2, 4\}$，

$\{\{1, 2\}, 4\} \neq \{1, 2, 4\}$，$\{1, 3, 5, \cdots\}=\{x \mid x \text{是正奇数}\}$。

集合中的元素可以是任何事物。不含任何元素的集合称为空集，记为Φ。例如，方程 $x^2+1=0$ 的实根的集合是空集。

2. 关系

在现实世界中，事物不是孤立的，事物之间都有联系，单值依赖联系是事物之间联系中比较简单的，比如日常生活中事物的成对出现，而这种成对出现的事物具有一定的顺序，例如，上、下；大、小；左、右；父、子；高、矮等。通过这种联系，研究事物的运动规律或状态变化。世界是复杂的，运动也是复杂的，事物之间的联系形式是各种各样的，不仅有单值依赖关系，还有多值依赖关系。"关系"这个概念就提供了一种描述事物多值依赖的数学工具。这样，集合、映射、关系等概念是描述自然现象及其相互联系的有力工具，为建立系统的、技术过程的数学模型提供了描述工具和研究方法。映射是关系的一种特例。

在现实生活中，人比较好理解这些"大"、"小"、"上"、"下"等的关系，但是如何让计算机来理解这些关系呢？下面以二元关系为例来说明。

所谓二元关系就是在集合中两个元素之间的某种相关性。例如 A、B、C 三人进行一种比赛，如果任何两个人之间都要比赛一场，那么总共要比赛三场，假设这三场比赛的结果是：B 胜 A，A 胜 C，B 胜 C，把这个结果记为{<B，A>，<A，C>，<B，C>}，其中<x，y>表示 x 胜 y。它表示了集合{A，B，C}中元素之间的一种胜负关系。再如，A、B、C 三个人和α、β、γ、δ四项工作，已知 A 可做α和β工作，B 可做δ工作，C 可做α和β工作，那么任何工作之间的对应关系可以记作：

R={<A，α>，<A，β>，<B，δ>，<C，α>，<C，β>}

这是人的集合{A，B，C}到工作集合{α，β，γ，δ}之间的关系。

这样，就能够将现实生活中比较复杂的描述通过集合和关系翻译成计算机可以识别和处理的形式，为计算机进行运算提供了基础。

3. 语言

语言是用数学方法研究自然语言（如英语）和人工语言（如程序设计语言）的产生方式、一般性质和规则的理论。形式语言是模拟这些语言的一类数学语言，它采用数学符号，按照严格的语法规则构成。从广义上说，形式语言是符号取自某个字母表的字符串的集合。

如同自然语言具有语法规则一样，形式语言也是由形式文法生成的。一个形式文法是一个有穷变元集合，这些变元也称为非终结符或语法范畴。每个变元都可以用来定义语言，定义方式可以是递归的，即通过一些称为终结符的原始符号，加上变元自身，递归地加以定义。和变元有关的规则称为生成式，生成式决定了语言是如何构造出来的。一个典型的生成式表示：给定变元所代表的语言包含这样一些字符串，它们是通过连接运算，将另外某些变元语言中的字符串和若干终结符连接起来而得到的。

9.1.2　有穷自动机

1. 自动机

自动机原来是模仿人和动物的行动而做成的机器人的意思。但是现在已被抽象化为如下的机器。时间是离散的（t=0，1，2…），在每一个时刻它处于所存在的有限个内部状态中的一个。对每一个时刻给予有限个输入中的一个。那么下一个时刻的内部状态就由现在的输入和现在的内部状态所决定。每个时刻的输出只由那个时刻的内部状态所决定。

自动机是对信号序列进行逻辑处理的装置。在自动控制领域内，是指离散数字系统的动态数学模型，可定义为一种逻辑结构、一种算法或一种符号串变换。自动机这一术语也广泛出现在许多其他相关的学科中，分别有不同的内容和研究目标。在计算机科学中，自动机用做计算机和计算过程的动态数学模型，用来研究计算机的体系结构、逻辑操作、程序设计乃至计算复杂性理论。在语言学中则把自动机作为语言识别器，用来研究各种形式语言。在神经生理学中把自动机定义为神经网络的动态模型，用来研究神经生理活动和思维规律，探索人脑的机制。在生物学中有人把自动机作为生命体的生长发育模型，研究新陈代谢和遗传变异。在数学中则用自动机定义可计算函数，研究各种算法。现代自动机的一个重要特点是能与外界交换信息，并根据交换得来的信息改变自己的动作，即改变自己的功能，甚至改变自己的结构，以适应外界的变化。也就是说在一定程度上具有类似于生命有机体那样的适应环境变化的能力。

自动机与一般机器的重要区别在于自动机具有固定的内在状态，即具有记忆能力和识别判断能力或决策能力，这正是现代信息处理系统的共同特点。因此，自动机适宜于作为信息处理系统乃至一切信息系统的数学模型。自动机可按其变量集和函数的特性分类，也可按其抽象结构和连接方式分类，主要有有限自动机和无限自动机、线性自动机和非线性自动机、确定型自动机和非确定型自动机、同步自动机和异步自动机、级联自动机和细胞自动机等。

2. 有穷自动机及其分类

有穷自动机是一种可以接收输入的装置，输入是一个字符串，并且被传输到输入带上，这种装置没有输出,只给出是否接收这个输入信号。

可以通过一个有穷自动机的运行来了解有穷自动机。字符串被送到输入带的设备，输入带被分为若干个方格，每一个方格中写一个符号，如图 9-1 所示机器的主要部分是一个带有内部结构的黑盒子，在任何时刻，它都处于有穷个不同的内部状态中的一个。这个黑盒子叫做有穷控制器，它通过可移动的读头能够了解在输入带的任何位置上写着什么符号，开始的时候读头放在输入带的最左边的方格上，有穷控制器处于一个指定的初始状态。每隔一段时间，有穷自动机从输入带上读入一个符号，然后进入一个新的状态。这个新的状态只与当前状态和刚读入的符号有关。这正是把这种装置叫做确定型有穷自动机的原因。在读入一个符号之后，读头在输入带上向右移一格，这样，它将在下一步读到下一个方格中的字符，读一个符号，读头向右移动和改变有穷控制器的状态。有穷自动机通过它最后所处的状态表明批准还是不批准他读到的字符串：如果它处在一个终结状态，则认为输入串被接受。机器接受的语言是它所接受的所有字符串的集合。

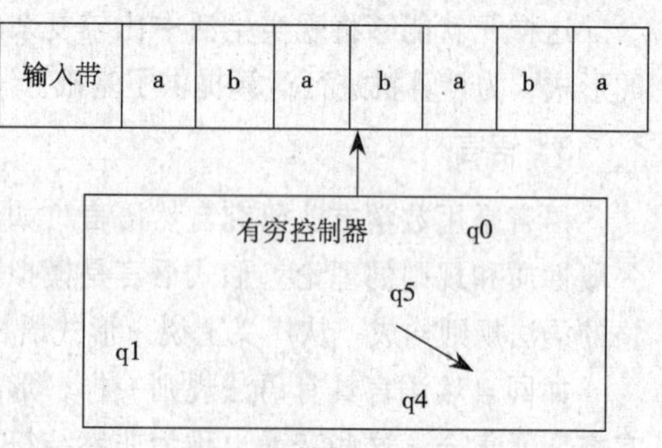

图 9-1 有穷自动机

可以通过前面介绍的集合的概念来描述确定型有穷自动机。

（1）K 是有穷的状态集合；

（2）Σ 是字母表；

（3）$s \in K$ 是初始状态；

（4）$F \subseteq K$ 是终结状态集合；

（5）δ 是从 $K \times \Sigma$ 到 K 的函数，叫做转移函数。

有穷自动机 M 选取下一个状态的规则被编码成转移函数。于是，如果 M 处于状态 $q \in K$ 且从输入带读到的符号是 $a \in \Sigma$，则 $\delta(q, a) \in K$ 是 M 转移到的唯一确定的状态。

对于确定型有穷自动机，当读入的字符和当前状态确定的时候，下一个状态将是确定的。但是如果对于给定的当前状态和读入的字符，允许有几个可能的下一个状态，自动机在读它的输入串的时候，每一步可以选择转移到这些合法的下一个状态中的任一个，在这种模型中，选择是随意的，因而叫做非确定型自动机。当然，选择的下一个状态也不是完全没有限制的，必须选择那些对于当前状态和输入符号来说是合法的下一个状态。

非确定型的装置不是现实计算机的模型。它们只是有穷自动机的表示方法的有力推广，可以极大地简化这些自动机的描述。同时，每一台非确定的有穷自动机等价于一个确定型的有穷自动机。

9.1.3 上下文无关语言

1. 上下文无关文法

把自己想象成一个语言处理器，当听到一句英语的时候，能够辨认出合法的句子。“The cat is in the hat”这句英语至少在语法上是正确的，而“Hat the the in is cat”则有些莫名其妙。作为一个有一定英语基础的人，很容易分析出这两个句子哪一个是按照英语语法规定造出的句子。此时所做的工作就是语言识别。同时，还可以造出合法的英语句子，此时，是在担任语言生成器的角色。

在计算机科学中，计算机对数据的识别也要遵循一定的文法，若一个形式文法 $G=(N, \Sigma, P, S)$ 的产生式规则都取如下的形式：

其中 N 是一个字母表，Σ 是终结字符集合，它是 N 的子集，P 是规则集合，$S \in N-\Sigma$ 是起始符。$V\text{->}w$，则称之为上下文无关的，其中 $V \in N$，$w \in (N \cup \Sigma)^*$。上下文无关文法取名为“上下文无关”的原因就是因为字符 V 总可以被字符串 w 自由替换，而无须考虑字符 V 出现的上下文。如果一个形式语言是由上下文无关文法生成的，那么它是上下文无关的。

上下文无关文法重要的原因在于它们拥有足够强的表达能力，来表示大多数程序设计语言的语法；实际上，几乎所有的程序设计语言都是通过上下文无关文法来定义的。另一方面，上下文无关文法又足够简单，使得我们可以构造有效的分析算法来检验一个给定字符串是否是由某个上下文无关文法产生的。

BNF（巴克斯-诺尔范式）经常用来表达上下文无关文法。

文法规则使用相似的表示法。名字用斜体表示（但它是一种不同的字体，所以可与正则表达式相区分）。竖线仍表示作为选择的元符号。并置也用做一种标准运算。但是这里没有重复的元符号（如正则表达式中的星号*）。表示法中的另一个差别是现在用箭头符号“→”代替了等号来表示名字的定义。这是由于现在的名字不能简单地由其定义取代，而需要更为复杂的定义过程来表示，这是由定义的递归本质决定的。

同正则表达式类似，（正则表达式就是用某种模式去匹配一类字符串的一个公式，如：A?B 表式一个包含三个字符的字符串，其中第一个字符是 A，第三个是 B，中间？代表任意字符）文法规则是定义在一个字母表或符号集之上。在正则表达式中，这些符号通常就是字符，而在文法规则中，符号通常是表示字符串的记号。利用 C 语言中的枚举类型定义了在扫描程序中的记号；为了避免涉及到特定实现语言（例如 C 语言）中表示记号的细节，就使用了正则表达式本身来表示记号。此时的记号就是一个固定的符号，如同在保留字 while 中或诸如“+”或“: =”这样的特殊符号一样，对于作为表示多于一个串的标识符和数的记号来说，代码字体为斜体，这就同假设这个记号是正则表达式的名字（这是它经常的表示）一样。

2. 下推自动机

下推自动机（PDA）是自动机理论中定义的一种抽象的计算模型。下推自动机比有限状态自动机复杂：除了有限状态组成部分外，还包括一个长度不受限制的栈；下推自动机的状态迁移不但要参考有限状态部分，也要参照栈当前的状态；状态迁移不但包括有限状态的变迁，还包括一个栈的出栈或入栈过程。下推自动机可以形象地理解为，把有限状态自动机进行扩展，使之可以存取一个栈。下推自动机存在确定与非确定两种形式，两者并不等价。（对有限状态自动机两者是等价的）每一个下推自动机都接受一个形式语言。被非确定下推自动机接受的语言言是上下文无关语言。如果把下推自动机进行扩展，允许一个有限状态自动机存取两个栈，将会得到一个能力更强的自动机，这个自动机与图灵机等价。

3. 上下文无关文法和语法分析

一个程序设计语言是一个记号系统，如同自然语言一样，它的完整定义应包括语法和语义两个方面。所谓一个语言的语法是指一组规则，用它可以形成和产生一个合适的程序。目前广泛使用的手段是上下文无关文法，即用上下文无关文法作为程序设计语言语法的描述工具。语法只是定义什么样的符号序列是合法的，与这些符号的含义毫无关系，比如对于一个C语言程序来说，一个上下文无关文法可以定义A=B+C是合乎语法的，而A：=B+C是不合乎语法的。但是，如果B是实型的，而C是布尔型的，或者B、C中任何一个变量没有事先说明，则A=B+C仍不是正确的程序，也就是说程序结构上的这种特点，类型匹配、变量作用域等是无法用上下文无关手段检查的，这些工作属于语义分析工作。常常把程序设计语言的语义分为两类：静态语义和动态语义。静态语义是一系列限定规则，并确定哪些合乎语法的程序是合适的；动态语义也称做运行语义或执行语义，表明程序要做些什么，要计算什么。

阐明语法的一个工具是文法，这是形式语言理论的基本概念之一。

语法分析是编译过程的一个逻辑阶段。语法分析的任务是在词法分析的基础上将单词序列组合成各类语法短语，如“程序”、“语句”、“表达式”等。语法分析程序判断源程序在结构上是否正确，源程序的结构由上下文无关文法描述。

9.1.4 可计算性理论

1. 图灵机

1936年，阿兰·图灵提出了一种抽象的计算模型——图灵机（Turing Machine）。图灵的基本思想是用机器来模拟人们用纸笔进行数学运算的过程，他把这样的过程看作下列两种简单的动作：

① 在纸上写上或擦除某个符号；

② 把注意力从纸的一个位置移动到另一个位置。

而在每个阶段，人要决定下一步的动作，依赖于此人当前所关注的纸上某个位置的符号和此人当前思维的状态。为了模拟人的这种运算过程，图灵构造出一台假想的机器，该机器由以下几个部分组成：

① 一条无限长的纸带。纸带被划分为一个接一个的小格子，每个格子上包含一个来自有限字母表的符号，字母表中有一个特殊的符号表示空白。纸带上的格子从左到右依此被编号为0、1、2、...，纸带的右端可以无限伸展。

② 一个读写头。该读写头可以在纸带上左右移动，它能读出当前所指的格子上的符号，并能改变当前格子上的符号。

③ 一个状态寄存器。它用来保存图灵机当前所处的状态。图灵机的所有可能状态的数目是有限的，并且有一个特殊的状态，称为停机状态。

④ 一套控制规则。它根据当前机器所处的状态以及当前读写头所指的格子上的符号来确定读写头下一步的动作，并改变状态寄存器的值，令机器进入一个新的状态。注意这个机器的

每一部分都是有限的，但它有一个潜在的无限长的纸带，因此这种机器只是一个理想的设备。图灵认为这样的一台机器就能模拟人类所能进行的任何计算过程。

图灵机停机问题：能否给出一个判断任意一个图灵机是否停机的一般方法？答案是 NO.

这个问题实际上是问：是否存在一台“万能的”图灵机 H，把任意一台图灵机 M 输入给 H，它都能判定 M 最终是否停机，输出一个明确的“yes”或“no”的答案？可以利用反证法来证明这样的 H 不可能存在。假定存在一个能够判定任意一台图灵机是否停机的万能图灵机 H（M），如果 M 最终停机，H 输出“halt”；如果 M 不停机，H 输出“loop”。把 H 当作子程序，构造如下程序 P：

```
function P(M) {
    if (H(M)=="loop") return "halt";
    else if (H(M)=="halt") while(true);          //loop forever
          }
```

因为 P 本身也是一台图灵机，可以表示为一个字符串，所以可以把 P 输入给它自己，然后问 P（P）是否停机。按照程序 P 的流程，如果 P 不停机无限循环，那么它就停机，输出“halt”；如果 P 停机，那么它就无限循环，不停机；这样无论如何都将得到一个矛盾，所以假设前提不成立，即不存在这样的 H，或者说，图灵机停机问题是不可判定的。

2. 可计算和不可解问题

可计算性（calculability）是指一个实际问题是否可以使用计算机来解决。从广义上讲，如“为我烹制一个汉堡”这样的问题是无法用计算机来解决的（至少在目前）。而计算机本身的优势在于数值计算，因此可计算性通常指这一类问题是否可以用计算机解决。事实上，很多非数值问题（比如文字识别、图像处理等）都可以通过转化成数值问题交给计算机处理，但是一个可以使用计算机解决的问题应该被定义为“可以在有限步骤内被解决的问题”，故哥德巴赫猜想这样的问题是不属于“可计算问题”之列的，因为计算机没有办法给出数学意义上的证明，因此也没有任何理由期待计算机能解决世界上所有的问题。分析某个问题的可计算性意义重大，它使得人们不必浪费时间在不可能解决的问题上（因而可以尽早转而使用除计算机以外更加有效的手段），集中资源在可以解决的问题中。

9.1.5　计算复杂性理论

所谓“计算复杂性”，通俗地说，就是用计算机求解问题的难易程度。其度量标准：一是计算所需的步数或指令条数（这叫做时间复杂度），二是计算所需的存储单元数量（这叫做空间复杂度）。当然不可能也不必要就一个个具体问题去研究它的计算复杂性，而是依据难度去研究各种计算问题之间的联系，按复杂性把问题分成不同的类。

常见的时间复杂度按数量级递增排列依次为：常数 O(1)、对数阶 O(log$n$)、线形阶 O(n)、线形对数阶 O($n$log$n$)、平方阶 O(n^2)立方阶 O(n^3)、…、k 次方阶 O(n^k)、指数阶 O(2^n)。显然，时间复杂度为指数阶 O(2^n)的算法效率极低，当 n 值稍大时就无法应用。

类似于时间复杂度的讨论，一个算法的空间复杂度（Space Complexity）S(n)定义为该算法所耗费的存储空间，它也是问题规模 n 的函数。渐近空间复杂度也常常简称为空间复杂度。算法的时间复杂度和空间复杂度合称为算法的复杂度。

1. 多项式复杂性

计算复杂性理论是计算机科学中研究数学问题的内在难度的理论。一个问题的难度反映在求解该问题所花费的计算资源的多少上，常用的计算资源有计算所需的时间和计算所需的存储空间等。对计算复杂性的研究能够使人们弄清被求解问题的固有难度，评价某个算法的优劣，或者获取更高效的算法。

为了研究计算复杂性，首先需要一个计算模型，用以说明哪种操作或步骤是许可的，以及它们的费用是多少。常用的计算模型有图灵机、随机存取机、组合线路等。通过这些计算模型可以研究问题复杂性的上界和下界，或寻求最佳算法。

问题的计算复杂性是问题规模的函数，因此，对一个问题需要首先定义规模。例如对于矩阵运算，矩阵的阶数可被定义为问题的规模。如果求解一个问题需要的运算次数或步骤数是问题规模 N 的指数函数，则称该问题有指数时间复杂性；如果所需的运算次数是 N 的多项式函数，则称它有多项式时间复杂性。

一般认为，具有多项式时间算法的问题是易解的问题；具有多项式时间复杂性的算法是好的算法。在计算复杂性理论中，把具有多项式时间复杂性的问题类记为 P。有许多问题，对它们已知的最好的算法也具有指数时间复杂性。在组合学、图论、运筹学等领域存在大量这样的问题，我们并不知道这些问题是否存在多项式时间算法。对于某个具体的问题，其复杂性上界是已知求解该问题的最快算法的费用，而复杂性下界只能通过理论证明来建立。证明一个问题的复杂性下界就需要证明不存在任何复杂性低于下界的算法。显然，建立下界要比确定上界困难得多。

2. NP 难题介绍

特别需要指出的是，在现实中有一大类这样的问题，它们的计算复杂性具有等效性，如果能用多项式时间解决它们当中的一个问题，则它们全部都能用多项式时间求解。这样的问题类称为 NP–完全问题类。关于 NP–完全问题类的研究是计算复杂性理论中的一个难点。

NP 里面的 N，不是 Non–Polynomial 的 N，而是 Non–deterministic，P 代表 Polynomial。NP 就是 Non–deterministic Polynomial 的问题，也即是多项式复杂程度的非确定性问题。什么是非确定性问题呢？有些计算问题是确定性的，比如加减乘除之类，只要按照公式推导，按部就班一步步来，就可以得到结果。但是，有些问题是无法按部就班直接计算出来的。比如，找质数的问题。有没有一个公式，可以通过套用公式一步步推算出来，这样的公式是没有的。再比如，合数分解质因数的问题，有没有一个公式，把合数代进去，就直接可以算出，它的因子各自是多少，然而也没有这样的公式。

这种问题的答案，是无法直接计算得到的，只能通过间接的“猜算”来得到结果。这也就是非确定性问题。而这些问题通常有个算法，它不能直接给出答案是什么，但可以说明，某个可能的结果是正确的答案还是错误的。这个可以说明“猜算”的答案正确与否的算法，假如可以在多项式时间内算出来，就叫做多项式非确定性问题。而如果这个问题的所有可能答案，都是可以在多项式时间内进行正确与否的验算的话，就叫做完全多项式非确定性问题。完全多项式非确定性问题可以用穷举法得到答案，一个个检验下去，最终便能得到结果。但是这种算法的复杂程度是指数关系，因此计算的时间随问题的复杂程度成指数增长，很快便变得不可计算了。

人们发现，所有的完全多项式非确定性问题，都可以转换为一类叫做满足性问题的逻辑运算问题。既然这类问题的所有可能答案都可以在多项式时间内计算，人们于是就猜想，是否这类问题存在一个确定性算法，可以在指数时间内，直接算出或是搜寻出正确的答案呢？这就是著名的 NP=P？的猜想。

解决这个猜想，无非有两种可能，一种是找到一个这样的算法，只要针对某个特定 NP 完全问题找到一个算法，所有这类问题都可以迎刃而解了，因为它们可以转化为同一个问题。另外一种可能是这样的算法是不存在的，那么就要从数学理论上证明它为什么不存在。

常见的两个 NP 难题如下：

① 给出 n 个整数，判断是否能够从中找出若干个数，它们的和为 0。

② 旅行商问题 TSP。

下面具体描述一下旅行商问题：

假如要不重复地走遍 n 个城市，最后回到出发的城市，问所走的最短路径。这个问题直观上好像比较简单，把所有可能的路线都走一遍不就知道了吗？的确，最简单的方法就是将所有的情况都试一次，然后找出最小值。下面看看这种方法的计算量。

n 个城市的可能巡回路线的确是有穷的，即 $(n-1)!=1\times2\times3\times\cdots\times(n-1)$。也许给出了计算量，应该说通过计算机很容易得到结果。但事实并非如此，因为要检查的路线太多了。比如，只有 10 个城市的话，我们不得不计算 9！=362 880 条可能的路线，这个数字还不算大，但是如果城市增加到 40，则需要检查的路线为 39！，这个值大于 10^{45}，即使每秒钟检查 10^{15} 条路线，这个处理速度已经超过最强的超级计算机的处理能力了，完成这个计算需要的时间是宇宙寿命的几十亿倍。可以想象这个计算的复杂性。因此，问题在理论上可解并不意味着在实践上是实际可解的。旅行商问题的时间复杂度是 $(n-1)!$，它的时间增长太快，相比而言，多项式增长率的算法是更有吸引力的。也就是说，对于旅行商问题，在指定的时间内无法确定是否可以得到最佳解。

9.2 人工智能

计算机技术的发展使得计算机能做的事情不断增加，导致计算机的研究领域也越来越宽广。计算机能否像人一样学习、思考，然后像人一样解决问题呢？人工智能的出现或许能够提供一些思路。通过人工智能的学习，可以了解一些计算机模仿人的方法和思路。

9.2.1 人工智能简介

人工智能（Artificial Intelligence），英文缩写为 AI。它是研究、开发用于模拟、延伸和扩展人的智能的理论、方法、技术及应用系统的一门新的技术科学。人工智能是计算机科学的一个分支，它企图了解智能的实质，并生产出一种新的能以与人类智能相似的方式作出反应的智能机器，该领域的研究包括机器人、语言识别、图像识别、自然语言处理和专家系统等。"人工智能"一词最初是在 1956 年 Dartmouth 学会上提出的。从那以后，研究者们发展了众多理论和原理，人工智能的概念也随之扩展。人工智能是一门极富挑战性的科学，从事这项工作的人必须懂得计算机知识、心理学和哲学。人工智能是包括十分广泛的科学，它由不同的领域组成，如机器学习、计算机视觉等，总地说来，人工智能研究的一个主要目标是使机器能够胜任一些通常需要人类智能才能完成的复杂工作。但不同的时代、不同的人对这种“复杂工作”的理解是不同的。例如繁重的科学和工程计算本来是要由人脑来承担的，现在计算机不但能完成这种计算，而且能够比人脑做得更快、更准确，因此当代人已不再把这种计算看作是“需要人类智能才能完成的复杂任务”，可见复杂工作的定义是随着时代的发展和技术的进步而变化的，人工智能这门科学的具体目标也自然随着时代的变化而发展。它一方面不断获得新的进展，一方面又转向更有意义、更加困难的目标。目前能够用来研究人工智能的主要物质手段以及能够实现人工智能技术的机器就是计算机，人工智能的发展历史是和计算机科学与技术的发展史联系在一起的。除了计算机科学以外，人工智能还涉及信息论、控制论、自动化、仿生学、生物学、心理学、数理逻辑、语言学、医学和哲学等多门学科。人工智能学科研究的主要内容包括知识表示、自动推理和搜索方法、机器学习和知识获取、知识处理系统、自然语言理解、计算机视觉、智能机器人、自动程序设计等方面。

9.2.2 机器学习

机器学习（Machine Learning）是研究计算机怎样模拟或实现人类的学习行为，以获取新的知识或技能，重新组织已有的知识结构使之不断改善自身的性能。它是人工智能的核心，是使计算机具有智能的根本途径，其应用遍及人工智能的各个领域，它主要使用归纳、综合而不是演绎。

机器学习是关于理解与研究学习的内在机制、建立能够通过学习自动提高自身水平的计算机程序的理论方法的学科。近年来，机器学习理论在诸多应用领域得到成功的应用与发展，已成为计算机科学的基础及热点之一。采用机器学习方法的计算机程序被成功地用于机器人下棋程序、语音识别、信用卡欺诈监测、自主车辆驾驶、智能机器人等应用领域，除此之外，机器学习的理论方法还被用于大数据集的数据挖掘这一领域。实际上，在任何有经验可以积累的地方，机器学习方法均可发挥作用。

学习能力是智能行为的一个非常重要的特征，但至今对学习的机理尚不清楚。人们曾对机器学习给出各种定义。H.A.Simon 认为，学习是系统所作的适应性变化，使得系统在下一次完成同样或类似的任务时更为有效。R.S.Michalski 认为，学习是构造或修改对于所经历事物的表示。从事专家系统研制的人们则认为学习是知识的获取。这些观点各有侧重，第一种观点强调学习的外部行为效果，第二种则强调学习的内部过程，而第三种主要是从知识工程的实用性角度出发的。

机器学习在人工智能的研究中具有十分重要的地位。一个不具有学习能力的智能系统很难称得上是一个真正的智能系统，但是以往的智能系统都普遍缺少学习的能力。例如，它们遇到错误时不能自我校正；不会通过经验改善自身的性能；不会自动获取和发现所需要的知识。它们的推理仅限于演绎而缺少归纳，因此至多只能够证明已存在事实、定理，而不能发现新的定理、定律和规则等。随着人工智能的深入发展，这些局限性表现得愈加突出。正是在这种情形下，机器学习逐渐成为人工智能研究的核心之一。它的应用已遍及人工智能的各个分支，如专家系统、自动推理、自然语言理解、模式识别、计算机视觉、智能机器人等领域。其中尤其典型的是专家系统中的知识获取瓶颈问题，人们一直在努力试图采用机器学习的方法加以克服。

机器学习的研究是根据生理学、认知科学等对人类学习机理的了解，建立人类学习过程的计算模型或认识模型，发展各种学习理论和学习方法，研究通用的学习算法并进行理论上的分析，建立面向任务的具有特定应用的学习系统。这些研究目标相互影响、相互促进。

机器学习已经有了十分广泛的应用，例如搜索引擎、医学诊断、检测信用卡欺诈、证券市场分析、DNA序列测序、语音和手写识别、战略游戏和机器人运用。

自1980年在卡内基–梅隆大学召开第一届机器学术研讨会以来，机器学习的研究工作发展很快，已成为中心课题之一。

目前，机器学习领域的研究工作主要围绕以下三个方面进行：

① 面向任务的研究。研究和分析改进一组预定任务的执行性能的学习系统。

② 认知模型。研究人类学习过程并进行计算机模拟。

③ 理论分析。从理论上探索各种可能的学习方法和独立于应用领域的算法。

机器学习是继专家系统之后人工智能应用的又一重要研究领域，也是人工智能和神经计算的核心研究课题之一。现有的计算机系统和人工智能系统没有什么学习能力，至多也只有非常有限的学习能力，因而不能满足科技和生产提出的新要求。本章将首先介绍机器学习的定义、意义和简史，然后讨论机器学习的主要策略和基本结构，最后逐一研究各种机器学习的方法与技术，包括机械学习、基于解释的学习、基于事例的学习、基于概念的学习、类比学习和基于训练神经网络的学习等。对机器学习的讨论和机器学习研究的进展，必将促使人工智能和整个科学技术的进一步发展。

1. 机器学习的定义和研究意义

学习是人类具有的一种重要的智能行为，但究竟什么是学习，长期以来却众说纷纭。社会学家、逻辑学家和心理学家都各有其不同的看法。按照人工智能大师西蒙的观点，学习就是系统在不断重复的工作中对本身能力的增强或者改进，使得系统在下一次执行同样任务或类似任务时，会比现在做得更好或效率更高。西蒙对学习给出的定义本身，就说明了学习的重要作用。

机器能否像人类一样能具有学习能力呢？1959年美国的塞缪尔（Samuel）设计了一个下棋程 序，这个程序具有学习能力，它可以在不断的对奕中改善自己的棋艺。4年后，这个程序战胜了设计者本人。又过了3年，这个程序战胜了美国一个保持8年之久的常胜不败的冠军。这个程序向人们展示了机器学习的能力，提出了许多令人深思的社会问题与哲学问题。

机器的能力是否能超过人的，很多持否定意见的人的一个主要论据是：机器是人造的，其性能和动作完全是由设计者规定的，因此无论如何其能力也不会超过设计者本人。这种意见对不具备学习能力的机器来说的确是对的，可是对具备学习能力的机器就值得考虑了，因为这种机器的能力在应用中不断地提高，过一段时间之后，设计者本人也不知它的能力到了何种水平。

什么叫做机器学习（machine learning）？至今，还没有统一的“机器学习”定义，而且也很难给出一个公认的和准确的定义。为了便于进行讨论和估计学科的进展，有必要对机器学习给出定义，即使这种定义是不完全的和不充分的。顾名思义， 机器学习是研究如何使用机器来模拟人类学习活动的一门学科。更为严格的提法是：机器学习是一门研究机器获取新知识和新技能，并识别现有知识的学问。这里所说的“机器”，指的就是计算机，现在是电子计算机，以后还可能是中子计算机、光子计算机或神经计算机等。

2. 机器学习的发展史

机器学习是人工智能研究较为年轻的分支，它的发展过程大体上可分为如下 4 个时期：

① 第一阶段是在 20 世纪 50 年代中叶到 60 年代中叶，属于热烈时期。

② 第二阶段是在 20 世纪 60 年代中叶至 70 年代中叶，称为冷静时期。

③ 第三阶段是从 20 世纪 70 年代中叶至 80 年代中叶，称为复兴时期。

④ 机器学习的最新阶段始于 1986 年。

机器学习进入新阶段，重要表现在下列诸方面：

① 机器学习已成为新的边缘学科，并在高校形成一门课程。它综合应用心理学、生物学和神经生理学以及数学、自动化和计算机科学，形成机器学习的理论基础。

② 结合各种学习方法，取长补短的多种形式的集成学习系统研究正在兴起，特别是连接学习、符号学习的耦合可以更好地解决连续性信号处理中知识与技能的获取和求精问题而受到重视。

③ 机器学习与人工智能各种基础问题的统一性观点正在形成。例如学习与问题求解结合进行、知识表达便于学习的观点产生了通用智能系统 SOAR 的组块学习。类比学习与问题求解结合的基于案例方法已成为经验学习的重要方向。

④ 各种学习方法的应用范围不断扩大，一部分已形成商品。归纳学习的知识获取工具已在诊断分类型专家系统中广泛使用。连接学习在声图文识别中占优势。分析学习已用于设计综合型专家系统。遗传算法与强化学习在工程控制中有较好的应用前景。与符号系统耦合的神经网络连接学习将在企业的智能管理与智能机器人运动规划中发挥作用。

⑤ 与机器学习有关的学术活动空前活跃。国际上除每年一次的机器学习研讨会外，还有计算机学习理论会议以及遗传算法会议。

9.2.3 自然语言的理解

随着社会的日益信息化，人们越来越强烈地希望用自然语言同计算机交流。自然语言理解是计算机科学中的一个引人入胜的、富有挑战性的课题。从计算机科学特别是从人工智能的观点看，自然语言理解的任务是建立一种计算机模型，这种计算机模型能够给出像人那样理解、分析并回答自然语言（即人们日常使用的各种通俗语言）的结果。

现在的计算机的智能还远远没有达到能够像人一样理解自然语言的水平，而且在可预见的将来也达不到这样的水平。因此，关于计算机对自然语言的理解一般是从实用的角度进行评判的。如果计算机实现了人机会话，或机器翻译，或自动文摘等语言信息处理功能，则认为计算机具备了自然语言理解的能力。

自然语言是指人类语言集团的本族语，如汉语、英语等，它是相对于人造语言而言的，如 C 语言、Java 语言等计算机语言。语言是思维的载体，是人际交流的工具，人类历史上以语言文字形式记载和流传的知识占到知识总量的 80%以上。就计算机应用而言，有 85%左右的应用都是用于语言文字的信息处理。在信息化社会中，语言信息处理的技术水平和每年所处理的信息总量已成为衡量一个国家现代化水平的重要标志之一。

自然语言理解作为语言信息处理技术的一个高层次的重要研究方向，一直是人工智能领域的核心课题，也是困难问题之一，由于自然语言的多义性、上下文有关性、 模糊性、非系统性和环境密切相关性、涉及的知识面广等原因，使得很多系统不得不采取回避的方法；另外，由于理解并非一个绝对的概念，它与所应用的目标相关，例如是用于回答问题、执行命令，还是用于机器翻译。因此，关于自然语言理解，至今尚无一致的、各方可以接受的定义。从微观上讲，自然语言理解是指从自然语言到机器内部的一个映射；从宏观上看，自然语言是指机器能够执行人类所期望的某些语言功能。这些功能包括如下几种：

① 回答问题：计算机能正确地回答用自然语言输入的有关问题；

② 文摘生成：机器能产生输入文本的摘要；

③ 释义：机器能用不同的词语和句型来复述输入的自然语言信息；

④ 翻译：机器能把一种语言翻译成另外一种语言。

自然语言有两种基本形式：口语和书面语。书面语比口语结构性要强，并且噪声也比较小。口语信息包括很多语义上不完整的子句，如果听众关于演讲主题的主观知识不是很了解，听众有时可能无法理解这些口语信息。书面语理解包括词法、语法和语义分析，而口语理解还需要加上语音分析。由于创造和使用自然语言是人类高度智能的表现，因此对自然语言处理的研究也有助于揭开人类高度智能的奥秘，深化对语言能力和思维本质的认识。自然语言理解这个研究方向在应用和理论两个方面都具有重大的意义。

9.2.4 当前人工智能研究的热点

1. 神经网络

人工神经网络（Artificial Neural Networks，ANNs）也简称为神经网络（NNs）或称做连接模型（Connectionist Model），是对人脑或自然神经网络（Natural Neural Network）若干基本特性的抽象和模拟。人工神经网络以对大脑的生理研究成果为基础，其目的在于模拟大脑的某些机理与机制，实现某个方面的功能。国际著名的神经网络研究专家，第一家神经计算机公司的创立者与领导人 Hecht-Nielsen 给人工神经网络下的定义是："人工神经网络是由人工建立的以有向图为拓扑结构的动态系统，它通过对连续或断续的输入作状态响应进行信息处理。"这一定义是恰当的。人工神经网络的研究，可以追溯到 1957 年 Rosenblatt 提出的感知器（Perception）模型。它几乎与人工智能同时起步，但 30 余年来却并未取得人工智能那样巨大的成功，中间经历了一段长时间的萧条。直到 20 世纪 80 年代，获得了关于人工神经网络切实可行的算法，以及以冯·诺依曼体系为依托的传统算法在知识处理方面日益显露出其力不从心后，人们才重新对人工神经网络发生了兴趣，导致神经网络的复兴。目前在神经网络研究方法上已形成多个流派，最富有成果的研究工作包括多层网络 BP 算法、Hopfield 网络模型、自适应共振理论、自组织特征映射理论等。人工神经网络是在现代神经科学的基础上提出来的。它虽然反映了人脑功能的基本特征，但远不是自然神经网络的逼真描写，而只是它的某种简化抽象和模拟。

（1）人工神经网络的特点

人工神经网络的以下几个突出的优点使它近年来引起人们的极大关注：

① 可以充分逼近任意复杂的非线性关系；

② 所有定量或定性的信息都等势分布储存于网络内的各神经元，故有很强的鲁棒性和容错性；

③ 采用并行分布处理方法，使得快速进行大量的运算成为可能；

④ 可学习和自适应不知道或不确定的系统；

⑤ 能够同时处理定量、定性知识。

人工神经网络的特点和优越性，主要表现在以下三方面：

① 具有自学习功能。例如实现图像识别时，只在先把许多不同的图像样板和对应的应识别的结果输入人工神经网络，网络就会通过自学习功能，慢慢学会识别类似的图像。自学习功能对于预测有特别重要的意义。预期未来的人工神经网络计算机将为人类提供经济预测、市场预测、效益预测，其应用前途是很远大的。

② 具有联想存储功能。用人工神经网络的反馈网络就可以实现这种联想。

③ 具有高速寻找优化解的能力。寻找一个复杂问题的优化解，往往需要很大的计算量，利用一个针对某问题而设计的反馈型人工神经网络，发挥计算机的高速运算能力，可以很快找到优化解。

（2）人工神经网络的主要方向

神经网络的研究可以分为理论研究和应用研究两大方面。

理论研究可分为以下两类：

① 利用神经生理与认知科学研究人类思维及智能机理。

② 利用神经基础理论的研究成果，用数理方法探索功能更加完善、性能更加优越的神经网络模型，深入研究网络算法和性能，如稳定性、收敛性、容错性、鲁棒性等；开发新的网络数理理论，如神经网络动力学、非线性神经场等。

应用研究可分为以下两类：

① 神经网络的软件模拟和硬件实现的研究。

② 神经网络在各个领域中应用的研究。这些领域主要包括模式识别、信号处理、知识工程、专家系统、优化组合、机器人控制等。

随着神经网络理论本身以及相关理论、相关技术的不断发展，神经网络的应用定将更加深入。

2. 人工免疫

达尔文的进化论认为自然选择或生物与环境的相互作用是生物进化的动力，生物进化的机制是遗传与变异的联合作用，进化的目的是增强生物对其生存环境的适应能力，增加生物的多样性。生物在漫长的进化过程中，逐渐形成独特的能力。人们模仿生物的智能行为，借鉴其智能机理，解决了许多复杂的实际问题。如对脑神经系统、遗传系统的模拟，形成成熟的人工神经网络、进化算法理论，并成功应用于机器学习、过程控制、工程优化、故障诊断、数据分析等多个领域。而生物免疫系统的研究与模仿已引起研究人员的关注。

随着一系列基础研究取得重大进展，20 世纪 60 年代后期，自然免疫系统的研究发展成为一个更专业化的学科——免疫学。进入 20 世纪 70 年代，免疫学的研究逐渐形成高潮，其主要成果是阐明了免疫细胞及其相互作用在免疫调节中的作用，解释了抗体多样性的起源，以及遗传和体细胞突变在抗体多样性形成中的作用，深入了解免疫系统的调节过程，以及免疫应答或免疫耐受的发生。免疫学的深入研究揭示了免疫系统具有许多复杂的、对实际工程问题很有启发的功能，比如模式识别能力、记忆能力、学习能力、多样性产生能力、噪声耐受、分布式诊断和优化等，这些功能已广泛应用在计算机科学、计算智能、人工智能、模式识别、机器学习、数据分析、图形处理、自动控制、异常和故障诊断等领域中，这些研究及应用正逐渐形成一个

新兴的研究领域——人工免疫系统（Artificial Immune System，AIS）

人工免疫系统是根据免疫系统的机理、特征、原理开发的并能解决工程问题的计算或信息系统。AIS 在不同的工程问题中有不同的映射和定义，根据莫宏伟《人工免疫系统原理与应用》的定义，所谓 AIS 就是借鉴和利用生物免疫系统(主要是人类的免疫系统)的各种原理和机制而发展的各类信息处理技术、计算技术及其在工程和科学中应用而产生的各种智能系统的统称。自然免疫系统是一种复杂的分布式信息处理学习系统，具有免疫防护、免疫耐受、免疫记忆、免疫监视功能，且有较强的自适应性、多样性、学习、识别和记忆等特点，其特点及机理所包含的丰富思想为工程问题的解决提供了新的契机，引起了国内外研究人员的广泛兴趣，它的应用领域也逐渐扩展到模式识别、智能优化、数据挖掘、机器人学、自动控制和故障诊断等诸多领域。AIS 是继进化算法、模糊系统及神经网络之后又一研究热点。

20 世纪 80 年代，Farmer 等人率先基于免疫网络学说给出了免疫系统的动态模型，并探讨了免疫系统与其他人工智能方法的联系，开始了人工免疫系统的研究。直到 1996 年 12 月，在日本首次举行了基于免疫性系统的国际专题讨论会，首次提出了“人工免疫系统”（AIS）的概念。随后，人工免疫系统进入了兴盛发展时期，D. Dasgupta 和焦李成等认为人工免疫系统已经成为人工智能领域的理论和应用研究热点，相关论文和研究成果正在逐年增加。1997 和 1998 年 IEEE 国际会议还组织了相关的专题讨论，并成立了“人工免疫系统及应用分会”。D. Dasgupta 系统分析了人工免疫系统和人工神经网络的异同，认为在组成单元及数目、交互作用、模式识别、任务执行、记忆学习、系统鲁棒性等方面是相似的，而在系统分布、组成单元间的通信、系统控制等方面是不同的，并指出自然免疫系统是人工智能方法灵感的重要源泉。Gasper 等认为多样性是自适应动态的基本特征，而 AIS 是比 GA 更好地维护这种多样性的优化方法。

3. 群体智慧

蚁群算法（Ant Colony Optimization，ACO）又称为蚂蚁算法，是一种用来在图中寻找优化路径的几率型技术。它由 Marco Dorigo 于 1992 年在他的博士论文中引入，其灵感来源于蚂蚁在寻找食物过程中发现路径的行为。

蚁群算法是一种模拟进化算法，初步的研究表明该算法具有许多优良的性质。针对 PID 控制器参数优化设计问题，将蚁群算法设计的结果与遗传算法设计的结果进行了比较，数值仿真结果表明，蚁群算法具有一种新的模拟进化优化方法的有效性和应用价值。蚁群算法是一种求解组合最优化问题的新型通用启发式方法，该方法具有正反馈、分布式计算和富于建设性的贪婪启发式搜索的特点。通过建立适当的数学模型，基于故障过电流的配电网故障定位变为一种非线性全局寻优问题。

（1）预期的结果

各个蚂蚁在没有事先告诉它们食物在什么地方的前提下开始寻找食物。当一只蚂蚁找到食物以后，它会向环境释放一种信息素，吸引其他的蚂蚁过来，这样越来越多的蚂蚁会找到食物。有些蚂蚁并没有像其他蚂蚁一样总重复同样的路，它们会另辟蹊径，如果令开辟的道路比原来的其他道路更短，那么，渐渐地，更多的蚂蚁被吸引到这条较短的路上来。最后，经过一段时间运行，可能会出现一条最短的路径被大多数蚂蚁重复着。

（2）原理

为什么小小的蚂蚁能够找到食物？它们具有智能吗？设想，如果要为蚂蚁设计一个人工智能的程序，那么这个程序要多么复杂呢？首先，要让蚂蚁能够避开障碍物，就必须根据适当的地形给它编进指令让它们能够巧妙地避开障碍物，其次，要让蚂蚁找到食物，就需要让它们遍历空间上的所有点；再次，如果要让蚂蚁找到最短的路径，那么需要计算所有可能的路径，并且比较它们的大小，而且更重要的是，要小心翼翼地编程，因为程序的错误也许会使程序员前功尽弃。

然而，事实并没有那么复杂，上面这个程序每个蚂蚁的核心程序编码不过100多行，为什么这么简单的程序会让蚂蚁做这样复杂的事情？答案是：简单规则的涌现。事实上，每只蚂蚁并不是像我们想象的那样需要知道整个世界的信息，它们其实只关心很小范围内的眼前信息，而且根据这些局部信息利用几条简单的规则进行决策，这样，在蚁群这个集体中，复杂性的行为就会凸现出来。这就是人工生命、复杂性科学解释的规律。那么，这些简单规则是什么呢？下面详细说明：

① 范围：蚂蚁观察到的范围是一个方格世界，蚂蚁有一个参数为速度半径（一般是 3），那么它能观察到的范围就是 3×3 个方格世界，并且能移动的距离也在这个范围之内。

② 环境：蚂蚁所在的环境是一个虚拟的世界，其中有障碍物，有别的蚂蚁，还有信息素，信息素有两种：另一种是找到食物的蚂蚁洒下的食物信息素，另一种是找到窝的蚂蚁洒下的窝的信息素。每个蚂蚁都仅仅能感知它范围内的环境信息。环境以一定的速率让信息素消失。

③ 觅食规则：在每只蚂蚁能感知的范围内寻找是否有食物，如果有就直接过去。否则看是否有信息素，并且比较在能感知的范围内哪一点的信息素最多，这样，它就朝信息素多的地方走，并且每只蚂蚁多会以小概率犯错误，从而并不是往信息素最多的点移动。蚂蚁找窝的规则和上面一样，只不过它对窝的信息素做出反应，而对食物信息素没有反应。

④ 移动规则：每只蚂蚁都朝向信息素最多的方向移，并且，当周围没有信息素指引的时候，蚂蚁会按照自己原来运动的方向惯性地运动下去，并且，在运动的方向有一个随机的小的扰动。为了防止蚂蚁原地转圈，它会记住最近刚走过了哪些点，如果发现要走的下一点已经在最近走过了，它就会尽量避开。

⑤ 避障规则：如果蚂蚁要移动的方向有障碍物挡住，它会随机地选择另一个方向，并且有信息素指引的话，它会按照觅食的规则行为。

⑥ 播撒信息素规则：每只蚂蚁在刚找到食物或者窝的时候撒发的信息素最多，并随着它走远的距离，播撒的信息素越来越少。

根据这几条规则，蚂蚁之间并没有直接的关系，但是每只蚂蚁都和环境发生交互，而通过信息素这个纽带，实际上把各个蚂蚁之间关联起来了。比如，当一只蚂蚁找到了食物，它并没有直接告诉其他蚂蚁这儿有食物，而是向环境播撒信息素，当其他蚂蚁经过它附近的时候，就会感觉到信息素的存在，进而根据信息素的指引找到食物。

在没有蚂蚁找到食物的时候，环境没有有用的信息素，那么蚂蚁为什么会相对有效地找到食物呢？这要归功于蚂蚁的移动规则，尤其是在没有信息素时的移动规则。首先，它要能尽量保持某种惯性，这样使得蚂蚁尽量向前方移动（开始，这个前方是随机固定的一个方向），而不是原地无谓的打转或者震动；其次，蚂蚁要有一定的随机性，虽然有了固定的方向，但它也不能像粒子一样直线运动下去，而是有一个随机的干扰。这样就使得蚂蚁运动起来具有了一定的目的性，尽量保持原来的方向，但又有新的试探，尤其当碰到障碍物的时候它会立即改变方向，这可以看成一种选择的过程，也就是环境的障碍物让蚂蚁的某个方向正确，而其他方向则不对。

这就解释了为什么单个蚂蚁在复杂的诸如迷宫的地图中仍然能找到隐蔽得很好的食物。

当然，在有一只蚂蚁找到了食物的时候，其他蚂蚁会沿着信息素很快找到食物。

蚂蚁如何找到最短路径的？这一是要归功于信息素，另外要归功于环境，具体说是计算机时钟。信息素多的地方显然经过这里的蚂蚁会多，因而会有更多的蚂蚁聚集过来。假设有两条路从窝通向食物，开始的时候，走这两条路的蚂蚁数量同样多（即使较长的路上蚂蚁多，这也无关紧要）。当蚂蚁沿着一条路到达终点以后会马上返回来，这样，短的路蚂蚁来回一次的时间就短，这也意味着重复的频率就快，因而在单位时间里走过的蚂蚁数目就多，洒下的信息素自然也会多，自然会有更多的蚂蚁被吸引过来，从而洒下更多的信息素；而长的路正好相反，因此，越来越多的蚂蚁聚集到较短的路径上来，最短的路径就近似找到了。也许有人会问局部最短路径和全局最短路径的问题，实际上蚂蚁逐渐接近全局最短路径，这源于蚂蚁会犯错误，也就是它会按照一定的概率不往信息素高的地方走而另辟蹊径，这可以理解为一种创新，这种创新如果能缩短路途，那么根据刚才叙述的原理，更多的蚂蚁会被吸引过来。

⑦ 引申：通过上面的原理叙述和实际操作，不难发现蚂蚁之所以具有智能行为，完全归功于它的简单行为规则，而这些规则综合起来具有下面两个方面的特点：

a. 多样性。

b. 正反馈。

多样性保证了蚂蚁在觅食的时候不至于走进死胡同而无限循环，正反馈机制则保证了相对优良的信息能够被保存下来。可以把多样性看成是一种创造能力，而正反馈是一种学习强化能力。正反馈的力量也可以比喻成权威的意见，而多样性是打破权威体现的创造性，正是这两点的巧妙结合才使得智能行为涌现出来了。

引申来讲，大自然的进化、社会的进步、人类的创新实际上都离不开这两点，多样性保证了系统的创新能力，正反馈保证了优良特性能够得到强化，两者要恰到好处地结合。如果多样性过剩，也就是系统过于活跃，这相当于蚂蚁会过多地随机运动，它就会陷入混沌状态；而相反，多样性不够，正反馈机制过强，那么系统就好比一潭死水。这在蚁群中就表现为蚂蚁的行为过于僵硬，当环境变化了，蚁群仍然不能适当地调整。

9.2.5　人工智能应用领域及其发展方向

通过人工智能研究，人们现已建立了具有不同程度的计算机系统，例如能够求解微分方程、设计分析集成电路、合成人类自然语言，进行情报检索，提供语音识别、手写体识别的多模式接口，应用于疾病诊断的专家系统以及控制太空飞行器和水下机器人等智能系统。目前人工智能应用的 3 个热点领域是智能接口、数据挖掘、主体及多主体系统。智能接口技术是研究如何使人们能够方便、自然地与计算机交流。为了实现这一目标，要求计算机能够看懂文字、听懂语言、说话表达，甚至能够进行不同语言之间的翻译，而这些功能的实现又依赖于知识表示方法的研究。因此，智能接口技术的研究既有巨大的应用价值，又有基础的理论意义。目前，智能接口技术已经取得了显著成果，文字识别、语音识别、语音合成、图像识别、机器翻译以及自然语言理解等技术已经开始实用化。

至于人工智能未来的发展方向，从目前的一些前瞻性研究可以看出，未来人工智能可能会向以下几个方面发展：模糊处理、并行化、神经网络和机器情感。目前，人工智能的推理功能已获突破，学习及联想功能正在研究之中，下一步就是模仿人类右脑的模糊处理功能和整个大脑的并行化处理功能。人工神经网络是未来人工智能应用的新领域，未来智能计算机的构成，可能就是作为主机的冯·诺依曼型机与作为智能外围的人工神经网络的结合。研究表明：情感是智能的一部分，而不是与智能相分离的，因此人工智能领域的下一个突破可能在于赋予计算机情感能力。情感能力对于计算机与人的自然交往至关重要。人工智能一直处于计算机技术的前沿，人工智能研究的理论和发现在很大程度上将决定计算机技术的发展方向。将来，人工智能技术的发展将会给人们的生活、工作和教育等带来更大的影响。

无论是与近期目标还是远期目标相比，人工智能的研究尚存在不少问题，这主要表现在下列几个方面：

① 宏观与微观隔离。一方面是哲学、认知科学、思维科学和心理学等学科所研究的智能层次太高、太抽象；另一方面是人工智能逻辑符号、神经网络和行为主义所研究的智能层次太低。这两方面之间相距太远，中间还有许多层次未予研究，无法把宏观与微观有机地结合起来并相互渗透。

② 全局与局部割裂。人类智能是脑系统的整体效应，有着丰富的层次和多个侧面。但是，符号主义只抓住人脑的抽象思维特性；连接主义只模仿人的形象思维特性；行为主义则着眼于人类智能行为特性及其进化过程。它们都存在着明显的局限性；必须从多层次、多因素、多维和全局观点来研究人工智能，才能克服上述局限性。

③ 理论和实际与大脑的实际工作脱节：理论上对人工智能工作研究甚多，但大脑的工作机制相当复杂，人类对大脑的工作机制了解并不多。目前提出的人工智能理论是较低层次的智能技术。与大脑的工作机制还是相差较远的。

9.2.6 人工智能与人机大战

2006年7月25日至31日，我国首届中国象棋计算机博弈锦标赛及机器博弈学术研讨会将在北京举行，大赛前5名将作为人工智能机器一方与5位中国象棋大师进行“中国象棋人机大战”。

该赛事由中国人工智能学会主办，东北大学、清华大学、北京理工大学联合承办，是纪念人工智能学科诞生50周年的重要活动之一。4月21日，中国人工智能学会理事、东北大学人工智能与机器人研究所名誉所长徐心和教授在北京宣布拉开这场“划时代科研战役”的序幕。

计算机博弈（又称为机器博弈）是人工智能领域公认的最具挑战性的科研课题之一。1997年，IBM公司的大型计算机“超级深蓝”战胜世界棋王卡斯帕罗夫，在世界范围内引起震动，也使国际象棋的“人机大战”广为关注。而有着2 000多年历史的中国象棋在国内计算机博弈方面却鲜有人问津，缺少学者的关注，寥寥无几的参与者，匮乏的参考文献等不利因素，使得中国象棋的计算机博弈一直难有作为。

2004年5月，东北大学人工智能与机器人研究所宣告成立了东北大学中国象棋计算机博弈“棋天大圣”代表队，正式向中国象棋计算机博弈进军。

但是，计算机战胜中国象棋冠军的创举绝不是一两个学校或者科研机构能够完成的，必须动员广大科技青年和专家的创新热情，广泛开展中国象棋的计算机硬件和软件系统的深入研究，让中国象棋的计算机博弈水平迅速提高，逐步接近中国象棋大师和特级大师的水平，有朝一日也能像“深蓝”计算机一样，战胜中国象棋的全国冠军和世界冠军，取得这场划时代科技战役的胜利。

习　题

一、选择题

1. 下面各个选项中，集合不相等的是（　　）。
   A. {1，2，3}，{3，2，1}　　B. {1，2，3}，{1，2，2，3}
   C. {{1，2}，3}，{1，2，3}　　D. {2，4，6，…}，{x|x 是偶数}
2. 人工免疫借鉴的是（　　）思想。
   A. 人的思维　　B. 人的学习　　C. 人解决问题　　D. 自然免疫
3. 机器学习没有使用到下面的（　　）知识。
   A. 心理学　　B. 生物学　　C. 数学　　D. 语言学
4. 人工神经网络的应用领域包括（多选）（　　）。
   A. 模式识别　　B. 专家系统　　C. 机器人控制　　D. 数据挖掘
5. IBM 公司的超级计算机（　　）战胜了棋王卡斯帕罗。
   A. 银河　　B. 深蓝　　C. 曙光　　D. 浪潮

二、填空题

1. 集合的观点已渗透到________、________、________、________、________、________等现代数学的各个分支。
2. 偶自然数可以表示为________。
3. 计算机中是通过________来描述元素之间的关系的。
4. 自动机分为________和________。
5. 人工智能是________年提出的。
6. 机器学习是研究计算机怎样________或________人类的学习行为，以获取新的知识或技能，重新组织已有的知识结构，使之不断地改善自身的性能。

三、简答题

1. 什么是集合？
2. 试用集合的方法描述下面的关系：张三、李四、王五分别选修了《演讲与口才》、《日语》、《日常礼仪》的课程。
3. 描述一下图灵机的工作原理。
4. 什么是 NP 难题？试举出一两个例子。
5. 什么是人工智能？目前人工智能研究哪些内容？
6. 人工神经网络有哪些特点？
7. 人机大战说明了什么？

第10章 常用办公软件

随着计算机使用的普及和现代网络技术的发展，许多机构已经实现了无纸化办公、远程办公模式，虚拟办公技术也已经逐步成熟。办公软件是软件公司开发的专门用于现代日常办公事务处理的软件，处理功能包括文字处理、电子表格制作、演示文稿的创建、数据库、网页制作等。随着网络应用的普及，办公软件的功能越来越强大。常见的办公软件有 WPS、Microsoft Office 等，办公软件的发展有效地提高了办公效率。

1990 年，Microsoft 公司推出了一种全新的图形化界面的操作系统 Windows 3.0，英文版的 Microsoft Word for Windows 随后诞生。Microsoft 公司对 Word 的功能不断改进，先后推出 Word 5.0、Word 6.0 及相应的中文版。1993 年，Microsoft 又把 Word 6.0 和 Excel 5.0 集成在 Office 4.0 套装软件内，使其能相互共享数据，极大地方便了用户的使用。其后，又相继发布了涵盖更多功能的 Office 95、Office 97、Office 2000 中文版。2003 年 11 月，Microsoft Office 2003 在北京正式发布中文版。本章将分别介绍 Microsoft Office 2003 中的 Word、Excel、Access、PowerPoint 和 FrontPage 的基本使用方法。

10.1 概 述

Microsoft Office 从 2003 开始全面面向 Internet 设计，强化了 Web 工作方式，运用了突破性的智能化中文处理技术，是第三代办公处理软件的代表产品。Microsoft Office 2003 中包含如下 6 个最常用、功能最强大的应用软件：

① Word：Microsoft Word 是文字处理软件。它被认为是 Office 的主要程序。它在文字处理软件市场上拥有统治份额，它适用于 Windows 和 Macintosh 平台。它的主要竞争者有 OpenOffice.org Writer、StarOffice、Corel WordPerfect 和 Apple Pages。

② Excel：Microsoft Excel 是电子数据表程序（进行数字和预算运算的软件程序）。它在市场上也拥有统治份额，超越了占优势的 Lotus 1-2-3，成为实际标准，它适用于 Windows 和 Macintosh 平台。它的主要竞争者是 OpenOffice.org Calc、StarOffice 和 Corel Quattro Pro。

③ Outlook：Microsoft Outlook 是个人信息管理程序和电子邮件通信软件，在 Office 97 版中接任 Microsoft Mail。它包括一个电子邮件客户端、日历、任务管理者和地址本。它的电子邮件程序的主要竞争者是 Mozilla Thunderbird（Mozilla）和 Eudora。它的个人信息管理程序的主要竞争者是 Mozilla 和 Lotus Organizer。它仅适用于 Windows 平台。

④ PowerPoint：演示文稿工具软件。

⑤ Access：由微软发布的关联式数据库管理系统。

⑥ FrontPage：网站创建和管理软件。

在使用 Office 软件的过程中，若遇到问题，可以通过 Office 帮助系统很方便地寻求帮助。可选的方法包括要求 Office 助手提供帮助、从“帮助”菜单获取帮助、从 Office 在线站点获取帮助。

要从“帮助”菜单获取帮助，只需选择“帮助”菜单中的“××××帮助”命令，显示“帮助”窗口。要在“帮助”窗口中搜索特定的单词或词组，可在搜索文本框中输入关键词搜索，即可搜索到特定的帮助条款，也可以在“目录”选项中选择相应的内容展开阅读。

最快捷的方式是使用“键入需要帮助的问题”框，该文本框位于菜单栏上程序右上方，系统将搜索 Office 在线站点，返回帮助结果。

10.2　Microsoft Word 应用

微软从 WordStar 身上看到了文字处理软件拥有的广阔市场，开始了文字处理软件开发。比尔·盖茨将微软的这款文字处理软件命名为 MS Word。Word 2003 是 Microsoft Office 2003 组件之一，是文档处理软件。它充分利用 Windows 良好的图形界面的特点，将文字处理和图表处理功能结合起来，实现了真正的“所见即所得（What You See Is What You Get，WYSIWYG）”。

10.2.1　Word 2003 简介

1. Word 2003 启动和退出

Word 2003 可以从“开始”菜单启动、从桌面快捷图标启动或者由 Word 数据文件启动。

方法一：在 Windows 的浏览器中双击某一个 Word 文档。

方法二：单击桌面左下角的“开始”按钮，在随之出现的菜单中单击“程序”｜“Microsoft Office”菜单，选择“Microsoft Office Word 2003”。

因为 Word 2003 是应用软件，所以退出 Word 2003 的方法与关闭应用程序窗口的方法完全相同。可以使用下面的方法之一退出 Word 2003。

① 在 Word 2003 窗口中，选择“文件”菜单中的“退出”命令。

② 在 Word 2003 窗口中，双击左上角的程序控制按钮。

③ 单击 Word 2003 窗口左上角的程序控制按钮，在控制菜单中选择“关闭”命令。

④ 单击 Word 2003 窗口右上角的“关闭”按钮。

⑤ 使用组合键【Alt+F4】。

退出 Word 2003 时如果文件还有没有保存，Word 会弹出一个对话框，提示是否保存文件。退出时如果 Word 文件还没命名，会弹出“另存为”对话框，用户在此对话框中输入新名字后，单击“保存”按钮即可。

2. Word 2003 窗口组成

启动 Word 2003 之后，即可打开 Word 2003 应用程序窗口，并在应用程序的工作区中显示一个新的文档，文档的默认名字是文档 1（默认的文件名是 Doc1），如图 10-1 所示。

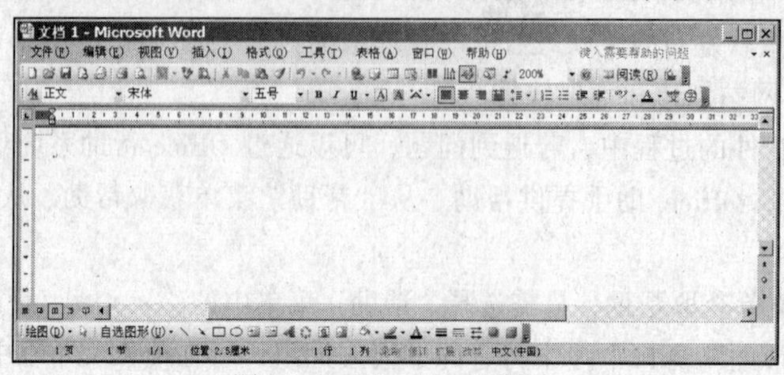

图 10-1 Word 2003 窗口

① 标题栏。窗口最上端是标题栏，用于显示当前正在编辑的文档的名称。标题栏的最左端是程序控制菜单图标。

② 菜单栏。标题栏下方即菜单栏，包括文件、编辑、视图、插入、格式、工具、表格、窗口和帮助 9 个菜单。

③ 工具栏。工具栏位于菜单栏下方，Word 将一些常用的功能做成按钮形式，并将功能相近的按钮组合在一起形成工具集。

选择“视图”菜单中的“工具栏”命令，或在菜单栏、工具栏上右击，弹出工具菜单列表框，用户可以对工具栏进行选择，决定打开或关闭哪些工具栏。用户也可以通过拖动各个工具栏，决定工具栏在应用程序窗口中的位置。

④ 标尺。标尺的作用首先是显示当前页面的尺寸，同时它在段落设置、页面设置、制表、分栏等方面也发挥着重要的作用。标尺分为水平标尺和垂直标尺。Word 2003 标尺的度量单位是一个中文字。水平标尺有首行缩进标志、左缩进标志、右缩进标志。

要显示或隐藏标尺，通过“视图”菜单中的“标尺”命令前有无“√”来控制。

⑤ 编辑区。编辑区占据了屏幕的大部分空间。编辑区就像一张白纸，用户就是在这张白纸上进行文字、图形、表格的输入和排版等文档编辑工作。

⑥ 滚动条。滚动条分为垂直滚动条和水平滚动条，分别位于文档窗口的右侧和下方，用来将文档窗口之外的文本，移动到窗口可视区域中。滚动条一般有 3 个操作点，分别为两端的按钮、滚动块和按钮与滚动块之间的空间。

⑦ 状态栏。状态栏位于应用程序窗口的底部，用于显示文档的有关信息（如页码、行号、列号等）。

10.2.2 编辑 Word 2003 文档

在 Word 中进行文字处理工作，首先要创建或打开一个文档，用户输入文档的内容，然后进行编辑和排版，工作完成后将以文件形式保存，以便今后使用。一个 Word 文档在磁盘上就是一个 Word 文件，其默认的扩展名为“.doc”。

1. 新建文档

Word 2003 在第一次启动时，自动打开一个名为“文档 1”的临时文档，可在其中输入文本，也可以再创建一个新的文档，步骤如下：

① 单击“文件”菜单，选择“新建”命令，弹出“新建文档”任务窗格。

② 选择　“空白文档”选项，则显示名为“文档2”的新文档。

如果需要新建一个基于默认模板的文档，可单击“常用”工具栏中的“新建”按钮。

2. 打开已有的文档

① 选择“文件”菜单中的“打开”命令，或者单击“常用”工具栏中的“打开”按钮。

② 在“查找范围”下拉列表框中，选择包含所需文档的驱动器、文件夹或FTP地址，然后找到并双击包含该文档的文件夹。

③ 如果要打开的文档的扩展名不是.doc，那么要在“文件类型”下拉列表框中选择“所有文件”选项。

④ 双击需要打开的文档。

3. 文档内容的输入

用户可以在光标所在的插入点处输入文档内容，输入文本后，插入点自动后移，同时文本被显示在屏幕上。当用户输入文本达到编辑区右边界时，Word会自动换行，插入点移到下一行头，用户可继续输入，当输入满一屏时，自动下移。

在输入文本时要注意以下几点：

① 为了排版方便，各行结束不需要按【Enter】键，开始一个新段落才按【Enter】键。在Word中，回车符是段落结束标志。

② 对齐文本不要用空格键，用缩进等排版方式。

③ 如果发现输入有错误时，将插入点定位到错误的文本处，按【Del】键删除插入点右边的错误符号，按【BackSpace】键删除插入点左边的错误符号。

④ 如果需要在输入的文本中间插入内容，可将插入点定位到需要插入处，然后输入内容。要注意当前应处于“插入”状态，此时状态栏中“改写”框状态以浅灰色显示，如果“改写”框状态以黑色显示，则为改写状态。按【Insert】键可切换这两种状态。

除了常规的字符外，Word还可以输入文本框、图片、表格等元素。

4. 文本的选中、删除、移动和复制

（1）选中文本

Windows环境下的软件，其操作都有一个共同的规律，即“先选中对象，后选择操作”，在Word中，主要体现在对文本对象的选中。在选中文本内容后，被选中的部分变成反相显示（黑底白字），选中了的文本，用户能够方便地对其进行删除、移动、复制、替换等操作。

常用的手段是使用鼠标选中文本内容，将鼠标指针移到欲选中的文本的首部（或尾部），按住鼠标左键拖动到欲选中的文本的尾部（或首部），释放鼠标，此时被选中的部分变成反相显示，表示选中完成。其他常用的选中操作有以下几种情况：

① 选中单个字：将鼠标指针移到该字前双击。

② 选中一句：将鼠标指针移到该句子的任何位置，按住【Ctrl】键并单击。

③ 选中一行：将鼠标指针移到文本选中区（文本区左侧空白处，此时鼠标箭头指向右上方），并指向欲选中的文本行单击。

④ 选中多行：将鼠标指针移到文本选中区，按住鼠标左键，沿垂直方向拖动多行。

⑤ 选中一段：将鼠标指针移到文本选中区，指向欲选中的段双击。

⑥ 选中整个文档：将鼠标指针移到文本选中区，按住【Ctrl】键并单击。

（2）删除文本

① 选中欲删除的文本。

② 按【Del】键，或单击常用工具栏中的“剪切”按钮，或选择“编辑”菜单中的“剪切”命令。

注意：当发生误删除时，可单击“撤销”按钮，将刚才删除的内容复原。

（3）移动文本

将选中的文本移动到另一位置上。具体操作如下：

① 选定欲移动的文本。

② 单击“常用”工具栏中的“剪切”按钮，或选择“编辑”菜单中的“剪切”命令（快捷键为【Ctrl+X】），此时选中的文本已经从原位置处删除，并将其存放到剪贴板中。

③ 将插入点定位到欲插入的目标处。

④ 单击“粘贴”按钮，或选择“编辑”菜单中的“粘贴”命令（快捷键为【Ctrl+V】）。

如果想短距离内移动文本，更简捷的方法是利用“拖动”特性，将选中的文本拖动至新的位置。具体做法如下：

① 选中欲移动的文本。

② 把鼠标指针移动到已选定的文本，直到指针变为指向左上角的箭头。

③ 按住鼠标左键，鼠标箭头处就会出现一个小虚线框和一个指示插入点的虚线；拖动鼠标指针，直到虚线到达插入的目标位置，释放鼠标左键。

注意：剪贴板是内存中的一块存储区域，专门用来存放“剪切”、“复制”命令操作的对象，以备“粘贴”命令使用。

（4）复制文本

复制文本与移动文本的操作类似，只是复制后，原处仍保留选中的文本。

操作时与移动不同的是：只要将“剪切”按钮改为“复制”按钮，或“剪切”命令改为“复制”命令（快捷键为【Ctrl+C】）即可。

使用“拖动”特性也可以复制文本，其做法是：先选中要复制的文本，在按住【Ctrl】键的同时拖动鼠标，鼠标箭头处就会出现一个小虚线框和一个“+”符号，将选中的文本拖动至目标位置，释放鼠标左键。

（5）撤销与恢复

在操作过程中，如果要恢复到本次操作以前的状态，可利用“编辑”菜单中的“撤销”命令或工具栏中的“撤销”按钮进行撤销操作。在Word 2003中，可以撤销最近进行的多次操作。单击工具栏中的“撤销”按钮右侧的下三角按钮，打开允许撤销的动作表，该动作表记录了用户所作的每一步动作，可以在列表中选中该动作并单击。

恢复操作允许恢复一个“撤销”动作，可选择“编辑”菜单中的“恢复”命令或单击“常用”工具栏中的“恢复”按钮。该操作允许恢复上几次“撤销”操作，单击“恢复”按钮右侧的下三角按钮，打开允许恢复的动作表，选择前几次的“撤销”动作，可实现多级“恢复”。

（6）查找和替换

Word 提供的查找、替换功能不仅能查找、替换字符串，还能对带格式的文本或特殊字符进行查找和替换，该功能给用户修改文档提供了极大的方便。

如果想把文档中所有的词“编排”替换成“排版”，不必逐个替换，可以使用“编辑”菜单中的“替换”命令，弹出“查找和替换”对话框。在“查找内容”文本框中输入要替换的内容“编排”，在“替换为”文本框中输入“排版”，单击“查找下一处”按钮，Word 就自动在文档中找到下一处使用这个词的地方，单击“替换”按钮，即可替换该词；如果单击“全部替换”按钮，可替换文档中或选中区域中全部使用的该词。

在 Word 中，用户可以使用查找命令查找任意字符串。选择“查找”选项卡，在“查找内容”文本框中输入要查找的内容，单击“查找下一处”按钮，就可以找到文档中的该内容了。

单击“高级”按钮，可以选中搜索选项“区分大小写”、“全字匹配”、“使用通配符”、“同音（英文）”、“查找单词的所有形式（英文）”以及“区分全/半角”复选框，进行查找的高级设置。

5. 保存文档

第一次保存文档时，应为文档指定文件名，并在本机硬盘或其他地址为其指定保存位置。以后每次保存文档时，Word 将用最新的内容来更新文档内容。

（1）保存未命名的新文档

① 选择“文件”菜单中的“保存”命令，弹出“另存为”对话框，如图 10-2 所示。

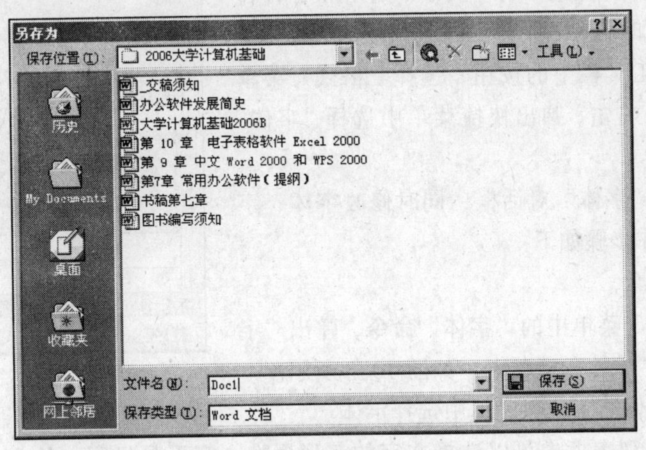

图 10-2　“另存为”对话框

② 在“保存位置”下拉列表框中，选择希望保存文档的驱动器和文件夹。

③ 在“文件名”文本框中，输入文档名称。

④ “保存类型”默认为“Word 文档”，即.doc，也可以根据需要选择其他类型，例如 Web 页等。

⑤ 单击“保存”按钮。

（2）保存已有文档

单击“常用”工具栏中的“保存”按钮。

6. 文档视图

处理完一份文档后，希望将其显示，以观效果，Word 提供了多种显示文档的方式。各种显示方式之间的切换，可在“视图”菜单中选择有关的显示命令。对于“普通视图”、“Web 版式视图”、“页面视图”、“大纲视图”4 种显示方式的切换，可单击水平滚动条左端的有关显示按钮。无论以何种方式显示，都可以对文档进行修改、编辑及按比例缩放尺寸等操作，而不同的视图方式各有侧重。

① 普通视图主要用于快速输入文本、图形及表格，进行简单的排版。

② Web 版式视图便于联机阅读，左边显示文档层次结构，单击某一主题，可以立即跳转到相应的部分。

③ 页面视图具有“所见即所得”的显示效果，便于图文混排及页眉页脚的设置。

④ 大纲视图显示文档的框架，便于进行大块文本的移动、生成目录等操作。

⑤ 全屏显示将菜单栏、工具栏、状态栏等隐藏起来，在一屏可以看到更多的文本。

10.2.3 文档格式的编排

文档编辑以后，为了使之符合文书的美观标准，需要进行字体和字号设置、段落格式设置等操作，称之为“格式化”，也称为文档的排版。设置各种格式时，一般采用页面视图，这样可以达到“所见即所得”的显示效果。

1. 字符的格式化

字符格式化是指对英文字母、汉字、数字和各种符号进行格式化编排的各种操作。其主要操作方式有 3 种：使用“格式”工具栏中的按钮；选择“格式”菜单中的“字体”命令；右击，弹出快捷菜单中选择“字体”命令。

用户可以利用“字体”对话框，同时修改字体、字形和字号，具体操作步骤如下：

① 选中文本对象。

② 选择“格式”菜单中的“字体”命令，弹出“字体”对话框，选择“字体”选项卡，如图 10-3 所示。

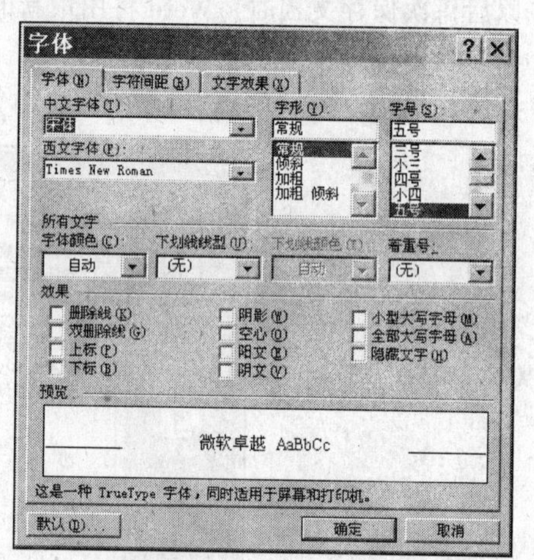

图 10-3 “字体”对话框

③ 在“中文字体”下拉列表框中选择字体。

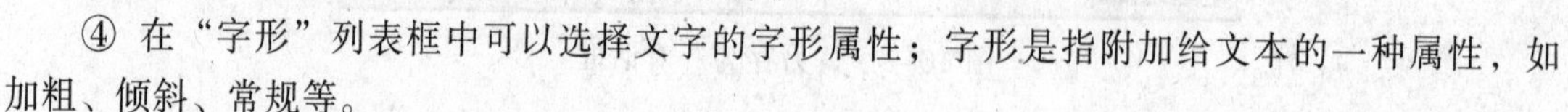

④ 在“字形”列表框中可以选择文字的字形属性；字形是指附加给文本的一种属性，如加粗、倾斜、常规等。

⑤ 在“字号”列表框中可以选择文字的字号；字号的设置也可以选择或直接输入磅值，从而设置选定文本的字的大小。字号越大，字越小；磅值越大，字越大。例如，五号字比一号字小；24 磅字比 10 磅字大。

⑥ 在“下划线线型”下拉列表框中选择下划线类型。

⑦ 在“字体颜色”下拉列表框中选择文字的颜色。

⑧ 在“效果”选项组中可以设置文字的效果，如上标、下标、阳文等。

⑨ 在“预览”框中可以预览到设置的效果。

⑩ 设置完成后，单击“确定”按钮。

选择“字体”对话框中的“字符间距”选项卡，在“缩放”下拉列表框中可以设置文字的缩放比例；在“间距”下拉列表框中可以设置文字间的距离；在“位置”下拉列表框中可以设置选中文本的位置，如提升或降低。

选择“字体”对话框中的“文字效果”选项卡，可以设置文字的动态效果，如闪烁背景、亦真亦幻等。

有关字体操作也可以在工具栏中实现。“格式”工具栏中的“字体”下拉列表框可以用于选择字体，“字号”下拉列表框可以用于选择字号，**B**按钮可以使选定的文本加粗显示，*I*按钮（快捷键【Ctrl + I】）可以使选定的文本倾斜显示，U按钮（快捷键【Ctrl + U】），可以为文本加下划线A按钮可以为文本加边框，A按钮可以为文本加底纹。

2. 段落的格式化

段落是指文字、图形、对象或其他项目组成的集合。每个段落末尾都有一个段落标记。要显示或隐藏段落标记，可单击“常用”工具栏中的“显示/隐藏编辑标记”按钮。段落标记不仅标识一个段落的结束，还存储了该段的格式信息。

段落的格式化操作方式是：选择“格式”菜单中的“段落”命令，弹出“段落”对话框，如图 10-4 所示。通过该对话框，用户可以设置段落缩进、段间距、行距及对齐方式等属性。

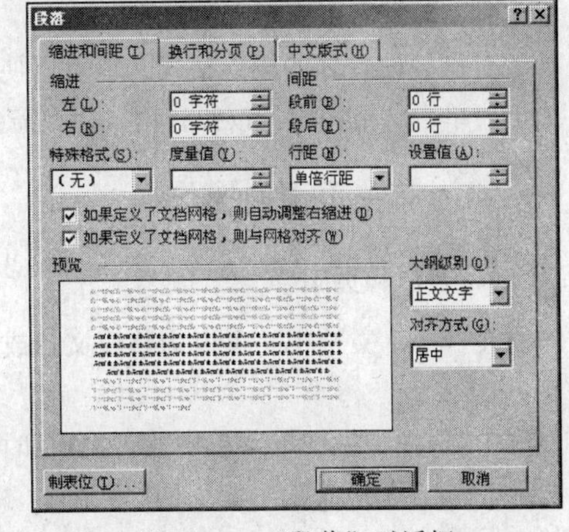

图 10-4　“段落”对话框

（1）设置段落缩进

段落缩进是指将段落中的首行或其他行向内缩进一段距离，以使文档看上去更加清晰、美观。在 Word 2003 中，用户可以设置首行缩进、悬挂缩进、左缩进及右缩进。

设置段落缩进，用户可以通过“段落”对话框中的“缩进”选项组来完成，也可以通过“标尺”上的“缩进”按钮来缩进文本。标尺上共有 4 个缩进按钮，如图 10-5 所示。

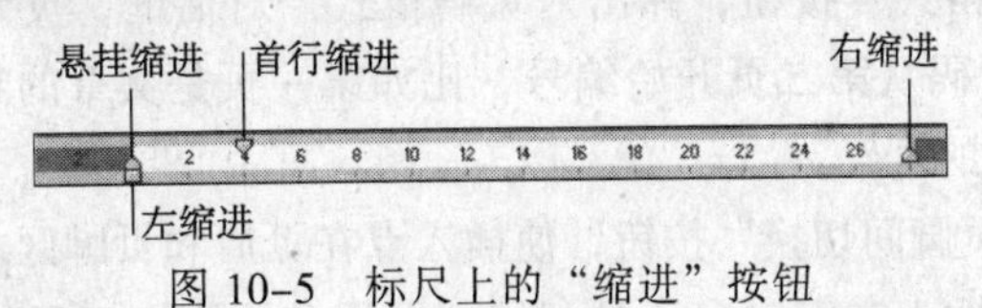

图 10-5　标尺上的“缩进”按钮

（2）设置段前段后距离

段间距是指段落与段落之间的距离，设置段间距的具体操作步骤如下：

① 将光标放到要调整段间距的段落。

② 选择“格式”菜单中的“段落”命令，弹出“段落”对话框。

③ 在“段前”、“段后”微调框中输入数值，即可调整段落间的距离。

（3）设置行距

行距是指段落中行与行之间的距离，设置行距的具体操作步骤如下：

① 将光标放到要设置行距的段落中。

② 选择“格式”菜单中的“段落”命令，弹出“段落”对话框。

③ 在“行距”下拉列表框中选择一种行距，单击“确定”按钮。

（4）设置对齐方式

Word 2003 为用户提供了 5 种段落对齐方式：两端对齐、居中对齐、右对齐、分散对齐、左对齐。用户可以通过“段落”对话框中的“对齐方式”下拉列表框来完成对齐方式的设置，也可以通过“格式”工具栏中的“对齐”按钮来完成。

（5）格式刷

Word 提供了一种快速复制格式的工具按钮——“格式刷”按钮。选中已经设置好格式的字符，单击“格式刷”按钮，鼠标指针变成一个刷子形状；在需要设置相同格式的字符上拖动，就达到了复制格式的目的。如果需要多次复制这个格式，可双击“格式刷”按钮，鼠标指针一直保持刷子形状，经过在预设置格式的字符上拖动，完成多次的格式复制操作。当不需要这个格式时，单击即可恢复鼠标指针形状。

对已经设置好的段落格式，也可以使用“格式刷”按钮进行复制：选中带格式的段落结束标记，单击“格式刷”按钮；用鼠标在需要设置该格式的段落的段落标记上拖动即可。

10.2.4 有关页面的操作

1．页眉和页脚

在 Word 文档中，可以为整篇文档或其中一节设置页眉和页脚，设置页眉和页脚的步骤如下：

① 选择“视图”菜单中的“页眉和页脚”命令，弹出“页眉和页脚”工具栏，如图 10-6 所示。

图 10-6 “页眉和页脚”工具栏

② 单击“插入‘自动图文集’”按钮，可以设置常用的页眉、页脚内容。

③ 单击“设置页码格式”按钮，弹出“页码格式”对话框，页码有多种表达方式，如数字、字母等。如果要使页码从第二页开始编号，比如第一页是文章的封面，不参加编号，可将起始页码设置成 2 或相应的页码。

④ 单击“在页眉和页脚间切换”按钮，使插入点在页眉和页脚区之间切换。

⑤ 在页眉或页脚中插入文字时，还可利用“页眉和页脚”工具栏中的“插入页码”、“插入页数”、“插入日期”和“插入时间”等按钮，设置页码、页数、日期和时间。

⑥ 若要删除页眉和页脚，则在进入页眉和页脚区后删除所有的内容即可。

2．设置分页

在 Word 2003 中输入文本时，Word 会按照页面设置中的参数使文字填满一行时自动换行，填满一页后自动分页，这叫做自动分页，而分页符可以使文档从插入分页符的位置强制分页。设置分页的步骤如下：

① 将插入点置于需要分页的段落。

② 选择“插入”菜单中的“分隔符”命令，弹出“分隔符”对话框。

③ 选中“分页符”单选按钮，单击“确定”按钮，即可插入一个分页符，分页符后的文

档从另页起排。

取消分页设置的方法很简单：选中分页符，按【Del】键即可。默认情况下不显示分页符，单击“常用”工具栏中的“显示/隐藏编辑标记”按钮，即可显示分页符标记。

3. 页面设置

Word 2003 可根据纸张的大小来设定页面的边距和宽度。其具体方法如下：

选择“文件”菜单中的“页面设置”命令，弹出“页面设置”对话框，如图 10-7 所示。该对话框由“页边距”、“纸张”、“版式”和“文档网格”4 个选项卡组成，下面介绍前 3 个选项卡的功能。

（1）设置页边距

在“页边距”选项卡中，可以设置正文的上、下、左、右四边与纸张边界之间的距离，还可以设置页眉/页脚与上下页边界的距离以及装订线的位置和距离等。

（2）设置纸张大小

在“纸张”选项卡中，可设置纸张的大小。在“纸张大小”下拉列表框中选择一种标准纸型，如 A4、A5、B5 等。也可以自定义大小，在“宽度”和“高度”微调框中输入具体的数值。

所选的纸张必须和真正使用纸张的大小一致，否则打印时可能出错。在“应用于”下拉列表框中，可以根据需要选择“整篇文档”或“插入点之后”，使设置应用于全篇或者其中的某部分。

（3）设置版式

选择“版式”选项卡，在“垂直对齐方式”下拉列表框中可以选择文本在垂直方向上的对齐方式。有顶端、居中、两端、底端对齐 4 种方式可供选择，一般情况下使用“顶端”对齐方式。

4. 打印

单击“常用”工具栏中的“打印”按钮即可打印当前文档。如果需要对打印参数进行设置，可以选择“文件”菜单中的“打印”命令，弹出“打印”对话框，如图 10-8 所示。

在“打印”对话框中进行诸如：打印的份数、页面范围、是否缩放等打印参数的设置，然后单击“确定”按钮进行打印。

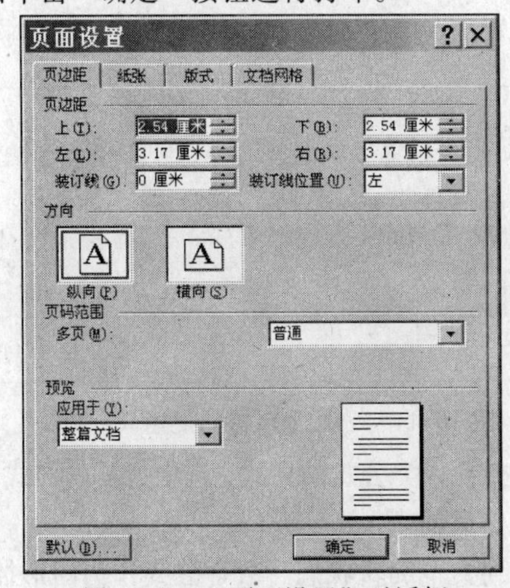

图 10-7　“页面设置”对话框

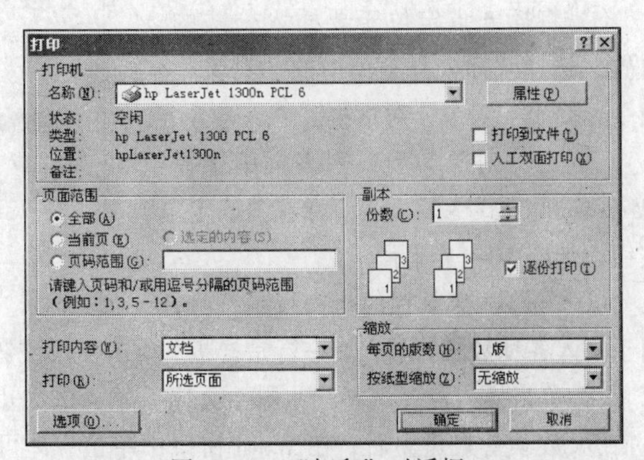

图 10-8　“打印”对话框

10.2.5 高级应用

1. 艺术字

在 Word 2003 中的艺术字其实是一种图片化了的文字。艺术字可以产生特殊的视觉效果，在美化版面方面起到了非常重要的作用。插入艺术字的具体操作步骤如下：

① 选择“插入”|“图片”|“艺术字”命令，或单击“绘图”工具栏中的“插入艺术字”按钮，弹出“‘艺术字’库”对话框，如图 10-9 所示。

② 在该对话框中单击一种艺术字的样式，然后单击“确定”按钮，弹出“编辑‘艺术字’文字”对话框，如图 10-10 所示。

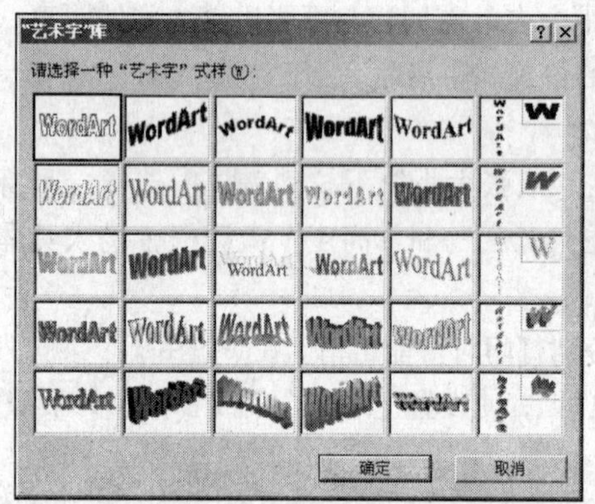

图 10-9 “‘艺术字’库”对话框

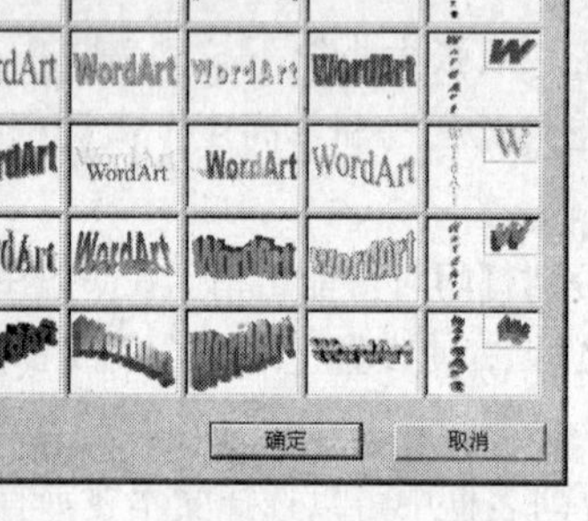

图 10-10 “编辑‘艺术字’文字”对话框

③ 在“文字”文本框中输入要创建的文字；在“字体”下拉列表框中选择艺术字的字体；在“字号”下拉列表框中选择艺术字的字号；还可根据需要选择“加粗”或“斜体”。

④ 设置完成后，单击“确定”按钮。

2. 公式编辑器

Word 提供了公式编辑器（Microsoft Equation）功能，来建立复杂的数学公式。Microsoft Equation 根据数字和排版的约定，自动调整公式中各元素的大小、间距和格式编排等。具体操作步骤如下：

① 将插入点定位于要插入公式的位置，选择“插入”菜单中的“对象”命令，弹出“对象”对话框。

② 在“对象类型”列表框中选择“Microsoft 公式 3.0”选项，单击“确定”按钮，如图 10-11 所示。

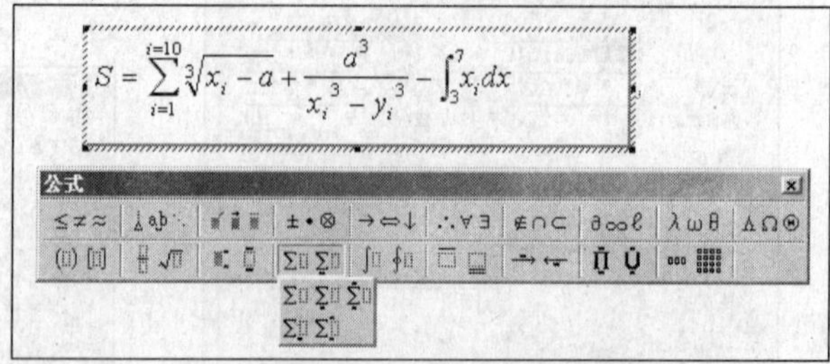

图 10-11 公式编辑器的使用

③“公式”工具栏的上一行是符号，用于插入各种数学符号；下一行是样板，单击样板按钮，打开一类公式的样式，选中所需的样式。

④ 单击插入点，选择输入哪个元素及输入的大小，然后输入。

⑤ 数学公式建立后，在 Word 窗口中单击，即可回到文本编辑状态，数学公式作为图形插入到插入点所在位置。

如果对数学公式图形进行编辑，则单击该图形，进行图形移动缩放等操作；可以对其进行各种图形编辑操作。如果要对公式内容进行修改，则双击该图形，重新进入公式编辑器的使用环境。

Word 2003 的功能十分丰富，除了本节介绍的功能外，Word 2003 还具有样式、使用模板、设置权限密码、多窗口操作、图表处理、邮件合并、插入超级链接、编制大纲、创建索引、编辑电子邮件、Web 发布、定义宏等功能。读者可以通过使用 Word 的联机帮助以及参考有关的书籍进行深入的学习。

10.3　Microsoft Excel 应用

Excel 是微软公司出品的一个电子表格软件，可以用来制作电子表格、完成比较复杂的数据运算，并且具有强大的制作图表功能，是广大用户管理公司和个人财务、统计数据、绘制各种专业化表格的得力助手。

10.3.1　概述

Excel 2003 也是 Windows 操作系统下的应用程序，它的启动和退出与 Word 2003 的启动和退出方法相似。

1. 工作簿、工作表、单元格

在 Microsoft Excel 中，工作簿是处理和存储数据的文件。一个工作簿就是一个 Excel 文件，其扩展名为“.xls”。每个工作簿可以包含多张工作表，因此可在一个文件中管理多种类型的相关信息。默认情况下，Excel 2003 的一个工作簿中有 3 张工作表，当前的工作表为 Sheet1，用户可以根据实际情况增减工作表和选择工作表。

工作表一般是由众多的行和列组成的二维表格，用户可以同时在多张工作表中输入并编辑数据，可以对不同工作表的数据进行汇总计算。工作表还可以显示和分析数据，图表就是一种直观显示数据的方式，图表既可以放在源数据所在的工作表中，也可以放在单独的图表工作表中。工作表标签位于工作簿文档窗口的左下底部，显示工作表的名称，活动工作表的名称带有单下划线。

单元格是组成工作表的最小单位，Excel 2003 的工作表可以有 65 536 行、256 列，每一行列交叉点即为一个单元格。行编号为 1～65 536，列编号为 A～IV（A,…, Z, AA,…, AZ,BA,…, BZ,…, IA,…, IV）。每个单元格的地址用它所在的列标和行标来引用，如 A6、D20 等。

2. Excel 2003 窗口

启动 Excel 2003 之后，即可打开 Excel 2003 应用程序窗口，并在应用程序的工作区中显示一个新的、空白工作簿 Book1，如图 10-12 所示。

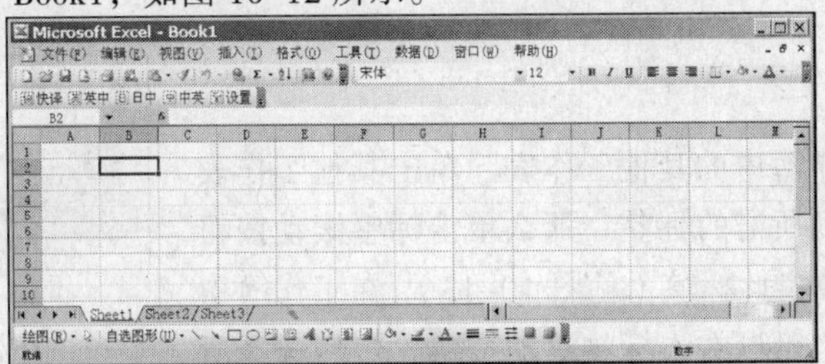

图 10-12　Excel 2003 窗口

编辑栏位于工具栏的下方，当选择单元格或区域时，相应的活动单元格地址或区域名称即显示在编辑栏左端的名称框中。在单元格中编辑数据时，其内容同时出现在编辑栏右端的编辑框中。由于单元格默认的宽度通常显示不下较长的数据，在编辑框中编辑数据比较方便。

工作表为 Excel 窗口的主体，由单元格组成，每个单元格由行号和列号来定位，其中行号位于工作表的左端，顺序为数字 1、2、3 等，该数字的最大值为 65 536；列号位于工作表的上端，顺序为字母 A、B、C 等，最右边的列号为 IV。

工作表标签位于工作簿文档窗口的左下底部，初始为 Sheet1、Sheet2、Sheet3，代表着工作表的名称，单击标签名可切换到相应的工作表中。如果有多个工作表，以至于标签栏下显示不下所有标签时，可单击标签栏左侧的滚动箭头使标签滚动，从而找到所需的工作表标签。

10.3.2 工作簿、工作表、单元格的操作

1. 工作簿的操作

（1）新建工作簿

选择“文件”菜单中的“新建”命令。若需要新建一个空白工作簿，可选择“新建工作簿”任务窗格中的“空白工作簿”选项；若需要基于模板创建工作簿，可选择“本机上的模板”选项或“Office Online 模板”选项，然后选择希望创建的工作簿类型所需的模板。

如果需要新建一个基于默认工作簿模板的工作簿，可单击“常用”工具栏中的“新建”按钮。

（2）打开已有的工作簿

① 选择“文件”菜单中的“打开”命令，或单击“常用”工具栏中的“打开”按钮。

② 在“查找范围”下拉列表框中，选择包含所需工作簿的驱动器、文件夹或 FTP 地址，然后找到并双击包含该工作簿的文件夹。

③ 双击需要打开的工作簿。

（3）保存工作簿

第一次保存工作簿时，应为工作簿分配文件名，并指定保存位置。以后每次保存工作簿时，系统将用最新的更改内容来更新工作簿文件。保存已有文件名的工作簿可直接单击“常用”工具栏中的“保存”按钮。保存未命名的新工作簿的步骤如下：

① 选择“文件”菜单中的“保存”命令，弹出“另存为”对话框。

② 在“保存位置”下拉列表框中，选择希望保存工作簿的驱动器和文件夹。

③ 在“文件名”文本框中，输入工作簿名称。

④ 单击“保存”按钮。

保存工作簿副本的操作步骤类似，不同的是在第一步直接选中“文件”菜单中的“另存为”命令。

2. 工作表的操作

（1）选中工作表

如果要切换到工作簿中的其他工作表，单击其他工作表的标签即可。若看不到所需的标签，那么单击标签滚动按钮可找到此标签，然后单击此标签（见图 10-13）。在工作簿中包含多张工作表时，也可以右击标签滚动按钮，然后选择所

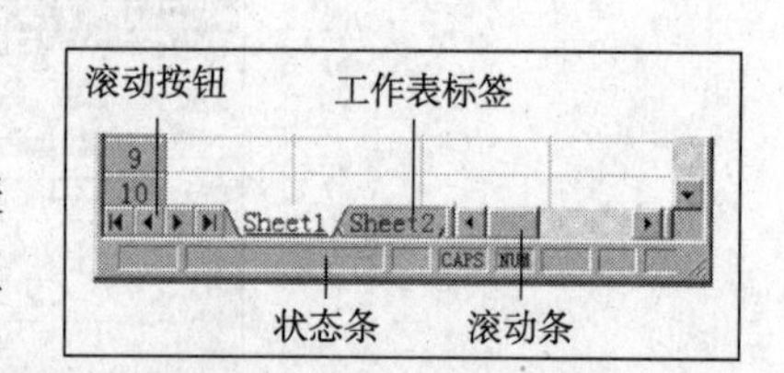

图 10-13 工作表标签

需工作表的标签。

选中工作簿中工作表的方法如表 10-1 所示。

表 10-1　工作簿中工作表的选中方法

选 中 区 域	选 中 方 法
单张工作表	单击工作表标签
两张以上相邻的工作表	选中第一张工作表，按住【Shift】键再单击最后一张工作表
两张以上不相邻的工作表	选中第一张工作表，按住【Ctrl】键再单击其他的工作表
工作簿中所有的工作表	右击工作表标签，选择快捷菜单中的“选定全部工作表”命令

（2）添加工作表

Excel 2003 提供两种添加工作表的方法，将新的工作表添加到选中的工作表之前。

方法一：选择“插入”菜单中的“工作表”命令。

方法二：右击工作表标签，弹出工作表标签右键快捷菜单，如图 10-14 所示。选择“插入”命令，在弹出的“插入”对话框中选择“工作表”图标。

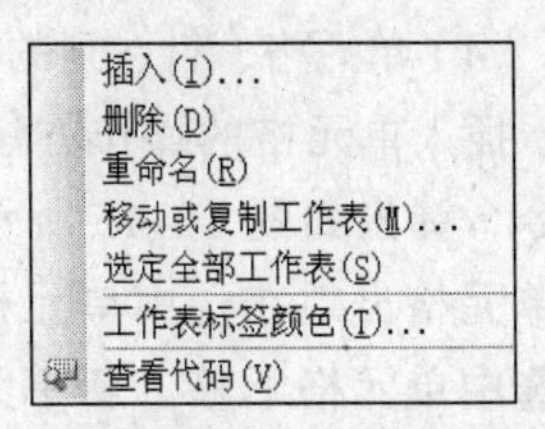

图 10-14　工作表标签右键快捷菜单

（3）删除工作表

Excel 2003 提供两种删除工作表的方法，删除选中的工作表。

方法一：选择“编辑”菜单中的“删除工作表”命令。

方法二：右击工作表标签，在弹出的快捷菜单中选择“删除”命令。

（4）工作表更名

在默认状态下，工作表的名称以“Sheet1”开始，后续的工作表是“Sheet2”、“Sheet3”等，为了更好地标识工作表，可以重新为工作表命名。具体的操作步骤：双击要重新命名的工作表标签，使其变成可编辑的区域，在编辑区域输入新的工作表名称，按【Enter】键确任。

（5）移动工作表

Excel 2003 提供两种移动工作表的方法，移动当前活动工作表到指定位置。

方法一：选择“编辑”菜单中的“移动或复制工作表”命令。

方法二：将鼠标指向要移动的工作表，按住鼠标左键拖动到指定位置后，松开鼠标左键。

（6）复制工作表

Excel 2003 提供两种复制工作表的方法，复制当前活动工作表到指定位置。

方法一：选择“编辑”菜单中的“移动或复制工作表”命令，在“移动或复制工作表”对话框中选中“建立副本”复选框。

方法二：将鼠标指向要移动的工作表，按住鼠标左键和【Ctrl】键，拖动到指定位置后，松开鼠标左键和【Ctrl】键。

3．单元格的操作

单元格的选取是单元格操作中的常用操作之一，它包括单个单元格选取、多个连续单元格选取和多个不连续的单元格选取。

（1）选取单个单元格

单个单元格的选取即单元格的激活。除了用鼠标、键盘上的方向键外，选择“编辑”菜单中的“定位”命令，在对话框中输入单元格地址（如 A8），或者在编辑栏的名称框中输入单元格地址，均可选取单个单元格。

（2）选取多个连续单元格

鼠标拖动可使多个连续单元格被选取。或者单击要选择区域的左上角单元，按住【Shift】键再单击右下角的单元格。选取多个连续单元格的操作方法如表 10-2 所示。

（3）选取多个不连续的单元格

用户可选择一个区域，再按住【Ctrl】键不放，然后选择其他区域。

在工作表中任意单击一个单元格，即可清除单元区域的选取。

（4）单元格、行、列的插入和删除

插入单元格的操作方法为：单击要插入单元格的位置；选择“插入”菜单中的“单元格”命令，弹出如图 10-15 所示的“插入”对话框；选中“活动单元格右移”单选按钮并确定，新单元格出现在选中单元格的位置，当前单元格右移，选中“活动单元格下移”单选按钮将选中单元格下移，新单元格出现在选中单元格的上方，单击“确定”按钮插入一个空白单元格。选中“整行”单选按钮则在当前位置插入一个空行，选中“整列”单选按钮则在当前位置插入一列。

表 10-2 选取连续单元格

选 择 区 域	方 法
整行（列）	单击工作表相应的行（列）号
整个工作表	单击工作表左上角行列交叉的按钮
相邻行或列	鼠标拖拽行号或列标

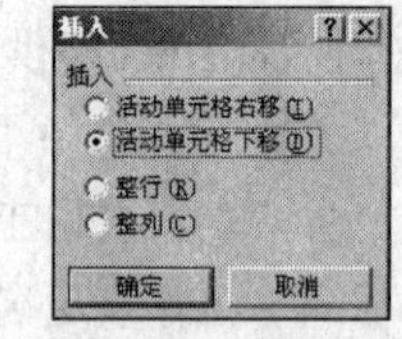

图 10-15 “插入”对话框

单元格、行、列的删除操作类似，先选择要删除的对象，右击该对象，从快捷菜单中选择“删除”命令即可。

10.3.3 单元格内容的编辑

要输入单元格数据，首先要激活单元格。在任何时候，总有一个单元格由黑色边框包围着，称该单元格为活动单元格。工作表中有且仅有一个单元格是激活的。

1. 数据输入

（1）输入数字、文字、日期或时间

Excel 2003 每个单元格最多可输入 32 000 个字符。输入结束后按【Enter】键、【Tab】键或单击编辑栏中的“√”按钮均可确认输入。按【Esc】键或单击编辑栏中的“×”按钮可取消输入。能够输入的数据类型分为文本型、数值型和日期型。

① 文本型数据的输入：

文本包括汉字、英文字母、数字以及其他键盘能输入的符号。默认情况下，所有文本在单元格中均左对齐。有些数字如电话号码、邮政编码常常当作字符处理。此时只需在输入数字前加上一个半角单引号，Excel 将把它当作字符处理。

② 数值型数据的输入：

在 Excel 中，数值型数据只可以为下列字符：

0 1 2 3 4 5 6 7 8 9 + - ( ) , / $ % . E e

Excel 将忽略数字前面的正号“+”，并将单个句点视作小数点。出现所有其他数字与非数字的组合均作为文本处理。输入分数时，为避免将输入的分数视作日期，在分数前输入“0”(零)和空格，如输入“0 1/2”。输入负数时，在负数前输入减号“-”，或将负数置于括号()中。默认状态下，所有数字在单元格中均右对齐。

③ 日期时间型数据的输入：

Excel 将日期和时间视为数字处理。工作表中的日期和时间的显示方式取决于所在单元格中的数字格式。在输入了 Excel 可以识别的日期或时间数据后，单元格格式会从“常规”数字格式改为某种内置的日期或时间格式。默认状态下，日期和时间项在单元格中右对齐。如果 Excel 不能识别输入的日期或时间格式，输入的内容将被视作文本。如果要输入当前日期，则按组合键【Ctrl+;】。如果要输入当前时间，则按组合键【Ctrl+Shift+;】。

(2) 数据自动输入

① 在同一行或列中复制数据：

在工作表中，将鼠标移到希望选中的那个单元格上，然后单击可使其成为活动单元格。活动单元格四周黑框的右下角有一个小黑方块，这个黑方块被称为填充柄。在需要复制数据的时候，先选定包含需要复制数据的单元格，然后用鼠标拖动填充柄经过需要填充数据的单元格，释放鼠标按键即可。

如果在填充过程中，要想让类似于数字或日期等数值自动增长而不是照原样复制，先选定原始数据，然后按住【Ctrl】键，再拖动填充柄。

② 填充数字、日期或其他序列：

序列就是按照一定的规律变化的一系列内容，如 A1、A2、A3…，一月、二月、三月、四月…，等差数列等。

在相邻的两个单元格中输入两个初值，可以生成一个类似等差数列的序列。先选定待填充数据区的起始单元格，输入序列的初始值，再选定下一单元格，在其中输入序列的第二个数值。头两个单元格中数值的差额将决定该序列的增长步长。选定包含初始值的两个单元格，用鼠标拖动填充柄经过待填充区域。

2. 编辑数据

(1) 修改数据

在 Excel 中，修改数据有两种方法：① 在编辑栏中修改，只需先选中要修改的单元格，然后在编辑栏中进行相应的修改，单击“√”按钮确认修改，单击“×”按钮或按【Esc】键放弃修改，这种方法适合内容较多者和公式的中修改。② 直接在单元格修改，此时需双击单元格，然后进入单元格修改，这种方法适合内容较少者的修改。

(2) 删除数据

在 Excel 中数据的删除有两个概念：数据清除和数据删除。如果删除了单元格，Excel 将从工作表中移去这些单元格，并调整周围的单元格填补删除后的空缺；而如果清除单元格，则只是删除了单元格中的内容（公式和数据）、格式（包括数字格式、条件格式和边界）或批注，但是空单元格仍然保留在工作表中。

要清除数据时，先选中需要清除的单元格、行或列，选择“编辑”|“清除”命令，从中可选择“全部”、“格式”、“内容”或“批注”命令。

如果选中单元格后按【Del】或【BackSpace】键，Excel 将只清除单元格中的内容，而保留其中的批注和单元格格式。

如果清除了某单元格，Excel 将删除其中的内容、格式、批注或全部选项。此时，清除后的单元格值为 0（零）。因此，对该单元格进行引用的公式将接收到一个零值。

数据删除针对的是单元格，删除后选取的单元格连同里面的数据都从工作表中消失。

先选中需要删除的单元格或一个区域后，在“编辑”菜单中选择“删除”命令，弹出“删除”对话框，如图 10-16 所示，周围的单元格将移动并填补删除后的空缺。

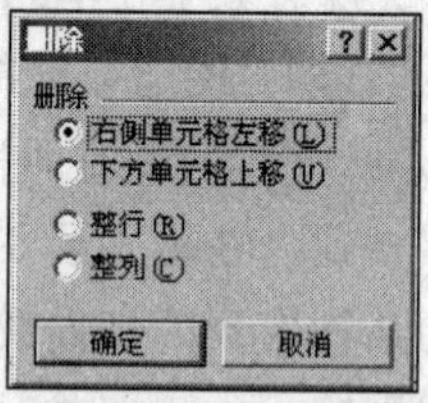

图 10-16 “删除”对话框

（3）数据的复制和移动

Excel 数据复制方法多种多样，可利用剪贴板，也可以利用鼠标拖动操作。

剪贴板复制数据与 Word 中的操作相似，稍有不同的是在源区域执行“复制”命令后，区域周围会出现闪烁的虚线。只要闪烁的虚线不消失，粘贴就可以进行多次，一旦虚线消失，粘贴就无法进行。

鼠标拖动复制数据的操作方法也与 Word 稍有不同：选择源数据区域和按住【Ctrl】键后鼠标指针应该指向源数据区域的四周边界而不是指向源数据区域内部，此时鼠标变为右上角为小十字的空心箭头。

数据的移动与数据的复制类似，可以利用剪贴板先“剪切”再“粘贴”的方式，也可利用鼠标拖动，但不按住【Ctrl】键。

（4）选择性粘贴

一个单元格含有多种特性，如内容、格式、批注等，另外它还可能是一个公式，含有有效规则等，数据复制时往往只需复制它的部分特性。此外复制数据的同时还可以进行算术运算、行列转置等。这些都可以通过选择性粘贴来实现。

选择性粘贴的操作步骤为：先将数据复制到剪贴板，再选择待粘贴目标区域中的第一个单元格，选择“编辑”菜单中的“选择性粘贴”命令，弹出“选择性粘贴”对话框，如图 10-17 所示。选择相应的选项后，单击“确定”按钮完成选择性粘贴。

选择性粘贴用途非常广泛，实际运用中只粘贴公式、格式或有效数据的例子非常多。这里仅举个选择性粘贴运算的例子，比如给图 10-18 所示成绩表中所有同学的英语成绩加上 5 分，操作方法为：在工作表的某一个空白单元格中输入“5”；将该单元格数据复制到剪贴板；选择 D4:D7 英语成绩区域；选择“编辑”菜单中的“选择性粘贴”命令，在图 10-17 对话框中选中“加”单选按钮；单击“确定”按钮，即可发现所有英语成绩增加 5 分。

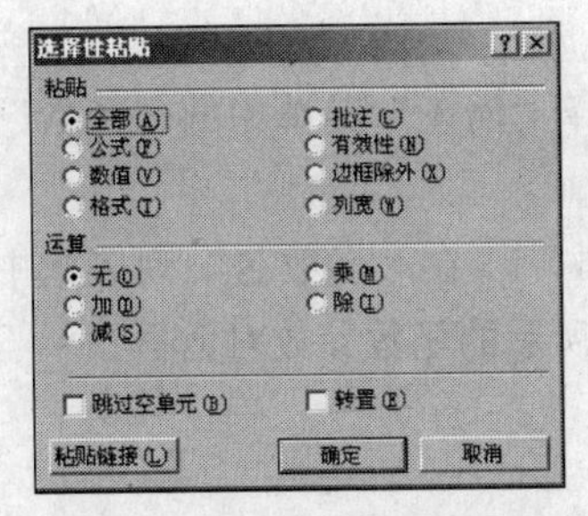

图 10-17　“选择性粘贴”对话框

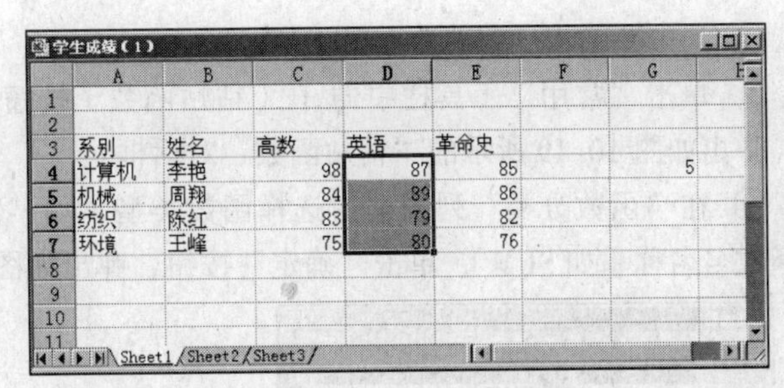

图 10-18　“选择性粘贴”举例

3. 公式

在大型的数据报表中，计算、统计工作是不可避免的，Excel 的强大功能正是体现在计算上，通过在单元格中输入公式和函数，可以对表中的数据进行总计、平均、汇总以及其他更为复杂的运算，从而避免了用户手动计算的繁杂和容易出错，数据修改后，公式的计算结果也自动更新，则更是手动计算无法企及的。

公式中元素的结构或次序决定了最终的计算结果。在 Excel 中的公式遵循一个特定的语法：最前面是等号（=），后面是参与计算的元素（运算数），这些参与计算的元素又是通过运算符隔开的。每个运算数可以是不改变的数值（常量数值）、单元格或引用单元格区域、标志、名称、或工作表函数。

Excel 包含 4 种类型的运算符：算术运算符、比较运算符、文本运算符和引用运算符。

① 算术运算符包括+（加）、-（减）、*（乘）、/（除）、%（百分号）和^（乘方），完成基本的数学运算。

② 比较运算符包括=、>、<、>=（大于等于）、<=（小于等于）、<>（不等于）。当用比较运算符比较两个值时，结果是一个逻辑值，不是 TRUE 就是 FALSE。

③ 文本运算符使用&（和号）将两个文本值连接或串起来产生一个连续的文本值。

④ 引用运算符包括：:（冒号）——区域运算符，对两个引用之间，包括两个引用在内的所有单元格进行引用；,（逗号）——联合操作符，将多个引用合并为一个引用。

Excel 对运算符的优先级规定，由高到低各运算符的优先级是（）、%、^、*、/、+、-、&、比较运算符。如果运算优先级相同，则按从左到右的顺序计算。

公式一般都可以直接输入，操作方法为：先选中要输入公式的单元格如 F4，再输入诸如“=C4+D4+E4”的公式。最后按【Enter】键或单击编辑栏中的“√”按钮。

4. 函数

函数是一些预定义的公式，它们使用一些称为参数的特定数值按特定的顺序或结构进行计算。例如，SUM 函数对单元格或单元格区域进行加法运算，PMT 函数在给定的利率、贷款期限和本金数额基础上计算偿还额。

函数的语法形式为“函数名称（参数 1，参数 2…）”，其中的参数可以是常量、单元格、区域、区域名和其他函数。区域是连续的单元格，用单元格左上角:右下角表示，例如 A3:B6。

函数输入有两种方法：一为粘贴函数法，一为直接输入法。

由于 Excel 有几百个函数，记住所有函数的难度很大。为此，Excel 提供了粘贴函数的方法，引导用户正确输入函数。下面以公式“=SUM (A1:C2)”为例说明粘贴函数输入法。

① 选中要输入函数的单元格（如 C3）。

② 单击"常用"工具栏中的 fx（粘贴函数）按钮，或选择"插入"菜单中的"函数"命令，弹出如图 10-19 所示的"粘贴函数"对话框。

③ 在"函数分类"列表框中选择函数类型（如"常用函数"），在"函数名"列表框中选择函数名名称（如 SUM），单击"确定"按钮，弹出如图 10-20 所示的函数参数对话框。

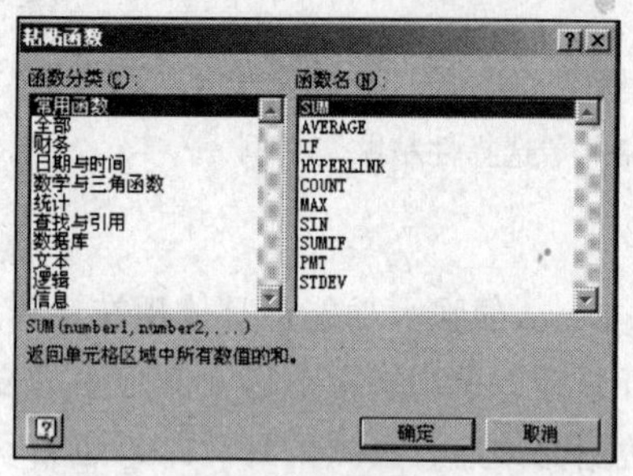

图 10-19 "粘贴函数"对话框

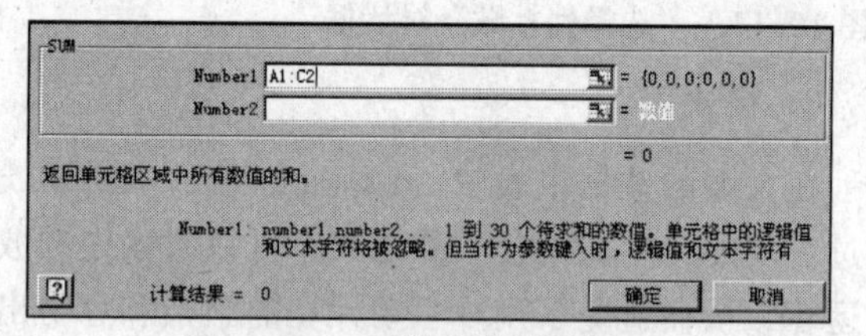

图 10-20 函数参数对话框

④ 在参数框中输入常量、单元格或区域。如果对单元格或区域不确定，可单击参数框右侧"折叠对话框"按钮，以暂时折叠起对话框，显露出工作表，用户可选择单元格区域（如 A1 到 C2 的 6 个单元格），最后单击折叠后的输入框右侧按钮，恢复参数输入对话框。

⑤ 输入完成函数所需的参数后，单击"确定"按钮，在单元格中显示计算结果，在编辑栏中显示公式。

如果用户对函数名称和参数意义都非常清楚，也可以直接在单元格中输入该函数，如"SUM(A1:C2)"，再按【Enter】键得出函数结果。

10.3.4 格式化工作表

格式化工作表可以用几种方法实现：使用"格式"工具栏；选择"格式"菜单中的"单元格"命令，命令，或选择单元格右键快捷菜单中的"设置单元格格式"命令。相比之下菜单命令弹出的"单元格格式"对话框格式功能更完善，但工具栏按钮使用起来更快捷、方便。

在数据格式化过程中首先选定要格式化的区域，然后再使用格式化命令。格式化单元格并不改变其中的数据和公式，只是改变它们的显示形式。

1. 设置数字格式

"单元格格式"对话框的"数字"选项卡，如图 10-21 所示，用于对单元格中的数字格式化。"常规"数字格式是默认的数字格式。对于大多数情况，在设置为"常规"格式的单元格中所输入的内容可以正常显示。但是，如果单元格的宽度不足以显示整个数字，则"常规"格式将对该数字进行取整，并对较大数字使用科学记数法。

Excel 中包含许多可供选择的内置数字格式。如果要查看这些格式的完整列表，可选择"格式"菜单中的"单元格"命令，然后选择"数字"选项卡。在左边的"分类"列表框中将显示所有的格式，其中包括"会计专用"、"日期"、"时间"、"分数"、"科学记数"和"文本"。而"特殊”分类包括邮政编码和电话号码之类的格式。各分类的选项则显示在“分类”列表框的右边，如图 10-21 所示。

如果内置数字格式不能按需要显示数据，则可使用“数字”选项卡（“格式”菜单中的“单元格”命令）中的“自定义”分类创建自定义数字格式。自定义数字格式使用格式代码来描述数字、日期、时间或文本的显示方式。

2. 设置对齐格式

默认情况下，Excel 根据输入的数据自动调节数据的对齐格式，比如文本内容左对齐、数值内容右对齐等。为了产生更好的效果，可利用“单元格格式”对话框的“对齐”选项卡（见图 10-22），自己设置单元格的对齐格式。

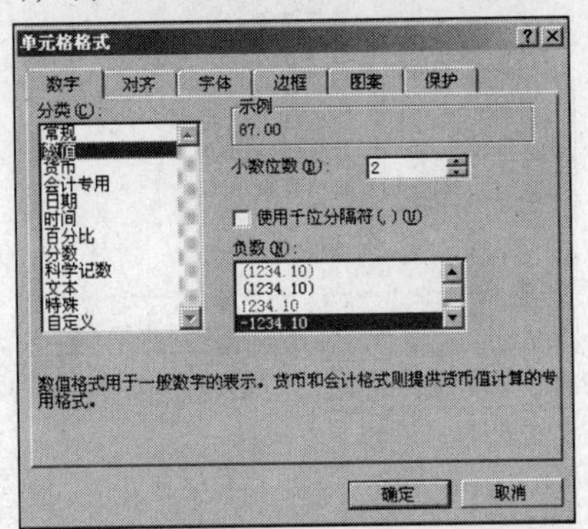

图 10-21 “单元格格式”对话框“数字”选项卡

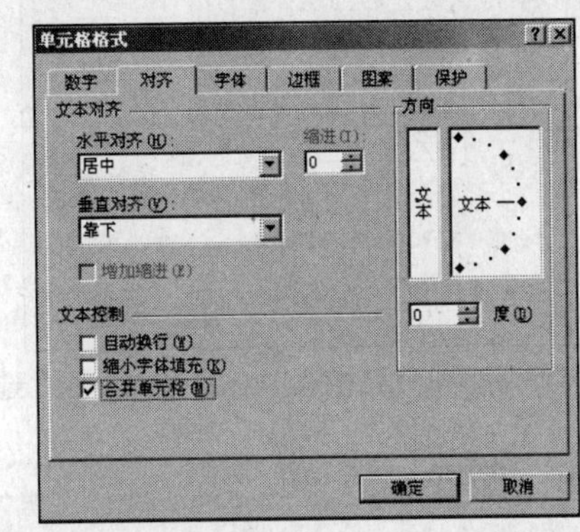

图 10-22 “单元格格式”对话框“对齐”选项卡

① “水平对齐”下拉列表框：包括常规、左缩进、居中、靠左、填充、两端对齐、跨列居中、分散对齐。

② “垂直对齐”下拉列表框：包括靠上、居中、靠下、两端对齐、分散对齐。

③ “文本控制”下面的 3 个复选框用来解决有时单元格中文字较长，被截断的情况。

④ “自动换行”对输入的文本根据单元格列宽自动换行。

⑤ “缩小字体填充”减小单元格中的字符大小，使数据的宽度与列宽相同。

⑥ “合并单元格”将多个单元格合并为一个单元格，和“水平对齐”下拉列表框中的“居中”选项结合，一般用于标题的对齐显示。“格式”工具栏中的“合并及居中”按钮直接提供了该功能。

⑦ “方向”框用来改变单元格中文本的旋转的角度，角度范围为-90°～90°。

3. 设置字体

在 Excel 中的字体设置中，字体、字形、字号是最主要的三个方面。“单元格格式”对话框的“字体”选项卡，各项的含义与 Word 2003 中的“字体”对话框相似。

4. 设置边框线

默认情况下，Excel 的表格线都是统一的淡虚线。这样的边线不适合于突出重点数据，可以给它加上其他类型的边框线。“单元格格式”对话框的“边框”选项卡，如图 10-23 所示。

边框线可以放置在所选区域各单元格的上、下、左、右或外框（即四周），还有斜线；边框线的式样有点虚线、实线、粗实线、双线等，在“样式”列表框中进行选择；在“颜色”下拉列表框中可以选择边框线的颜色。边框线也可以通过“格式”工具栏中的“边框”列表按钮来设置，这个列表中含有 12 种不同的边框线设置。

5. 设置图案

图案是指区域的颜色和阴影。设置合适的图案可以使工作表显得更为生动活泼、错落有致。“单元格格式”对话框中的“图案”选项卡如图 10-24 所示。

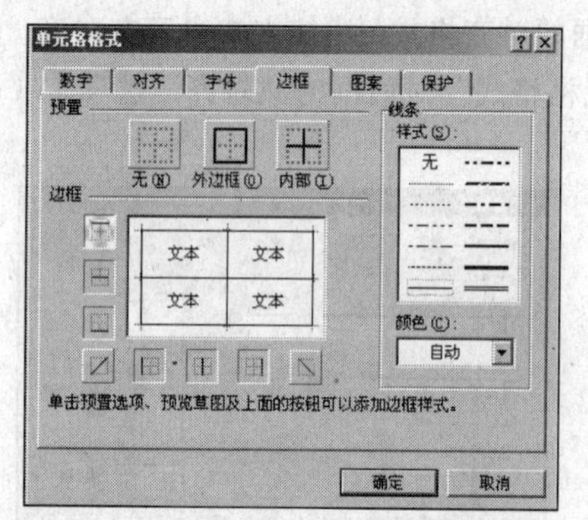

图 10-23 “单元格格式”对话框“边框”选项卡

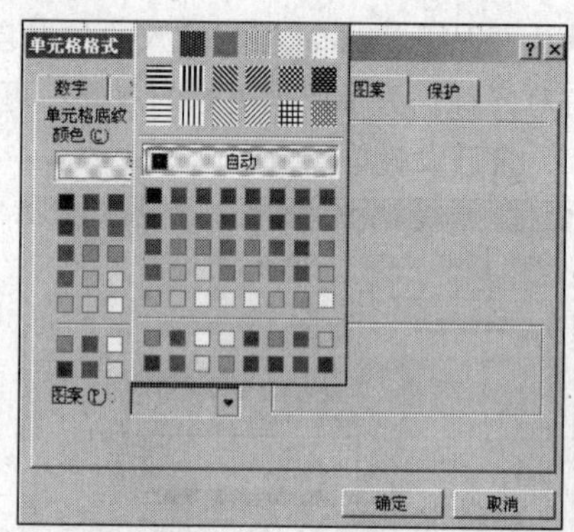

图 10-24 “单元格格式”对话框“图案”选项卡

10.3.5 图表

图表具有直观的视觉效果，可方便用户查看数据的差异、图案和预测趋势。

用户可以在工作表上创建图表，或将图表作为工作表的嵌入对象使用，也可以在 Web 页上发布图表。而要创建图表，就必须先在工作表中为图表输入数据，然后再选择数据，并使用“图表向导”来逐步完成选择图表类型和其他各种图表选项的过程。具体操作如下：

选中待显示于图表中的数据所在的单元格；如果希望新数据的行列标志也显示在图表中，则选中区域还应包括含有标志的单元格；单击“图表向导”按钮；按照“图表向导”中的指导进行操作。

1. 选择图表的类型和子类型

单击“图表向导”按钮，弹出“图表向导-4 步骤之 1-图表类型”对话框（见图 10-25），用户可以在该对话框中，选择图表的类型和子类型。

2. 修改选择的数据区域和显示方式

单击“下一步”按钮，弹出“图表向导-4 步骤之 2-图表数据源”对话框，如图 10-26 所示。

在“数据区域”选项卡中，在“数据区域”文本框中输入正确的区域；“列”单选按钮则表示数据系列产生在列，“行”单选按钮则表示数据系列产生在行。本例数据系列产生在列。

“系列”选项卡用于数据系列名称和分类轴标志。若在数据区域不选中文字，默认的数据系列名称为“系列 1、系列 2、系列 3…”，分类轴的标志为“1、2、3、…”表示。用户可在“系列”选项卡中加上所需的名称和标志。

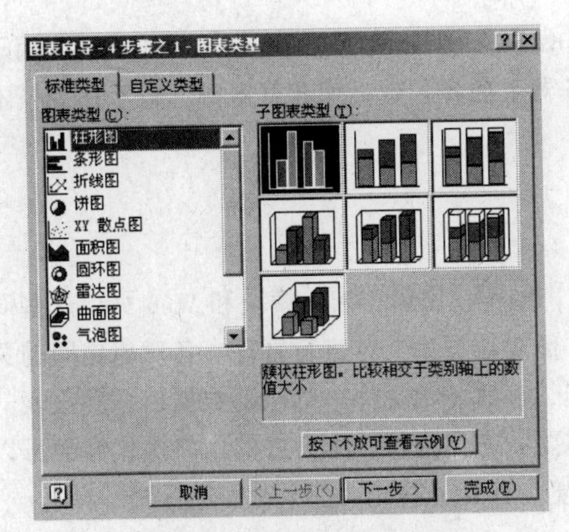

图 10-25 “图表类型”对话框

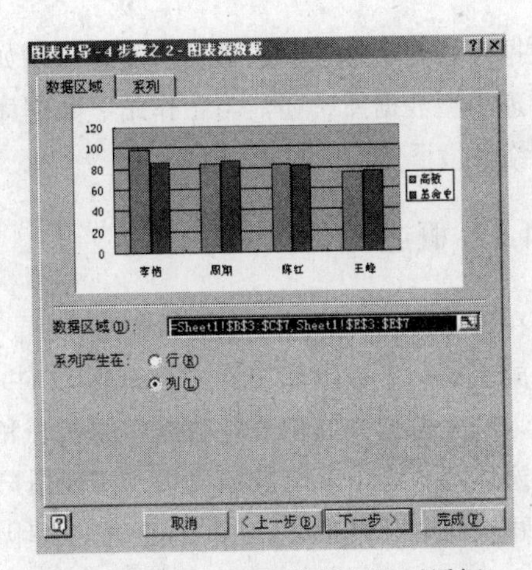

图 10-26 “图表数据源”对话框

3. 在图表上加上文字说明性文字

单击“下一步”按钮，弹出“图表向导-4 步骤之 3-图表选项”对话框，如图 10-27 所示。

在该对话框中用户可以对图表添加说明性的文字或线条。用户可以根据需要设置相应的选项。在本例中，在“标题”选项卡中的“图表标题”文本框中输入“学生成绩表”。

4. 确定图表的位置

单击“下一步”按钮，弹出“图表向导-4 步骤之 4-图表位置”对话框，如图 10-28 所示。

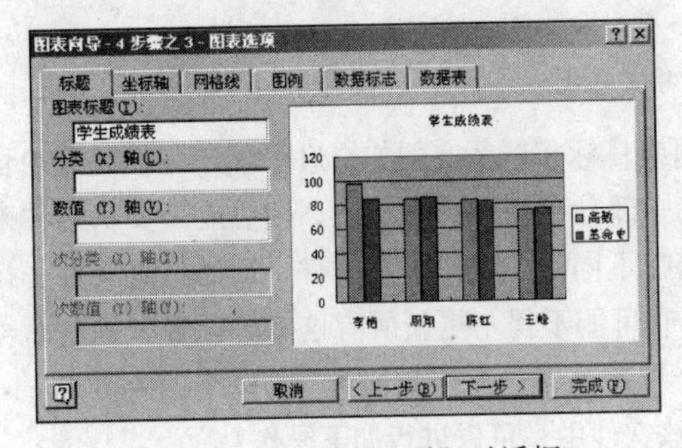

图 10-27 “图表选项”对话框

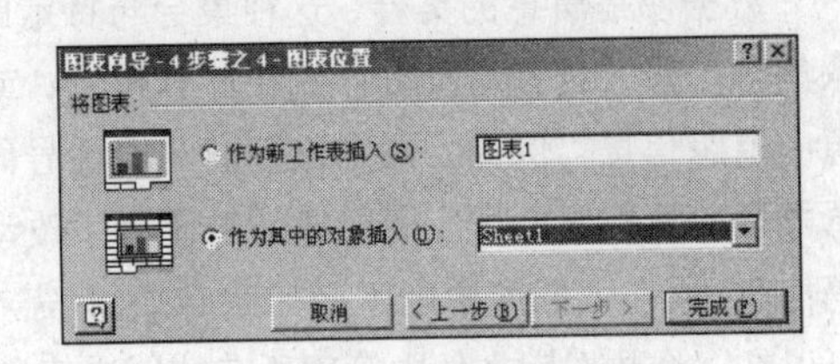

图 10-28 “图表位置”对话框

此对话框决定建立的图表是嵌入图表还是作为独立图表。其中，“作为新工作表插入”单选按钮表示建立独立图表；“作为其中的对象插入”单选按钮表示建立嵌入图表。单击“完成”按钮。

Excel 2003 的功能十分强大，除了本节介绍的功能外，Excel 2003 还具有使用模板、使用批注、修订工作表、加载宏、使用宏、变量求解、模拟运算表、矩阵计算、自定义函数、使用数字地图、绘制函数图像等功能。读者可以通过使用 Excel 的联机帮助以及参考有关的书籍进行深入的学习。

10.4 Microsoft Access 应用

Microsoft Access 是个方便、灵活的关系数据库管理系统。Access 2003 系统界面与 Office 2003 的其他应用程序系统界面风格一致。Access 2003 为用户提供了丰富的数据库基本表的模板，内建功能强大的操作向导，不仅可用于处理 Access 2003 建立的数据库文件，还可以处理其他一些数据库管理系统建立的数据库文件，例如 FoxBASE、Paradox 等。Access 2003 不仅可用于单机管理小型数据库，还能与工作站、数据库服务器上的各种数据库相互链接，适于在规模不大的网络环境下使用。

10.4.1 概述

在 Access 2003 中使用的对象包括表、查询、报表、窗体、宏、模块和 Web 页，这些对象都存放在同一个数据库文件中（.mdb 文件），方便对数据库文件进行管理。各对象之间的关系如图 10-29 所示. 其中表是数据库的核心和基础，存放着数据库中的全部数据信息。报表、查询、窗体都从表中获取数据信息，实现用户的需要。窗体提供一个良好的用户操作界面可以直接或间接调用宏或模块，并执行查询、打印、预览、计算等功能，甚至对表进行编辑修改。

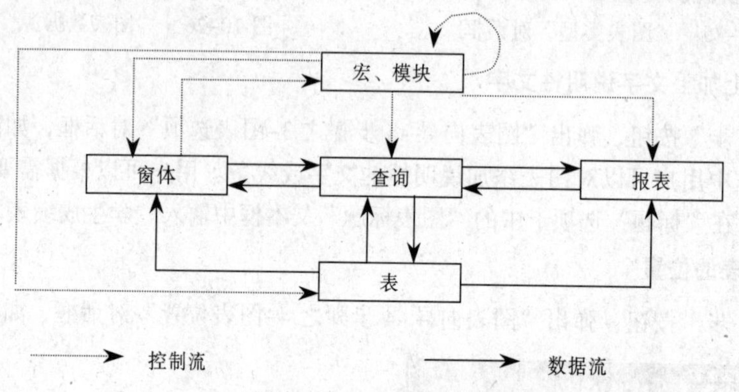

图 10-29 对象关系图

数据库是信息的集合，这种集合与特定的主题或目标相联系，例如，追踪客户订单或维护音乐集合。如果数据库没有存储在计算机上，或只有一部分存储在计算机上，则可能需要从各种来源中追踪信息。例如，假定供应商的电话号码存储在不同的位置：卡片文件、产品信息文件、订单电子表格，如果供应商的电话号码有了改动，则有可能不得不更新所有这 3 个位置中的电话号码信息。而在数据库中则不必如此麻烦，只需在一个位置更新这一信息即可。使用 Microsoft Access 可以在一个数据库文件中管理所有的用户信息。在该文件中，可以进行如下操作：

① 用表存储数据。

② 用查询查找和检索所需的数据。

③ 用窗体查看、添加和更新表中的数据。

④ 用报表以特定的版式分析或打印数据。

⑤ 用数据访问页查看、更新或分析来自 Internet 或 Intranet 的数据库数据。

若要存储数据，需要对跟踪的每一类信息创建一个表，要在窗体、报表或数据访问页中将多个表中的数据组织到一起，则需要定义表之间的关系（见图 10-30）。要查找和检索仅满足指定条件的数据，可创建查询。查询也可以一次更新或删除多条记录，并对数据执行预定义的或自定义的计算。

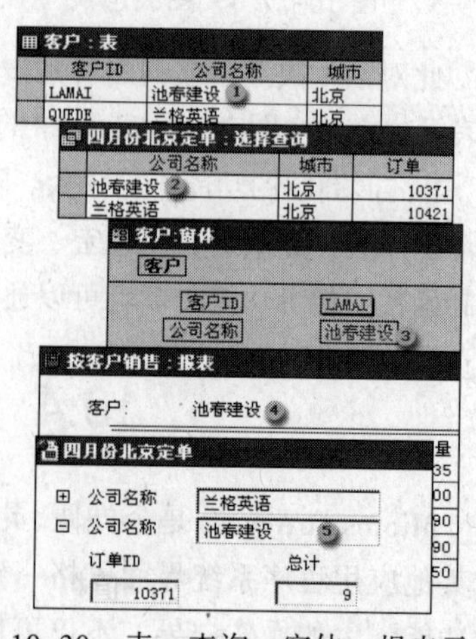

图 10-30 表、查询、窗体、报表示例

10.4.2 设计数据库

数据库设计必须依据数据库理论为指导，充分考虑数据库中数据存取的合理化和规范化。设计 Access 数据库，一般要遵循以下步骤。

1. 确定数据库的用途

确定数据库的用途以及使用方法，需要与以后要使用该数据库的人交流，就希望数据库能够解答的问题进行讨论，并草拟一些希望数据库生成的报表，收集用来记录数据的窗体。在确定数据库的用途时，数据库提供的一系列信息都将浮出水面，由此可以确定需要在数据库中存储哪些事实，以及每个事实属于哪个主题。这些事实与数据库中的字段（列）对应，这些事实所属的主题与表对应。

2. 确定数据库中需要的字段

每个字段都是关于特定主题的事实。例如存储有关客户的信息：公司名称、地址、城市、省/市/自治区、电话号码等。对于这些事实，需要为每个事实单独创建一个字段。在确定需要哪些字段时，应遵守以下设计原则：

① 包含所有需要的信息。

② 将信息分成最小的逻辑部分存储。例如，雇员姓名通常分为两个字段，“名字”和“姓氏”，这样，按“姓氏”对数据进行排序就很容易。

③ 不要创建容纳多项列表数据的字段。例如，在一个“供应商”表中，如果创建“产品”字段，其中包含以逗号分隔的产品列表，列出了从该供应商处收到的每种产品，要想只查找提供特定产品的供应商就更难了。

④ 不要包含派生或计算得到的数据。例如，如果有“单价”和“数量”字段，就不要额外再创建一个字段放置这两个字段值的乘积。

⑤ 不要创建相互类似的字段。例如，在“供应商”表中，如果创建了字段“产品 1”、“产品 2”和“产品 3”，就更难查找所有提供某一特定产品的供应商。此外，如果供应商提供 3 个以上产品，则还必须更改数据库的设计。如果将该字段放入“产品”表而非“供应商”表中，就只需要为产品准备一个字段。

3. 确定数据库中需要的表

每个表应该只包含关于一个主题的信息。例如，可能需要为“客户”准备一个表，为“产品”准备一个表，为“订单”准备一个表，为“雇员”准备一个表。

4. 确定每个字段属于哪个表

在确定每个字段属于哪个表时，应将一个字段只添加到一个表中。如果字段添加到某个表中会导致该表的多个记录中出现同样的信息，就不要将字段添加到该表中。如果确定某个表中有一个字段含有大量的重复信息，该字段就是放错了表。

例如，如果在“订单”表中输入包含客户地址的字段，该信息就可能在多个记录中重复，因为客户可能会放入多个订单。但如果在“客户”表中输入地址字段，它就只会出现一次。

5. 在每个记录中用唯一值标识字段（一个或多个）

为了让 Microsoft Access 能连接到在一些表中分开存储的信息，例如将某个客户与该客户的所有订单相连接，数据库中的每个表都必须包含表中唯一标识每个记录的字段或字段集。这种字段或字段集称做主键（主键：具有唯一标识表中每条记录的值的一个或多个域（列）。主键不允许为 Null，并且必须始终具有唯一索引。主键用来将表与其他表中的外键相关联。）。

6. 确定表与表之间的关系

既然已将信息分开放入一些表中，并标识了主键字段，所以需要通过某种方式告知 Microsoft Access 如何以有意义的方法将相关信息重新结合到一起。为此，必须定义表与表之间的关系（关系：在两个表的公共字段（列）之间所建立的联系。关系可以为一对一、一对多、多对多。）。

在设计完需要的表、字段和关系之后，还需要进行检查加以优化，设计完成之后就可以用 Microsoft Access 创建表，指定表之间的关系，并且在每个表中输入数据。

10.4.3 数据库操作

在 Aceess 中可以使用“文件”菜单中的“新建”功能创建数据库文件，数据库文件的默认扩展名是“.mdb”。在确定了数据库的目的，设计好了数据库中的表、查询、报表和窗体之后，就可以开始创建数据库。如果数据以不同的格式（如 Excel 电子表格）存在，也需要使用 Access 创建数据库，然后将该电子表格导入或链接到新建的数据库的表中。

1. 创建数据库

在 Microsoft Access 中，常用的创建数据库的方法有使用“数据库向导”创建数据库、使用“模板”创建数据库和使用工具栏创建空数据库。

（1）使用“数据库向导”创建数据库

通过该向导可以从内置模板中进行选择，然后对其进行一定程度的自定义。随后，该向导会为数据库创建一组表、查询、窗体和报表，同时还会创建切换面板。表中不含任何数据。如果内置模板中的某个模板非常符合自己的要求，则这个方法是个非常有效的方法。其操作步骤如下：

① 单击工具栏中的“新建”按钮，或者选择“文件”菜单中的“新建”命令。

② 在“新建文件”任务窗格中，在“模板”选项下，选择“本机上的模板”选项，弹出如图 10-31 所示的“模板”对话框。

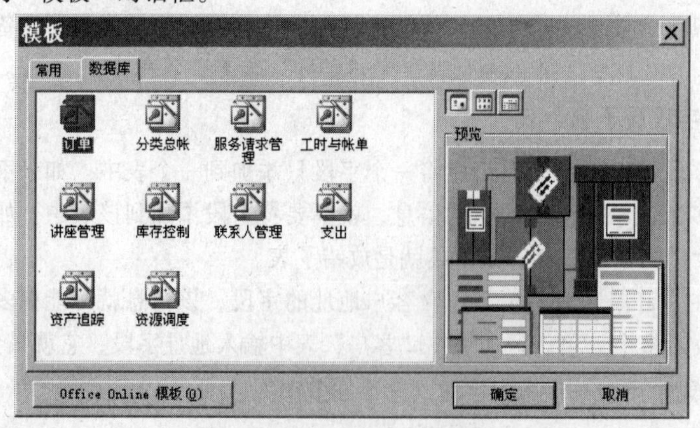

图 10-31 “模板”对话框

③ 在“数据库”选项卡中，单击要创建的数据库类型的图标，然后单击“确定”按钮。

④ 在“文件新建数据库”对话框中，指定数据库的名称和位置，然后单击“创建”按钮。

⑤ 按照“数据库向导”的指导进行操作（见图10-32）。

模板是一个包含表、查询、窗体和报表的Access数据库文件（*.mdb），表中不含任何数据。数据库向导将依照模板生成一个数据库，打开该数据库可以自定义数据库和对象。但不能使用“数据库向导”向已有的数据库中添加新的表、窗体或报表。

（2）使用“模板”创建数据库

Access不但可以从本机的模板创建数据库，也可以从“Office Online 模板”创建数据库。“Office Online 模板”有非常丰富的模板，如果能找到与要求非常接近的模板，则此方法是创建数据库的最快方式。其操作步骤如下：

① 在工具栏中单击“新建”按钮。

② 在“新建文件”任务窗格中，在“模板”选项下，搜索特定的模板，或选择“Office Online 模板”选项找到合适的模板。

③ 选项找到需要的Access模板，然后单击“下载”按钮。

（3）使用“工具栏”创建空数据库

不使用“数据库向导”也可以创建数据库。

① 单击工具栏中的“新建”按钮。

② 在“新建文件”任务窗格中的“新建”选项下，选择“空数据库”选项。

③ 在“文件新建数据库”对话框中，指定数据库的名称和位置，然后单击“创建”按钮，将弹出“数据库”窗口，如图10-33所示。

在“数据库”窗口中可以创建所需的对象，Access数据库包含诸如表、查询、窗体、报表、页、宏和模块等对象，Access项目包含诸如窗体、报表、页、宏和模块等对象。在创建数据库后，就可以向数据库中添加对象。

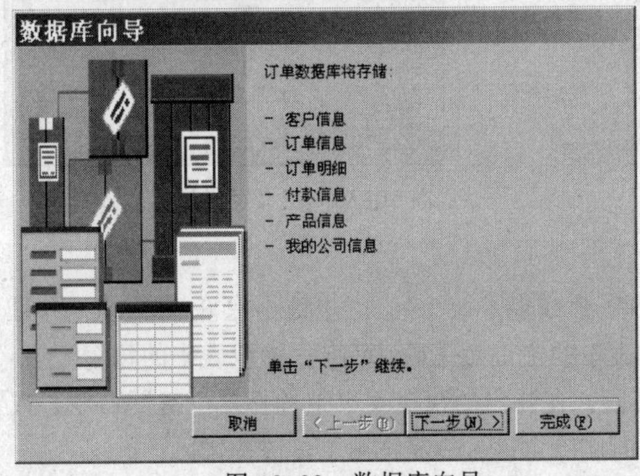

图10-32 数据库向导

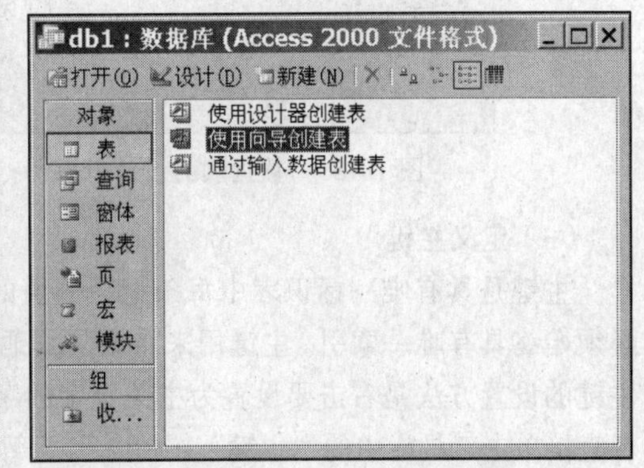

图10-33 “数据库”窗口

2. 打开数据库

要打开数据库既可以在启动Access时打开，也可以在启动Access开发环境后再打开。在启动Access 2003时，其右边的“开始工作”窗口中的“打开”栏里面列出了最近打开过的数据库列表，如果要打开的数据库在该列表中，单击该数据库再单击“打开”按扭即可。

在启动 Access 开发环境后再打开数据库的操作与其他软件打开文件的操作类似，选择“文件”菜单中的“打开”命令，在文件夹列表中打开包含所需数据库的文件夹，再双击所需打开的数据库即可。打开之后出现“数据库”窗口。

10.4.4 数据表的操作

数据表是与特定主题有关的数据集合。表将数据组织成列（称为字段）和行（称为记录）的形式。例如，“学生个人信息表”中的每个字段包含每个学生相同类型的信息，如姓名、学号、出生日期等等。表中的每条记录包含一个学生的所有信息（如图 10-34）。有关数据表的操作主要有创建、打开和数据输入。

学生个人信息表：表

编号	学号	姓名	出生日期	性别	籍贯	电话
1	09040001	张三	1990-1-1	男	湖北	12345678
2	09040002	李四	1990-2-2	女	湖南	23456789
3	09050001	王五	1990-3-3	男	山东	34567890
4	09050002	赵六	1990-4-4	女	山西	45678901
号）						0

记录：1 共有记录数：4

图 10-34 数据表示例

1. 创建表

创建表可以通过设计器、向导和输入数据来创建。通过设计器创建表的步骤如下：

（1）打开设计视图

在“数据库”窗口中单击“对象”下面的“表”图标，然后单击“数据库”窗口工具栏中的“新建”按钮，双击“设计视图”选项。在表的设计视图中，既可以从头开始创建整个表，也可以添加、删除或自定义现有表中的字段。数据表的设计窗口如图 10-35 所示。

（2）定义字段

在表设计窗口中输入字段的名称、数据类型和属性，也可以修改现有字段的信息。定义字段后的表设计窗口如图 10-36 所示。

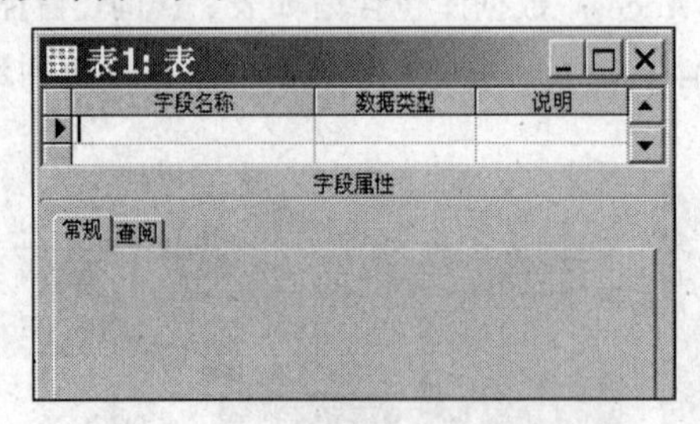

图 10-35 数据表的设计窗口

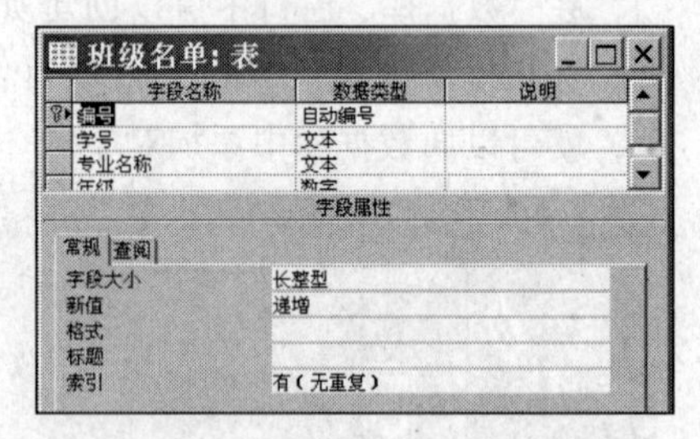

图 10-36 定义字段后的表设计窗口

（3）定义主键

主键是具有唯一标识表中每条记录的值的一个或多个域（列）。主键不允许为 Null，并且必须始终具有唯一索引。主键用来将表与其他表中的主键相关联。可唯一标识表中的每个记录。主键的设置方法是右击要设置为主关键字的字段，在弹出的快捷菜单中选择“主键”命令，或者直接单击工具栏中的“主键”按钮。要暂时删除主键，只需再次单击该按钮。

（4）定义关系

关系通过匹配键字段中的数据来完成，是查询窗体及报表工作的基础，键字段通常是两个表中使用相同名称的字段。关系有一对一关系、一对多关系和多对多关系。要定义关系，首先打开“关系”窗口，在窗口中添加要定义关系的表，然后从表中拖动键字段，并将它拖动到其他表中的键字段上，如图 10-37 所示。要删除关系，单击所要删除关系的关系连线（当选中时，关系线会变成粗黑），然后按【Delete】键即可。要编辑关系，双击关系连接线即可弹出“关系”窗口。

（5）保存表

准备好保存表时，单击工具栏中的“保存”按钮，然后为表输入一个唯一的名称即可。

2. 打开表

要打开表必须先打开该表所在的数据库，此时，表已经出现在数据库窗体中，双击要打开的表名称就可以打开表，如图 10-38 所示。此时表中已有的数据会显示出来。

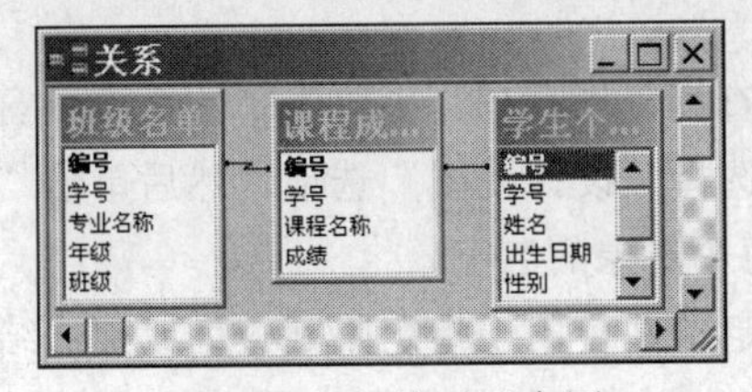

关系
班级名单
编号
学号
专业名称
年级
班级
课程成...
编号
学号
课程名称
成绩
学生个...
编号
学号
姓名
出生日期
性别

图 10-37 关系示意图

产品：表
产品 ID
产品名称
单价
(自动编号)
记录:
1
共有记录

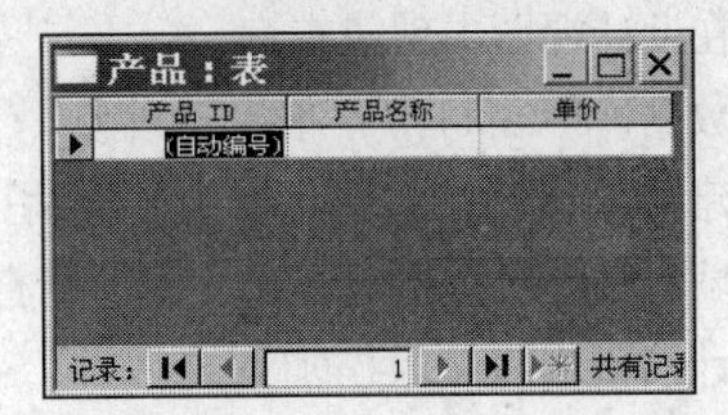

图 10-38 打开表

3. 在表中添加数据

在表中添加数据有许多方法，最常用的是在数据表视图中输入数据。图 10-39 是已输入了数据的数据表。

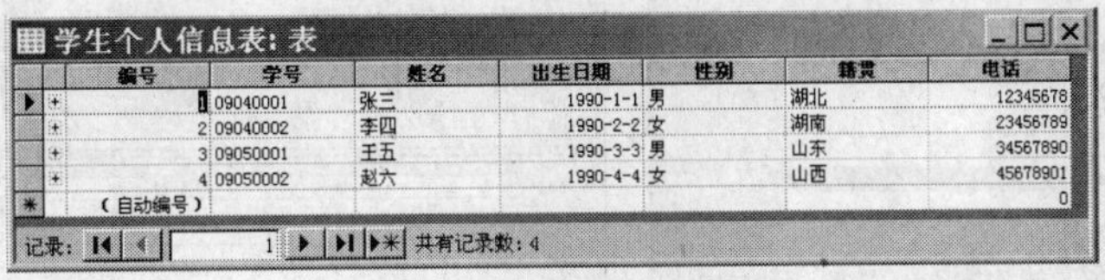

学生个人信息表：表
编号
学号
姓名
出生日期
性别
籍贯
电话
1 09040001 张三 1990-1-1 男 湖北 12345678
2 09040002 李四 1990-2-2 女 湖南 23456789
3 09050001 王五 1990-3-3 男 山东 34567890
4 09050002 赵六 1990-4-4 女 山西 45678901
(自动编号) 0
记录:
1
共有记录数: 4

图 10-39 数据表视图

10.4.5 查询

1. 查询的作用及分类

将数据输入数据库后，如何再从数据库中提取数据呢？查询可以帮助检索数据并有效地使用数据。使用查询可以按照不同的方式查看、更改和分析数据，也可以使用查询作为窗体、报表和数据访问页的数据源。

查询的优点在于能将多个表或查询中的数据集合在一起，对多个表和查询中的数据进行操作。通常查询中的表应该直接或者间接地联系在一起。如果查询中的表不是直接或间接地联系在一起，Microsoft Access 将无法知道记录和记录间的关系，因而会显示两表间全部的记录组合（称为“交叉乘积”或“卡氏乘积”），即如果两个表中都有 10 条记录，查询的结果将包含 100 条记录，这将意味着查询的结果意义不大。

Microsoft Access 中可创建的查询类型有选择查询、参数查询、交叉表查询、操作查询和 SQL 查询。常见的查询是选择查询，选择查询从一个或多个表中检索数据，并且在可以更新记录的数据表中显示结果。也可以使用选择查询来对记录进行分组，以及进行总计、计数、求平均值等计算。

2. 查询的创建

创建查询常用的方法有使用向导和在设计视图中创建查询。

(1) 使用向导创建查询

在“数据库”窗口中，单击“对象”下的“查询”图标，再单击“数据库”窗口工具栏中的“新建”按钮。在“新建查询”对话框中，选择“简单查询向导”选项，然后单击“确定”按钮，弹出如图 10-40 所示的简单查询向导。选择表和字段添加到“选定的字段”列表框，然后单击“下一步”按钮，选择“明细”选项，单击“下一步”按钮，为查询指定标题，单击“完成”按钮即可。此时可以在数据库视图中看到新建立的查询。

(2) 在设计视图中创建查询

在“数据库”窗口中，单击“对象”下的“查询”图标，再单击“数据库”窗口工具栏中的“新建”按钮。在“新建查询”对话框中，选择“设计视图”选项，然后单击“确定”按钮。在“显示表”对话框中双击要添加到查询的每个对象的名字。

在设计网格中将字段添加到“字段”行，指定条件行用于指定限制查询或筛选结果所符合的条件，排序次序行用于指定查询结果的排序次序。创建查询的界面如图 10-41 所示。

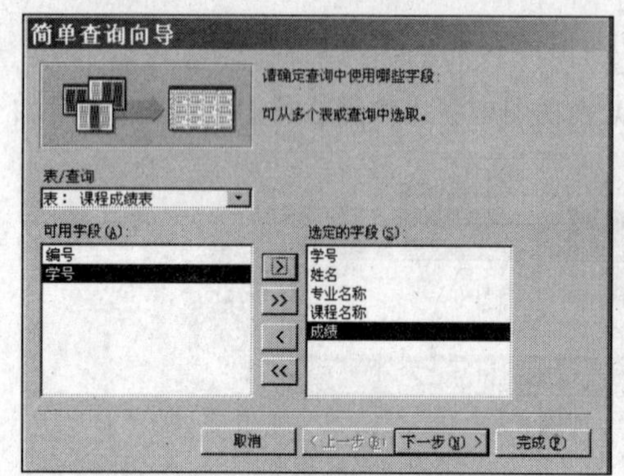

图 10-40 简单查询向导

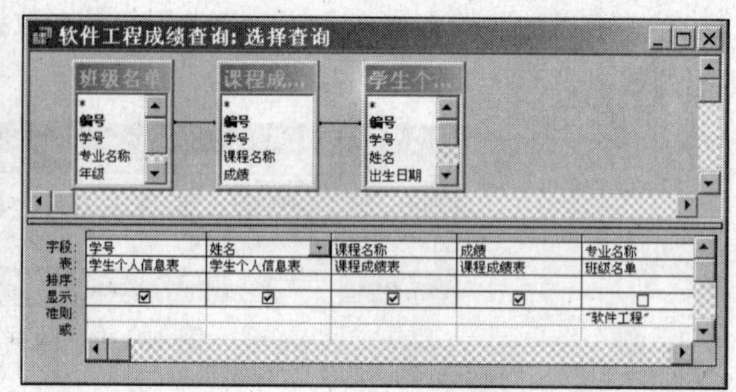

图 10-41 设计视图的创建查询界面

(3) 查看查询的结果

若要查看查询结果，在数据库窗口中选择“查询”选项，双击查询的名称即可。查询结果如图 10-42 所示。

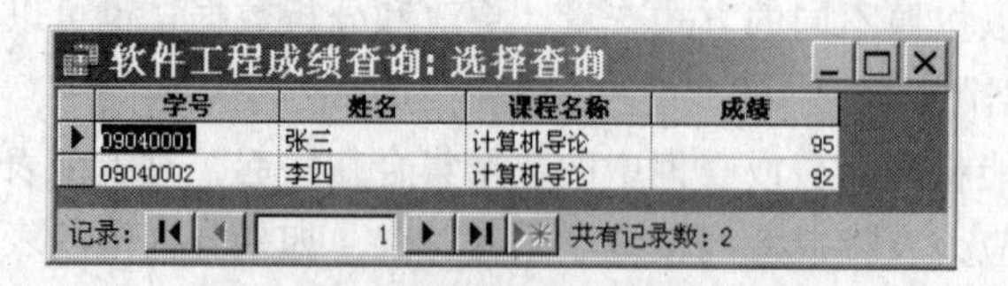

学号	姓名	课程名称	成绩
09040001	张三	计算机导论	95
09040002	李四	计算机导论	92

图 10-42 查询结果

在 Microsoft Access 中，窗体和报表也是很有用的，创建数据入口窗体可用来向表中输入数据，创建自定义对话框可接收用户输入并依照输入执行某个操作，创建切换面板窗体可用于打开其他窗体或报表。报表是以打印的格式表现用户数据的一种有效的方式，用户可以控制报表上每个对象的大小和外观，所以可以按照所需的方式显示信息以便查看信息。

10.5　Microsoft PowerPoint 应用

PowerPoint 主要用于设计制作广告宣传、产品演示的电子版幻灯片，制作的演示文稿可以通过计算机屏幕或者投影机播放，还可以在 Web 上给观众展示演示文稿。由于办公室自动化的广泛应用和多媒体教学的迅速发展，PowerPoint 的应用越来越广泛。

10.5.1　概述

和其他的微软产品一样，PowerPoint 拥有典型的 Windows 应用程序的窗口，操作非常方便。在主窗口中，还包括了很多子窗口，用户可以同时使用多个 PowerPoint 的窗口并自由地进行切换。PowerPoint 菜单功能可以使用鼠标或者快捷键来完成。

在 PowerPoint 中，建立用户与机器的交互工作环境是通过视图来实现的。在 PowerPoint 提供的每个视图中，都包含该视图下的特定的工作区、工具栏、相关的按钮以及其他工具。在不同的视图中，PowerPoint 显示文稿的方式是不同的。无论是在哪一种视图中，对文稿的改动都会对用户编辑的文稿生效，所做的改动都会反映到其他视图中。Microsoft PowerPoint 有 3 种主要视图：普通视图、幻灯片浏览视图和幻灯片放映视图。可以从这些主要视图中选择一种视图作为 PowerPoint 的默认视图。

各个视图间的切换可以用滚动条上的 3 个按钮来切换。也可以打开“视图”菜单，从中选择相应的命令进行切换。这 3 个按钮从左到右分别是普通视图、幻灯片浏览视图和幻灯片放映视图。

1. 普通视图

普通视图是主要的编辑视图，可用于撰写或设计演示文稿。该视图有 3 个工作区域：左侧为可在幻灯片文本大纲和幻灯片缩略图之间切换的选项卡；右侧为幻灯片窗格，以大视图显示当前幻灯片；底部为备注窗格。

添加与每个幻灯片的内容相关的备注，并且在放映演示文稿时将它们用做打印形式的参考资料，或者创建希望让观众以打印形式或在网页上看到的备注。

2. 幻灯片浏览视图

幻灯片浏览视图是以缩略图形式显示幻灯片的视图。结束创建或编辑演示文稿后，幻灯片浏览视图显示演示文稿的整个图片，使重新排列、添加或删除幻灯片以及预览切换和动画效果都变得很容易。

3. 幻灯片放映视图

幻灯片放映视图占据整个计算机屏幕，就像对演示文稿进行真正的幻灯片放映一样。在这种全屏幕视图中，所看到的演示文稿就是将来观众所看到的。可以看到图形、时间、影片、动画元素以及将在实际放映中看到的切换效果。

10.5.2　创建演示文稿

PowerPoint 演示文稿对应的磁盘文件默认扩展名是“.ppt”，其文件的创建、打开方法与其他应用程序相似。在 Microsoft PowerPoint 中创建演示文稿涉及的内容包括：添加新幻灯片和内容；选取版式；通过更改配色方案或应用不同的设计模板修改幻灯片设计；创建效果等。

创建演示文稿的操作是选择“文件”菜单中的“新建”命令，在“新建演示文稿”任务窗格下选择创建方式，然后根据向导指示操作即可。在创建演示文稿的同时，一张或多张幻灯片已经建立，可供编辑。

PowerPoint 中的“新建演示文稿”任务窗格提供了一系列创建演示文稿的方法。包括如下几种：

① 空演示文稿。从具备最少的设计且未应用颜色的幻灯片开始。

② 根据现有演示文稿。在已经书写和设计过的演示文稿基础上创建演示文稿。使用此命令创建现有演示文稿的副本，以对新演示文稿进行设计或内容更改。

③ 根据设计模板。在已经具备设计概念、字体和颜色方案的 PowerPoint 模板的基础上创建演示文稿。除了使用 PowerPoint 提供的模板外，还可使用自己创建的模板。设计模板根据位置不同分为两种：存放在本机上的模板和 Office Online 模板。由本机上的模板创建演示文稿对话框如图 10-43 所示。

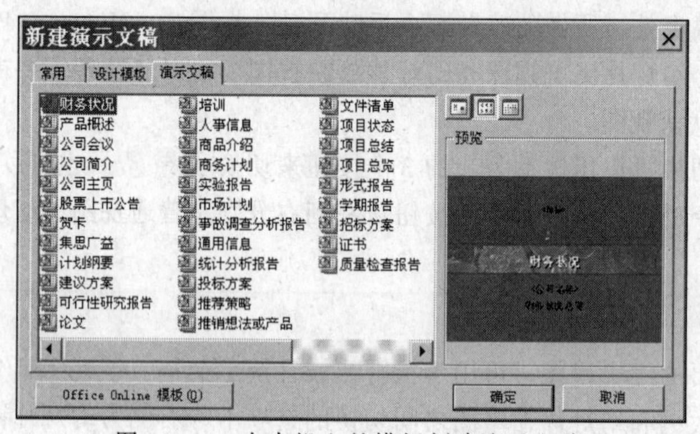

图 10-43　由本机上的模板创建演示文稿

④ 根据内容提示向导。使用“内容提示向导”应用设计模板，该模板会提供有关幻灯片的文本建议。然后输入所需的文本。

⑤ 网站上的模板。使用网站上的模板创建演示文稿。

⑥ Office Online 模板。在 Microsoft Office 模板库中，从其他 PowerPoint 模板中选择。这些模板是根据演示类型排列的。

10.5.3　幻灯片的编辑

幻灯片中可以有文本框、图片、动画、声音以及其他的嵌入式对象，下面主要介绍文本、图片的编辑操作，以及幻灯片格式的设置。

1. 文本的编辑操作

文本存放在文本框内。在制作幻灯片的过程中，需要对文本进行编辑，文字处理的最基本编辑是删除、复制和移动等操作。

在进行这些操作之前，必须选择所要编辑的文本。把光标放在选择文本的开始处，按住鼠标左键，拖动鼠标到要选择文本的结尾处，然后释放鼠标，文字变成反白，表示文本已经被选中。用鼠标拖动来选择文本的方法是最常用的。把光标放在文本框中的文字内双击，这时您选中的是一个字、词组或单词；连续三击鼠标左键，可以选中整段文本；如果想选中所在文本框中的所有文字，就按【Ctrl+A】组合键。

如果要删除选中的文本，可以按【Del】键，文本就被删掉了。如果选中要删除的文字后，直接输入新的文本，这时既删除了所选文本，又在所选文本处插入了新的内容。也可以使用【BackSpace】键和【Del】键来分别删除光标前面和后面的文本，但每次按键只能删除一个字符。

在一个文稿中，总有许多内容相同或相似的地方，复制就是把选择的文本保存在剪贴板中，然后在需要的地方进行粘贴，利用复制和粘贴可以节省大量的重复性劳动。选中需要复制的文本，单击工具栏中的“复制”按钮，在需要插入该文本的地方单击，选择工具栏中的“粘贴”按钮，文本便复制到该处。

移动文本与复制文本比较类似，区别在于它删除了原来所选的文本，从另一个角度看，它是剪切和粘贴的过程。单击“常用”工具栏中的“剪切”按钮，文本被“删掉”了，而且这时剪切下来的文本还被保存到了剪贴板上，在新的位置粘贴即可。移动文本还有一种方法，先选中要移动的文本，再把光标移到选定文本上，当光标变成箭头形状时，按下左键并拖动到要放置文本的位置释放鼠标，文本就移动过来了。实现这些操作的方法很多，比如用菜单命令，用鼠标的右键快捷菜单等。

由于剪切、复制、粘贴是使用频度很高的操作，因此分别有 3 个快捷键与之对应:【Ctrl+X】、【Ctrl+C】和【Ctrl+V】，这 3 个快捷键是 Windows 中通用的快捷键，也就是说在其他应用程序中，也可以利用【Ctrl+X】、【Ctrl+C】和【Ctrl+V】来完成剪切、复制和粘贴操作。

在 PowerPoint 中，可以给文本的文字设置各种属性，如字体、字号、字形、颜色和阴影等，或者设置项目符号，给段落设置对齐方式、段落行距和间距等。具体操作同 Word 类似。

剪贴板是一个能够存放多个复制内容的地方，它可以使用户进行有选择的粘贴操作。例如，可以将多个不同的内容，比如文本、图片、表格或图表等放到剪贴板中，然后有选择性地粘贴。

如果想取最后一次加进去的内容，直接进行粘贴即可；如果要找前几次存进去的，可以选择“编辑”菜单中的“Office 剪贴板”命令，在对话框中可以看到多次复制的内容。在剪贴板中可做的 3 个操作分别是粘贴、全部粘贴和全部清空。

在幻灯片编辑时，撤销和恢复是一项重要的功能。所谓撤销就是取消上一步执行的选项或删除输入的上一词条；所谓恢复就是还原用“撤销”选项撤销过的操作。在 PowerPoint 中，撤销和恢复的对象既可以是一张幻灯片中输入的文本、对象等，也可以是创建的幻灯片。比如选中一个文本框，按【Del】键，文本框即可被删除。可以撤销刚才的动作，单击“常用”工具栏中的“撤销”按钮；这样，文本框就回来了。

注意：“撤销”命令只能撤销本次编辑过程中的操作。而且 PowerPoint 对撤销的次数有规定。下面定义一下：打开“工具”菜单，选择“选项”命令，弹出“选项”对话框；选择“编辑”选项卡，在“撤销”选项组中规定了“最多可取消操作数”，默认数目为 20，可以按需要进行修改。还有许多操作都可以在这个对话框中进行设置，如“打印”、“视图”、“编辑”等。

恢复就是还原刚才撤销的操作。如果要一次恢复很多步操作，可单击“恢复”按钮旁的下三角按钮，然后单击想恢复的操作名称即可。“撤销”也是一样。与删除、复制等类似，撤消和恢复也有两个很有用的快捷键【Ctrl+Z】和【Ctrl+Y】。

2. 图形对象的使用

幻灯片都是由各种对象组成的，如线条、图形、图片和图表等都是组成幻灯片的对象。对象使用的好坏，直接影响到幻灯片的整体效果。PowerPoint 具有功能齐全的绘画和图形功能，还可以利用三维和阴影效果、纹理、图片或透明填充以及自选图形来修饰文本和图形。配有图形的幻灯片不仅能使文本更易理解，而且是十分有效的修饰手段，利用系统所提供的绘图工具，可以使讲演者的愿望在演示文稿中得到最佳的体现。

（1）绘制图形

要想绘制图形就要用到“绘图”工具栏，“绘图”工具栏在屏幕的下部，工具栏上的命令很直观，使用起来也很简单、方便，例如画一条直线，单击“直线”按钮，把鼠标指针移到幻灯片窗口中，光标变成了十字形，在直线起始位置按住鼠标左键并沿着某一方向拖动，就会有一根直线沿鼠标指针拖动的方向出现在屏幕上，当拖动到预定位置后，松开鼠标，直线就画出来了，光标也恢复为箭头形状。如果要延长刚才画的直线，就把鼠标指针定位到直线的一个端点上，当指针变为双箭头时，按住鼠标左键并拖动这个点，这时直线的长度和方向都有变化，当达到预想效果时，释放鼠标，直线就修改好了。

利用同样的操作方法可以画箭头、矩形和椭圆。在“绘图”工具栏中有线型、虚线线型和箭头样式 3 个按钮，单击它们都可以打开一个下拉列表框，从中选择线的粗细大小、虚线样式、箭头的方向和形状等，要改变所画图形的样式，先要选中它们再进行操作。

移动图形有两种方法，一是把光标放在图形上，等它变成四向箭头时，直接用鼠标拖动，还有一种方法是先选中它，直接按方向箭头操作。如果想更精确地调整对象的位置，可以选中图形右击，选择“设置自选图形格式”命令，弹出“设置自选图形格式”对话框，在这里可以精确地设置图形的颜色和线条、尺寸、位置等。

除了基本的画图方式外，系统还提供了自由度更大的绘图方式——“自选图形”。单击“自选图形”按钮，可以看到里面有各种图形供选择。

“填充颜色”按钮可以填充各种颜色，还可以填充效果。在部分图形对象上右击，选择“添加文本”命令还可以输入文本。在“绘图”工具栏中单击“阴影”按钮，可以设置图形阴影，“三维效果”按钮可以设置立体效果。

当绘制了多个图形后，有时需要调整重叠图形重叠的上下关系，有时还需要选择几个图形组合为一体，以便整体地移动、复制等操作。选中要进行调整的图形右击，选择“叠放次序”命令，再选择“置于顶层”或“置于底层”等命令，调整到满意效果。如果要将图形组合成一体，可选中它们，然后单击“绘图”按钮，选择“组合”选项中的“组合”命令，所选图形即可被组合成一个图形。

（2）图片的编辑

如果在幻灯片中插入了图片，可以对其进行处理，比如缩放、裁剪图片、改变图片的亮度和对比度等。单击插入的图片，“图形”工具栏自动出现，单击“裁剪”按钮，拖动图片四周的控制点，即可剪切图片，这时图片并未真正被裁掉，如果用“裁剪”工具拖动控制点来再现被裁剪部分的图片，图片就又出来了。如果要突出图片，可以给图片加边框，像镜框一样把它套起来，然后再加阴影。如果想让图片与背景相融合，可以用“设置透明色”的方法，将图片的背景色变为透明的，但这只对位图起作用。

在幻灯片中还可以插入动画 GIF 图片文件，但 GIF 图片文件是在幻灯片放映时才会动的。可以对 GIF 图片进行缩放、移动等操作。但用户要注意，不能在 PowerPoint 中使用“图片”工具栏对动画 GIF 图片进行裁剪或更改其填充、边框、阴影和透明度。只能在动画 GIF 编辑程序中进行更改，然后再向幻灯片中插入文件。

10.5.4　幻灯片设计

1. 幻灯片背景

心理学的研究成果和经验告诉我们，不同的文字背景色彩和图案对观众的情绪、心理和关注程度有很大的差别。为了取得较好的演示效果，应当重视幻灯片背景的设置。

① 选择“格式”菜单中的“背景”命令。

② 打开“背景”对话框，单击“背景填充”下拉箭头，在弹出的菜单中列出一些带颜色的小方块，还有“其他颜色”和“填充效果”两个命令。

③ 如果选择一个带颜色的小方块，单击“应用”按钮，幻灯片的背景变成了这种颜色。如果小方块中没有需要的颜色，就选择“其他颜色”命令，弹出“颜色”对话框，从中选择想要的颜色。如果仍然没有中意的，可选择“自定义”选项卡，通过调整颜色的色相、饱和度和亮度，配制出自己需要的颜色。

④ 单击“确定”按钮，单击“应用”按钮，背景就变成所选的颜色了。还可以在背景上多填充几个颜色，在“背景”对话框中，选择“填充效果”命令，在弹出的对话框中，可以任意选择自己喜欢的效果，如图 10-44 所示。

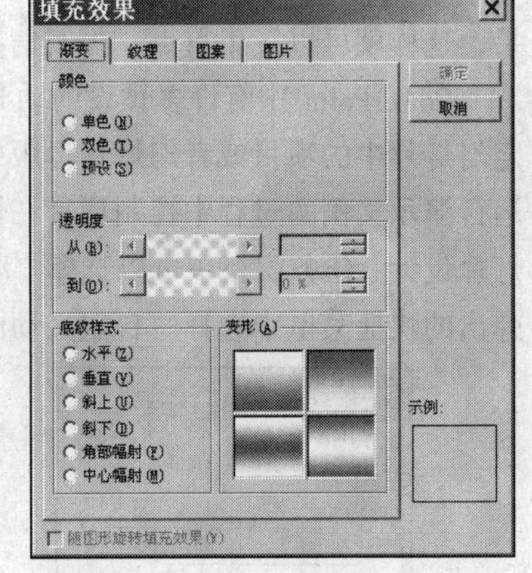

图 10-44　“填充效果”对话框

在“渐变”选项卡中，可以选择单色，也可以选择双色。“纹理”选项卡中有许多漂亮的底纹可供选择，还可以用其他图片文件作为背景。

单击“应用”和“全部应用”按钮是有区别的。单击“应用”按钮，说明这次设置只对这一张幻灯片起作用，其他幻灯片的背景并不跟着改变；如果单击“全部应用”按钮，那么这个演示文稿中所有的幻灯片全都采用这个背景。

2. 应用幻灯片模板

每一张幻灯片都会有两个部分，一个是幻灯片本身，另一个就是幻灯片母版。就像两张透明的胶片叠放在一起，上面的一张是幻灯片本身，下面的一张就是母版。在放映幻灯片时，母版是固定的，更换的是上面的一张。在进行编辑时，一般修改的是上面的幻灯片，只有打开“视图”菜单，选择“母版”命令中的“幻灯片母版”命令后，才能对母版进行修改。

在 PowerPoint 中有 3 个母版，它们是幻灯片母版、讲义母版及备注母版，可用来制作统一标志和背景的内容，设置标题和主要文字的格式，包括文本的字体、字号、颜色和阴影等特殊效果，也就是说，母版是为所有幻灯片设置默认版式和格式。

用户也可以自己设计制作模板，以创建与众不同的演示文稿。模板设计一般是通过对母版的编辑和修饰来制作的。如果需要某些文本或图形在每张幻灯片上都出现，比如公司的徽标和名称，就可以将它们放在母版中。除了可以修改幻灯片母版外，还可以修改讲义母版及备注母版。

要更改演示文稿设计模板，可以右击幻灯片，在弹出的快捷菜单中选择“幻灯片设计”命令，或者在“格式”菜单下选择“幻灯片设计”命令，在“幻灯片设计”任务窗格中（见图 10-45）选择设计模板即可。

通过使用“幻灯片设计”任务窗格，可以预览设计模板并且将其应用于演示文稿。可以将模板应用于所有的或选定的幻灯片，而且可以在单个演示文稿中应用多种类型的设计模板。可以将创建的任何演示文稿保存为新的设计模板，并且以后就可以在“幻灯片设计”任务窗格中使用该模板。

3. 动画方案

动画是文本或对象的特殊视觉或声音效果。例如，可以使文本项目符号逐字从左侧飞入，或在显示图片时播放掌声。幻灯片上的文本、图形、图示、图表和其他对象都可以具有动画效果，这样就可以突出重点、控制信息流，并增加演示文稿的趣味性。

PowerPoint 中有许多预设的动画方案，将预设的动画方案应用于所有幻灯片中的项目或者选定幻灯片中的项目或者幻灯片母版中的某些项目均可。也可以使用“自定义动画”任务窗格，在运行演示文稿的过程中控制项目在何时以何种方式出现在幻灯片上，如单击时由左侧飞入。在“幻灯片设计”任务窗格中可以选择“动画方案”选项（见图 10-46）。在幻灯片中右击一个对象，在弹出的快捷菜单中选择“自定义动画”命令，可以自定义该对象的显示动画，如图 10-47 所示。

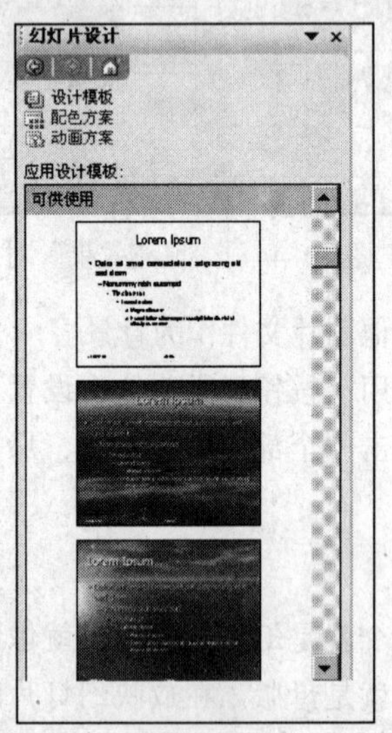

图 10-45 “幻灯片设计”任务窗格

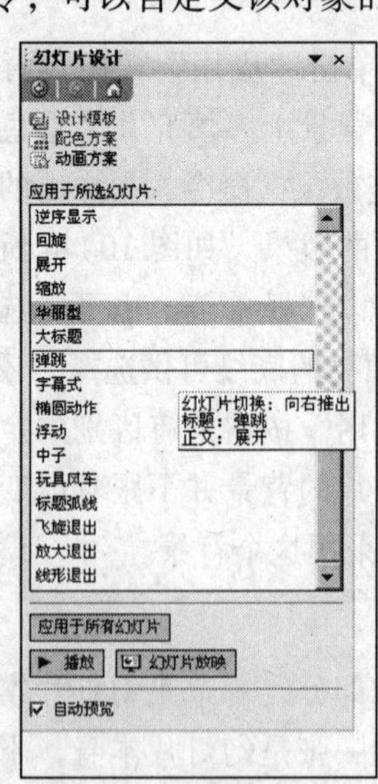

图 10-46 动画方案

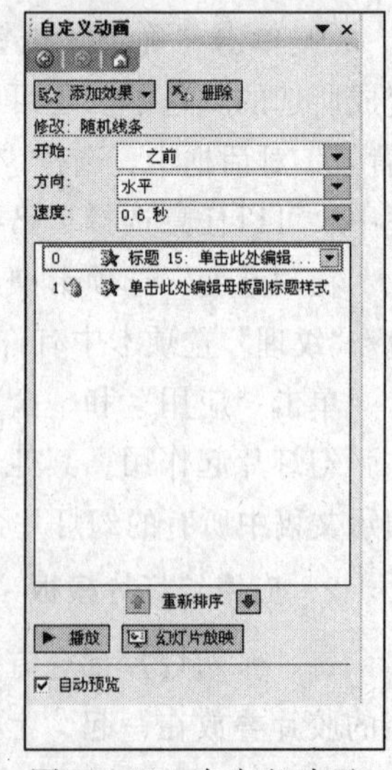

图 10-47 自定义动画

大多数动画选项包含可供选择的相关效果。这些选项包含：在演示动画的同时播放声音，在文本动画中可按字母、字或段落应用效果，例如，使标题每次飞入一个字，而不是一次飞入整个标题。

可以对单张幻灯片或整个演示文稿中的文本或对象动画进行预览。在“自定义动画”任务窗格中，可以单击“播放”按钮预览幻灯片的动画，或者在“幻灯片放映”视图中预览动画。

10.5.5　幻灯片的插入、删除、复制与移动

下面分别讲述在“浏览视图”下对幻灯片的插入、删除、复制、移动等操作。幻灯片浏览视图如图 10–48 所示。

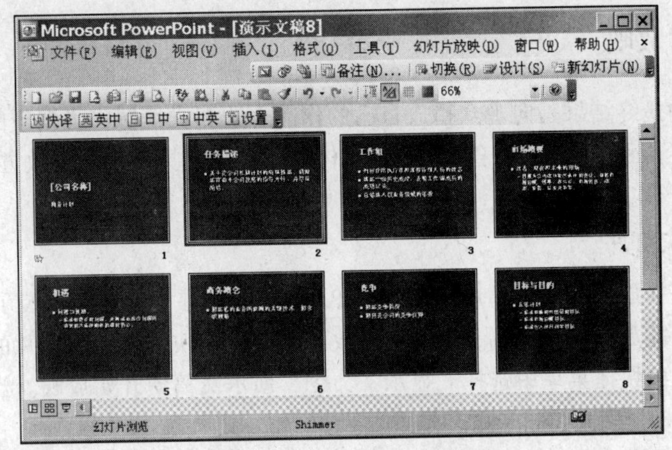

图 10–48　幻灯片浏览视图

1. 选择幻灯片

在进行删除、移动或复制幻灯片之前，首先选择要进行操作的幻灯片。如果是选择单张幻灯片，直接单击它即可，此时被选中的幻灯片周围有一个黑框。如果是选择多张幻灯片，要按住【Ctrl】键，再单击要选择的幻灯片。用户也可以用“编辑”菜单中的“全选”命令选中所有的幻灯片。

2. 插入幻灯片

把光标置于要插入幻灯片的地方，单击“插入”菜单，该菜单下有几个命令都可以插入幻灯片，分别是“新幻灯片”、“幻灯片副本”、“幻灯片（从文件）”以及“幻灯片（从大纲）”命令。插入“新幻灯片”和“幻灯片副本”两个命令分别在当前幻灯片后面插入一个空白幻灯片和副本。选择“幻灯片（从文件）”命令后弹出“幻灯片搜索器”对话框，单击“浏览”按钮，找到要插入的幻灯片。这时，下部“选定幻灯片”区域列出了幻灯片的预览图，用户可以选择要插入的幻灯片，单击要插入的幻灯片，将其选中，再单击另一张，就选中了两张幻灯片。然后单击“插入”按钮，幻灯片就被插入了；如果要把幻灯片全都插进来，就单击“全部插入”按钮。最后关闭对话框。不过只能插入内容，模板还是使用现在这个幻灯片的模板。

3. 删除幻灯片

在幻灯片浏览视图中，选中一张要删除的幻灯片，再按【Del】键，即可删除选中的幻灯片，后面的幻灯片会自动向前排列。如果要删除两张以上的幻灯片，可选择多张幻灯片再按【Del】键。

4. 幻灯片复制

将已制作好的幻灯片复制到其他位置上，便于用户直接使用和修改。幻灯片的复制有如下

两种方法:

① 选择要复制的幻灯片，选择“编辑”菜单中的“制作副本”命令，在选定幻灯片的后面制作一份内容完全相同的幻灯片。

② 选择要复制的幻灯片，单击“复制”按钮，将光标移到目标位置，单击“粘贴”按钮。

5. 幻灯片移动

移动幻灯片可以使用剪贴板做剪切和粘贴操作，或者直接拖动选中的幻灯片。

10.5.6 幻灯片放映

制作幻灯片的最终结果是向观众播放自己的作品，达到文稿制作者期望的目的。在播放幻灯片时，必须根据演示的目的、场合、观众等具体的情况来选择恰当的播放方式。在 PowerPoint 中，提供了不同的幻灯片播放方式，可以根据需要来选择。

1. 快速放映幻灯片

如果仅仅只是播放幻灯片，那用不着打开 PowerPoint，在任何一个安装了 PowerPoint 的计算机中，只要找到播放的演示文稿，便可随时放映幻灯片。快速放映幻灯片的方法是右击演示文稿文件，在弹出的快捷菜单中选择“显示”命令，演示文稿便开始放映。当此演示文稿放映完毕后，系统会自动退回到 Windows 环境中。

在 PowerPoint 中单击幻灯片放映视图按钮，从当前幻灯片开始放映，选择“幻灯片放映”菜单中的“观看放映”命令从第一幅幻灯片开始放映。

2. 设置放映方式

选择“幻灯片放映”菜单中的“设置放映方式”命令，可以个性化地设置幻灯片的放映方式，如控制循环放映、手动换片等，设置对话框如图 10-49 所示。

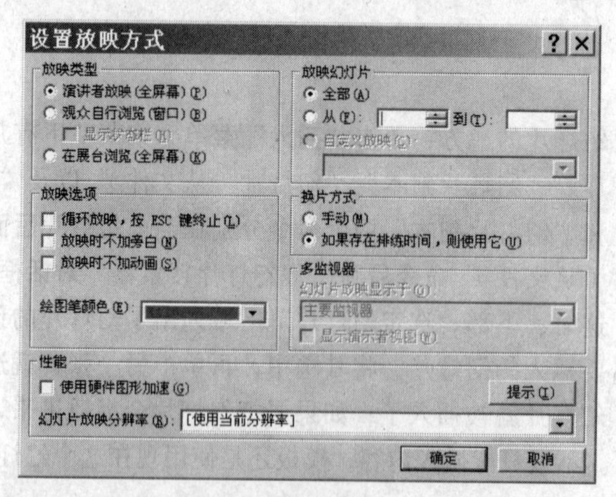

图 10-49 “设置放映方式”对话框

3. 将演示文稿打包

在日常工作中，经常要将一个演示文稿通过磁盘带到另一台计算机中展示，如果这台计算机没有安装 PowerPoint 软件，那么将无法使用这个演示文稿。Microsoft 公司在 PowerPoint 中设置了一项功能“打包”，PowerPoint 中的“打包成 CD”功能可将一个或多个演示文稿随同支持文件复制到 CD

中，打包后的PowerPoint文稿，在任何一台Windows操作系统的计算机中都可以正常放映。

将一个演示文稿打包可通过选择“文件”菜单中的“打包成CD”命令来实现。

（1）自定义包

当打包演示文稿时，将自动包括链接文件，自定义包可选择排除它们。也可将其他文件添加到演示文稿包中。例如个人和隐藏信息、备注、墨迹注释和标记等。

默认情况下，PowerPoint播放器会与演示文稿自动打包在一起，如果知道将用于运行CD的计算机已经安装PowerPoint，或者正在将演示文稿复制到存档CD，也可排除它。如果使用TrueType字体，也可将其嵌入到演示文稿中。嵌入字体可确保在不同的计算机上运行演示文稿时该字体可用。

默认情况下，CD被设置为自动按照所指定的顺序播放所有的演示文稿，但用户可将此默认设置更改为仅自动播放第一个演示文稿、自动显示用户可在其中选择要播放的演示文稿的对话框，或者禁用自动功能，并且需要用户手动启动CD。

（2）复制到CD或文件夹

如果有CD刻录硬件设备，则“打包成CD”功能可将演示文稿复制到空白的可写入CD（CD-R）、空白可重写CD（CD-RW）或已经包含内容的CD-RW中。但是，CD-RW上的现有内容将被覆盖。也可使用“打包成CD”功能将演示文稿复制到计算机上的文件夹、某个网络位置或者软盘中，而不是直接复制到CD中。将打包的演示文稿复制到CD需要Microsoft Windows XP或更高版本。

4．幻灯片放映视图中的操作

当按【F5】快捷键后，用户会发现PowerPoint幻灯片已经进入到“全屏播放”方式中了，这时如果用户没有对当前幻灯片进行放映设置，则只能够对幻灯片进行强制翻页的操作。在这种视图下，可以通过单击来播放幻灯片的动画或者将幻灯片翻页。当前幻灯片的动画优先于翻页，即先播放完本页中的所有幻灯片动画后再翻页。如果再次单击那么将翻到下一页中。除了使用鼠标左键的方式外，还可以按【Enter】键来完成，表10-3说明了PowerPoint中的幻灯片放映视图的具体操作。

表10-3　幻灯片放映视图中的操作

操作方法	鼠标操作	键盘操作
换到下一张幻灯片	直接在幻灯片上单击或右击，在弹出的快捷菜单中选择“下一张”命令	空格、【N】、【Enter】、【↓】、【→】、“page Down”
换到上一张幻灯片	右击，在弹出的快捷菜单中选择“上一张”命令	【P】、【Page Up】、【BackSpace】、【↑】、【←】
使屏幕变黑/还原	右击，在弹出的快捷菜单中选择“屏幕”｜“黑屏”命令	【B】、【.】
使屏幕变白/还原	无	【W】、【,】
直接切换到某个幻灯片	右击，在弹出的快捷菜单中选择“定位”｜“按标题”｜找到一个想到达的幻灯片的页面单击，或者选择“幻灯片漫游”命令，然后在弹出的对话框中单击一个想到达的幻灯片的页面后，单击“定位到”按钮	按数字键后按【Enter】键，如：按“11”键后然后按【Enter】键后到达第十一页
显示和隐藏鼠标指针	右击，选择“指针选项”｜“永远隐藏”或“自动”命令	【A】、【=】

续表

操作方法	鼠标操作	键盘操作
停止重新启动自动放映	无	【S】或【+】
无条件返回第一张幻灯片	同时按住鼠标左右键超过2秒钟后，放开鼠标	按“1”键后按【Enter】键
停止幻灯片放映	右击，在快捷菜单中选择“结束放映”命令	【Ctrl+Break】、【Esc】、【-】
将鼠标切换为绘图笔	右击，在快捷菜单中选择“指针选项”｜“绘图笔”命令	【Ctrl+P】
将绘图笔切换为鼠标	右击，在快捷菜单中选择“指针选项”｜“箭头”命令	【Ctrl+A】、【Ctrl+U】或【Esc】

10.6 Microsoft FrontPage 应用

随着因特网规模的不断发展，制作用于在万维网（WWW）上传递信息的网页已经越来越普遍，如今，人们在各种软件工具的帮助下，无须熟悉太多的HTML代码，就可以自主创建网页。Microsoft公司的FrontPage就是一款具有强大功能的网站制作软件，它不但能提供“所见即所得”的网页制作方式，而且提供了创建和管理大型Web站点的功能。本节将介绍使用FrontPage 2003进行网站制作和管理的主要方法。

10.6.1 概述

FrontPage提供了能够方便快捷地创建、编辑和维护网站和网页的一系列功能。

1. 创建站点

在FrontPage 2003中，用户可以直接在自己的硬盘上创建站点而不需要站点服务器，在调试完成之后将其发布到站点服务器上即可。FrontPage 2003同时还提供创建子站点的功能，使用嵌套子站点可以建立更有组织性的站点结构，并且对每个子站点可以设置不同的访问权限，以不同的方式来控制每个子站点。

2. FrontPage 编辑器

该编辑器工作在网页视图模式，使用它可以在相同的窗口中创建和管理网页，如果用户熟悉网页文档的HTML语言，还可以使用按钮和下拉菜单直接在一个网页的HTML代码中插入所需的HTML标记，可以进行个性化的HTML格式设置，可以方便地显示网页的HTML代码和标记。

3. 指定特定的站点浏览器和服务器

在FrontPage 2003中，用户可以指定一个特定的环境，例如站点浏览器、Web服务器、FrontPage服务器扩展、ASP、动态HTML、级联样式表、Java等，FrontPage 2003将自动限制在目标系统中无法工作的功能。

4. 集成数据库

FrontPage 2003设置了数据访问网页和简易数据库发布功能，可以轻易地将Access数据库合并到网页中，站点访问者可以直接从他们的Web浏览器来添加或编辑数据库，使用简易数据库发布功能，可以根据网页上的表单数据创建一个新的 Access 数据库，或修改一个已经存在的数据库。

5. HTML 帮助

在 FrontPage 2003 工作的同时，用户可以查看相关的帮助信息，迅速、便捷地获得问题的解答。

FrontPage 的启动步骤与大多数 Windows 程序的启动步骤相同，FrontPage 启动之后，将自动创建一个名为“new_page_1.htm”的文件，并显示 FrontPage 的工作窗口，如图 10-50 所示。FrontPage 可以同时打开或创建多个网页文件。

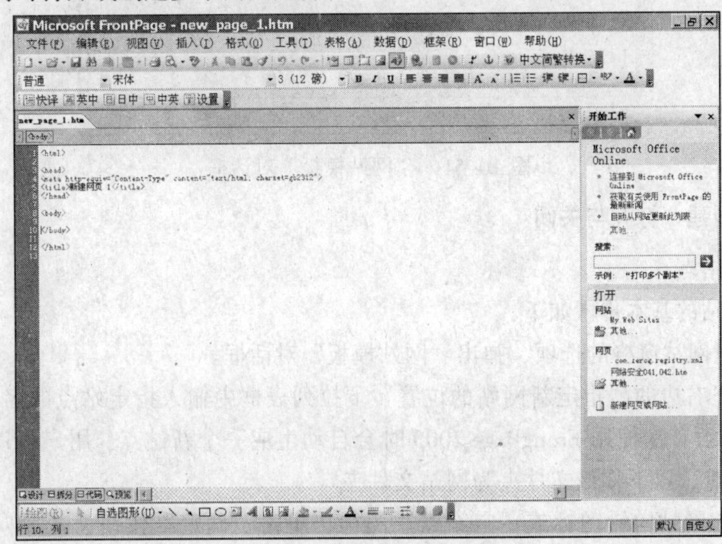

图 10-50 FrontPage 启动窗口

10.6.2 站点的操作

一般来讲，网页都不是独立存在于万维网中，而是作为站点的一部分存在的。万维网上有许多 Web 站点，每个站点存在于某个 Web 服务器上。FrontPage 2003 包含了创建站点、发布站点、维护站点以及创建和开发站点上的所有网页的一整套工具，并且还提供了丰富的“模板”和“向导”，可用于为站点设计出完整的文档结构、导航计划和整齐一致的风格。

1. 网站与模板

一个网站由若干网页组成，主页是指网站的第一页，大型网站因为需要发布大量的信息，所包含的网页数量可能很多,所以网站的主页上常常充满跳转到各个网页和其他网站的超链接，类似于一本书的封面或目录。

为了帮助用户创建专业化的设计完善的网站，FrontPage 2003 提供了多种不同布局和功能的网站模板，用户可以按其样式进行快速网站设计，例如，可以利用 FrontPage 2003 的模板来创建带有搜索表单的网页，也可以使用多种主题之一来创建设计风格一致的网页（一个主题包含了附有颜色结构的完整设计组件，其中包括字体、图形、背景、导航栏、水平线等）。

选择“文件”|“新建”|“由网页组成的网站”命令，弹出“网站模板”对话框，可以

看到若干创建站点的模板和向导，如图 10-51 所示。

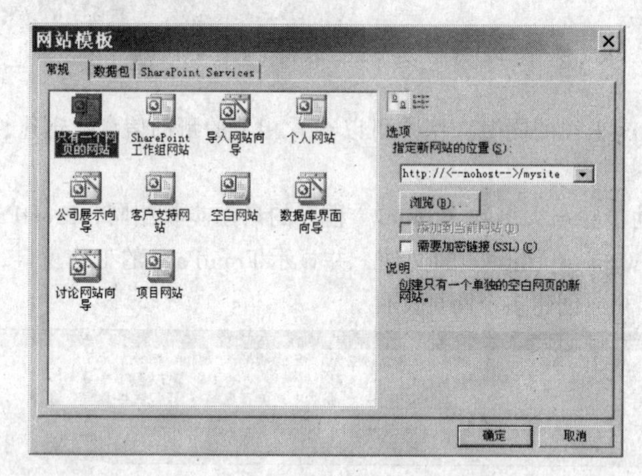

图 10-51 “网站模板”对话框

2. 站点的创建、打开与关闭

（1）创建新站点

创建一个网站的基本步骤如下：

① 选择新建网站窗格的选项，弹出“网站模板”对话框。

② 在对话框右边的“指定新网站的位置”下拉列表框中输入指定站点的名称和存放位置，例如 d:\web1；一般首次使用 FrongPage 2003 时会自动生成一个新站点，用户可以重新建立一个文件夹来存放站点，以下称该文件夹为网站文件夹。

③ 选择一个网站向导图标或“空站点”图标，单击“确定”按钮，按照向导提示操作直到完成。

新站点建立成功之后，FrongPage 2003 标题栏就更新成了“Microsoft FrontPage-d:\web1”，表示该站点已经被打开。新站点对应的网站文件夹中包含了两个下级文件夹，一个是 images 文件夹，用来保存本网站中的图片文件，另一个是_private 文件夹。

（2）打开站点

如果站点已经存在，则需执行打开网站的操作，打开一个网站的步骤如下：

① 选择菜单“文件”|“打开网站”命令，弹出“打开网站”对话框。单击工具栏中的“打开”按钮右边的下三角按钮也可调出“打开网站”对话框。

② 在对话框内“查找范围”下拉列表框中选择要打开的站点所在的文件夹，再单击“打开”按钮就打开了。默认情况下，FrontPage 2003 运行之后会自动打开最近编辑的一个站点。

（3）关闭站点

如果不想编辑一个已打开的站点，可选择“文件”菜单中的“关闭网站”命令关闭它。

3. 网站视图

在 Web 站点从创建到发布之前的过程中，设计者和管理者对站点会有各种角度的操作需求，FrontPage 2003 中提供了多种站点视图方式，在“视图”菜单中可以进行选择。

① 网页视图提供了编辑网页的环境，所有的网页文件都可以在网页视图中显示。

② 文件夹视图的显示方式类似于 Windows 的资源管理器，用于管理站点中的文件和文件夹。在文件夹视图中，可以对站点中的文件进行各种操作，如剪切、复制、删除、重命名文件等，还可以显示站点的整个文件结构。当文件或文件夹移动或更名时，FrontPage 2003 会自动更新所有指向它们的超链接。

③ 报表视图提供了关于站点状况的一个比较复杂的表格，用于监视重要的站点信息，例如站点中的网页总数、站点的整体大小、最近添加或改变的网页、站点内未链接的文件等。

④ 导航视图用于定义用户所设计站点的导航方式。导航视图将屏幕分为左右两个窗口框，左边为文件框，显示了站点中的文件和文件夹，很像 Windows 的资源管理器，右边为导航窗框，显示站点的导航结构。

⑤ 超链接视图用于开发和控制站点文件之间的实际链接关系。超链接视图将屏幕分为左右两个窗口框。左边为文件夹列表框，展示了站点中的文件和文件夹，这是典型的树状结构，其顶层是站点的主页，并从主页开始显示页面的超链接层次列表。右边是超链接窗口框，显示选定网页的超链接图。

⑥ 任务视图用于显示一组与 FrontPage 网页相关的任务。所谓任务，是指在网页发布之前必须完成的事项。在创建网站时，往往有很多工作要做。为了有条不紊地完成设计工作，可以事先建立若干个任务。

4. 发布站点

使用 FrontPage 2003 可以在离线状态下开发 Web 站点，这些站点必须向 Web 服务器发布之后用户才能访问它们。所谓发布网页，就是把网页文件传送到与因特网（或 Intranet）相连的 Web 服务器上。

FrontPage 2003 所创建的每个网站都自动保存在本机硬盘的某个目录中。发布网页就是把自己计算机上制作的站点的所有文件复制到因特网上特定的一台计算机上。通常，这台计算机会随时保存上传的网页文件，并在访问者访问这些网页时把它们传送到访问者的浏览器上。

发布站点的操作由“文件”菜单中的“发布站点”命令完成。

10.6.3　网页的操作

网页是由 HTML 语言描述的文件，包含一些 HTML 标签定义的页面元素。浏览器是一个超文本信息阅览器，支持文本、图像和声音，WWW 服务器接收用户通过浏览器发出的请求、查询，然后向浏览器传送网页页面。浏览器在处理这些页面时会按照一定的规则来进行处理，从而形成实际看到的网页外观。

1. 新建网页

进入网页视图后，选择菜单“文件”｜“新建”｜“空白网页”命令可以创建一个空白网页，FrontPage 2003 提供若干网页模板，也可以从网页模板新建网页（见图 10-52）。网页模板中普通网页、确认表单、意见簿、常见问题、搜索网页、用户注册等属于常用的模板。

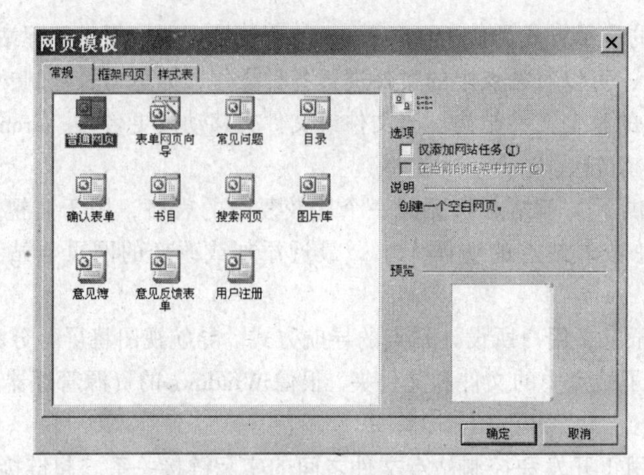

图 10-52　网页模板

在“网页模板”对话框中列出的所有网页模板和表单向导中，左上角的“普通网页”是格式最为简单的模板，也是默认的模板，FrontPage 2003 刚启动时显示的就是基于这种模板的网页。

在 FrontPage 2003 提供的模板和向导的种类不能满足要求时，或者经常设计的一些网页形式相似时，还可以自制网页模板。而后在设计网页时，在自制模板的基础上稍作修改即可形成新的网页。

模板实际上也是网页，因此，自制网页模板与创建网页的方法相同。创建一个网页并将其保存为模板即可。当然，也可以利用一个已有的模扳来创建自己的网页，然后加以修改，再保存为模板。保存方法是在“另存为”对话框中选择保存类型为“FrontPage 模板”。

2．打开网页

FrontPage 2003 不但可以从编辑器中打开当前站点的网页，也可以从任何一个 Web 站点获取网页，还可以打开本地计算机磁盘中的网页文件。FrontPage 2003 除了可打开自身创建的网页文档之外，还能打开其他许多软件生成的网页并自动转换成 HTML 格式。

（1）在 FrontPage 2003 编辑器中打开网页

选中“文件”|“打开”命令，或者单击“常用”工具栏中的“打开”按钮，弹出“打开文件”对话框，在其中选择需要打开的文档。一般来说，站点的主页就是文档 index.htm 或者 default.htm。

（2）在 Web 站点上打开网页

操作步骤如下：

① 调出“打开文件”对话框。

② 单击“搜索 Web”按钮，则自动调用 IE 浏览器。

③ 在 IE 浏览器的“地址”栏中输入要打开的网站（或网页）的地址。

④ 单击 IE 浏览器上的“文件”菜单，选择“用 Microsoft Office FrontPage 编辑”命令，则要编辑的网页出现在 FrontPage 2003 中。

3．编辑网页

如果从一个空白网页开始，则编辑网页的过程可以包括以下几个步骤：

① 使用框架、表格或绝对定位功能来精确规定网页上各部分文本和图形的位置、大小及

其他外观属性。

② 添加各种网页元素，例如文本、图形、网页横幅、表格、表单、超链接、横幅广告、字幕、悬停按钮、日戳、计数器等。

③ 应用样式或使用样式表来设置文本格式。

编辑好网页之后，选择菜单 “文件” | “保存（或另存为）” 命令，弹出 “保存” 或 “另存为” 对话框，在其中选择或输入文件名，再单击 “保存” 按钮，即可将网页保存到当前站点中。

4. 保存网页

FrontPage 2003 不具备自动保存功能，需要用户在需要的时候执行保存网页的操作。网页可保存到本地计算机磁盘中，也可以直接保存到站点中。

（1）保存到本地计算机磁盘中

如果网页是在本地站点上的或者不想把网页直接保存到正在编辑的站点上，就需要保存到本地计算机磁盘上，其方法为在 “另存为” 对话框的 “保存位置” 下拉列表框中选择磁盘和文件夹，可以双击打开列表中的文件夹，并选择文件名或在 “文件名” 文本框中输入文件名，再单击 “保存” 按钮即可。

（2）保存到站点中

要将网页直接保存到当前打开的站点中，可进行下列操作之一：

① 如果之前网页尚未保存，可单击 “保存文件” 按钮，在站点中找到要保存网页的位置，然后在 “文件名” 文本框中输入网页的文件名称，单击 “保存” 命令。

② 如果网页从当前站点中打开，则直接单击 “保存文件” 命令。

③ 如果网页从当前站点外打开，则选择 “文件” 菜单中的 “另存为” 命令。在站点中找到要保存网页的位置，在 “文件名” 文本框中输入网页的文件名称，单击 “保存” 按钮。

5. 网页的 3 种视图

在 FrontPage 中，可以按 3 种不同的视图方式来编辑和显示一个网页。

（1）设计视图

以 “所见即所得” 的方式编辑网页。可以直接输入文字并编排文字的格式，插入文字，插入图像及各种网页元素，在编辑框中看到的网页与 Web 浏览器中看到的实际网页基本相同，FrontPage 2003 编辑器会自动生成相应的 HTML 代码，该视图方式为默认方式。

（2）代码视图

直接使用 HTML 语言来描述网页。在 FrontPage 2003 编辑器中可以完全抛开 HTML 代码来制作网页，但熟悉 HTML 语言的人可能喜欢直接用 HTML 代码编写网页。在 HTML 方式下用户看到的实际上是一个文本编辑器，可以进行复制、粘贴、删除、选择、查找、替换等各种操作。HTML 视图方式具有语法制导功能，即 HTML 代码中的各种不同成分，如标记、标记中的属性、属性的值、网页中的文本等都可用不同的颜色表示。

（3）预览视图

在制作网页的过程中，可以随时切换到预览视图方式来查看网页呈现给站点访问者的实际效果。预览视图方式实际上是调用浏览器来显示网页的。如果机器中未安装 IE 3.0 以上版本的浏览器，则不能切换到预览视图方式，更不能浏览网页。

6. 网页属性

网页属性包括网页的标题、位置、背景、边距、语言等重要信息。设置网页属性的方法是选择菜单“文件”|“属性”命令，弹出“网页属性”对话框，如图10-53所示。

在该对话框中的“常规”选项卡中包含如下设置内容：

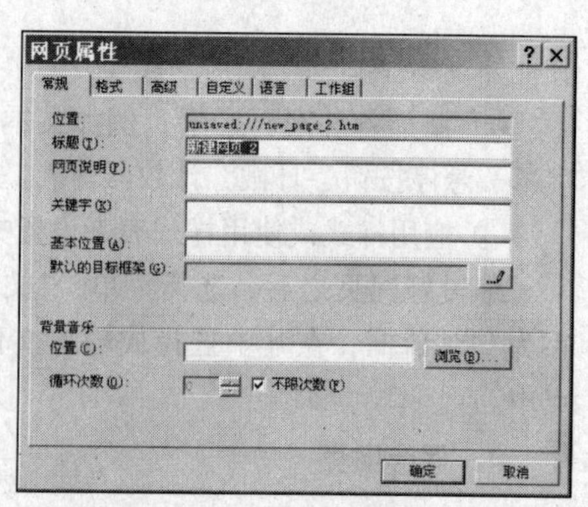

图10-53 “网页属性”对话框

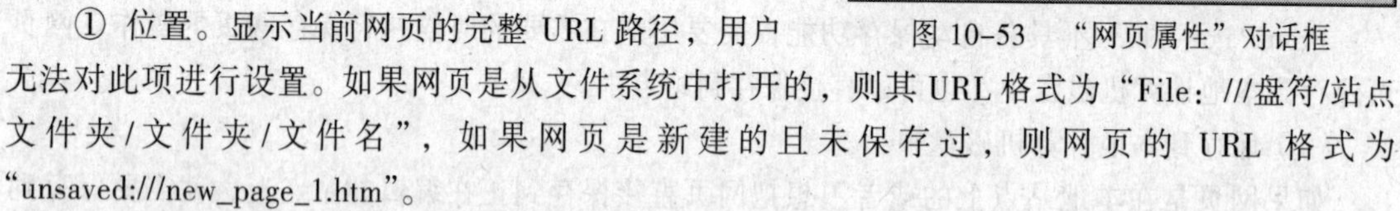

① 位置。显示当前网页的完整URL路径，用户无法对此项进行设置。如果网页是从文件系统中打开的，则其URL格式为“File:///盘符/站点文件夹/文件夹/文件名”，如果网页是新建的且未保存过，则网页的URL格式为“unsaved:///new_page_1.htm”。

② 标题。显示网页的标题或网页的友好名称，也可以给网页指定标题，FrontPage是通过标题来区分各个网页的，因此标题应具有鲜明的个性。

③ 基本位置。指定网页可选的基本URL。基本URL是一个URL位置，用户可以分配给网页，以转换相对URL和绝对URL。

④ 默认的目标框架。显示出当前网页中超链接的默认目标框架名称，如果要使某一框架中网页的所有超链接都跳转到另一框架中，则应在“默认的目标框架”文本框内指定目标框架名。如果已指定了目标框架名但框架中没有网页，则浏览器将打开一个新窗口用于显示超链接的目标网页。

⑤ 背景音乐。指定浏览器在打开网页时自动播放的音乐以及循环的次数。“位置”文本框指定音乐文件的位置。可单击“浏览”按钮，在当前站点或本机磁盘上找一个音乐文件。“不限次数”复选框可设置为不断地重复播放。

“网页属性”对话框的“格式”选项卡用于设置网页的背景颜色、图案和超链接的颜色。背景属性有两个重要栏目：格式化和颜色。前者包括“背景图片”、“水印”等。后者包括“背景”、“文本”、“超链接”、“已访问的超链接”和“当前超链接”等颜色的选择。

可以指定一幅图像作为网页的背景图案。所有的网页元素，如文本和图形等，都会出现在当前背景图片上。可以使用站点、文件系统或剪贴画中的图片，也可以将背景图片设置为水印（图片不会像网页一样滚动）。如果网页使用主题，也可通过更改主题所用的图片来修改背景图片。

设置背景图片的方法如下：

选中“背景图片”复选框，再单击“浏览”按钮，弹出“选择背景图片”对话框，然后按下面几种情况分别作出选择：

① 图片在站点中。浏览包含它的站点和文件夹，选择图片并单击“确定”按钮。

② 图片在局域网上。单击“从计算机上选择一个文件”按钮，在局城网上浏览图片文件，然后单击“确定”按钮。

③ 图片在因持网上。单击“使用Web浏览器来选择网页或文件”按钮，在浏览器中浏览所需的图片，然后回到Microsoft FrontPage，则所访问过的网页位置就会显示在“URL”框中。单击“确定”按钮。

④ 图片为剪贴画。单击“剪贴画”按钮，显示 Microsoft 剪贴库，选中所要的图片右击，选择快捷菜单中的“插入”命令。

选择“网页属性”对话框中的“高级”选项卡，可以设置网页的上边距和左边距。“网页属性”对话框的“自定义”选项卡用于设置网页的系统变量和用户变量，网页的系统变量和用户变量可以传递某些自定义信息。用户可以添加、修改和删除系统变量和用户变量。

例如，若用户要为当前网页制作关键词索引，在“用户变量”选项组中单击“添加”按钮，然后在“名称”文本框中输入“keywords”文本，在“值”文本框中输入站点的索引关键字，使用逗号作为关键字之间的分隔符，单击“确定”按钮关闭“用户 Meta 变量”对话框，FrontPage 将索引关键字添加到网页的 Meta 数据库中。

“网页属性”对话框的“语言”选项卡用于指定网页的语言和 HTML 编码方式。网页编码可以使用多种语言。例如，美国/西欧网页编码可应用于多种西方语言，同时，网页可以使用多种语言编码，但网页语言是英语。因此，应指定网页的精确语言。

如果没有指定语言，FrontPage 就根据键盘（如果通过键盘输入编辑网页），或根据计算机的区域设置，来确定网页语言。新设置的语言将覆盖默认的语言设置。

10.6.4 网页元素的编辑

一个网页中常会包含文字、图片、表格、视频、超链接等各种成分，如何快速、有效地将这些元素加入到网页中，是网页设计制作者应该掌握的基本技术，FrontPage 提供了多种提高效率的方法。

启动 FrontPage 2003 之后，系统自动创建一个空白网页，并在文件编辑区中出现一个闪烁的插入点，此时，可以直接在编辑区中输入文本或插入各种网页元素，并且输入的网页元素将出现在插入点所在的位置。

1. 文本的编辑

FrontPage 中文本的编辑方法与 Word 下的操作类似，在此不再赘述。

2. 插入图片

创建网页时一般都会使用图形、图片或者动画。在网页中插入图片实际上是插入图片的链接，因此，网页中所看到的图片并不在网页文件中。所以在删除、改名或移动图片时应保证这个链接的一致性。FrontPage 2003 在修改网页时，会自动跟踪这些链接的变化并及时提醒更新。

图片格式很多，彼此之间可以互相转换，但转换一般会带来质量的损失。在因特网上常用的是 JPEG 格式和 GIF 格式，这两种格式的图片数据都经过了有效压缩，可以显著地减少带宽的占用。

网页上的图片可以来自文件、当前打开的站点或因特网上。插入图片的步骤如下：

① 将插入点放到要插入图片的位置。

② 选择菜单“插入”|“图片”|“来自文件”命令，或单击“插入文件中的图片”按钮，弹出“图片”对话框。

在“图片”对话框中，默认情况下列出的是当前站点的文件夹和文件信息，URL 框中列出的是图片的正确位置和名称，也可用于输入。在 URL 文本框的右边有两个工具按钮，一个是“使用 Web 浏览器来选择网页或文件"，该按钮可以打开浏览器，访问任意的网页，找到要使用的网页或文件，复制其 URL 信息，然后返回 Microsoft FrontPage，在"URL"文本框中输入文件的全部位置和名称信息；另一个按钮是"从计算机上选择一个文件"，其功能是弹出"选择文件"对话框。

③ 选择文件，并单击"确定"按钮，则所选文件插入网页。

将图片文件或者网站图片粘贴到网页中也可以达到同样的目的。

3. 插入视频

在网页上可以添加 Windows Media Player 能播放的任何类型视频。方法如下：

① 在网页视图中，将插入点放置到要插入视频的位置。

② 选择"插入"|"图片"|"视频"命令，弹出"视频"对话框（与"图片"对话框相似）。

③ 若视频剪辑文件不在站点上. 可单击"从计算机上选择一个文件"按钮，浏览到该视频文件并选定。如果计算机上安装了 IE，还可以单击"顶览"页标签来预览视频。

视频的播放需要浏览器的支持。

4. 插入表格

表格可以清晰地表现文字、图像、表单，也能提供导航工具和加强 Web 站点的整体布局。表格可以按指定的行列数插入网页中，也可以由用户控制画出来，还可以把网页上的文本转换成表格。

可以通过选择菜单"表格"|"插入"|"表格"命令，在"插入表格"对话框中完成表格的创建工作。FrontPage 2003 也能够识别 Word 文档中的表格，并把它转换成 HTML 表格。

5. 其他常用的网页元素

在编辑 FrontPage 网页内容的过程中，用户可以随时插入一些常用的网页元素，例如：水平线、换行符、日期和时间、特殊符号、横幅和注释等。这些元素的插入操作都可以由"插入"菜单下的相应功能完成。

Microsoft Office 是目前应用非常普及的办公软件，本章简要介绍了 Word、Excel、Access、PowerPoint、FrontPage 等软件的基本知识、基本概念和基本应用方法，计算机相关专业的同学应该能够通过学习熟练掌握并使用这些应用软件。这些软件的高级应用方法还需要读者通过自学和实践来完成，希望读者通过对本章的学习，能够获得学习应用软件操作的方法，熟练掌握通过寻求系统帮助的途径，以便在将来的学习和应用中遇到问题时可以通过系统帮助自行解决问题。

习　题

一、选择题

1. Word 文档文件的扩展名是（　　）。

A. .txt　　B. .doc　　C. .wps　　D. .blp

2. 一个 Excel 文档对应一个(　　)。

A. 工作簿　　B. 工作表　　C. 单元格　　D. 一行

3. 在数据库的数据表中，主键是（　　）。
   A. 具有唯一标识表中每条记录的值的一个或多个域（列）
   B. 允许为 NULL
   C. 必须是一个域（列）
   D. 第一个域（列）
4. 要添加与每个幻灯片的内容相关的备注，应该在 PowerPoint 的（　　）视图下进行。
   A. 普通　　B. 幻灯片浏览　　C. 幻灯片放映　　D. 页面
5. 在 FrontPage 设计视图中，以（　　）方式来编辑一个网页。
   A. 所见即所得　　B. 直接用 HTML 代码
   C. 调用浏览器　　D. 复制网页模板

二、填空题

1. 在 Word 中，________视图方式能显示出页眉和页脚。
2. 在 Excel 单元格中输入公式是以________符号开头的。
3. Aceess 数据库文件的默认扩展名是________。
4. PowerPoint 幻灯片放映时将鼠标切换为绘图笔的键盘操作是________。
5. 要设置网页的标题、位置、背景等信息，应选择菜单“文件”｜“属性”命令，在弹出的________对话框中进行设置。

三、简答题

1. Word 能编辑哪些类型的文件?
2. Excel 单元格中可以输入哪些类型的数据?
3. 设计 Access 数据库的一般步骤是什么?
4. PowerPoint 有哪几种放映方式?
5. 在 FrongPage 中创建一个新站点有哪些基本步骤?

附录A 实验指导

实验1 键盘练习与汉字输入

【实验目的与要求】

① 认识键盘、学习正确的打字姿势、熟悉打字指法、掌握中英文输入的方法和技巧。

② 熟练掌握中英文输入法，打字速度达到75字/分钟及以上。

【实验内容】

① 打字姿势、打字指法。

② 英文打字练习、英文打字自测。

③ 中文输入法练习。

1.1 预备知识

键盘是一种字符输入设备，是用户与计算机之间的接口。键盘的主要功能是向计算机输入英文字母、数字、标点符号和一些基本图符，以及通过编码的方式向计算机输入汉字或其他文字。

1. 打字姿势

在开始打字之前一定要端正坐姿，这是提高打字效率的前提。正确的坐姿如下：

① 身体保持端正，两脚平放。

② 两臂自然下垂，两肘贴于腋边。身体与打字桌的距离约为20～30cm。

2. 打字指法

① 准备打字时除拇指外其余的8个手指分别放在基本键上。

② 十指分工明确，如图A1所示。

③ 任一手指击键后都应该迅速返回基本键，这样才能熟悉各键位之间的实际距离，实现盲打。

④ 击键要短促，有弹性。用指尖击键，不要将手指伸直来按键。

⑤ 速度应保持均衡，击键要有节奏，力求保持匀速，无论哪个手指击键，该手的其他手指也要一起提起上下活动，而另一只手的各指应放在基本键上。

⑥ 空格键用拇指侧击，右手小指击【Enter】键。

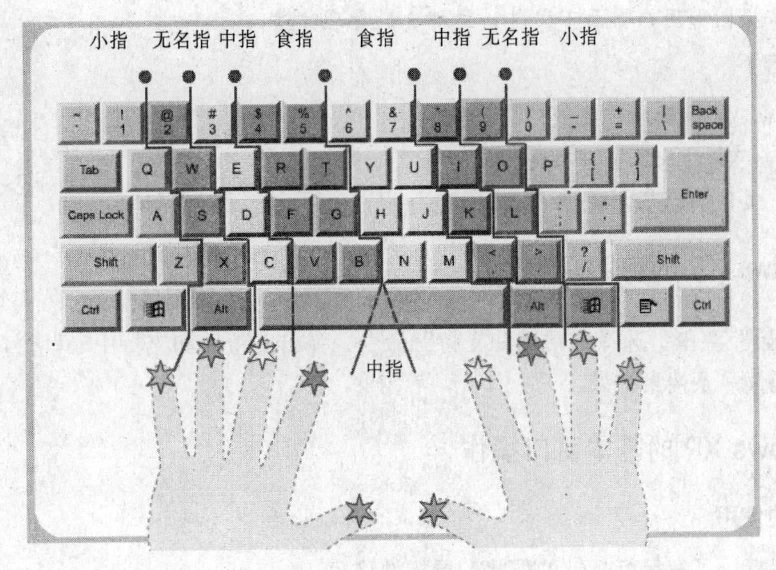

图 A1　手指分工图

1.2　英文输入法练习

1. 输入练习

分别练习小写字母、大写字母、数字、符号的输入。

2. 速度自测

英文是一种拼音文字，组成单词的字母多少不一。因此，按照国际打字比赛规定，每打 5 个字母作为一个单词计算，其中各种标点符号及空格也作为一个字母计算。如每分钟打 300 下，则打字速度为每分钟 60 个单词，并且必须保证所打的字是准确的。

自选一篇约 200 个单词的英文段落，测试输入所需的时间。要求 10 分钟完成。

1.3　中文输入法的使用

中文输入法应该在 Windows 环境下使用，常用的 Windows 操作系统一般都提供了多种汉字输入法，这一节训练常用的中文输入法的切换、智能 ABC 输入法的输入练习。

① 常用的中文输入法的使用。在桌面新建文本文档 MyDoc.txt，双击打开，将任务栏中的输入法分别切换为“全拼输入法”、“微软拼音输入法”，练习各种不同中文输入法的用法。

② 用中文输入法练习。输入一篇约 200 字的自选中文文章，计算所需时间。要求 10 分钟内可以完成。

实验 2　Windows 操作系统

【实验目的与要求】

① 熟悉 Windows XP 的界面及帮助系统的使用。

② 熟悉 Windows XP 基本的窗口操作。

③ 熟练掌握图形用户界面下文件、文件夹的管理方法。

【实验内容】

① Windows XP 的帮助系统使用。

② Windows XP 的基本窗口操作。

③ 文件、文件夹的基本操作。

2.1 Windows XP 的帮助系统使用

单击“开始”菜单，选择“帮助和支持”命令，弹出“帮助和支持中心”窗口，搜索“资源管理器”，阅读一条搜索结果。

2.2 Windows XP 的基本窗口操作

1. 鼠标的使用

① 了解鼠标。了解鼠标指针的形状、鼠标的移动。

② 操作练习。练习指向、单击、右击、双击、三击、拖放。

2. 窗口操作

① 了解窗口的组成。打开“我的电脑”窗口，如图 A2 所示。

② 练习窗口的基本操作。切换和排列图标、移动、改变窗口大小、最大化、最小化、还原窗口、关闭窗口。

③ 关闭、重新启动和注销 Windows XP。

选择“开始”菜单中的“关闭计算机”命令，弹出“关闭计算机”对话框。练习关闭、重新启动选项的使用。要注销用户请选择“开始”菜单的“注销”命令。

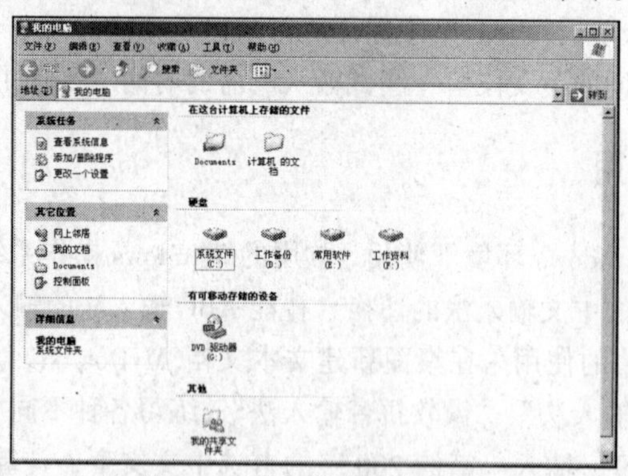

图 A2 “我的电脑”窗口

2.3 文件和文件夹的操作

1. 选中对象

① 选中一个对象。启动“我的电脑”窗口，双击打开“D 盘”，单击需要选定的对象，对象以高亮显示，表示该对象被选中，如图 A3 所示。

② 选中多个连续的对象。单击第一个需要选中的对象，按住【Shift】键不放，再单击最后一个需要选定的对象，如图 A4 所示。

③ 选中多个不连续的对象。按住【Ctrl】键不放，依次单击需要选定的对象。

④ 选中全部对象。按【Ctrl+A】组合键，就可以选中全部对象。

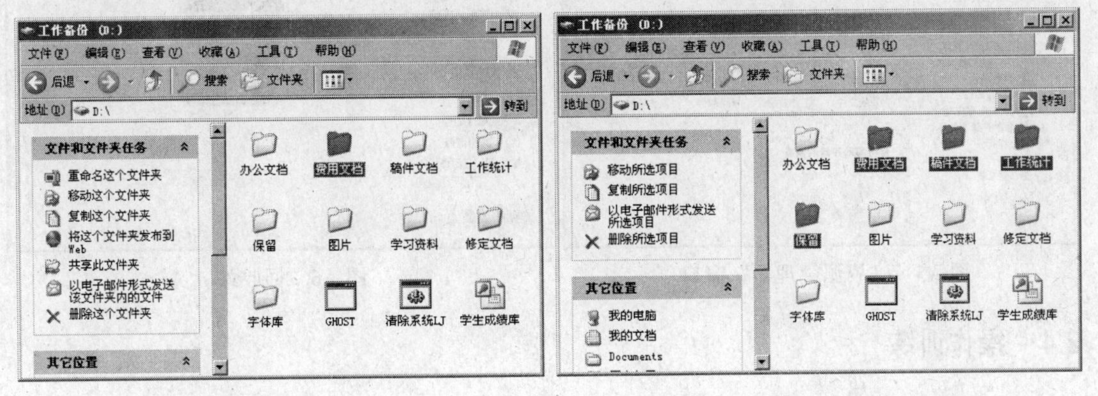

图 A3 选中一个对象窗口　　　　图 A4 选中多个连续对象窗口

2. 查看文件夹内容

启动“资源管理器”，如图 A5 所示。单击“查看”菜单，练习使用图标、平铺、列表、详细信息等不同方式查看文件和文件夹。

3. 建立新文件、文件夹

在“资源管理器”的左窗格中选择 E 盘，此时右窗格中将显示 E 盘所含的文件、文件夹。在右窗格的空白处右击，选择“新建”｜“文本文档”或“文件夹”命令，分别建立名为“新建文本文档”的文件或“新建文件夹”的文件夹。

4. 复制文件、文件夹

选中步骤 3 中新建的文件或文件夹右击，选择“复制”命令，再从左窗格中选择 D 盘，在右边窗格的空白处右击，选择“粘贴”命令。

5. 更名文件、文件夹

选择步骤 4 中 D 盘的新建文本文档，在文件上右击，选择“重命名”命令，将文件名修改为“MyTxt”，按【Enter】键确定。用同样的方法将新建文件夹更名为“Myfolder”。

6. 删除或恢复文件、文件夹

右键单击 D 盘的任意一个文件夹，在弹出的快捷菜单中选择“删除”命令，在“确认文件夹删除”对话框中单击“是”按钮，文件夹就被放入桌面的回收站中，如图 A6 所示。如果要恢复删除的文件或文件夹，则可以从回收站中选择要恢复的文件、文件夹右击，选择“还原”命令。

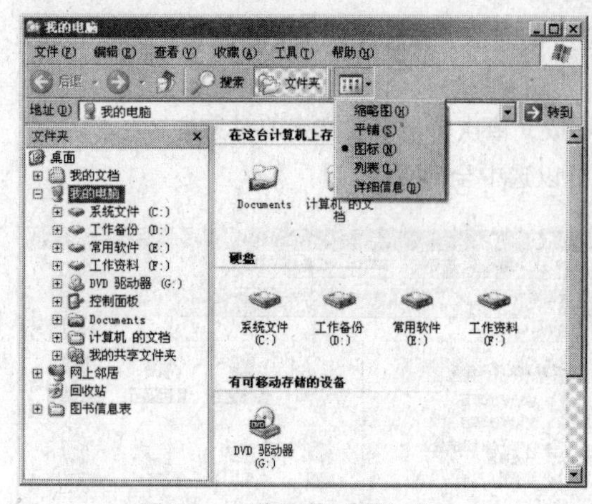

图 A5 “资源管理器”窗口

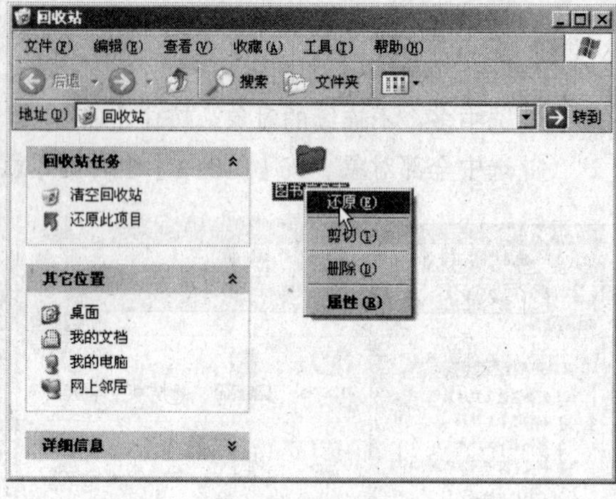

图 A6 回收站

2.4 操作训练

① 用多种不同的方法启动“资源管理器”应用程序。

② 查看 C:\WINDOWS 文件夹的内容。观察采用不同的查看方式时各有何区别：图标、列表、详细信息、缩略图。

③ 在 E 盘根目录下新建文件夹 first，在此文件夹下新建两个文件夹：second1、second2。将 second2 改名为 third，双击打开，third 文件夹，创建文本文件 third.txt。

④ 将文件 third.txt 复制到 E 盘根目录。

⑤ 删除 E:\first\second1\third 下面的文件 third.txt。

实验 3 Word 操作

【实验目的与要求】

掌握 Word 的基本操作方法，提高文档的编辑效果。

【实验内容】

① 文档的编辑排版。

② Word 常用操作小技巧。

③ 操作训练题。

3.1 文档的编辑排版

制作一份如图 A7 所示的“同乡庆生会公告”。

同乡庆生会公告

- 日期：2008年10月20日（星期一）
- 时间：18:00~20:30
- 地点：学生活动中心三楼小活动室
- 寿星：狗年出生的寿星
- 参加者：计算机学院广东籍全体同学

又到了每年一次的庆生大会，今年共有10位寿星，同乡会特别为寿星准备了小礼物，会场还有多层大蛋糕、精致可口的茶点和水果，欢迎大家踊跃参与哦！

- 备注：

如愿现场一展歌喉或献舞者，请自备伴奏碟于19日前向组委会登记，以便安排。

公告者：计算机学院广东同乡会

2008/10/15

图A7 同乡庆生会公告

① 输入文字。

② 对标题排版。首先选取标题，然后加粗，选择字号24，选择宋体。

③ 对公告正文排版。选取公告正文的前五行，选择“格式”菜单中的“项目符号和编号”命令，设置项目符号；对公告“备注”部分的排版相同。

④ 段落格式调整。

a. 选取标题，在“格式”菜单（或右击）中的“段落”命令，在弹出对话框中的“缩进和间距”选项卡中“行距”下拉列表框中选择“多倍行距”选项，设置数值3。

b. 选取公告正文，在“格式”菜单（或右击）中的“段落”命令，在弹出对话框中的“缩进和间距”选项卡的“行距”下拉列表框中选择“2倍行距”选项。

⑤ 插入图片。选择“插入”|“图片”|“剪贴画”命令，单击“人－足球”剪贴画，选择“插入剪辑”命令，然后将图片调整到合适的大小。

⑥ 整体版面调整。

a. 选择标题，单击“居中”按钮，将标题居中。

b. 选择正文，单击“两端分散”按钮，将正文两端对齐。

c. 选择“公告者”及日期，单击“右对齐”按钮。

⑦ 设置页眉、页脚。

a. 插入页眉。选择“视图”|“页眉和页脚”命令，进入页眉和页脚编辑区，在编辑区输入学院的中英文名称、地址、电话、传真等信息，中文宋体，10号字，英文Arial，10号字，如图A8所示。

图 A8 “页眉和页脚“工具栏

b. 插入页脚。单击“在页眉和页脚间切换”按钮切换到页脚，文字编辑方法同页眉。

c. 插入页码。单击“插入页码”按钮，编排页码的位置和对齐方式。

⑧ 文件保存和打印。

a. 单击“保存”按钮或选择“文件”｜“保存”命令，弹出“另存为”文本框，在文件名对话框中输入文件名即可，Word 文档默认扩展名为“.doc。”

b. 单击“打印预览”按钮，对公告的排版预览看看是否符合要求，修改至满意为止。

c. 选择“文件”｜“页面设置”命令，弹出“页面设置”对话框，在“页边距”和“纸张”选项卡中按自己需求设置，若不设置，则采用默认设置。

d. 单击“打印”按钮打印文档，或选择“文件”｜“打印”命令，弹出“打印”对话框，按需求设置打印机类型、打印份数、页面范围等参数，单击“确定”按钮即可。

3.2 Word 常用操作小技巧

1. 将光标快速返回到 Word 文档的上次编辑点

按【Shift+F5】组合键就可以将插入点返回到上次编辑的文档位置，当再次按【Shift+F5】组合键时，插入点会返回当前的编辑位置。如果是在打开文档之后立刻按【Shift+F5】组合键，则可以将插入点移动到上次退出 Word 时最后一次的编辑位置。

2. 用格式刷快速输入格式

格式刷可以复制文字格式及段落格式（字号、字体、行间距等）。

当鼠标在某一位置时或在选中一部分文字或段落时，单击“格式刷”按钮可以取出该位置或所选文字或段落的格式，再用这个刷子按钮去刷别的文字，即可实现文字或段落格式的复制。

如果双击“格式刷”按钮可连续多次使用格式刷，直到单击“格式刷”或别的动作发生为止。

3. Word 字体大小的七十二变

在打印招牌广告、学习专栏时，常常要用到字号很大的标题。

方法一：在 Word 中选中要放大的文字，在“格式”工具栏中的“字号”下拉列表框中选择“初号”或“72”选项，也可以输入大于 72 的数字。

注意：输入的数字最大不能超过 1 368。

方法二：选中要放大的文字，按【Ctrl+]】组合键，可以看到字体变大了一些，不断地按【Ctrl+]】组合键，字体就会不断地增大。反过来，按【Ctrl+[】组合键，字体就会变小。

方法三：如果想快速增大或减小字体，可以按【Ctrl+Shift+<】或【Ctrl+Shift+>】组合键，则所选字体将快速增大或减小。

4. 查看文档的字数

选择“工具”|“字数统计”命令，可以对文档的字数进行统计。

5. 即时英汉互译

Word里附带了英汉词库，可以进行英汉互译。

方法：选择“工具”|“语言”|“词典”命令，输入要翻译的内容，中文或英文均可，或先选中要翻译的文字，自动显示翻译结果。

6. 给文档加打开密码

选择“工具”|“选项”命令，在弹出的对话框中选择“安全性”选项卡，在其中可以设置打开文件的密码。

注意：打开文件后才能消除密码。

3.3 操作训练

编辑一篇科技文章，进行文字、图片、艺术字、公式及页眉/页脚的排版，进行合适的页面设置，并进行打印预览。

实验4 Excel操作

【实验目的与要求】

① 熟悉Excel电子表格软件的使用。
② 掌握工作簿、单元格的基本操作方法。
③ 掌握公式和函数的使用方法。

【实验内容】

① 工作簿和工作表的操作。
② 公式与函数的应用。
③ 图表操作。
④ 操作实例。

4.1 工作簿和工作表的操作

1. 新建工作簿

启动Excel，新建一个学生信息工作簿，观察工作表、单元格的数量。

2. 切换工作表

单击工作表标签上的工作表的名字（如Sheet2），切换到该工作表。

3. 重命名工作表

右击要更名的工作表标签Sheet1，在快捷菜单中选择“重命名”命令，输入名称“学生信息”。

4．插入工作表

右击工作表标签 Sheet3，在快捷菜单中选择“插入”命令，在“插入”对话框中双击“工作表”图标。

5．删除工作表

选中要删除的工作表 Sheet3，右击其标签，在快捷菜单中选择“删除”命令，弹出信息框，单击“确定”按钮。

6．移动工作表

选中要移动的工作表“学生信息”，沿着工作表标签拖动到新的位置，松开鼠标左键。

7．复制工作表

选中要复制的工作表“学生信息”，右击其标签，在快捷菜单中选择“移动或复制工作表”命令，弹出“移动或复制工作表”对话框，选中“建立副本”复选框，在“下列选定工作表之前”列表框中选择相应的工作表名称，单击“确定”按钮。

8．选择单元格

① 选择一个单元格的方法：单击要选择的单元格（如 C5）或者在“名称框”中输入要选择的单元格的地址（如 C5），再按【Enter】键。

② 选择不连续的单元格的方法：按【Ctrl】键，依次单击要选择的单元格即可。

③ 选择单元格区域（连续的单元格）的方法：将鼠标指向要选择单元格区域中第一个单元格，拖动鼠标至该区域中的最后一个单元格。

9．插入单元格

单击选中单元格如 A3，菜单“插入”|“单元格”命令，在弹出的“插入”对话框中，选中“活动单元格下移”单选按钮，单击“确定”按钮。

10．删除单元格

选中要删除的单元格或单元格区域，菜单“编辑”|“删除”命令，在弹出的“删除”对话框中根据需要选中“下方单元格上移”或者“右侧单元格左移”单选按钮，单击“确定”按钮。

11．移动单元格

选中要移动的单元格区域（或单元格），将鼠标指向单元格区域的边框，拖动鼠标至新的位置即可。

12．复制单元格

选中要复制的单元格区域（或单元格），按【Ctrl+C】键，单击新区域的第一个单元格，按【Ctrl+V】键。

13．合并单元格

选中要合并的单元格右击，选择快捷菜单中的“设置单元格格式”命令，选中“对齐”选项卡中的“合并单元格”复选框，单击“确定”即可。

14．取消合并单元格

右击已合并的单元格，选择快捷菜单中的“设置单元格格式”命令，取消选中“合并单元格”复选框。

15. 清除单元格内容

选中要清除内容的单元格（或单元格区域），按【Del】键。

16. 选择行（列）

① 选择连续的行（列）的方法：单击行坐标号选择一行（列），在行坐标上拖动鼠标选择连续的多行（列）。

② 选择不连续的行（列）的方法：按住【Ctrl】键，依次单击行坐（列）标号，选择不连续的多行（列）。

17. 插入行（列）

选中一定数量的行（列），右击该行（列），选择快捷菜单中的“插入”命令。

18. 删除行（列）

选中要删除的行（列），右击该行（列），选择快捷菜单中的“删除”命令。

19. 向工作表中输入数据

① 输入文本数据：单击选中要输入文本的单元格，直接输入即可。

② 输入数字数据：单击选中要输入数字的单元格，输入数字。单元格中的数字只能包含正号（+）、负号（-）、小数点、0~9的数字、百分号（%）、千位分隔号（,）、美元符号（$）、科学计数法符号（E、e）等，它们是正确表示数值的字符组合。当单元格容纳不下一个未经过格式化的数字时，就用科学计数法显示（如 3.18E-15）；当单元格容纳不下一个已经格式化的数字时，就用若干个“#”号代替。

③ 逻辑值与出错值：在单元格中可以输入逻辑值 TRUE（真）和 FALSE（假）。逻辑值通常由公式产生，并用做条件。

④ 输入批注：选中要加批注的单元格，选择菜单“插入”|“批注”命令，在弹出的文本框中输入批注内容，单击任意单元格结束输入。

20. 自动填充数据

填充柄是选中单元格或单元格区域右下角的小黑方块。将鼠标指向填充柄时，指针变成细黑十字。如选中单元格 C10，在 C10 中输入文本数据“星期一”，将鼠标指向填充柄，按住【Ctrl】键，向上拖动鼠标至单元格 C3，观察效果。

4.2 公式与函数

公式是由运算符和运算对象组成的一个序列。Excel 公式由等号（“=”）开始，可以包含运算符和运算对象，其中运算对象可以是常量、单元格引用和函数等。Excel 有数百个预定义的或内置的公式，称为函数。一个 Excel 公式最多可以包含 1 024 个字符。

1. 输入公式和函数

在单元格 G3 中求单元格 C3 到 F3 的和的方法。

方法一：单击需要输入公式的单元格 G3，在编辑栏中直接输入“=C3+D3+E3+F3” 或者

"=sum(C3:F3)"，再【Enter】键确定。

方法二：单击需要输入公式的单元格 G3，单击编辑栏左边的"="按钮，弹出公式选项板，如图 A9 所示，打开"函数"下拉列表框，选择"SUM"函数，公式选项板变成图 A10 所示的形式，在"Number1"文本框中输入参数"C3:F3"(或单击"Number1"文本框右边的"选取单元格"按钮，在工作表中选择单元格 C3 到 F3)，单击"确定"按钮。

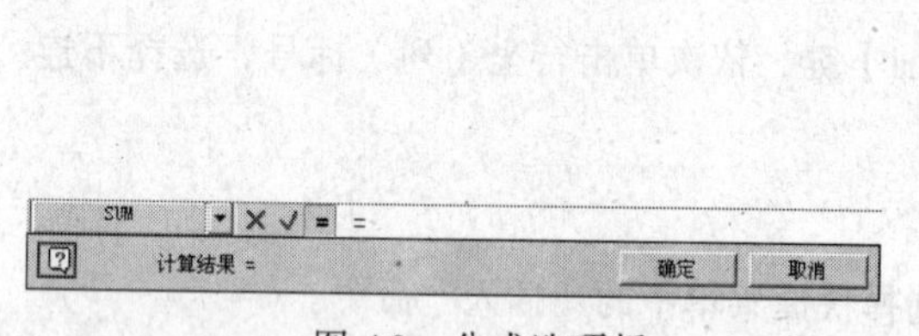

图 A9　公式选项板

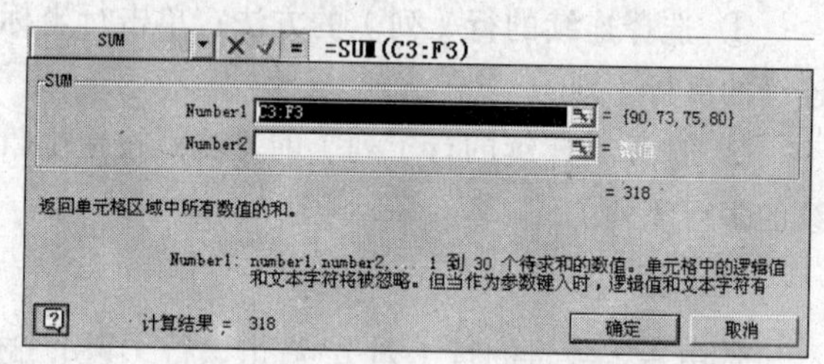

图 A10　使用公式选项板输入函数

2. 复制公式和函数

方法一：操作方法与复制单元格相同。

方法二：选中要复制的单元格，选择"编辑" | "复制"命令(或按【Ctrl+C】组合键)，右击目标单元格，弹出"选择性粘贴"对话框，选中"公式"单选按钮，单击"确定"按钮。

4.3 使用图表

图表是工作表数据的图形表示，从中可以快速地理解与说明工作表数据，方便获取更佳的决策信息。创建一个"上学期成绩表"，列包含姓名、英语、高数、语文、体育，输入数据，使用图表向导创建图表。

① 选定用于制作图表的数据区域，单击"常用"工具栏中的"图表向导"按钮，在对话框中选择所需的图表类型及其子类型，单击"下一步"按钮。

② 弹出"图表向导－4 步骤之 2－图表数据源"对话框，如图 A11 所示，可在"系列"选项卡中增加或删除系列，如删除"体育"系列。

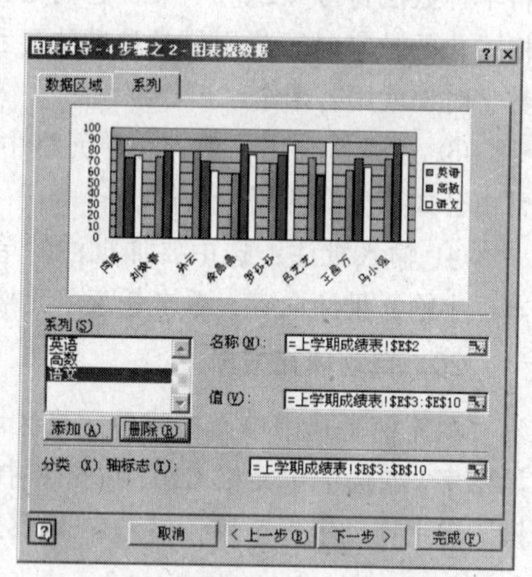

图 A11　"图表向导－4 步骤之 2－图表数据源"对话框

③ 单击"下一步"按钮，弹出"图表向导－4 步骤之 3－图表选项"对话框，在对话框中可以对"标题"、"坐标线"、"网格线"、"图例"、"数据标志"和"数据表"进行相关的设置，也可以不设置(采用默认设置)。

④ 单击"下一步"按钮，弹出"图表向导－4 步骤之 4－图表位置"对话框，采用默认设置，单击"完成"按钮。

4.4 操作实例

① 启动 Excel 2003，此时默认的工作簿为 Book1。

② 保存工作簿，文档取名为“某学年成绩表”。

③ 在工作表Sheet1前插入新工作表，新插入的工作表名为Sheet4。

④ 删除工作表Sheet2。

⑤ 将工作表Sheet4移动到工作表Sheet1之后。

⑥ 将工作表Sheet1重命名为“上学期成绩表”，将工作表Sheet4重命名为“下学期成绩表”。

⑦ 在工作表“上学期成绩表”中输入数据，如图A12所示。

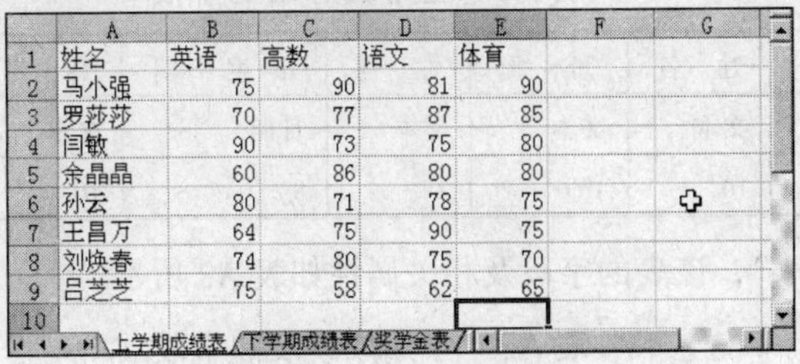

	A	B	C	D	E	F	G
1	姓名	英语	高数	语文	体育		
2	马小强	75	90	81	90		
3	罗莎莎	70	77	87	85		
4	闫敏	90	73	75	80		
5	余晶晶	60	86	80	80		
6	孙云	80	71	78	75		
7	王昌万	64	75	90	75		
8	刘焕春	74	80	75	70		
9	吕芝芝	75	58	62	65		
10							

上学期成绩表 / 下学期成绩表 / 奖学金表 /

图A12 上学期成绩表

⑧ 在A列前插入一列，在单元格A1中输入“学号”，在单元格A2中输入“1”。

⑨ 将单元格A2的格式设置成文本，按【Ctrl】键，拖动A2的填充柄至A9。

⑩ 在单元格G1中输入“总分”，在单元格G2中输入公式“=B2+C2+D2+E2”，拖动G2的填充柄至G9。

⑪ 在单元格H1中输入“平均分”，在单元格H2中粘贴函数“=AVERAGE(C3:F3)”，拖动H2的填充柄至H9。

⑫ 合并单元格A1到H1，将单元格A1的字体设置成“黑体”、“18”，颜色设成“桔黄”。

⑬ 将单元格区域A2:H2字体设置成“黑体”、“14”。

⑭ 将单元格区域A11:H11字体置成“楷体”、“加粗”，底纹图案设置成“25%灰色”。

⑮ 将单元格区域A2:H11设置为“居中”对齐，并设置内外边框。

⑯ 在第1行前插入一行，在第E列前插入一列。

⑰ 将单元格A1到F1合并，并输入“会计091班上学期成绩表”。

⑱ 创建成绩直方图。

⑲ 保存工作簿。

⑳ 退出Excel 2003。

实验5 Access操作

【实验目的与要求】

① 掌握Access 2003的基本功能和基本操作。

② 了解数据库的具体应用。

【实验内容】

① 数据库的创建与数据表的设计。

② 查询的设计。

5.1 数据库的创建与数据表的设计

① 打开 Access 2003，创建空数据库，命名为“学生信息”。

② 创建数据表“基本信息”。单击对象窗体中的“表”选项，选择“使用设计器创建表”选项，进入表设计窗口。该表的字段及相关属性如表 A1 所示。

表 A1　基本信息表的字段

字段名	学号（主键）	姓　名	班　级	性　别	出生日期	籍　贯	家庭地址	电　话
数据类型	文本	文本	文本	文本	日期	文本	文本	文本
字段大小	10	10	10	2	8	10	50	15

③ 创建“学期成绩表”，该表的字段及相关属性如表 A2 所示。

表 A2　学期成绩表的字段

字段名	学号（主键）	语文成绩	数学成绩	外语成绩	体育成绩
数据类型	文本	数值	数值	数值	数值
字段大小	10	整型	整型	整型	整型

④ 创建关系。单击工具栏中的“关系”按钮，在“显示表”对话框中将上述两张表添加进去，然后将学生信息表的学号字段拖动到学期成绩表的学号字段，关系建立成功。

⑤ 在两张表中分别输入 10 条以上的记录。

5.2 查询的设计

① 单击对象窗口的“查询”选项，选择“在设计视图中创建查询”选项。

② 在“显示表”对话框中将上述两张表添加进去。

③ 在查询字段中依次选择基本信息的学号、姓名、班级字段，按学号升序查询；选择学期成绩表的语文成绩、数学成绩字段。

④ 保存查询，名称为“两科成绩查询”。

⑤ 双击“两科成绩查询”，观察查询结果。

⑥ 尝试设计窗体和报表的操作。

5.3 操作训练

设计一个工资管理数据库，要求至少有两个表，分别是员工基本信息表和工资信息表。输入数据并为该数据库建立几种查询。

实验 6　PowerPoint 操作

【实验目的与要求】

掌握 PowerPoint 2003 的基本功能和基本操作。

【实验内容】

① 幻灯片文件的创建与幻灯片的编辑。

② 幻灯片的播放。

6.1 幻灯片的编辑与播放

① 打开 PowerPoint 2003，使用模板“公司简介”创建新幻灯片文件，取名为“学校简介”并保存。

② 修改幻灯片。将第一张幻灯片标题改为“××大学简介”，加入一张学校大门的图片，设置背景颜色，插入一个音乐对象播放一小段音乐，将“公司名称”文本框改为“学校名称”文本框。

③ 设置动画方案。将“学校名称”文本框的播放动画设置为带声音的水平百叶窗方式。

④ 编辑随后的其他幻灯片，设置各元素的动画播放方式。

⑤ 幻灯片编辑。先进行视图方式的切换，然后在浏览视图方式下编辑幻灯片，分别做如下操作：选中一个或多个幻灯片，插入幻灯片副本，删除幻灯片，移动幻灯片。

⑥ 播放幻灯片。分别以快速放映、演讲者手动放映、在展台浏览方式放映，并尝试在放映中切换到上一张和下一张以及直接定位到某一张幻灯片的操作。

6.2 操作训练

假设你是某公司的一款产品的销售负责人，试设计该产品的介绍幻灯片，并以展台播放的方式播放，评估该幻灯片对客户的吸引力。

实验7 网 页 制 作

【实验目的与要求】

① 掌握 FrontPage 2003 的基本功能和基本操作。

② 理解网页的组成和设计方法。

【实验内容】

① 新建一个个人站点，设计成自己的个人网站。

② 打开 index.htm 文件，依次切换到设计视图、代码视图和预览视图，观察窗口显示。

③ 在普通视图下，输入有关自己的文字，并加入图片、表格、超链接、字幕、网站计数器等元素，并进行页面格式编排。

④ 依次编排兴趣、相册、喜好站点等页面，设置网页属性，设定背景音乐。

⑤ 新建一个网页，并在其他网页上各建立一个超链接指向该网页。

⑥ 进行网页预览。

⑦ 将网站所有文件保存，发布到某可用的服务器上，用浏览器查看自己的网站。

实验 8　互联网资源的应用

【实验目的与要求】

① 熟悉互联网的基本应用。

② 掌握 WWW 浏览、文件传输、文件下载、搜索引擎、电子邮件的应用。

【实验内容】

① 打开 IE 浏览器，在地址栏(URL)内输入网站域名访问网站，例如：http://www.wuse.edu.cn、http://www.sohu.com、http://www.edu.cn、http://www.google.com 等，单击超链接，浏览自己感兴趣的内容。

② 打开 IE 浏览器，在地址栏（URL）内输入本校 FTP 服务器地址，如 ftp://ftp.wuse.edu.cn，从 FTP 上复制一个文件到本地磁盘。

③ 两人一组，两人各通过腾讯的网站申请一个 QQ 号，启动 QQ，互相加为好友，打开在线聊天，单击“传送文件”按钮，传送一个文件给对方。

④ 从互联网上下载安装 NetAnts，或者迅雷软件等下载工具之一，运行该工具，下载一个从互联网上搜索到的文件。

⑤ 打开 IE 浏览器，在地址栏（URL）中输入“http://google.com”，在“搜索”文本框中输入关键词“汽车”进行搜索，查看搜索的结果。

⑥ 两人一组，打开 IE 浏览器，在地址栏（URL）中输入“http://www.sohu.com”，两人各申请一个免费邮箱，互相发送一封电子邮件，邮件要包含一个图片附件。

参 考 文 献

[1] June Jamrich Parsons，Dan Oja. 计算机文化[M]. 北京：机械工业出版社. 2006.

[2] 刘文军. 计算机硬件故障分析与日常维护[J]. 电脑与电信. 2007.

[3] 宁闽南. 微机硬件基础与维护维修[M]. 武汉：武汉大学出版社. 2006.

[4] Andrew S.Tanenbaum.陈向群等译. Modern Operating System.北京：机械工业出版社. 1999.

[5] 孟静. 操作系统教程——原理和实例分析[M]. 北京：高等教育出版社. 2001.

[6] 庞丽萍. 操作系统原理[M]. 武汉：华中科技大学出版社. 2005.

[7] 张红光，等. UNIX 操作系统教程[M]. 北京：机械工业出版社. 2003.

[8] 周爱民. 大道至简：软件工程实践者的思想[M]. 北京：电子工业出版社. 2007.（免费在线阅读） [EB/OL].http://book.csdn.net/bookfiles/325/, 2007.

[9] 赵玉勇. 六种常用算法[EB/OL]. http://home.donews.com/donews/article/6/64251.html, 2004-6-22.

[10] 林锐，等. 高质量程序设计指南——C++/C 语言[M]（.3 版）. 北京：电子工业出版社. 2007.（免费在线阅读）[EB/OL]. http://book.csdn.net/bookfiles/378/, 2007-5-28.

[11] 詹姆士. 郭海，郭涛，译. 编程之道（中英文对照）[M]. 北京：电子工业出版社. 2006.

[12] 耿国华，等. 数据结构——C 语言描述[M]. 西安：西安电子科技大学出版社. 2002.

[13] 殷人昆，等. 数据结构（用面向对象方法与 C ++描述）[M]. 北京：清华大学出版社. 1999.

[14] 严蔚敏，吴伟民. 数据结构（C 语言版）[M]. 北京：清华大学出版社. 2002.

[15] Robert L.Kruse. Data Structure &Program Design in C[M]. 北京：清华大学出版社. 2001.

[16] 萨师煊，等. 数据库系统概论 [M]. 3 版. 北京：高等教育出版社. 2000.

[17] Hector Garcia-Molina. 杨冬青等，译. 数据库系统实现[M]. 北京：机械工业出版社. 2001.

[18] C.J.Date. 孟小峰等，译. 数据库系统导论[M]. 北京：机械工业出版社. 2007.

[19] 刘云生. 现代数据库技术[M]. 北京：国防工业出版社. 2001.

[20] 李春葆，等. 数据库原理习题与解析[M]. 北京：清华大学出版社. 2006.

[21] 吴功宜. 计算机网络[M]. 北京：清华大学出版社. 2003.

[22] 张建忠. 计算机网络基础[M]. 北京：人民邮电出版社. 2005.

[23] 张水平，张风琴，等. 计算机网络及应用[M]. 西安：西安交通大学出版社. 2002.

[24] 李大友，邱建霞. 计算机网络[M]. 北京：清华大学出版社. 1998.

[25] 袁津生，齐建东，曹佳. 计算机网络安全基础 [M]. 3 版. 北京：人民邮电出版社. 2008.

[26] 候世达. 郭维达等，译. 哥德尔、艾舍尔、 巴赫：集异璧之大成[M]. 北京：商务印书馆. 1996.

[27] Harry R.Lewis，等. 张立昂，刘田，译. 计算理论基础 [M]. 2 版. 北京：清华大学出版社. 2006.

[28] 西普塞. 唐常杰等，译. 计算理论导引 [M]. 2 版. 北京：机械工业出版社. 2006.

Learn more about it !
笔记栏

Learn more about it!

笔记栏

Learn more about it!

笔记栏